U0313818

Compilation of the Steel Tube Industry
and Enterprises of China

中国钢管行业
企业基本情况汇编

2022—2023

主　　　编　　郑贵英　　庄　钢

副　主　编　　张俊鹏　　李　霞　　陈洪琪

　　　　　　　杨文晨　　杨　凯　　陈文花

主要编写人员　　赵　勇　　马永涛　　陈凯榆

　　　　　　　杨　帆　　张　洁　　张嘉麟

　　　　　　　李凤梅

北　京

冶金工业出版社

2024

图书在版编目(CIP)数据

中国钢管行业企业基本情况汇编.2022—2023／郑贵英，庄钢主编．-- 北京：冶金工业出版社，2024.12.
ISBN 978-7-5240-0075-4

Ⅰ.F426.41

中国国家版本馆 CIP 数据核字第 2024L0H237 号

中国钢管行业企业基本情况汇编 2022—2023

出版发行	冶金工业出版社	**电 话**	(010)64027926
地 址	北京市东城区嵩祝院北巷 39 号	**邮 编**	100009
网 址	www.mip1953.com	**电子信箱**	service@mip1953.com

责任编辑 曾 媛 赵缘园 美术编辑 彭子赫 版式设计 郑小利
责任校对 王永欣 责任印制 禹 蕊
唐山玺诚印务有限公司印刷
2024 年 12 月第 1 版，2024 年 12 月第 1 次印刷
787mm×1092mm 1/16；23.25 印张；6 彩页；547 千字；359 页
定价 188.00 元

投稿电话 (010)64027932 投稿信箱 tougao@cnmip.com.cn
营销中心电话 (010)64044283
冶金工业出版社天猫旗舰店 yjgycbs.tmall.com
(本书如有印装质量问题，本社营销中心负责退换)

编 写 说 明

2023 年是全面贯彻党的二十大精神的开局之年，也是三年新冠疫情防控转段后经济恢复发展的一年。面对错综复杂的国内外形势，钢管企业顶住外部压力，克服重重困难，识变应变求变，多措并举稳定生产经营，夯实资源保障基础；积势蓄势谋势，推动技术进步和创新，积极推进绿色低碳转型，供给侧结构性改革取得新进展。

为全面了解钢管企业生产经营情况，及时、准确、客观地分析钢管行业运行状况，钢管分会秘书处研究决定，组织开展钢管企业生产经营情况调查统计工作，并于 2024 年 2 月 19 日下发了《关于报送 2023 年企业生产经营情况及开展钢管行业基本情况调研的通知》。

2024 年 4 月，钢管分会秘书处成立了《中国钢管行业企业基本情况汇编 2022—2023》（以下简称"《汇编》"）编写组，并专门派人到河北沧州、山东聊城、湖北黄石、上海、浙江、江苏、天津等地，进行调研、摸底、收集信息，历时 6 个月。

《汇编》力求将行业的企业尽可能地编辑进来。所涉及的企业不仅是会员企业，还包括一些在行业里有一定影响力或产品有一定特色的非会员企业，共计 144 家。其中无缝钢管企业 64 家、焊接钢管企业 50 家、非钢管生产企业 30 家。

《汇编》较为详细地介绍了国内钢管行业最新情况，包括生产企业基本概况、产线装备、产能产量、产品规格、新产品开发和 2022—2023 年实际生产情况以及从事钢管装备制造、电子商务及贸易企业情况，并附有 2022—2023 年主要钢管企业无缝管、焊管产量及品种汇总表。

《汇编》是一本全面了解我国钢管行业近期总体概况的工具书，对于广大从事钢管生产、营销、规划人员和相关行业从业者具有较强的参考价值。

《汇编》的编撰得到了上海钢联电子股份有限公司、中国金属流通协会焊管分会、河北省管道协会的大力支持，在此一并表示衷心的感谢！

《中国钢管行业企业基本情况汇编》编写组

目　　录

第一篇

无缝钢管生产
企业基本情况

1　天津钢管制造有限公司

一、企业简介

（一）主要业绩

天津钢管又名"大无缝"，是我国"八五"期间为实施"以产顶进"、实现石油管材国产化、保障国家能源安全战略建设的重点项目，是国内颇具规模和品种优势的无缝钢管生产基地。2021年，中信泰富特钢集团重组天津钢管公司。目前拥有无缝钢管产能350万吨，其中油井管150万吨，产品远销上百个国家和地区，产销量及出口量长期保持国内领先。天津钢管为全球能源开发和工业领域所需无缝钢管提供完整的配套解决方案，与全球100多个国家和地区的客户保持着长期稳定的贸易关系。天津钢管拥有国家认定企业技术中心和先进的全流程中间试验线，具有雄厚的研发实力和可靠的质量保障体系，培育了具有自主知识产权的核心技术，开发了TP系列高端产品，多项核心技术、产品达到国际先进水平。打造了具有国际影响力的TPCO品牌，得到国内外市场广泛认可。

（二）认证情况

公司通过中石油、中石化、中海油、埃克森美孚、壳牌、道达尔等国内外主要油气公司、工程公司认证。公司获得ISO9001、API Q1、API 5CT、API 5L、ABS、BV、CCS、DNV-GL、LR、CPR、PED等重点三方认证。

（三）企业商标

公司注册商标有TPCO、天管、大无缝等。

（四）所获荣誉

公司荣获钢铁行业改革开放40周年功勋企业、国家质量管理卓越企业、国家首批创新型企业、国家知识产权优势企业、国家高新技术企业、全国生态文化示范企业等称号，荣获国家科学技术进步特等奖、中国质量奖提名奖、冶金科学技术奖特等奖、天津质量奖等奖项。

二、企业基本概况

企业名称	天津钢管制造有限公司		
地址	天津市东丽区津塘公路396号	邮编	300301

续表

企业名称	天津钢管制造有限公司				
法人代表	丁华	电话	—	电子邮箱	lijiaying@ citicsteel. com
联系人	李佳颖	电话	16622536866	联系人所在部门	公司办公室
企业成立时间	2010 年 12 月 10 日	企业网址		www. tpco. com. cn	
企业性质	国有企业	钢管设计能力（万吨/年）		350	
企业员工人数（人）	7171	其中：技术人员（人）		1473	
钢管产量 （万吨）	2022 年	2023 年	钢管出口量 （万吨）	2022 年	2023 年
	260	271		70. 3	71. 8

三、热轧无缝钢管生产工艺技术装备及产量情况

机组类型及型号		台套/ 条	产品规格范围（外径范围× 壁厚范围）（mm）	设计产能 （万吨）	投产时间 （年）	实际产量（万吨）	
						2022 年	2023 年
热轧钢管 机组	168 机组	1	(48. 00～168. 30)×(3. 50～24. 00)	35	2003	44. 78	41. 17
	250 机组	1	(139. 70～285. 00)×(5. 00～41. 00)	50	1992	60. 89	62. 83
	258 机组	1	(114. 00～245. 00)×(4. 00～45. 00)	50	2008	43. 33	35. 40
	460 机组	1	(245. 00～475. 00)×(6. 00～67. 00)	50	2007	66. 98	79. 00
	720 机组	1	(508. 00～711. 2)×(9. 53～32. 00)	8	2008	2. 68	4. 28
	508 机组	1	(273. 00～533. 40)×(6. 35～80)	50	2012	46. 68	53. 07
	合 计	6	—	243	—	265. 34	275. 75
热扩钢管 机组	热扩机	4	(219. 00～1200. 00)×(5. 00～40. 00)	3	2000	1. 74	1. 99
	合 计	4	—	3	—	1. 74	1. 99

四、企业无缝钢管主导产品

产品名称		规格范围（外径范围× 壁厚范围）（mm）	执行标准	实际产量（万吨）	
				2022 年	2023 年
油井管	油管	(60. 32～177. 8)×(4. 83～12. 7)	API SPCE 5CT 10th ISO13680 TPCO-TGGXS	7. 07	7. 93
	套管	(73. 02～635)×(5. 51～26. 59)	API SPCE 5CT 10th ISO13680 TPCO-TGGXS TLM-TGXY-1808C	75. 45	72. 46
管线管		(60. 3～610)×(3. 9～39)	API Spec 5L 46th ASME SA-106/SA106M GB/T 9711—2017	27. 07	33. 82
流体管		(48～720)×(3. 91～50)	GB/T 8163—2008 TPCO-TGGXS	49. 63	59. 58

续表

产品名称	规格范围（外径范围×壁厚范围）（mm）	执行标准	实际产量（万吨）	
			2022 年	2023 年
低温管	(60.3~610)×(3.91~49)	ASTM A333/A333M—2016 ASTM A333/A333M—2018	1.96	3.45
高压锅炉管	(48.3~610)×(3.91~50)	ASME SA-106 (192, 210, 213, 335) ASTM A106M ASTM A335/A335M GB/T 5310—2017 SGC0111—2019	3.08	4.02
低中压锅炉管	(48.3~610)×(3.91~22)	GB/T 3087—2008 GB/T 3087—2022	1.21	0.74
三化用管	(48~630)×(4~36)	GB/T 6479—2013 GB/T 9948—2013	2.70	2.11
耐磨管	(102~159)×(4.5~14)	TPCO-TGGXS—2022	0.13	0.32
气瓶管	(89~559)×(3.7~26)	BS EN 10297 GB/T 18248 JIS G 3429 LX-JXY015—2023 TPCO-TGGXS	9.52	6.53
结构管	(48.3~630)×(4.8~60)	API Spec 5L 46th BS EN 10210 (10225) DNV-OS-B101—2021 GB/T 8162—2008 TPCO-TGGXS	7.03	6.43
液压支柱管	(48~720)×(6~65)	GB/T 17396 TPCO-TGGXS	3.27	1.50
工程、石油机械用管	(73.02~457)×(5.51~34)	API SPEC 5CT ASTM A519/A519M TPCO-MPS TPCO-TGGXS	0.32	0.21
油缸管	(70~475)×(6.3~39)	GB/T 8162 TPCO-TGGXS	4.41	3.21
车桥管/汽车半轴管	(127~178)×(9~19)	TPCO-TGGXS—2020-0009	0.13	0.09

续表

产品名称	规格范围（外径范围×壁厚范围）（mm）	执行标准	实际产量（万吨）	
			2022 年	2023 年
其他	(60.3~635)×(9~19)	API Spec 5CT（5L） ASTM A106/A106M GB/T 8162（T18248） Q/TGGJH 26—2021 TPCO-TGGXS	20.78	15.64

2　宝山钢铁股份有限公司钢管条钢事业部

一、企业简介

宝山钢铁股份有限公司（简称"宝钢股份"）是全球领先的现代化钢铁联合企业，是《财富》世界 500 强中国宝武钢铁集团有限公司的核心企业。宝钢股份以"成为全球最具竞争力的钢铁企业和最具投资价值的上市公司"为愿景，致力于与各方携手努力，发挥各自优势和体系能力，在协同创新、海外项目建设、智慧制造、绿色低碳等领域深化务实合作，携手共促高质量发展。

2000 年 2 月，宝钢股份由上海宝钢集团公司独家创立；同年 12 月，在上海证券交易所上市（证券代码：600019）。

2017 年 2 月，完成换股吸收合并武钢股份后，宝钢股份拥有上海宝山、武汉青山、湛江东山、南京梅山等主要制造基地，在全球上市钢铁企业中粗钢产量排名第二、汽车板产量排名第一、硅钢产量排名第一，是全球碳钢品种最为齐全的钢铁企业之一。

宝钢股份坚持走"创新、协调、绿色、开放、共享"的发展之路，拥有享誉全球的品牌、世界一流的制造水平和服务能力。公司注重创新能力的培育，积极开发应用先进制造和节能环保技术，建立了覆盖全国、遍及世界的营销和加工服务网络。公司自主研发的新一代汽车高强钢、取向硅钢、高等级家电用钢、能源海工用钢、桥梁用钢等高端产品处于国际先进水平。

宝钢股份积极响应绿色低碳发展需求，大力研发和供应高强度、高能效、耐腐蚀、长寿命、高功能的绿色低碳钢铁产品，广泛应用于新能源汽车与低碳运输、电力高效输配送与能效提升、风光电力、氢氨新能源产业等行业领域，推动经济社会绿色低碳转型。

为了便于集中化、专业化管理，实施产销研一体化战略，加大资源利用力度，缩短响应周期，于 2009 年成立了钢管条钢事业部，拥有电炉、初轧、高速线材、无缝钢管、

HFW 焊管和 UOE 焊管等多条世界先进的现代化生产线，形成了以钢坯、钢管、线材三大系列为核心的产品体系，年生产规模为 300 万吨钢坯量、280 万吨钢管，40 万吨线材，已成为国内最先进的钢管、条钢精品生产基地。

二、企业基本概况

企业名称	宝山钢铁股份有限公司钢管条钢事业部				
地址	上海市宝山区同济路 3509 号		邮编		201900
法人代表	邹继新	电话	—	电子邮箱	—
企业成立时间	2000 年 2 月 2 日		企业网址		www.baosteel.com
企业性质		股份有限公司 （上市、国有控股）	钢管设计能力 （万吨/年）		—
企业员工人数（人）		3352	其中：技术人员（人）		928
钢管产量 （万吨）	2022 年	2023 年	钢管出口量 （万吨）	2022 年	2023 年
	147（无缝）	158（无缝）		12（无缝）	13（无缝）
	54（焊管）	34（焊管）		3（焊管）	5（焊管）
销售收入 （万元）	2022 年	2023 年	利润总额 （万元）	2022 年	2023 年
	1240000.00 （无缝）	1310000.00 （无缝）			
	324000.00 （焊管）	187000.00 （焊管）			

三、冷热轧无缝钢管生产工艺技术装备及产量情况

机组类型及型号			台套/条	产品规格范围（外径范围×壁厚范围）（mm）	设计产能（万吨）	投产时间（年）	实际产量（万吨）	
							2022 年	2023 年
热轧钢管机组		φ140 连轧管机组	1	(21.3~194.46)×(3.5~30)	50	1985	66	70
		φ460PQF 机组	1	(196~610)×(8~60)	50	2011	82	88
		φ76 穿孔机组	1	(76~90)×(7~13)	5	2012	2.5	2.5
		φ114 穿孔机组	1	(90~130)×(7~24)	10	2012	5	5
		合计	4	—	115	—	155.5	165.5
冷轧/冷拔机组	穿孔/冷拔/冷轧无缝钢管机组	500kN 冷拔机组	1	(16~51)×(1.5~5.5)	1	2017	1.5	1.5
		900kN 冷拔机组	1	(28~63.5)×(2~3.5~10)	1.5	2020	2	2
		1800kN 冷拔机组	1	(38~89)×(3~10)	2	2021	2.5	2.5
		LG50 冷轧机组	4	(19~38)×(2~6)	0.6	2013	1	1
		合计	7	—	5.1	—	7	7

四、焊接钢管生产技术装备及产量情况

机组类型及型号			台套/条	产品规格范围（外径范围×壁厚范围）（mm）	设计产能（万吨）	投产时间（年）	实际产量（万吨）	
							2022 年	2023 年
焊接钢管机组	UOE 直缝埋弧焊管机组	铣边机（板边加工）	1	(508~1422)×(6~40)	50	2008	40	22
		预弯边机	1					
		U 成型机	1					
		O 成型机	1					
		连续预焊机	2					
		内焊机	5					
		外焊机	4					
		扩径机	2					
		倒棱机	2					
		自动测长装置	1					
		自动称重装置	2					
		自动喷标装置	1					
		自动喷标装置	2					
		装载机器人	4					
		焊接机器人	4					
		焊接设备	1					
		水冲洗/烘干	1					
		管端焊缝磨平机	1					
		火焰切割装置	1					
		管端椭圆度、直径自动测量设备	1					
		钢管矫直设备	1					
	高频焊管机组	圆管机组	拆卷机	1	(219~610)×(4~20)	30	2005	14	12
			矫平机	1					
			剪焊机	1					
			活套	1					
			铣边机	1					
			带钢探伤机（全自动超声波带钢探伤设备）	1					
			夹送辊	1					
			成型机-弯边机	1					
			成型机-预成型机	1					
			成型机-线成型机	1					
			成型机-精成型机	1					

续表

机组类型及型号			台套/条	产品规格范围（外径范围×壁厚范围）（mm）	设计产能（万吨）	投产时间（年）	实际产量（万吨）	
							2022年	2023年
焊接钢管机组	高频焊管机组	成型机-五辊挤压机	1	(219~610)×(4~20)	30	2005	14	12
		成型机-去内毛刺机构	1					
		成型机-去外毛刺机构	1					
		高频焊机	1					
		在线焊缝探伤机	1					
		中频热处理	1					
	圆管机组	防扭转机架	1					
		定径机	1					
		铣切式飞锯	1					
		铣切锯机	1					
		倒棱机	1					
		水压机	1					
		离线焊缝探伤机	1					

五、企业无缝钢管主导产品

产品名称		规格范围（外径范围×壁厚范围）（mm）	执行标准	实际产量（万吨）	
				2022年	2023年
油井管	油井管（含油、套、钻管等）	(57~610)×(4.83~30)	API SPEC 5CT 中石油企标等其他标准	74.5	81
管线管		(21.3~610)×(3.38~48)	API SPEC 5L 及其他	8.2	9.5
流体管		(16~610)×(2~50)	GB/T 8163 及其他	36.5	36.8
低温管		(21.3~610)×(3.56~40)	ASTM A 333M	0.7	0.8
高压锅炉管		(16~610)×(2~50)	GB/T 5310 ASME 等	11.7	15
低中压锅炉管		(16~610)×(2~35)	GB/T 3087—2008	1.2	1.1
核电用管		—		0	0
三化用管		—		0	0
耐磨管		—		0	0
气瓶管		(16~610)×(2~50)	GB/T 18248	3.2	3.2
结构管		(16~610)×(2~50)	GB/T 8162 及其他	4.7	5.3
液压支柱管		(16~610)×(2~50)	GB/T 17396	0.1	0.1
工程、石油机械用管		(16~610)×(2~50)	GB/T 8162 及其他	2.7	3
油缸管		(16~610)×(2~50)	企标	0.7	0.4

产品名称	规格范围（外径范围×壁厚范围）（mm）	执行标准	实际产量（万吨）	
			2022 年	2023 年
汽车、机车、机床用液压管	(19～178)×(1.6～12.5)	GB/T 3639—2009	0	0
汽车管	(19～178)×(1.6～12.5)	GB/T 3639—2009	2.3	1.8
车桥管/汽车半轴管	(19～178)×(1.6～12.5)	GB/T 3639—2009	0	0
轴承管	—	—	0	—
不锈钢管	—	—	0	—

六、企业焊接钢管主导产品

产品名称		规格范围（外径范围×壁厚范围）（mm）	执行标准	实际产量（万吨）	
				2022 年	2023 年
焊管产量（黑管）	直缝高频圆管	(219～610)×(4～20)	GB/T 9711 API SPEC 5L	14	12
	直缝埋弧焊管	(508～1422)×(6～40)	GB/T 9711 API SPEC 5L	40	22

3　衡阳华菱钢管有限公司

一、企业简介

衡阳华菱钢管有限公司（简称"衡钢"）始建于 1958 年，是一家在全球具有较大影响力的专业化无缝钢管生产企业，现有在岗员工 3000 余人，总资产 150 余亿元。系国家高新技术企业、国家新型工业化产业示范基地、钢铁绿色发展优秀企业、湖南省出口十强企业、湖南省十大平安示范单位、湖南省两型创建示范企业、湖南省绿色工厂。先后荣获中国工业大奖表彰奖、中国优秀钢铁企业品牌、中国卓越钢铁企业品牌。

衡钢具有炼铁、炼钢、轧管、钢管深加工全流程、全配套钢管生产工艺，有 1080m³ 高炉 1 座，小、大、特大 3 条圆管坯生产线，φ89、φ180、φ219、φ340、φ720 等 5 条国际先进的钢管生产线以及 15 条钢管深加工生产线。具备年产 140 万吨铁、200 万吨钢、180 万吨管、100 万吨热处理、60 万吨螺纹加工的生产能力，能生产直径 48～762mm、壁厚 3.5～125mm 各类规格的无缝钢管，并能生产边长 100～550mm、壁厚 3.5～120mm 的方矩形管。

衡钢打造了油气用管、压力容器用管、机械加工用管三大拳头产品和具有自主知识产权的 HS 产品系列，在钢管高端领域大量实现国产化。油气用管广泛应用于全球各类地质环境的陆地、海洋油气田，油套管最高钢级达 HS155V，管线管最高钢级达 X100。压力容器用管广泛应用于全球各火电、超临界、超超临界机组和核电行业，最高钢级达 P92，耐高温 600℃，耐压力 30MPa，低温管 Gr8 抗低温可达-196℃。机械用管广泛应用于全球各类机械制造企业和工程建筑业，产品强度最高可达 1000MPa。产品销往全球石油、石化、锅炉、发电、机械、煤炭、化工、核电、建筑等行业中的知名企业，客户数量近千家。出口 100 多个国家和地区，出口比约 50%。

衡钢先后建立了省级企业技术中心、省级工程技术研究中心，同时还建有中国合格评定国家认可委员会（CNAS）认可的实验室。现拥有有效专利 136 件，主持或主要参与制定国家、行业及团体标准 60 项，获各级科技奖 63 项，其中，《电弧炉炼钢复合吹炼技术的研究应用》荣获国家科学技术进步奖二等奖。

二、企业基本概况

企业名称	衡阳华菱钢管有限公司				
地址	湖南省衡阳市蒸湘区大栗新村 10 号		邮编	421001	
法人代表	郑生斌	电话	0734-8873680	电子邮箱	hysteel@ hysteeltube. com
联系人	凌建军	电话	0734-8872009	联系人所在部门	市场部
企业成立时间	1958 年		企业网址	http：// www. hysteeltube. com	
企业性质	国有		钢管设计能力（万吨/年）	190	
企业员工人数（人）	3100		其中：技术人员（人）	2900	
钢管产量（万吨）	2022 年	2023 年	钢管出口量（万吨）	2022 年	2023 年
	193. 2	185. 9		57. 2	55. 6
销售收入（万元）	2022 年	2023 年	利润总额（万元）	2022 年	2023 年
	1400000. 00	1410000. 00		69900. 00	85000. 00

三、热轧无缝钢管生产工艺技术装备及产量情况

机组类型及型号		台套/条	产品规格范围（外径范围×壁厚范围）（mm）	设计产能（万吨）	投产时间（年）	实际产量（万吨）	
						2022 年	2023 年
热轧钢管机组	340 MPM 连轧机组	1	（180~406）×（10~40）	80	2004	77. 63	71. 05
	180PQF 连轧机组	1	（73. 02~219. 08）×（5. 51~28）	60	2010	60. 58	61. 59
	89PQF 连轧机组	1	（60. 30~114. 30）×（3. 5~14）	20	1993	26. 73	27. 72
	219Assel 轧管机组	1	（48. 03~244. 48）×（10~60）	15	2008	11. 33	10. 55
	720 周期轧管机组	1	（273. 05~720）×（8~120）	15	2008	16. 94	15. 00
合计		5	—	190	—	193. 22	185. 90

四、企业无缝钢管主导产品

产品名称			实际产量（万吨）	
			2022 年	2023 年
油井管		油管	10.92	8.53
		套管	52.55	63.81
		钻杆/钻铤	5.56	6.06
管线管			30.74	29.46
流体管			25.76	25.06
低温管			2.35	1.62
高压锅炉管			13.38	8.35
低中压锅炉管			2.46	1.91
核电用管			0.00	0.00
三化用管			2.35	1.62
耐磨管			0.00	0.00
气瓶管			17.71	16.46
结构管			7.79	9.41
液压支柱管			1.79	1.25
工程、石油机械用管			0.29	0.22
油缸管			3.32	3.43
汽车、机车、机床用液压管			0.00	0.00
汽车管			0.00	0.00
车桥管/汽车半轴管			5.43	5.75
轴承管			0.00	0.00
不锈钢管			0.00	0.00
其他			10.80	2.97

4　内蒙古包钢钢管有限公司

一、企业简介

内蒙古包钢钢管有限公司始于 1971 年 7 月 1 日建成投产，2016 年进行业务整合，形成了集销、研、产、运、服一体化的运营体系，2021 年改制为具有独立法人资格的包钢股份全资子公司。作为包钢（集团）公司的四大精品线之一，钢管有限公司已逐步成长为具有钢种生产研发、产品功能设计与实现、检验系统完善、服务销售体系齐全的无缝钢管供应商，专业化程度高、研发能力强、产品品质优、销售服务能力完善，在业内有着良好的市场形象。钢管公司根据产品及设备特点分五条生产线：（1）制钢生产线；（2）ϕ159生产线；（3）ϕ460生产线；（4）ϕ180生产线；（5）石油管生产线。

制钢生产线的前身为炼钢厂南部作业区，1997年投产，2013年1号铸机改造后方圆坯可兼顾生产。目前铸机可生产280×325；280×380；319×410；ϕ430；ϕ390；ϕ350；ϕ300；ϕ180；ϕ150等14个断面。具备生产200万吨以上能力，其产品供给钢管公司四条精品生产线。

ϕ159生产线热轧区域引进了当今国际最先进PQF连轧机组。主体设备由SMS INNSE公司设计制造，产品外径范围为ϕ38～168mm，壁厚范围为2.8～25mm，机组设计年产量40万吨。460生产线热轧区域引进了当今国际最先进PQF连轧机组，产品外径范围为ϕ244.5～457mm，壁厚范围为6.0～60mm，机组设计年产量62万吨。ϕ180生产线热轧区域引进了意大利INNSE公司设计制造的五机架MINI-MPM连轧机，同时配套有12机架三辊定径机和24机架的三辊张力减径机，产品外径范围为ϕ60.3～244.5mm，壁厚范围为2.5～27mm，机组设计能力为20万吨，现年产量已达到40万吨以上。

钢管公司配套建设有三条热处理生产线，核心设备均采用进口先进设备，可按照标准或用户要求对油井管、高压锅炉管、专用管等品种进行管段墩粗、调质、正火、正火+回火及退火等工序作业。

石油管生产线是由三条管体作业生产线和一条接箍生产线组成，其中一条生产线年加工ϕ139.7～339.7mm套管6万吨，另一条年加工ϕ60.3～244.5mm油套管7万吨，新管体生产线年加工ϕ244.5～339.7套管15万吨，接箍生产线年加工ϕ73～365.1mm套管、油管接箍71万吨件。

钢管公司历经50余年的积淀，不仅具备生产各类石油套管和油管、高中低压锅炉管、液压支架管、高压气瓶管、结构用无缝管、输送流体用管、管件用管等产品的能力，还可根据用户协议要求提供ϕ60～426范围内任何非标准规格的无缝管产品。钢管公司已逐渐成为西北地区最大、国内一流、世界领先的无缝钢管供应商。

二、企业基本概况

企业名称	内蒙古包钢钢管有限公司			
地址	内蒙古自治区包头市昆都仑区河西工业园区钢管公司新机组办公楼		邮编	014010
法人代表	姜涛	电话	0472-2664731	电子邮箱　mipengfeng@163.com
联系人	刘延斌	电话	13039583825	联系人所在部门　生产技术部
企业成立时间	2021年11月（1971年7月）		企业网址	www.btsteel.com
企业性质	国营有限责任公司	钢管设计能力（万吨/年）		122
企业员工人数（人）	2912	其中：技术人员（人）		189

续表

企业名称	内蒙古包钢钢管有限公司				
钢管产量 （万吨）	2022 年	2023 年	钢管出口量 （万吨）	2022 年	2023 年
	176.12	174.56		4.42	5.68
销售收入 （万元）	2022 年	2023 年	利润总额 （万元）	2022 年	2023 年
	—	—		2128.80	−1665.60

三、热轧无缝钢管生产工艺技术装备及产量情况

机组类型及型号		台套/ 条	产品规格范围（外径范围× 壁厚范围）（mm）	设计产能 （万吨）	投产时间 （年）	实际产量（万吨）	
						2022 年	2023 年
热轧 钢管 机组	φ159PQF 连轧机组	—	(73×4) ～ (168.3×25)	40	2011	45.85	47.79
	φ180MPM 连轧机组	—	(139.7×7) ～ (245×26)	20	2000	36.81	41.51
	φ460PQF 连轧机组	—	(244.5×7) ～ (457×60)	62	2012	77.62	71.03
	合　计	—	—	122	—	160.28	160.33

管加工机组	设计产能 （万吨）	投产时间（年）	实际产量（万吨）	
			2022 年	2023 年
3 条车丝生产线	20	2004	15.84	14.23

四、企业无缝钢管主导产品

产品名称		规格范围（外径范围× 壁厚范围）（mm）	实际产量（万吨）	
			2022 年	2023 年
油井管	油管	(60.3～114.3)×(4.24～16)	43.16	43.50
	套管	(114.3～406)×(5.21～22.22)	17.06	15.84
	钻杆/钻铤	(57～244.5)×(3.5～20)	—	—
管线管		(57～457)×(3.5～60)	10.57	9.85
流体管		(57～457)×(3.5～60)	—	—
低温管		(57～457)×(3.5～60)	1.14	0.70
高压锅炉管		(57～457)×(3.5～60)	1.80	2.36
低中压锅炉管		(57～457)×(3.5～60)	—	—
三化用管		(57～457)×(3.5～60)	5.08	4.75
耐磨管		(57～457)×(3.5～60)	0.47	0.23
气瓶管		(57～457)×(3.5～60)	3.04	2.46
结构管		(57～457)×(3.5～60)	—	—
液压支柱管		(57～457)×(3.5～60)	0.89	1.06
工程、石油机械用管		(57～457)×(3.5～60)	—	—

产品名称	规格范围（外径范围×壁厚范围）（mm）	实际产量（万吨）	
		2022 年	2023 年
油缸管	(57~457)×(3.5~60)	0.08	0.00
车桥管/汽车半轴管	(57~457)×(3.5~60)	1.02	1.24
不锈钢管	—	0.00	0.00
其他	—	72.52	78.70

5　鞍钢股份大型总厂无缝钢管厂

一、企业简介

鞍钢股份大型总厂无缝钢管厂（原鞍钢无缝钢管厂）于 1950 年 3 月筹建，1953 年 12 月 26 日正式竣工投产，是闻名全国的鞍钢"三大工程"之一，是新中国第一座无缝钢管厂，被誉为无缝钢管的"摇篮"。2020 年，与大型厂整合，成立鞍钢股份大型总厂无缝钢管厂。

大型总厂无缝钢管厂总占地面积 31.1 万平方米，拥有热轧和管加工两条生产线，具有年产 50 万吨以上无缝管的设计生产能力，钢管外径：$\phi60~180mm$，壁厚：$4~27mm$，长度：$6~12.5m$，是一家主要生产精品石油管、合金专用管材的生产基地。这里拥有中国钢铁工业摇篮之称的鞍钢集团作为强大的资本后盾，在资源、技术、原料、渠道等方面具有得天独厚的综合优势，整体工艺及装备水平处于国内领先水平。主要生产品种包括：油井管、管线管、锅炉压力容器、高低合金结构及机械加工、普碳钢等五大系列。

二、企业基本概况

企业名称	鞍钢股份大型总厂无缝钢管厂				
地址	辽宁省鞍山市铁西区鞍钢厂区			邮编	114000
联系人	顾琳	电话	13909808557	联系人所在部门	党委工作室（综合管理室）
企业成立时间	1950 年 3 月	企业网址		—	
企业性质	国有企业	钢管设计能力（万吨/年）		50	
企业员工人数（人）	504	其中：技术人员（人）		31	

续表

企业名称	鞍钢股份大型总厂无缝钢管厂				
钢管产量 （万吨）	2022 年	2023 年	钢管出口量 （万吨）	2022 年	2023 年
	0.96	20.24		—	—
销售收入 （万元）	2022 年	2023 年	利润总额 （万元）	2022 年	2023 年
	5294.00	89553.00		—	—

三、热轧无缝钢管生产工艺技术装备及产量情况

机组类型及型号		台套/ 条	产品规格范围（外径范围× 壁厚范围）（mm）	设计产能 （万吨）	投产时间 （年）	实际产量（万吨）	
						2022 年	2023 年
热轧钢管机组	PQF177	1	(60~180)×(4.5~27)	50	2022	0.96(当年 设备改造)	20.24
	合　计	1	—	—	—	0.96	20.24

四、企业无缝钢管主导产品

产品名称		规格范围（外径范围× 壁厚范围）（mm）	执行标准	实际产量（万吨）	
				2022 年	2023 年
油井管	油管	(60.3~114.3)×(4.83~11.5)	API SPEC 5CT	0	1
	套管	(114.3~177.8)×(4.83~11.5)	API SPEC 5CT	0.56	7.54
	钻杆/钻铤	(60.3~127)×(7.11~11.4)	API SPEC 5D	0	0
管线管		(60.3~177.8)×(4.83~11.5)	API SPEC 5L	0	0.27
流体管		(60~180)×(3.5~20)	GB/T 8163—2018	0.01	4.02
低温管		(60~180)×(5~20)	技术协议	0	0
高压锅炉管		(60~180)×(3.5~16)	GB/T 5310—2017	0	0.79
低中压锅炉管		(60~180)×(3.5~20)	GB/T 3087—2022	0	0.16
核电用管		(60~180)×(5~16)	技术协议	0	0
三化用管		(60~180)×(5~20)	GB/T 9948—2013 GB 6479—2013	0	0.23
耐磨管		(60~180)×(5~20)	GB/T 33966—2017	0.1	0.2
气瓶管		(60~180)×(5~16)	GB/T 18248—2021	0	0
结构管		(60~180)×(3.5~20)	GB/T 8162—2018	0.12	0.85
液压支柱管		(114~180)×(3.5~20)	GB/T 17396—2022	0	0.61
工程、石油机械用管		(60~180)×(5~20)	技术协议	0.12	2.23
油缸管		(60~180)×(5~16)	YB/T 4673—2018	0	0
汽车、机车、机床用液压管		(60~180)×(5~16)	技术协议	0.0002	0.0099

续表

产品名称	规格范围（外径范围×壁厚范围）（mm）	执行标准	实际产量（万吨）	
			2022 年	2023 年
车桥管/汽车半轴管	（60~180）×（5~18）	技术协议	—	2
其他	（60~180）×（5~21）	技术协议	0.0477	0.3369

6 中信泰富特钢集团大冶特殊钢有限公司

一、企业简介

中信泰富特钢集团大冶特殊钢有限公司（简称"大冶特钢"）是中国近代"钢铁摇篮"，地处中国矿冶之都、先进制造业基地湖北省黄石市，隶属中信泰富特钢集团，是其沿海沿江产业链的战略布局中的重要一环。

大冶特钢是国家高新技术企业、全国首批两化融合示范企业、全国首批绿色制造示范企业、全国绿化模范单位。拥有国家认定企业技术中心、院士专家工作站、博士后科研工作站、高品质特殊钢湖北省重点实验室，先后承担国家多项冶金课题的项目攻关，主持或参与起草修订了多项国家和行业技术标准。先后荣获"全国质量奖""全国质量标杆""中国工业大奖表彰奖"，多项产品荣获国家冶金产品实物质量"金杯奖""国家科学技术进步奖一等奖、二等奖""冶金科学技术奖一等奖""国家知识产权优势企业""中国航天突出贡献供应商""中国工模具行业最具影响力钢厂品牌"等奖项。

大冶特钢是中国品种规格最齐全的高品质棒材、高端中厚壁无缝钢管、高合金锻材三大特钢生产基地，工艺技术和装备具备世界先进水平。主要产品有轴承钢、汽车用钢、能源用钢、工程机械用钢、航空航天用钢等。主要服务于航天航空、海洋、核电、风电、交通、火电、油气、工程机械、重燃、船舶、石化、汽车、高铁等关键领域。

从中国第一炉电渣钢到第一根极薄壁高温合金旋压管，从第一个飞机用高温合金涡轮盘，到第一根轧制的飞机大梁（毛坯），从中国第一颗人造地球卫星，到神舟系列飞船的上天，到"嫦娥"奔月，再到"天宫""北斗"发射升空，大冶特钢均提供了关键部件的用钢。工程机械用无缝钢管已连续 13 年产销量全国第一、13 年全球第一，石油工具及装备用中厚壁无缝钢管连续 10 年产销量全国第一，大口径厚壁高压锅炉用管连续 5 年产销量全国第一。

大冶特钢秉承"诚信、创新、融合、卓越"的理念，牢记为客户创造价值，为员工创造幸福，为股东创造效益，为社会创造财富的企业使命，致力于为客户提供多规格、多品种、高品质的特殊钢产品及整体服务方案，致力于"创建全球最具竞争力的特钢企业集团"。

二、企业基本概况

企业名称	中信泰富特钢集团大冶特殊钢有限公司				
地址	湖北省黄石市黄石大道 316 号		邮编		435000
法人代表	蒋乔	电话	—	电子邮箱	—
联系人	胡旋	电话	13872079338	联系人所在部门	钢管销售公司
企业性质	—	钢管设计能力（万吨/年）		100	
企业员工人数（人）	6783	其中：技术人员（人）		1145	
钢管产量（万吨）	2022 年	2023 年	钢管出口量（万吨）	2022 年	2023 年
	84	86		23	19
销售收入（万元）	2022 年	2023 年	利润总额（万元）	2022 年	2023 年
	608072.00	609560.00		10867.00	11053.00

三、热轧无缝钢管生产工艺技术装备及产量情况

机组类型及型号		台套/条	产品规格范围（外径范围×壁厚范围）（mm）	设计产能（万吨）	投产时间（年）	实际产量（万吨）	
						2022 年	2023 年
热轧钢管机组	φ108mm ASSEL	1	(51～108)×(8～25)	9	2004	7.4	6.2
	φ170mm ASSEL	1	(89～219)×(12～60)	26	1993	20	20
	φ219mm CPE	1	(89～245)×(6～20)	20	2014	15.6	15.8
	φ460mm ASSEL	1	(219～534)×(16～130)	45	2009	41	44
	合计	4	—	100	—	84	86

四、企业无缝钢管主导产品

产品名称	规格范围（外径范围×壁厚范围）（mm）	执行标准	实际产量（万吨）	
			2022 年	2023 年
钻杆/钻铤	(73～300)×(6～55)	协议	8.5	11.5
管线管	(60～530)×(6～90)	协议	3.5	3
流体管	(73～534)×(6～50)	GB/T 8163	0.7	0.3
低温管	(51～534)×(6～130)	协议	0.1	0.2
高压锅炉管	(51～534)×(6～130)	协议	5.6	7
低中压锅炉管	(51～534)×(6～130)	协议	0.1	—
核电用管	(51～534)×(6～130)	协议	0.1	0.1
三化用管	(51～534)×(6～130)	协议	0.7	1.1

续表

产品名称	规格范围（外径范围×壁厚范围）（mm）	执行标准	实际产量（万吨）	
			2022 年	2023 年
气瓶管	（63~534）×（6~55）	协议	1.9	2
结构管	（51~534）×（6~130）	GB/T 8162	12	13
液压支柱管	（51~534）×（6~130）	GB/T 17396、协议	11	12
工程、石油机械用管	（51~534）×（6~130）	协议	7	7
油缸管	（51~534）×（6~130）	协议	21	17
汽车管	（51~534）×（6~130）	协议	3.2	2.6
车桥管/汽车半轴管	（115~219）×（8~30）	协议	1.4	2.9
轴承管	（51~273）×（6~60）	协议	0.1	0.1
不锈钢管	（51~534）×（6~130）	协议	0.2	0.3
其他	（51~534）×（6~130）	协议	6.9	5.9

7　黑龙江建龙钢铁有限公司

一、企业简介

黑龙江建龙钢铁有限公司（以下简称"黑龙江建龙"）是北京建龙重工集团有限公司于 2003 年积极响应"国家振兴东北老工业基地"号召，在黑龙江省投资兴建的集矿业开采、煤化工、钢铁冶金、进出口贸易、工程技术、钒钛研究等产业一体化的中型钢铁联合企业，下辖建龙钢铁、建龙化工、建龙钒业、建龙矿业、祥龙国贸、双鸭山国贸、龙祥工程、钒钛研究院共 8 家子公司。2021 年建龙集团首次荣登《财富》世界 500 强第 431 位，2022 年排名攀升至 363 位。

经过 20 年的持续发展，形成了年产 160 万吨焦炭、240 万吨钢、100 万吨棒材、100 万吨无缝钢管、80 万吨铁精粉、2000 吨钨精粉矿、8000 吨五氧化二钒、5500 吨氮化钒合金的综合生产能力。公司拥有员工 3977 人，大专以上学历 1763 人，评定为国家级高新技术企业。

目前公司累计上缴税金 59.25 亿元，直接安置当地就业 5000 余人，直接或间接服务于公司的就业人员已达两万余人。近年来公司的发展建设，与双鸭山市政府形成了经济发展和民生保障工作的利益共同体，为地方经济转型和黑龙江省钢铁工业作出了突出贡献。

（一）完整的产业链条

黑龙江建龙拥有矿山—焦化—炼轧钢一条线的完整产业链条及先进设备，近年来，在完善 160 万吨焦炭、200 万吨铁钢材配套产能的同时，加快技术改造和产业升级步伐，投资 29.85 亿元开发建设了 φ180 无缝钢管、φ273 无缝钢管项目，实施了黑龙江省内唯一一个大型干熄焦项目，走出了一条依托资源创业，超越资源发展的转型之路。

其中，焦化工序拥有 JNDK43-03F 焦炉 4 座、甲醇生产线 1 条，年产冶金焦炭 180 万吨、煤焦油 9 万吨、甲醇 10 万吨、粗苯 2 万吨、硫酸铵 1.8 万吨、1 亿立方米液化天然气。

炼铁工序现有 580m³ 高炉 3 座，90m² 烧结机 2 台，10m² 竖炉 3 座，年产烧结矿 224 万吨、球团矿 160 万吨、铁水 200 万吨以上。主要产品为炼钢生铁，副产品为高炉水渣、高炉煤气等。

炼钢工序炼钢系统装备有 3 座顶底复吹转炉（80t）、2 座 LF 精炼炉（80t）、1 座 VD 炉（80t）、六机六流圆坯连铸机 1 套、六机六流方坯连铸机 1 套。

轧钢工序主要为棒材生产线和无缝钢管生产线。其中棒材生产线设计年产 100 万吨棒材，整体设计制造全部实现国产化。公司生产的 HRB335E 和 HRB400E 热轧带肋钢筋连续四年被评为黑龙江省名牌产品；公司 HRB400E 螺纹钢产品获得中国冶金工业分会颁发的"冶金行业品质卓越产品"荣誉证书。

无缝钢管生产线，分别为 273Accu-Roll 机组及 180PQF 机组。其中，273 机组年产钢管能力为 25 万吨，180 机组设计产能 55 万吨，可生产所有 API 钢级的石油管、锅炉管、轴承管、机械用管和结构管等。

φ180mm PQF 连轧机组由意大利 Danieli 公司负责整体工艺设计。目前世界上能够制造最先进连轧机组的厂家只有意大利和德国两家。产线同时还装备有德国 FOERSTER 漏磁探伤、德国 GE 公司超声探伤、水压机等检验设备，确保产品出厂质量。

（二）公司主导产品

公司主导产品为无缝钢管和螺纹钢，其中，无缝钢管产品包括：石油专用油井管、管线管、石油钻杆、流体输送用管、锅炉用管、液压支柱管、汽车车桥管、汽缸套管、气瓶用管、地质用管、结构用管等无缝钢管，以及热轧带肋钢筋。

目前无缝管产品性能稳定，深受油田和经销商的欢迎。公司的石油管光管产品已连续六年获得中石油中标量、分配量全国钢厂排名第一的佳绩。

其中，特色产品——螺纹钢，先后获得"国家免检产品""全省用户满意产品""黑龙江省名牌产品""冶金行业品质卓越产品"等荣誉称号，先后两次获得《冶金产品实物质量金杯奖认定证书》。HRB400E 螺纹钢已被列入《国家重点支持的高新技术领域》产品名录。

特色产品——无缝钢管，目前主要产品有石油套管管料、管线管、一般输送流体用管、中高低压锅炉用管、液压支柱管、汽缸套管、化肥设备用高压管、一般结构用管、船舶用管等，直径范围 φ60~340mm。无缝钢管通过了美国 API 认证。无缝钢管产品销售覆盖中石油、中石化等石油行业，已成为中石油一级物资供应商，近年供货量居民营企业首位，此外，该产品在出口方面也有了较大的进展，先后与加拿大、尼日利亚、印度等国家和地区签订了产品出口合同。与大庆油田、辽河油田、胜利油田、大港油田、长庆油田、延长油田、三一重工、徐工液压、吉林车桥等国内大中型用管企业建立了长期稳固的合作关系。

面对未来发展，站在时代新起点，黑龙江建龙将以中国制造 2025 和国家"一带一路"战略为契机，充分依托企业技术、设备、资源、人才等方面优势，通过实施供给侧结构性改革，积极谋划产业布局，打造 3A 级绿色工厂，实现企业、人与环境和谐共处，为建设"绿色、低碳、节能、环保"的现代化钢铁工业而努力奋斗。

二、企业基本概况

企业名称	黑龙江建龙钢铁有限公司				
地址	黑龙江省双鸭山市岭东区双选路 64 号		邮编		155126
法人代表	王忠英	电话	0469-4238245	电子邮箱	www.ejianlong.com
联系人	王金奎	电话	13359658859	联系人所在部门	营销处
企业成立时间		2003 年 8 月 5 日	企业网址		www.ejianlong.com
企业性质		私营	钢管设计能力 （万吨/年）		100
企业员工人数（人）		3977	其中：技术人员（人）		220
钢管产量 （万吨）	2022 年	2023 年	钢管出口量 （万吨）	2022 年	2023 年
	78.61	78.27		4.69	4.78
销售收入 （万元）	2022 年	2023 年	利润总额 （万元）	2022 年	2023 年
	1176916.52	1132432.02		38765.94	24559.91

三、热轧无缝钢管生产工艺技术装备及产量情况

机组类型及型号		台套/条	产品规格范围（外径范围×壁厚范围）（mm）	设计产能（万吨）	投产时间（年）	实际产量（万吨）	
						2022 年	2023 年
热轧钢管机组	273Accu-Roll	1	（60~180）×（3.5~25）	30	2008	26.75	25.22
	180PQF	1	（114~273）×（6~30）	45	2011	51.88	53.07

四、企业无缝钢管主导产品

产品名称		规格范围（外径范围×壁厚范围）（mm）	执行标准	实际产量（万吨）	
				2022 年	2023 年
油井管	油管	(60.32~114.3)×(4.83~12.7)	API 5CT 10TH	22.89	28.04
	套管	(114.3~273.05)×(5.21~20.24)	API 5CT 10TH	34.32	27.61
	钻杆/钻铤	(60.32~114.3)×(4.83~12.7)	API 5DP、GB/T 9808	1.96	2.26
管线管		(60~273)×(5~15)	API 5L、GB/T 9711	2.61	1.3
流体管		(60~273)×(3.5~25)	GB/T 8163	13.40	16.17
低温管		(60~273)×(3.5~25)	GB/T 18984	0.29	0.12
高压锅炉管		(60~180)×(3.5~25)	GB/T 5310	0.44	0.59
低中压锅炉管		(60~273)×(3.5~30)	GB/T 3087	0.12	0.02
三化用管		—	—	0	0
耐磨管		(60~273)×(3.5~30)	GB/T 33966	0.42	0.24
气瓶管		(60~180)×(3.5~25)	GB/T 18248	1.18	1.03
结构管		(60~273)×(3.5~30)	GB/T 8162	0.03	0.03
液压支柱管		(60~273)×(3.5~30)	GB/T 17396	0.32	0.13
工程、石油机械用管		(60~273)×(3.5~30)	JXY/HJL-124—2022	0.15	0.13
油缸管		(60~273)×(3.5~30)	XY/HJL-021—2023	0.32	0.19
汽车、机车、机床用液压管		(60~180)×(3.5~25)	GB/T 30584	0.16	0.25
汽车管		—	—	0	0
车桥管/汽车半轴管		(60~273)×(3.5~30)	GB/T 8163	0.02	0.18
轴承管		—	—	0	0
其他		—	—	0	0

8　林州凤宝管业有限公司

一、企业简介

林州凤宝管业有限公司位于全国闻名的红旗渠畔，占地面积 80 余万平方米，现有员工 2000 余名，中高级专业技术人员 300 余名。其中：技术人员 190 余人，无损检测人员 80 余人，试验人员 30 余人。

公司是集炼铁、炼钢、轧管、热处理、管加工为一体的全流程生产企业，具有年产钢 220 万吨、轧管 150 万吨、管加工车丝 35 万吨、热处理 75 万吨的生产能力。

公司是中原地区装备最优、品种最全、规模最大的高品质无缝管生产基地，属河南省高新技术企业，建有省级特种无缝钢管工程技术研发中心。

公司目前拥有四条热轧生产线、三条热处理线、三条石油专用管加工线、一条出口管加工包装线、一条接箍加工线、一条轴承管（锅炉管）专用生产线、两条油管（钻杆）加厚生产线。其中，$\phi273$ 机组为两辊斜轧机组，具有轧制精度高、规格范围广、壁厚均匀、内外表面质量优良等特点；$\phi159$ 机组为三辊限动芯棒连轧机组；$\phi89$ 为六机架三辊小口径连轧机组，填补了小口径热轧无缝钢管生产空白，成为以热代冷工艺的先进典型代表；$\phi114$ 机组为三辊精密轧管机组，可以为机械工程行业提供高质量无缝用管；智能石油专用管加工线和热处理线升级优化了产品结构，打造了高钢级、高附加值产品。

从原料进厂、生产过程、检测成品出厂等环节，公司保证按炉批控制产品质量的可追溯性，生产线配备有集内外伤、分层检测、测长、测厚等多功能为一体的漏磁、涡流、超声波探伤仪等无损探伤设备；企业拥有省级技术中心；质量检测中心按照国内外相关标准和用户要求进行试验检测，检测项目包括化学分析、力学性能测试、金相组织分析、静水压试验、常温低温冲击试验、SEM 扫描电镜失效分析、HIC/SSC 抗腐蚀试验、模拟油气管道服役高温高压釜试验等。产品实现了生产智能化、在线检测分析、实时监测、共享联动，每一件产品质量都体现了凤宝人精细化生产制造水平。

公司先后通过 ISO9000 质量体系、中国船级社、美国船级社、挪威船级社、美国石油协会 API、国家特种设备制造许可、环境管理体系、职业健康管理体系和欧盟 CE 等认证。公司积极推行"减量提质、绿色安全"发展理念，科学配置环境容量，以环保安全为抓手，配套建设了烟气脱硫脱硝系统、余热（光伏）发电系统，稀土磁盘与复合膜陶瓷过滤等水处理系统，加大厂区美化绿化力度，确保环保能源利用最大化，实现了企业绿色循环发展。

二、企业基本概况

企业名称	林州凤宝管业有限公司				
地址	河南省林州市国家红旗渠经济技术开发区（林州市）安姚路西段			邮编	—
法人代表	李静敏	电话	13837221819	电子邮箱	—
联系人	郭庆亮	电话	13303725833	联系人所在部门	市场部
企业成立时间	2007 年 4 月 24 日		企业网址	http://fb.cfbpco.com/	
企业性质	有限责任公司		钢管设计能力 （万吨/年）	120	
企业员工人数（人）	2283		其中：技术人员（人）	300	
钢管产量 （万吨）	2022 年	2023 年	钢管出口量 （万吨）	2022 年	2023 年
	118.02	133.33		7.41	11.34
销售收入 （万元）	2022 年	2023 年	利润总额 （万元）	2022 年	2023 年
	646481.49	690542.88		22850.99	22674.78

三、热轧无缝钢管生产工艺技术装备及产量情况

机组类型及型号		台套/条	产品规格范围（外径范围×壁厚范围）（mm）	设计产能（万吨）	投产时间（年）	实际产量（万吨）	
						2022 年	2023 年
热轧钢管机组	273 厂 Accu-RoLL 轧管机组	1	（180~377）×（7~55）	30	2008	21.55	30.29
	159 厂 PQF 连轧机组	1	（73.02~219）×（4~16）	40	2011	46.71	49.69
	89 厂 PQF 连轧机组	1	（42~124）×（3~12.5）	20	2017	28.42	31.54
	114 厂 Assel 三辊轧管机组	1	（89~203）×（10~40）	20	2020	21.34	21.80
合计		4	—	110	—	118.02	133.33

四、企业无缝钢管主导产品

产品名称		规格范围（外径范围）（mm）	执行标准	实际产量（万吨）	
				2022 年	2023 年
油井管	油管	48.32~114.3	API 5CT	16.62	20.80
	套管	114.3~339.72	API 5L	27.93	31.11
	钻杆/钻铤	60.3~127	客户技术协议	0.69	0.48
管线管		60~323.9	API 5L 和 GB/T 9711—2017	2.4	12.73
流体管		42~340	GB/T 8163—2018	22.23	15.37
低温管		42~340	ASTM A333/A333M/ASME SA-333/SA-333M	0.16	0.012
高压锅炉管		42~340	GB/T 5310—2017	0.63	0.49
低中压锅炉管		42~340	GB/T 3087—2022	1.12	0.99
核电用管		—		0	0
三化用管		42~340	GB/T 6479—2013	0.34	0.66
耐磨管		42~340	GB/T 33966—2017	0.16	0.33
气瓶管		42~340	客户技术协议	0.19	0.01
结构管		42~340	GB/T 8162—2018	6.42	6.24
液压支柱管		42~340	GB/T 17396—2009	14.08	15.20
工程、石油机械用管		42~340	客户技术协议	0.12	0.087

续表

产品名称	规格范围（外径范围）（mm）	执行标准	实际产量（万吨）	
			2022 年	2023 年
油缸管	42~340	客户技术协议	5.61	10.79
汽车管	42~340	—	—	—
车桥管/汽车半轴管	42~340	客户技术协议	2.28	4.61
轴承管	42~340	—	—	—
其他	—	—	18.62	16.31

9 山东磐金钢管制造有限公司

一、企业简介

山东磐金钢管制造有限公司成立于 2017 年，注册资本 6 亿元，是一家集产品研发、生产和销售于一体的大型无缝钢管生产制造企业。公司位于山东省寿光市侯镇，北距国家二级港口羊口港 20 千米，东距潍坊港 15 公里，荣乌高速路口距厂区 2 公里，地理位置优越，交通运输便利。

公司为山东省制造业单项冠军企业，建有省级企业技术中心、市级研发中心、工业设计中心等科研平台，技术力量雄厚，研发体系健全，工艺装备先进，具备较强的自主研发和创新能力。依托鲁丽集团有限公司钢铁产业基础，公司拥有从炼铁、炼钢、坯料供应到管材生产加工的全流程产业链优势，目前公司配备有六条国际先进的热轧无缝钢管自动化生产线，其中 φ159 两辊连轧线两条，φ180 三辊连轧线两条，φ273 三辊连轧线两条，年产热轧无缝钢管 362 万吨。主要产品有结构钢管、输送流体管、高低压锅炉管、石油套管和管线用管等，可生产（φ32~356）mm×（3.5~40）mm 范围内的高质量无缝钢管，产品广泛应用于工程、机械、石油、石化、锅炉、船舶等领域。

公司先后通过 ISO9001 质量管理体系、ISO14001 环境管理体系、ISO45001 职业健康安全管理体系、ISO50001 能源管理体系、工业化和信息化两化融合管理体系、钢研纳克产品、MC 冶金产品、绿色产品、APIQ1 质量体系、API 5CT/5L、CCS 中国船级社等认证，获得全国优质民营无缝钢管生产企业、十大民营优质品牌企业、全国钢管行业质量领先企业、全国无缝管生产企业领导品牌、山东省单项冠军企业、山东省两化融合优秀企业、山东制造·齐鲁精品、山东优质品牌、潍坊市智能制造试点示范项目、潍坊市新旧动能转换及四个城市建设优选项目等多项荣誉称号。

二、企业基本概况

企业名称	山东磐金钢管制造有限公司				
地址	山东省潍坊市寿光市侯镇政府驻地、昌大路西侧		邮编		262724
法人代表	杜文芝	电话	13696360480	电子邮箱	admin@ sdpanjin.com
联系人	杨强	电话	15763669687	联系人所在部门	公司办公室
企业成立时间	2017 年 3 月 9 日	企业网址		http：//www.sdpanjin.com/	
企业性质	民营	钢管设计能力（万吨/年）		362	
企业员工人数（人）	1748	其中：技术人员（人）		246	
钢管产量（万吨）	2022 年	2023 年	钢管出口量（万吨）	2022 年	2023 年
	288	337		25	29
销售收入（万元）	2022 年	2023 年	利润总额（万元）	2022 年	2023 年
	1266557.00	1370283.00		67170.00	72273.00

三、热轧无缝钢管生产工艺技术装备及产量情况

机组类型及型号		台套/条	产品规格范围（外径范围×壁厚范围）(mm)	设计产能（万吨）	投产时间（年）	实际产量（万吨）	
						2022 年	2023 年
热轧钢管机组	159 线	2	(32~108)×(3.5~12)	78	2018	89	100
	180 线	2	(108~180)×(4~22)	130	2019	97	104
	273 线	2	(168~356)×(6~40)	154	2019	102	133
	合计	6	—	362	—	288	337

四、企业无缝钢管主导产品

产品名称		规格范围（外径范围×壁厚范围）(mm)	执行标准	实际产量（万吨）	
				2022 年	2023 年
油井管	油管	(60.3~88.9)×(4.83~6.45)	API Spec 5CT	0	1.01
	套管	(139.7~273.02)×(7.72~10.03)	API Spec 5CT	0.64	2.66
管线管		(32~356)×(3.5~40)	API Spec 5L	25	30
流体管		(32~356)×(3.5~40)	GB/T 8163—2018	190.36	203.33
低中压锅炉管		(32~356)×(3.5~40)	GB/T 3087—2022	42	60
结构管		(32~356)×(3.5~40)	GB/T 8162—2018	30	40

10　德新钢管（中国）有限公司

一、企业简介

德新钢管（中国）有限公司成立于 2002 年，公司主要采用中频热扩工艺，结合冷拔、机加工等工艺生产大口径无缝钢管，为国内热扩钢管制造的先行者和领军企业，在大口径无缝钢管细分市场具有突出的品牌效应和客户口碑。经过近 20 年的发展，德新钢管已形成石化化工用管、热电用管、冷拔气瓶管、高强度管线管等四大拳头产品，可生产和供应管径 16.7 ~ 1320mm、壁厚 70mm 以下的各种标准、材质和规格的无缝钢管，产品具有"质量好、精度高、直径大、管壁薄、钢种全"等特点，工艺技术水平处于国内领先地位，产品主要应用于石化、化工、氧化铝、热力管网、锅炉电站、大容积气瓶制造等领域。

公司先后获得了中石化易派客质量认证、美国石油协会 API 5L 认证、美国 ASME/ASTM 产品认证、欧盟 EC 认证，以及美国 ALSTOM、FLUOR、KNPC、巴西石化 CRCC、印度 BHEL、韩国三星重工、俄罗斯石油等海外石化、电力公司的资格认证。

公司经多年来持续不断的研发，目前已经发展成为热轧加工、冷拔、热扩、机加工生产工艺齐全、产品组距全覆盖的大型无缝钢管制造基地，其中中频热扩和冷拔大口径无缝钢管工艺水平在国内外处于领先地位，在行业内具有较高的知名度。公司于 2019 年取得国家质检总局颁发的 A2 和 B《无缝钢管制造许可证》。

2013 年，公司 P91 和 P22 中频热扩大口径无缝钢管经过十万小时高温持久试验，并通过国家科委科学技术成果鉴定，结论为达到同类产品国际先进水平。

公司积极参与国家相关标准的制定和完善，扩大品牌效应和行业话语权，共参与了 6 项国家标准制定和 3 项团体标准制定。

公司目前被认定为"江苏省高新技术企业""无锡市专精特新企业""江苏省企业技术中心""江苏省专精特新企业"。

2018 年开始，公司组织实施了"大容积气瓶用无缝钢管新材料 4130DX 的研究开发"项目，成功研发具有高强度和高韧性的无缝钢管新材料 4130DX，并批量生产大容积气瓶用高精度无缝钢管，为长管拖车的轻量化奠定了基础。2021 年，启动"核电用 TP316H 大口径不锈钢无缝钢管研究开发"项目，目前已取得阶段性成果，样品得到了用户的高度评价，目前正在进行 30000h 高温持久强度试验，新产品进入质量要求最高、准入门槛最苛刻的核电行业指日可待，公司目前是"中核集团""中国华电集团"合格供应商。

公司将秉承"安全、优质、诚信、一切为用户着想"经营理念，坚持差异化发展和创新，以热扩生产为本，以项目应用为主，充分发挥项目配套服务和热扩钢管生产的综合实力和优势，深耕石化、化工、电力、煤化工等应用领域，打造"大口径热扩无缝钢管"细分市场的头部品牌，经"上海钢管行业协会证明"，在该细分领域 2021 年江苏省内市场排名第一位，国内排名第二位。

公司自成立以来，注重品牌的培育与建设，通过品牌效应提升公司在行业内的知名度，2020 年被"江苏省商务厅"认定为"江苏省重点培育和发展的国际知名品牌"；2019 年被"中国石油和化工工业联合会"评定为"石化行业百佳供应商"；2019 年被"江苏省品牌协会"评定为"2019 长江品牌年度成就奖"。

公司 2022 年销售收入 74771.00 万元，利润总额 4500.00 万元，新产品销售收入：50814.1 万元，占产品销售收入：68.27%。

二、企业基本概况

企业名称	德新钢管（中国）有限公司				
地址	无锡市惠山经济开发区金惠路 588 号		邮编		214000
法人代表	陈俊德	电话	13706196288	电子邮箱	—
联系人	桂洪云	电话	13771073996	联系人所在部门	总经理办公室
企业成立时间		2002 年	企业网址		—
企业性质		合资企业	钢管设计能力（万吨/年）		18.7
企业员工人数（人）		200	其中：技术人员（人）		50
钢管产量（万吨）	2022 年	2023 年	出口销售收入（万元）	2022 年	2023 年
	9.346	12.471		8000.00	6000.00
销售收入（万元）	2022 年	2023 年	利润总额（万元）	2022 年	2023 年
	74771.00	99770.00		4500.00	5900.00

三、冷热轧无缝钢管生产工艺技术装备及产量情况

机组类型及型号		台套/条	产品规格范围（外径范围×壁厚范围）（mm）	设计产能（万吨）	投产时间（年）	实际产量（万吨）	
						2022 年	2023 年
热扩钢管机组	EZG-IIB820	1	1219×30	1.2	2012	0.5462923	0.7256386
	EZG-IIB914	1	1321×30	1.3	2012	0.5286077	0.6667793
	EQG-IA630×20	1	711×20	0.8	2008	0.0611123	0.2339217
	EZG-IIB1200	1	1500×60	1.5	2006	0.0379083	0.0675194
	914×30	1	914×30	1.2	2019	0.6133838	0.732102
	914×30	1	914×30	1.2	2019	0.6343962	0.6548551
	合计	6	—	7.2	—	2.4217006	3.0808161

续表

机组类型及型号		台套/条	产品规格范围（外径范围×壁厚范围）（mm）	设计产能（万吨）	投产时间（年）	实际产量（万吨）	
						2022 年	2023 年
冷拔机组	JLB1600T-14500	1	1321×30	5	2014	3.4291811	1.5736357
	YLB-A-400-11.6/3.5	1	508×20	2	2014	0.3221816	0.3524196
	DX1000T-13000	1	914×30	4.5	2019	0.1445985	0.0648242
	合计	3	—	11.5	—	3.8959612	1.9908795

四、企业无缝钢管主导产品

产品名称	规格范围（外径范围×壁厚范围）（mm）	执行标准	实际产量（万吨）	
			2022 年	2023 年
管线管	(457~1321)×(9.53~52.37)	API 5L GB/T 9711	0.5462923	0.7256386
流体管	(457~1321)×(9.53~52.37)	GB/T 8163	0.5286077	0.6667793
低温管	(457~1321)×(9.53~52.37)	ASTM A333	0.0611123	0.2339217
高压锅炉管	(457~1321)×(9.53~52.37)	GB/T 5310	0.0379083	0.0675194
低中压锅炉管	(457~1321)×(9.53~52.37)	GB/T 3087	0.6133838	0.732102
核电用管	(457~1321)×(9.53~52.37)	—	0.0634296	0.0634296
气瓶管	(457~914)×(5.5~19.5)	GB/T 28884 GB/T 18248	3.8959612	1.9908795
结构管	—	GB/T 8162	0.5709666	0.5903696

11　浙江久立特材科技股份有限公司

一、企业简介

浙江久立特材科技股份有限公司（原浙江久立不锈钢管股份有限公司）创建于 1987 年，坐落在"长三角"中心——太湖南岸——浙江省湖州市镇西，注册资本 8.41520326 亿元人民币。公司建有世界先进水平的不锈钢、耐蚀合金、高温合金无缝钢管（热挤压、热穿孔、冷轧、冷拔）生产线和大、中、小口径焊接钢管生产线，一直致力于为工业管道系统提供高性能、耐蚀、耐压、耐温的解决方案。

公司有完善的质保体系，公司在运行 ISO9001：2008 质保体系的基础上，2009 年获得国家核安全局颁发的《民用核安全机械设备制造许可证》，获得 ASME 核电体系认证。公司已于 2005 年取得国家质量监督检验检疫总局颁发的《特种设备制造许可证》。公司又通过 ISO14001：2004 和 OHSAS18001：2007 等体系认证。公司又通过了 API 5LC/5CT 认证、欧盟承压设备指令认证 PED97/23/EC、德国莱茵公司、CCS 中国船级社、GL 德国劳氏船级社、BV 法国船级社、DNV 挪威船级社、ABS 美国船级社、LR 英国劳氏船级社、RINA 意大利船级社、RMRS 俄罗斯船级社、NK 日本船级社和 KR 韩国船级社等材料或工厂认证。

公司是浙江省"五个一批"重点企业、国家级高新技术企业，建有省级企业研究院及博士后科研工作站。公司始终坚持"艰苦创业，以质取胜，以信为本"的企业精神和"以成熟的技术和可靠的产品质量服务用户，贡献社会，发展自己"的经营理念，得到了广大客户和全社会的一致认可。公司曾被中华全国总工会授予"全国五一劳动奖状"，中共浙江省委、省人民政府授予"文明单位"称号，国家工商行政管理总局授予"全国守合同重信用单位"，中国钢铁工业协会授予"冶金产品实物质量金杯奖"。

公司十分重视技术装备的不断更新和新产品的研发工作，满足用户需求。1996 年成功开发了工业用中、大口径不锈钢焊接管，通过了省级新产品鉴定，获浙江省科技进步二等奖，是国家科技部火炬项目。2008 年已引进了 630 自动焊接机组，公司拥有世界先进的自动焊接生产线 22 条，生产装备世界领先、产品质量国内领先；1998 年开发的小口径不锈钢焊接管以及双相钢焊接钢管，获得全国压力容器标准化技术委员会和国家质量技术监督局锅炉压力容器安全监察司颁发的《压力容器用材料技术评审证书》，同时通过了省级新产品鉴定。2003 年开发了电站低压加热器和冷凝器用的 U 形管和直管，被评为省级新产品；同年开发的双相钢焊接管通过省级新产品鉴定，并获得了湖州市科技进步二等奖，浙江省科技进步三等奖。公司征地 1000 多亩花巨资建设无缝管生产基地，相继引进 3500 吨挤压机、热处理炉、冷轧机等先进设备，相继开发的双相钢无缝管、超级双相钢管、超级奥氏体锅炉管、镍基合金管等新产品，双相钢、超级双相钢无缝管通过了全国压力容器标准化技术委员会组织的技术评审。公司开发生产的超超临界电站锅炉用无缝钢管获得了全国压力容器标准化技术委员会和中国机械工业联合会的双重认证。

依靠过硬的产品质量和优质服务，公司已成为中国石油化工股份有限公司的定点供应单位、中国石油天然气集团总公司的物资供应商、中国海洋石油总公司合格供应商，也是壳牌（SHELL）、埃克森美孚（ExxonMobil）、英国石油 BP、康菲石油 ConocoPhilips、巴西国家石油公司（PetroBras）、沙特阿美（Saudi Aramco）、沙特基础工业公司沙比克（Sabic）、阿曼石油开发公司（PDO）、阿曼国家石油勘探开发公司（OOCEP）、南非国家石油公司（Sasol）、阿尔及利亚国家石油公司（Sonatrach）、阿布扎比国家天然气公司（GASCO）、阿布扎比陆上石油 ADCO、阿布扎比海上石油公司（ADMA-OPCO）、科威特国家石油公司（KNPC）、卡塔尔石油公司（QP）、卡塔尔天然气公司（QatarGas）、马士基石油（Maersk Olie og Gas AS）、巴斯夫 BASF、杜邦 Dupont、拜耳 Bayer、陶氏化学 Dow 等世界知名石油石化公司，以及福陆 Fluor、KBR、嘉科 Jacobs、芝加哥路桥（CB&I）、鲁奇（Lurgi）、德希尼布 Technip、福斯特惠勒（Foster Wheeler）、沃利帕森（WorleyParsons）、阿美科（AMEC）、塞班（Saipem）、意大利（Techint）、Technimont、西班牙（TR）、派特法（Petrofac）、克瓦纳（Kverner）、日挥（JGC）、千代田（Chiyoda）、石川岛播磨（IHI）、东洋（TOYO）、三井工程（MES）、三星（Samsung）、GS、大林（Daelim）、现代工程（Hundai）、斗山（Doosan）、拉森特博洛（L&T）、EIL 等世界著名工程公司的合格供应商，与国内外石油、化工、造纸、电站、锅炉、煤化工、造船、机械、制药等行业中1000 多家大型企业建立了长期、稳定的合作关系，产品应用在国内几百个国家重点项目，如西气东输工程、扬巴一体化工程（60 万吨乙烯）、赛科 90 万吨乙烯裂解联合装置、中石化福炼乙烯项目、中石化天津乙烯项目、中石化镇海乙烯项目、中石油辽化 PTA 项目、中石油独山子一体化项目（1000 万吨炼油和 120 万吨乙烯）、大唐煤基烯烃项目、神华宁煤煤基烯烃项目、深圳大鹏 LNG 项目、上海洋山港 LNG 项目、福建 LNG 项目、大连 LNG 项目、江苏 LNG 项目、宁波 LNG 项目、珠海 LNG 项目等，并出口到美国、加拿大、巴西、英国、德国、瑞士、挪威、意大利、西班牙、南非、中东、东南亚等 60 多个国家和地区。

二、企业基本概况

企业名称	浙江久立特材科技股份有限公司				
地址	浙江省湖州市吴兴区中兴大道 1899 号		邮编		313028
法人代表	李郑周	电话	—	电子邮箱	info@ jiuli.com
联系人	储振洪	电话	18758327542	联系人所在部门	—
企业成立时间		1987 年	企业网址		www. jiuli.com
企业性质		民营股份有限公司	钢管设计能力（万吨/年）		20
企业员工人数（人）		4126	其中：技术人员（人）		363
钢管产量（万吨）	2022 年	2023 年	钢管出口量（万吨）	2022 年	2023 年
	11.76（无缝+焊管）	12.83（无缝+焊管）		—	—
销售收入（万元）	2022 年	2023 年	利润总额（万元）	2022 年	2023 年
	653732.23	856841.47		128784.50	148853.72

三、企业无缝钢管主导产品

产品名称	规格范围（外径范围×壁厚范围）（mm）	执行标准	实际产量（万吨）	
			2022 年	2023 年
不锈钢管	(3~914)×(0.3~65)	ASME ASTM GB EN DIN JIS API GOST RCCM	5.4377	6.1327

12 宝银特材科技股份有限公司

一、企业简介

宝银特材科技股份有限公司（以下简称"宝银公司"）前身是宜兴市精密钢管厂，创建于 1991 年，由中国宝武集团、中国广核集团、中国华能集团、江苏高投、宜兴城投、银环集团共同投资组建，占地面积 547000m²，公司整合了央企的资源优势和民营企业灵活的体制机制，是一家专业从事核电、火电、石油化工、轨道交通、航空航天、军工等领域特殊管材研发和制造的国家级高新技术企业，拥有国内首条核电蒸汽发生器用 690 合金 U 形管专业生产线、国际首条高温气冷堆蒸汽发生器用超长多头螺旋盘管及换热组件生产线，覆盖了各种核电堆型蒸汽发生器用管，核 2、3 级传热管，核 1、2、3 级管道管的制造工艺流程，拥有制造精密钢管的各类机械设备 350 余台/套，其中各类冷轧管机 100 余台/套、各类热处理设备 30 余台/套（包括气体保护光亮热处理炉、真空热处理炉、高温箱式炉和稳定化热处理炉），拥有完善的理化试验检测设备（成分分析、金相检测、微观分析、力学性能试验、硬度测试、腐蚀试验等）和在线的无损检测设备（超声波检测、涡流检测、水压试验、内窥镜检查等），以满足不同技术路线的试验、检验及检测要求。

宝银公司是国内第一家具备蒸汽发生器用 690 合金 U 形管产业化和工程应用的企业，也是全球唯一一家有能力研制第四代核电技术高温气冷堆蒸汽发生器用换热组件的高端装备制造型企业。自首次成功国产化后，公司相继成功完成了三代核电国核一号 CAP1400、中核华龙一号 ACP1000 项目、广核华龙一号 HL1000，并先后用于国家重大专项石岛湾示范工程、巴基斯坦卡拉奇项目、防城港 3 号/4 号项目、漳州 2 号项目、宁德 6 号项目、昌江 3 号项目、陆丰 6 号项目等，目前宝银公司研制生产的蒸汽发生器用 690 合金 U 形管管束的供货超过了 1700 吨，用于国内核电站 27 台蒸汽发生器，国内市场占有率稳居第一。2022 年，宝银公司成功收购了法国在国内的同类产品 690 合金生产线，目前宝银公司在核电蒸汽发生器用 690 合金传热管制造能力超过 1000 吨/年，产能全球第一。

三十多年来，宝银公司立足"瞄准高端市场、生产高端产品、服务高端客户"的"三高"战略，始终以振兴民族工业为己任，通过自主创新，打破了国外企业长期以来的技术封锁和垄断，为中华民族品牌赢得了尊严和地位。公司承担并完成了多项国家科技重大专项子课题的研究任务，研发了 30 多项替代进口的新产品，并多次承担江苏省重大科技成果转化项目，获得了国家核安全局《民用核安全设备核 1、2、3 级管道制造许可证》、美国机械工程师协会 ASME 资质证书等，取得了 90 项专利，其中发明专利 37 项，主持或参与了 21 项标准制定。先后荣获国家科技进步奖二等奖、江苏省科学技术一等奖、上海市科学技术一等奖、中国产学研合作创新成果一等奖、中国先进技术转化应用大赛金奖等荣誉，是国家科技重大专项产业化示范单位，也是国家重大装备关键材料国产化基地。

公司始终秉承科技创新与产业升级相结合的发展思路，以"核电强国，科技强军"为己任，勇当高质量发展排头兵，为我国国防建设和国家战略安全保障作出新的更大的贡献！

二、企业基本概况

企业名称	宝银特材科技股份有限公司				
地址	宜兴市经济技术开发区庆源大道16号		邮编		214203
法人代表	庄建新	电话	13806159800	电子邮箱	zhuangjx@ baoyin. com. cn
联系人	刘瑜	电话	15251402590	联系人所在部门	技术中心
企业成立时间	2007年6月7日		企业网址		www. baoyin. com. cn
企业性质	民营企业		钢管设计能力（万吨/年）		3
企业员工人数（人）	1067		其中：技术人员（人）		191
钢管产量（万吨）	2022年	2023年	钢管出口量（万吨）	2022年	2023年
	2.4	2.98		0.06	0.11
销售收入（万元）	2022年	2023年	利润总额（万元）	2022年	2023年
	115330.34	145828.36		-644.57	8006.60

三、冷轧无缝钢管生产工艺技术装备及产量情况

机组类型及型号		台套/条	产品规格范围（外径范围×壁厚范围）（mm）	设计产能（万吨）	投产时间（年）	实际产量（万吨）	
						2022年	2023年
穿孔机	φ60热穿孔机组	1	(50~80)×(5~15)	1	2012	0.54	0.77
	φ100热穿孔机组	1	(80~130)×(6.5~30)	1.5	2008	0.78	0.96
冷轧/冷拔机组	LB-10T拔管机	2	(6~20)×(1~4)	0.2	2010	0.053	0.066
	LB-20T拔管机	1	(19~40)×(1~5)	0.15	2016	0.04	0.049
	LB-30T拔管机	2	(25~50)×(1~10)	0.2	2016	0.067	0.089
	LB-45T拔管机	2	(30~60)×(1~12)	0.2	2016	0.029	0.037
	LB-80T拔管机	2	(50~89)×(2~15)	0.1	2016	0.038	0.045
	LB-160T拔管机	1	(89~159)×(2~18)	0.1	2002	0.042	0.053
	LB-300T拔管机	1	(159~273)×(2~40)	0.12	2002	0.037	0.042
	LB5t液压冷拔管机	1	(4~30)×(0.5~3.0)	0.001	2023	0.00088	0.00082
	JLB630拔管机	1	(219~750)×(2~50)	0.25	2008	0.142	0.168

续表

机组类型及型号			台套/条	产品规格范围（外径范围×壁厚范围）（mm）	设计产能（万吨）	投产时间（年）	实际产量（万吨）	
							2022 年	2023 年
冷轧/冷拔机组	冷轧机组	450 轧管机	1	(219~450)×(4~40)	0.5	2008	0.305	0.341
		280 轧管机	1	(130~280)×(4~30)	0.35	2011	0.177	0.202
		150 轧管机	1	(104~159)×(3~20)	0.5	2012	0.298	0.341
		110 轧管机	5	(40~114)×(3~18)	0.26	2012	0.131	0.162
		60 轧管机	22	(25~63.5)×(1~10)	0.88	2011/2012/2018	0.494	0.594
		40 轧管机	4	(16~40)×(1~6)	0.16	2012	0.042	0.054
		30 轧管机	48	(15~30)×(1~4)	1.2	2006	0.705	0.864
		15 轧管机	2	(9.52~20)×(1~4)	0.02	2012	0.0107	0.0112
		10 轧管机	1	(6~12)×(0.5~2)	0.01	2012	0.0019	0.0078
		LG60 轧机	2	(25~63.5)×(1.5~5)	0.04	2012	0.0093	0.0395
		KPW50LC 轧机	2	(14~45)×(0.8~4)	0.0602	2012/2013	0.0068	0.0282
		KPW25LC 轧机	1	(8~30)×(0.4~4)	0.04	2017	0.0017	0.0096
		LD60 轧机	1	(28~70)×(0.3~4)	0.011	2023	—	0.0018
		LD30 轧机	2	(18~30)×(0.3~2.5)	0.003	2021	0.0026	0.0026
		合计	108	—	—	—	3.95388	4.93852

四、企业无缝钢管主导产品

产品名称	规格范围（外径范围×壁厚范围）（mm）	执行标准	实际产量（万吨）	
			2022 年	2023 年
流体管	(6~750)×(0.5~50)	GB/T 14976, ASME SA312, ASME SB167	0.7431	0.9785
高压锅炉管	—	GB/T 5310, ASME SA213	0.1042	0.1278
核电用管	(10~22)×(0.8~2.5)	ASME SB163, RCCM M4105	0.0166	0.0328
	(6~610)×(1~50)	RCCM M3304, RCCM M3303, NB/T 20001	0.1653	0.2089
三化用管	(6~610)×(0.5~50)	GB/T 21833, ASME SA789, ASME SA790, ASME SA213	0.1548	0.1671
不锈钢管	(6~610)×(0.5~50)	GB/T 13296, ASME SA213, GB/T 21833, ASME SA789, ASME SA790, NB/T 47019, ASME SB163	1.2137	1.4677

13 上上德盛集团股份有限公司

一、企业简介

上上德盛集团股份有限公司成立于 2001 年，是由上海上上不锈钢管有限公司发展而来，2019 年兼并吸收了上海上上不锈钢管有限公司、浙江上上不锈钢管有限公司、松阳上上德盛不锈钢有限公司。公司总占地面积 134 余亩。

公司响应国家 2025 制造强国发展战略是由传统的生产制造方式提升到智能制造，又进一步提升到网络数字工厂制造；是一家专业生产制造高品质、高合金、特殊要求的承压不锈钢无缝管、焊管及不锈钢管件的生产厂商；是一家国际首创制造生产不锈钢管并达到污水零排放的绿色环保工厂。

企业原材料主要来源太钢、永兴、华新丽华、上钢五厂等国内优秀企业，产品主要销往国内外化工、石油、核电站、航空航天、（有无）轨道车辆、承压设备制造企业等领域。

公司董事长季学文先生一生立足不锈钢管生产制造、研究、实践，他把 50 年（代）前的生产设备和生产制造方式改变成为具有超时代的网络协同（制）智造设备和生产经营方式。

公司董事长季学文先生的经营理念是："不能把一支不合格的钢管卖给客户，否则您会受到道德与良心的谴责！"

经过董事长季学文先生和全体员工的不懈努力，实现了传统制造向智能制造数字工厂的转变，2019 年成为国内首家生产制造不锈钢管零排放的绿色环保企业。

公司总裁严冬云女士是国外高端顶级企业培养出来的精英，她把公司落后的经营管理模式打造成为具有国际领先水平的不锈钢管两化融合生产示范基地，她指导的研发团队引入德国 RFID 无线射频和条形码技术，综合 MES、ERP、WMS 及 OA、ERP、QIS、CQA 多项系统与公司阿季云物联网平台链接，使办公人员通过电脑或者手机直接指挥销售、生产、质检、出库发货，使客户能通过手机参与、指导及体验制造产品全部过程。

经她开发的 EHS 安全生产系统，使重工业企业安全事故直降到零点，此项科研技术得到了工信部高度赞扬，正在向国内外制造型企业推广。

公司在各级政府的关怀下，得到了长足发展。

取得了世界顶级 ABS、DNV/GL、LR、TS 等 14 家公司的工厂形式检验和产品认可；

取得了国内高级认证公司 ISO9001、OHSAS18001、ISO14001 等 7 家体系认证；

编制和参与制定及发布国家标准 10 个，编制和发布团体标准 2 个；

获得国家专利 81 项（发明 10 项，实用新型 71 项）；

获得计算机软件著作权 7 项；

获得国内著名商标 4 个；

获得国家高新技术企业认证、两化融合管理体系贯标试点企业认证，成立院士专家工作站；被浙江省授予两化融合管理示范企业、企业新材料研究院、企业研究开发中心、省级技术中心、数字化车间智能工厂等 20 项资质和荣誉。

公司拥有国际先进水平的生产设备和检测设备，主要配备：全自动和半自动新型一拉六的冷拔机 18 台、智能冷轧管机 16 台、全自动天然气加热电脑控制喷嘴的固溶炉 3 台、酸液密封自动循环冲洗池 10 个、最大焊接壁厚达 50mm 的离线自动焊机 8 台、最大工作壁厚达 40mm 的压力达 3600T 的折弯机 2 台、智能液压剪切机 2 台、卷管机 3 台、刨边机 7 台（等），最大切割厚度 50mm 的水下等离子切割机 1 台等；并拥有德国斯派克直读光谱仪 1 台，日本岛津 PDA5500 Ⅱ 直读光谱仪 1 台，SHT60 吨微机控制液压万能材料试验机，CMT30 吨微机控制电子万能试验机，德国蔡司大型照相金相显微镜，ETS-UTL 涡流探伤、超声探伤、壁厚检测一体机 3 套，ETS-57 与 ETL-219 涡流探伤线各 3 套，ETS273-610 涡流探伤槽 1 套，UTL108 超声螺旋式探伤线 1 套，UTS168-610 超声探伤水槽 1 套，X 射线实时成像探伤线 2 套，美国 Niton 公司手提合金成像分析仪 2 台、上海光学仪器厂手提光谱分析仪 4 台，水压机 3 台，可试验最大 φ1219mm，最大试验 20M 兆帕等现代化检测设备，产品严格按国家标准组织生产。

公司主要生产奥氏体不锈钢、双相不锈钢、铁镍基合金（及非标）无缝和焊接钢管，年生产能力达到 50000 吨以上，其中，高新产品、特种设备压力管道产品、轨道交通车辆制动油路用无缝管、化工管道、核电站（安全外壳）用不锈钢管占比 50% 以上。

（1）智慧现场和员工个人安全评估以及实际现场安全培训集采。AI 识别图片中自我学习工程迭代出每个工序的安全生产相关的核心特征，并将这种特征识别的模式固化为最终模型，系统采集的数据库也作为工厂安全评估和员工安全规范评估等级。上线年基本实现零事故和零工伤！

（2）绿色环保实现工业废水零排放，3 年多共计 10.2 万吨废水通过海水淡化处理，回用 9.5 万吨工业水循环使用。

（3）不锈钢国家和 ASTM 标准在力学性能断后延伸率要求是大于等于 35%，上上德盛的产品为 45%~73%。

公司本着"国内领先，世界一流"的奋斗目标，追求卓越的产品质量，为客户提供最优质的服务，将完成智能制造向无人工厂转变，成为行业内领军型科技企业。

运营中心地址：上海市嘉定区叶城路 1118 号；邮编：201821；电话：021-69176628，69170820，69170033；传真：021-69176868，69176910；邮箱：sss@ shangshang. sh. cn。

生产基地地址：浙江省丽水市松阳县叶村江南工业区松青路 6 号；邮编：323400；电话：0578-8808973，8808965。

二、企业基本概况

企业名称	上上德盛集团股份有限公司				
地址	浙江省丽水市松阳县叶村乡松青路6号		邮编		323400
法人代表	严冬云	电话	18918317317	电子邮箱	—
企业成立时间		2001年	企业网址		—
企业性质		股份有限公司	钢管设计能力（万吨/年）		4.5
企业员工人数（人）		430	其中：技术人员（人）		51
钢管产量（万吨）	2022年	2023年	钢管出口量（万吨）	2022年	2023年
	3.8	3.9		—	—
销售收入（万元）	2022年	2023年	利润总额（万元）	2022年	2023年
	96395.00	122816.00		—	—

三、冷轧无缝钢管生产工艺技术装备及产量情况

机组类型及型号		台套/条	产品规格范围（外径范围×壁厚范围）（mm）	设计产能（万吨）	投产时间（年）	实际产量（万吨）	
						2022年	2023年
穿孔/冷轧/冷拔机组	LG-220H	1	(219~273)×(2~10)	0.45	2014	—	—
	LG-120H	1	(108~168)×(2~6)	0.25	2014	—	—
	LG-110H	1	(89~133)×(2~6)	0.18	2014	—	—
	LG-180H	1	(159~219)×(2~8)	0.38	2018	—	—
	LG-60H	12	(38~89)×(1~4)	1.17	2014	—	—
	4寸拉床	4	(14~38)×(1~4)	0.3	2014	—	—
	6寸拉床	3	(25~57)×(2~6)	0.3	2014	—	—
	8寸拉床	2	(57~140)×(2~12)	0.37	2014	—	—
	10寸拉床	2	(89~219)×(4~16)	0.6	2014	—	—
	12寸拉床	2	(89~219)×(4~20)	0.52	2014	—	—
	14寸拉床	2	(219~426)×(4~30)	0.67	2014	—	—
	一拉三	1	(32~38)×(2~6)	0.5	2018	—	—
	300T液压拉床	1	(219~610)×(2~30)	0.4	2018	—	—
	600T液压拉床	1	(325~610)×(2~30)	0.5	2018	—	—
	合计	34	—	6.59	—	3.8	3.9

四、焊接钢管生产工艺技术装备

机组类型及型号		台套/条	产品规格范围（外径范围×壁厚范围）（mm）	设计产能（万吨）	投产时间（年）
焊接钢管机组	UTS-500 内焊机	1	长 12500，φ219~(1219×16)	0.5	2019
	HLM1100 边梁	1	长 12500，φ219~(3048×16)	0.6	2019
	6M 内焊机	1	长 12500，φ219~(1219×16)	0.3	2008
	龙门焊机	1	长 12500，φ219~(1420×16)	0.7	2020
	十字焊机	1	长 12500，φ219~(3048×16)	0.6	2020
	埋弧焊机	1	长 6500，φ219~(1219×50)	0.6	2008
	HLZ6500 纵缝机	2	长 6500，φ219~(3048×16)	0.8	2008
合计		8	—	4.1	—

五、企业无缝钢管主导产品

产品名称	规格范围（外径范围×壁厚范围）（mm）	执行标准	实际产量（万吨）	
			2022 年	2023 年
管线管	(10~710)×30	GB/T 14976、GB/T 14975	—	—
流体管	(10~710)×30	GB/T 14976	—	—
气瓶管	(10~710)×30	GB 5310	—	—
高压锅炉管	(10~710)×30	GB 5310	—	—
结构管	(10~710)×30	GB/T 14976	—	—
022Cr19Ni10 (304L)	(10~710)×30	GB/T 14976	—	—
06Cr25Ni20 (310S)	(10~530)×20	GB 5310	—	—
022Cr17Ni12Mo2 (316L)	(10~710)×30	GB 5310	—	—
022Cr19Ni13Mo3 (317L)	(25~219)×12	GB/T 14976	—	—
06Cr18Ni11Ti (321)	(14~73)×14	GB/T 14976	—	—
022Cr19Ni5Mo3Si2N (2205)	(32~325)×17	ASTM A240/A240M	—	—
00Cr25Ni7Mo4N (2507)	(25~325)×17	ASTM A240/A240M	—	—
00Cr24Ni22Mo7Mn3CuN (654 SMO)	(25~325)×20	GB 5310	—	—
20Cr-25Ni-6Mo-1Cu-0.2N (UNS No8367)	(32~325)×17	ASTM A240	—	—
00Cr20Ni25Mo4.5Cu (904L)	25.3×2.5	GB/T 14976、GB 5310	—	—
Ni68Cu28Fe (Monel 400)	25.3×2.5	GB/T 14976、GB 5310	—	—
合计	—	—	3.8	3.9

六、企业焊接钢管主导产品

产品名称	规格范围（外径范围×壁厚范围）（mm）	执行标准
石油专用管（焊接石油套管、油管）	(219~1219)×50	GB 12771
管线管	(219~1219)×32	GB 12771
流体输送管	(219~1219)×32	GB 12771
直缝焊接钢管（ERW/FHW）	(219~1219)×32	GB 12771
直缝埋弧焊接钢管（SAWL）	(219~1219)×50	GB 12771
022Cr19Ni10（304L）	(19~3048)×50	GB 12771
06Cr25Ni20（310S）	(19~1219)×32	GB 12771
022Cr17Ni12Mo2（316L）	(19~3048)×50	GB 12771
022Cr19Ni13Mo3（317L）	(19~1219)×32	GB 12771
06Cr18Ni11Ti（321）	(19~3048)×50	GB 12771
022Cr19Ni5Mo3Si2N（2205）	(19~3048)×50	GB/T 21832.1.2
00Cr25Ni7Mo4N（2507）	(19~3048)×50	GB/T 21832.1.2

14 通化钢铁集团磐石无缝钢管有限责任公司

一、企业简介

通化钢铁集团磐石无缝钢管有限责任公司，始建于 1969 年，隶属于国防科工委，代号"914 厂"，是国内建成最早的专业化无缝钢管生产企业。如今，当年的三线军工企业，经过军转民、改制，现在隶属于首钢集团，直属通化钢铁集团，是首钢通钢集团下属的控股子公司。

公司以首钢总公司及通化钢铁集团股份公司的经济、技术实力为依托，拥有稳定的资源优势。公司三条热轧无缝钢管生产线，一条冷拔无缝钢管生产线。拥有世界上较先进的 Accu-Roll、ϕ140、ϕ100、ϕ90 机组各一套。同时，拥有自己的研发团队和现代化的检验检测手段，通过了美国石油协会 API 认证、HSE 认证、ISO9000 系列认证，具有完备的质量保证能力。公司油套管光管、低中压锅炉用无缝钢管、输送流体用无缝钢管获得"吉林省名牌产品"称号；公司油套管、冷拔低中压锅炉用无缝钢管、冷拔输送流体用无缝钢管获得"冶金产品实物质量金杯奖"。公司于 2018 年 7 月通过省级技术中心认证，"长白山"牌无缝钢管于 2011 年 12 月被评为"吉林省著名商标"，2022 年 12 月公司管线管产品被中国钢铁工业协会评为"金杯优质产品"。

磐石无缝钢管有限责任公司是中石油能源一号网甲级供应商，公司与大庆油田、长庆油田等国内各油田建立了长期战略合作；同时与长春一汽集团、黑龙江龙煤集团、山西焦煤集团、辽宁本钢集团、山东九环石油机械公司等诸多国内知名企业，建立战略合作。公司生产的无缝钢管产品广泛应用于石油、煤炭、天然气、锅炉、船舶、汽车等各行业。

企业拓展生产的同时，更加重视环境保护，于 2005 年健全了厂内污水处理系统，生产水循环利用率为 100%，目前为零排放。公司的废酸处理系统于 2015 年 12 月通过环评。

公司将以"服务为先，品牌为本，创造为上"的价值观为引领，以努力践行"务实创新、只求最好"的企业精神，全员推进创新、创优、创业为动力，以"转变发展模式，建设新型磐管"为战略目标，着力打造精品磐管、活动磐管、和谐磐管，与广大的合作伙伴真诚携手、务实合作，共同开创科学发展、转型发展、和谐发展的崭新篇章。

二、企业基本概况

企业名称	通化钢铁集团磐石无缝钢管有限责任公司				
地址	吉林省磐石市烟筒山镇红星街		邮编		132329
法人代表	周杰	电话	13704447231	电子邮箱	14743773778@163.com
联系人	孔祥春	电话	13634423677	联系人所在部门	技术质量部
企业成立时间		1969 年 9 月 14 日	企业网址		—
企业性质		国有企业	钢管设计能力（万吨/年）		38
企业员工人数（人）		361	其中：技术人员（人）		38
钢管产量（万吨）	2022 年	2023 年	钢管出口量（万吨）	2022 年	2023 年
	16.67	17.2		0	0
销售收入（万元）	2022 年	2023 年	利润总额（万元）	2022 年	2023 年
	103824.00	92620.00		1942.00	1774.00

三、冷热轧无缝钢管生产工艺技术装备及产量情况

机组类型及型号		台套/条	产品规格范围（外径范围×壁厚范围）（mm）	设计产能（万吨）	投产时间（年）	实际产量（万吨）	
						2022 年	2023 年
热轧钢管机组	108 机组	1	(76~180)×(4~30)	12	2006	8.77	8.72
	90 机组	1	(60~133)×(4~25)	6	2009	4.46	4.57
	140 机组	1	(140~219)×(5~30)	15	2000	0	0
	合计	3	—	—	—	13.23	13.29

续表

机组类型及型号			台套/条	产品规格范围（外径范围×壁厚范围）（mm）	设计产能（万吨）	投产时间（年）	实际产量（万吨）	
							2022年	2023年
冷轧/冷拔机组	穿孔机	50穿孔机	1	—	5	1971	3.43	3.91
		60穿孔机	1	—	—	—	—	—
	冷拔机组	链式拔机	10	(14~114)×(1.5~15)	—	—	—	—
	冷轧机组	60二辊轧机	1	(25~60)×(1.5~9)	—	—	—	—
		30二辊轧机	1	(15~45)×(1~5)	—	—	—	—
合　计			14	—	5	—	3.43	3.91

四、企业无缝钢管主导产品

产品名称		规格范围（外径范围×壁厚范围）（mm）	执行标准	实际产量（万吨）	
				2022年	2023年
油井管	油管	(26.67~114.3)×(2.87~16)	API 5CT	2.67	2.96
	套管	(114.3~219.08)×(5.21~22.22)	API 5CT	5.31	4.26
管线管		(14~219)×(1.5~30)	GB/T 9711—2017	2.41	2.26
流体管		(14~219)×(1.5~30)	GB/T 8163—2018	4.55	4.93
低温管		(14~219)×(1.5~30)	GB/T 18984—2016	—	0.02
高压锅炉管		(14~219)×(1.5~30)	GB/T 5310—2017	0.08	0.12
低中压锅炉管		(14~219)×(1.5~30)	GB/T 3087—2022	1.07	1.23
三化用管		—	GB/T 9948—2013 GB/T 6479—2013	0.04	0.04
结构管		(14~219)×(1.5~30)	GB/T 8162—2018	0.48	1.24
液压支柱管		(14~219)×(1.5~30)	GB/T 17396—2022	0.06	0.12
其他		(14~219)×(1.5~30)	GB/T 150.2	—	0.02

15　上海天阳钢管有限公司

一、企业简介

上海天阳钢管有限公司成立于2001年，拥有全国首创的工业级双金属冶金复合材料核心技术，高压氢阻隔涂层新材料核心技术，以及国家重点新产品高精度液压精密钢管，是一家致力于国际前沿新能源新材料领域的国家专精特新"小巨人"企业。

天阳拥有完整有效的质量管理和质量保证体系，先后通过 API 等全球 9 大质量管理和质量保证体系，世界 9 大国际船级社权威认证，设有鸿鹄新材料研究院、专家工作站、新材料科学实验室等研发创新及孵化平台。

产品广泛应用于石油化工、电站锅炉、光伏、风电、氢能源、海洋船舶、高铁动车、工程机械、注塑机、液压系统、航空航天、军工等各行各业。现已应用于和谐号高铁动车、航空母舰等系列国家重器。

天阳已荣获中国腐蚀与防护学会科技进步一等奖、全国青年文明号、上海工匠、上海质量金奖等数百项荣誉。正专注于战略新材料，进军绿色新能源，逐梦百年天阳，材料强基、制造兴邦、实业报国！

二、企业基本概况

企业名称	上海天阳钢管有限公司				
地址	上海市奉贤区青村镇		邮编		201407
法人代表	何建忠	电话	13801780581	电子邮箱	—
联系人	徐青	电话	13774261254	联系人所在部门	总经办
企业成立时间	2001 年 1 月		企业网址		www.tygg-group.com
企业性质	民营		钢管设计能力 （万吨/年）		8
企业员工人数（人）	150		其中：技术人员（人）		27
钢管产量 （万吨）	2022 年	2023 年	钢管出口量 （万吨）	2022 年	2023 年
	0.93	0.97		0.045	0.05
销售收入 （万元）	2022 年	2023 年	利润总额 （万元）	2022 年	2023 年
	16000.00	18000.00		700.00	800.00

三、冷轧无缝钢管生产工艺技术装备及产量情况

机组类型及型号		台套/条	产品规格范围 （外径范围）（mm）	设计产能 （万吨）	投产时间 （年）	实际产量（万吨）	
						2022 年	2023 年
冷拔机组	冷拔机	30	4~200	4	2001	0.91	0.95
	冷轧机	9	4~200	2	2010	0.02	0.02
	合计	39	—	6	—	0.93	0.97

四、企业无缝钢管主导产品

产品名称	执行标准	实际产量（万吨）	
		2022 年	2023 年
流体管	E10305-1	0.44	0.52
高压锅炉管	GB/T 5310	0.02	0.02
工程、石油机械用管	GB/T 3639	0.03	0.03
汽车、机车、机床用液压管	GB/T 3639	0.02	0.02

16 山东中冶石油机械有限公司

一、企业简介

山东中冶石油机械有限公司成立于 2009 年，是一家研发、生产、销售石油勘探用钢管、钻杆、钻铤、石油管的国家级高新技术产业。公司有员工 300 人，其中高级职称 10 人，外聘专家 2 人；公司占地面积 25 万平方米，年产无缝钢管 60 万吨，年营业额 30 亿元，是省内较大的无缝钢管生产企业之一。

公司引进科学管理理念及运营模式，先后取得了 ISO9000 质量管理体系认证，API 美国石油协会管理体系认证。2016 年获中国国家质量检验检测总局颁发的特种设备生产许可，申请发明专利 16 项。2023 年，公司被评为国家级高新技术企业，创新型中小企业、山东省专精特新中小企业、山东省数字化车间。

公司在发展中不断探索，引进国内先进的企业资源管理系统，实现企业资源优化升级。同时，公司率先融入"互联网+"大潮，积极引进电商营销模式，培育电商人才，开拓新的销售渠道，产品销售线上线下全面开花。公司生产的管线管、石油套管、石油油管、液压支柱管、高低中压锅炉管、军工用管等产品以稳定的质量保障，优质的服务，受到客户的一致好评，产品远销东南亚、中东、南美、非洲等 30 个国家和地区。

2013 年以来，公司抢抓发展机遇，集中精力完成了中冶仓库园区项目建设。目前园区室内存储库面积达 150000 平方米，商业办公楼 20000 余平方米。形成了较为完善的"产-储-销"相互关联的产业链条，园区拥有各种设备装置 300 余套，入驻商户 200 余户，吸纳就业 30000 余人，年销售额达 100 亿元。

展望未来，机遇与挑战同在，光荣与梦想共存。山东中冶石油机械有限公司将在市区政府的领导下，时刻牢记产业报国的理念，将中冶机械打造成为国内外优秀的钢管生产制造企业，实现企业基业长青、永续发展，为聊城市经济社会高质量发展作出更大的贡献。

二、企业基本概况

企业名称	山东中冶石油机械有限公司				
地址	山东省聊城市开发区牡丹江路南 6 号		邮编		252022
法人代表	孙克勇	电话	0635-8886909	电子邮箱	shandongzhongye@163.com
联系人	黄国勇	电话	16606355022	联系人所在部门	综合部
企业成立时间	2009 年 4 月	企业网址		—	
企业性质	私营企业	钢管设计能力 （万吨/年）		25	
企业员工人数（人）	300	其中：技术人员（人）		50	
钢管产量 （万吨）	2022 年	2023 年	钢管出口量 （万吨）	2022 年	2023 年
	28.13	32.42		0.1	0.1
销售收入 （万元）	2022 年	2023 年	利润总额 （万元）	2022 年	2023 年
	123374.00	126032.00		727.00	826.00

三、热轧无缝钢管生产工艺技术装备及产量情况

机组类型及型号		台套/ 条	产品规格范围（外径范围× 壁厚范围）（mm）	设计产能 （万吨）	实际产量（万吨）	
					2022 年	2023 年
热轧钢管机组	133 机组	1	（108~180）×（8~20）	7	14.6	13.5
	219 机组	1	（180~273）×（6~16）	12.5	15.9	16.5
	合计	2	—	19.5	30.5	20.0

四、企业无缝钢管主导产品

产品名称	规格范围（外径范围× 壁厚范围）（mm）	执行标准	实际产量（万吨）	
			2022 年	2023 年
流体管	（108~180）×（8~20）	GB/T 8163—2018	14.6	13.5
结构管	（108~180）×（8~20）	GB/T 8162—2018	15.9	16.5

17　江苏常宝钢管股份有限公司

一、企业简介

江苏常宝钢管股份有限公司是一家专业从事特种专用管材制造与服务的公司（简称"常宝股份"），始建于 1958 年，2010 年在深交所上市，目前拥有常州、金坛、阿曼三个生产制造基地，具有年产 100 万吨特种专用管材能力。

公司主要产品包括油气开采用管、电站锅炉用管、工程机械用管、石化换热器用管、汽车用管、船舶用管及其他细分市场特殊用管，产品出口全球 50 多个国家和地区，客户涵盖国内外知名的石油公司、电力及能源公司、机械装备制造公司。公司专注高端特种专用管材市场，秉持"认真、精进、守正出新"的企业精神，开拓进取，持续进步，实现品牌专业化发展。

常宝股份为国家高新技术企业，公司建设有行业领先的钢管技术研发中心，拥有高标准的 CNAS 实验室，包括腐蚀技术实验室、材料特性研究室、工程实验研究室，配备国际一流的检试验装备，专业从事无缝钢管的试验检测、产品研发、工艺革新、钢管制造技术研究、数字化技术应用研究。公司与德国西马克、中石油工程材料研究院以及抚顺特钢、宝武马钢、南钢股份等知名特钢企业建立联合研发平台，重点开展材料研发与生产、服役性能评价，解决材料设计与制造的难点。常宝努力打造具有核心竞争力的自主研发创新平台，支撑公司成为技术领先的技术型企业。

近年来，公司围绕"专而精、特而强"发展战略，坚持专精特新和高质量发展，坚定以品牌营销、技术进步、精益改善为抓手，全面推进品牌经营、专业经营、合规经营、从容经营，公司产销规模屡创新高，综合竞争力全面增强，公司经营水平持续提升。根据上市公司发布的业绩预告，2023 年公司实现净利润 7.4 亿～8.3 亿元，净利润同比增长57.1%～76.21%。

2023 年，常宝股份荣获"江苏省专精特新中小企业""江苏民营企业社会责任领先企业"、常州市"重大贡献奖""工业五星企业"称号，子公司常宝普莱森荣获"国家级专精特新'小巨人'企业""江苏省质量标杆""江苏省质量信用 AAA 级企业"称号、公司产品通过"江苏精品"认证。

为加快企业产品战略转型，推动企业高端化升级发展，2023 年，公司投资建设新能源汽车精密管项目、新能源及半导体特材项目。两个项目对常宝意义重大，是常宝经营转型升级发展的重要项目，聚焦小口径无缝精密特种管材产品，以国产化和进口替代为项目定位，实现公司在新能源及半导体等高端领域市场的布局，提升企业的综合竞争力，打造新的盈利增长点。

未来，常宝将坚持走好"专精特新"的发展之路，继续深耕特种专用管材领域，提升自主创新能力和技术研发水平，将产品做专、做精、做到极致，为客户提供更优质的产品和服务，致力成为一家全球知名的特种专用管材品牌企业。

二、企业基本概况

企业名称	江苏常宝钢管股份有限公司					
地址	江苏省常州市延陵东路 558 号			邮编		213011
法人代表	韩巧林	电话	0519-88813911		电子邮箱	zjb@ Cbsteeltube. com
联系人	刘志峰	电话	0519-88813911		联系人所在部门	总经理办公室
企业成立时间	1989 年 7 月 31 日		企业网址		http://www.cbsteeltube.com	
企业性质	民营上市公司		钢管设计能力（万吨/年）		100	
企业员工人数（人）	1824		其中：技术人员（人）		434	
钢管产量（万吨）	2022 年	2023 年	钢管出口量（万吨）		2022 年	2023 年
	74	76			30	25
销售收入（万元）	2022 年	2023 年	利润总额（万元）		2022 年	2023 年
	622336. 00	666079. 00			47103. 00	78303. 00

三、冷热轧无缝钢管生产工艺技术装备及产量情况

机组类型及型号		台套/条	产品规格范围（外径范围）（mm）	设计产能（万吨）	投产时间（年）	实际产量（万吨）	
						2022 年	2023 年
热轧钢管机组	φ102 CPE 机组	1	33. 4~114. 3	18	1989	17. 76	14. 83
	φ114 CPE 机组	1	25~115	12	2013	10. 41	9. 15
	φ159 PQF 机组	1	51~177. 8	30	2021	29. 68	34. 69
	φ177 ASSEL 机组	1	114~245	25	2007	6. 42	6. 49
	合计	4	—	85	—	64. 27	65. 16
冷轧/冷拔机组	穿孔机 φ76 轧管机组	1	54~100	5	2012	4. 46	4. 62
	φ100 轧管机组	1	60~130	7	2007	5. 69	6. 27
	冷拔机组 冷拔机组	15		36		22	23
	冷轧机组 精密冷轧机组	17		1.8		0. 93	0. 94

四、企业无缝钢管主导产品

产品名称		规格范围（外径范围×壁厚范围）（mm）	执行标准	实际产量（万吨）	
				2022 年	2023 年
油井管	油管	(26.67~339.7)×(3.18~22.22)	API SPEC 5CT	20.82	24.16
	套管		API SPEC 5CRA	14.68	11.21
管线管		(21.3~219.1)×(2.77~22.23)	API SPEC 5CT ISO 3183 GB/T 9711	6.37	5.63
流体管		(21.3~219.1)×(2.77~22.23)	GB/T 8163 ASTM A106	3.72	2.4
高压锅炉管		(19~219)×(2~40)	GB 5310 ASME SA 系列要求	16.8	19.67
低中压锅炉管		(19~219)×(2~40)	GB 3087	0	0.21
核电用管		—	—	0	0
不锈钢管		—	—	0	0
地质管、非开挖钻杆		(60.3~168.3)×(6.45~20.65)	API SPEC 5DP	4.2	4.41
品种管（机械管、车轴管等）		—	—	3.61	4.18
其他		—	—	3.95	4.67
合计		—	—	74.15	76.55

18 山东汇通工业制造有限公司

一、企业简介

山东汇通工业制造有限公司创立于 2003 年。三十多年来，在各级各部门的关怀支持下，公司不断强基固本、聚力转型，现有在职职工 500 余人，其中具有职称的专业人员 70 余人。公司成立了研发中心，2014 年被山东省评为省级认定企业技术中心。

公司拥有先进的热轧无缝钢管自动化生产线 5 条、精轧（拔）无缝钢管生产机组 30 台套，热处理线 3 条。拥有完善的管材热处理及深加工措施及工艺，年产各种规格、各种材质无缝钢管 75 万吨，以石油套管、钻杆、钻铤、接箍料、汽车用管、液压支柱管、高强度机械用管、结构管等为主导产品，广泛应用于石油、电力、化工、煤炭、机械、军工等领域。

公司拥有完善的质检、理化实验室。配备无损探伤机组 4 套，80MPa 水压试验机 1 台套，理化实验室配备万能试验机 2 台，倒置式金相显微镜 1 台，冲击试验机 1 台，直读光谱仪 2 台，硬度计 4 台，取样用线切割 3 台，万能铣床 1 台，自动磨床 1 台。

公司先后通过 ISO9001 质量管理体系、ISO45001 职业健康安全管理体系和 ISO14001 环境管理体系认证，以及美国石油协会 API 5CT、API 5L 产品认证，国内高压锅炉管及流体管等特种设备生产许可证，法国国际检验局 BV 认证等第三方资质认证。

公司每年按不低于销售收入的 5%投入研发费用，已经取得了十几项成果，其中 4 项获国家发明专利。新研发的产品覆盖新能源汽车、军工、航空航天、特种机械设备等领域，取得了较好的经济效益。

二、企业基本概况

企业名称	山东汇通工业制造有限公司				
地址	山东省聊城开发区牡丹江路东首		邮编	252000	
法人代表	白刘英	电话	—	电子邮箱	—
联系人	刘连会	电话	18963506610	联系人所在部门	质检中心
企业成立时间	2003 年 5 月		企业网址	www. huitongjituan. com	
企业性质	民营		钢管设计能力（万吨/年）	81.5	
企业员工人数（人）	520		其中：技术人员（人）	70	
钢管产量（万吨）	2022 年	2023 年	钢管出口量（万吨）	2022 年	2023 年
	66.7	71		2.6	1.9
销售收入（万元）	2022 年	2023 年	利润总额（万元）	2022 年	2023 年
	333565.00	345165.00		2425.00	2604.00

三、冷热轧无缝钢管生产工艺技术装备及产量情况

机组类型及型号		台套/条	产品规格范围（外径范围×壁厚范围）（mm）	设计产能（万吨）	投产时间（年）	实际产量（万吨）	
						2022 年	2023 年
热轧钢管机组	89	2	（30~89）×（2~15）	5	2003	4.5	5.8
	100	1	（76~133）×（12~40）	15	2008	9.8	11.2
	168	1	（89~219）×（6~22）	15	2012	12.6	13.2
	273	1	（133~356）×（16~100）	45	2010	38.7	39.8

续表

机组类型及型号			台套/条	产品规格范围（外径范围×壁厚范围）（mm）	设计产能（万吨）	投产时间（年）	实际产量（万吨）	
							2022 年	2023 年
冷拔/轧机组	冷拔机组	冷拔机	3	（20~76）×（3~13）	1	2014	—	—
	冷轧机组	LG-30加强精轧机	8	（20~35）×（1.8~8）	0.5	2014	—	—
		LG-40加强精轧机	8	（25~60）×（1.8~10）	0.5	2014	—	—
		LG-50加强精轧机	3	（54~114）×（3~18）	0.5	2014	—	—
		LG-75-HSG冷轧管机	2	（35~68）×（2~16）	1	2014	—	—

四、企业无缝钢管主导产品

产品名称		规格范围（外径范围×壁厚范围）（mm）	执行标准	实际产量（万吨）	
				2022 年	2023 年
油井管	套管	（114~139.7）×（6.35~12.7）	API 5CT	1	1
	钻杆/钻铤	（114~139.7）×（25~32.5）	API 5DP	2.5	2.3
流体管		（89~219）×（6~12）	GB/T 8163	15	15
高压锅炉管		（20~325）×（3~55）	GB/T 5310	1.5	3.5
低中压锅炉管		（60~325）×（5~55）	GB/T 3087	2.5	1.6
结构管		（20~356）×（2~100）	GB/T 8162	30	31.2
液压支柱管		（76~356）×（8~60）	GB/T 17396	5.5	4.4
工程、石油机械用管		（127~330）×（12~60）	技术协议	1.3	1.2
油缸管		（76~356）×（8~60）	GB/T 17396	0.7	1
汽车、机车、机床用液压管		（89~219）×（8~45）	GB/T 17396	1	1.2
车桥管/汽车半轴管		（76~178）×（4~22）	GB/T 8162	5.4	8.4

19　鑫鹏源（聊城）智能科技有限公司

一、企业简介

鑫鹏源（聊城）智能科技有限公司坐落于山东省聊城市，成立于 2005 年，历经 20 年的发展，成为一家集科技研发、生产制造、仓储物流于一体的专业化能源装备生产制造企业，产品涵盖各种能源装备用合金钢、钛合金、铌合金、锆合金、镍基合金等，产品面向海洋工程、核电、航空、石油开采等领域，综合年产能力可达 100 万吨。可生产外径 φ133～480mm、壁厚 4～120mm 等上万个规格的产品。

公司先后通过武器装备质量管理体系认证，获得"山东优质品牌""山东知名品牌""山东省名牌产品""山东省著名商标"，通过 API 5L、API 5CT 认证，A1、A2、B 级特种设备生产许可证等国内外资质认证，通过了"山东省院士工作站""山东省工程实验室""山东省企业技术中心""山东省数字化车间"的认定，"XPY"品牌由此迅速稳固了国内外核心市场。公司还先后获得"国家高新技术企业""国家重合同守信用企业""国家节能减排重点示范企业""山东省'专精特新'中小企业""山东省科技'小巨人'企业""山东省创新型中小企业""山东省重点产业链供应链'白名单'企业""山东省先进制造业和现代服务业融合发展示范企业""山东省五一劳动奖状"等荣誉。坚持积极寻求新的发展模式，公司与世界 500 强厦门建发、厦门海投等达成合作，形成了仓储式供应区块链的管理模式，推动公司实现跨越式发展。

公司坚持科技创新与自主研发相结合的道路，先后取得各项专利成果 1100 余项；全年研发高精尖管材等新产品 54 项，承担国家"十四五"重点研发项目 1 项，承担省级以上"卡脖子"关键技术 3 项，牵头制定国际标准 1 项、国家标准 5 项，军用标准 2 项；先后通过了"山东省标准化战略性重点项目""山东省省级专利导航项目"等项目认定；同时不断加强与 725 所、中科院、哈工大、中南大学、中国海洋大学、国防科技大学、宝钛、武船重工等多家院校和科研单位之间产学研合作，聘请知名院士、专家、教授为企业发展献力献策。

企业先后投资 1000 余万元率先实施环保低氮改造工程，成为聊城市钢管行业中低氮改造的标杆企业。同时企业极度重视高标准循环发展的模式，以水能源和电能源两项日常重要消耗作为管控重点，努力完成企业清洁生产的目标，荣获"国家级绿色工厂"称号。

企业正在实施现代化高效管理体制，对标上海宝钢，建立起绿色发展对标体系，将节能环保绩效纳入经济责任制考核，实现了与全工序、全员经济利益的紧密挂钩。建立了工业物联网大数据平台，实现对工厂人员、生产设备、生产产量、仓库库存及采购、环保数据、监控数据、智慧仓储物流等进行信息管理和服务，使得工厂形成万物互联和管理统一，实现数据信息的互联互通。

随着国际金属高端材料产业的蓬勃发展，高合金材料的需求空前旺盛，鑫鹏源秉承专精特新的个性化发展理念，着力建设"智能化数字鑫鹏源"，致力于打造国内先进无缝管生产基地，以优质的产品与服务，与更多的合作伙伴携手并肩、互利共赢，为军事、国民经济腾飞作出新的更大贡献。

二、企业基本概况

企业名称	鑫鹏源（聊城）智能科技有限公司				
地址	聊城市东昌府区凤凰工业园纬三路北6号-3		邮编		252300
法人代表	高万峰	电话	13969598060	电子邮箱	—
联系人	李万明	电话	18263501988	联系人所在部门	生产部
企业成立时间	2005年		企业网址		—
企业性质	有限责任公司		钢管设计能力 （万吨/年）		100
企业员工人数（人）	228		其中：技术人员（人）		65
钢管产量 （万吨）	2022年	2023年	钢管出口量 （万吨）	2022年	2023年
	74.62	76.49		3.77	4.49
销售收入 （万元）	2022年	2023年	利润总额 （万元）	2022年	2023年
	340974.58	345921.59		4458.68	6199.59

三、热轧无缝钢管生产工艺技术装备及产量情况

机组类型及型号		台套/条	产品规格范围（外径范围×壁厚范围）（mm）	设计产能（万吨）	实际产量（万吨）	
					2022年	2023年
热轧钢管机组	140	1	(133~325)×(6~40)	25	25.68	23.04
	300	1	(219~426)×(8~120)	60	48.94	53.45
热扩钢管机组		2	—	3	—	—

四、企业无缝钢管主导产品

产品名称	规格范围（外径范围×壁厚范围）（mm）	执行标准	实际产量（万吨）	
			2022年	2023年
流体管	(133~426)×(8~120)	GB/T 8163	27.08	26.02
高压锅炉管	—	GB/T 5310	0.00	0.07
低中压锅炉管	—	GB/T 3087	0.08	—
结构管	—	GB/T 8162	46.43	48.52
液压支柱管	—	GB/T 17396	1.03	1.88

20　靖江特殊钢有限公司

一、企业简介

靖江特殊钢有限公司（以下简称"靖江特钢"）成立于 2008 年 12 月 8 日，隶属于中信泰富特钢集团股份有限公司，前身为创建于 1958 年的无锡钢厂，位于长江之滨的江苏省靖江市经济技术开发区。现有员工近 1000 人，注册资本 34.7 亿元，年销售收入 40 亿元，占地面积近 2500 亩，自备长江内港码头，可停靠 5000 吨级海船，临江近海，水陆交通便捷，区位优势突出。

靖江特钢具备年产 60 万吨热轧无缝钢管和 70 万吨棒材的配套产能。建有 11 架半自动合金棒材热轧生产线，φ258 PQF 三辊连轧管热轧生产线，钢管热处理生产线，螺纹加工生产线，并配套建有整管性能检测中心、腐蚀实验室、长江内港码头、仓储物流中心等，整体装备技术和生产工艺处于国内先进水平。

靖江特钢主要钢管品种涵盖油套管、管线管、气瓶管、工程机械用管、锅炉管、气密封特殊螺纹接头、深海管线、超深井、热采井、高抗腐蚀、高强高韧、海工结构管等。棒材产品涵盖轴承钢、齿轮钢、工模具钢、合结钢、优碳钢、弹簧钢、锚链钢等。"四方"牌特钢产品享誉全国并远销海外，拳头产品气瓶管销量全国第一。关键客户包括中石油、中石化、中海油及国家管网，以及气瓶、液压油缸制造头部企业。

靖江特钢产品研发实力雄厚，拥有国内领先的钢管研究院，建成江苏省石油天然气无缝钢管工程技术研究中心、江苏省特种管材工程研究中心、江苏省博士后创新实践基地、泰州市特种管材重点实验室、泰州市企业技术中心、泰州市工业设计中心等研发平台，并获得中国合格评定国家认可委员会（CNAS）能力认可。拥有各项专利 64 项，其中发明专利 17 项，实用新型专利 47 项。通过质量管理体系认证、环境管理体系认证、职业健康安全管理体系认证、能源管理体系认证、测量管理体系认证、两化融合管理体系认证、知识产权管理体系认证。

靖江特钢获评国家专精特新"小巨人"企业、国家高新技术企业，全国质量诚信标杆企业、江苏省工业企业质量信用 AAA 级企业、江苏省绿色工厂、江苏省智能制造示范车间、江苏省工业互联网发展示范企业、江苏省健康企业、泰州市市长质量奖、泰州工业"十佳百强"企业、泰州市专利标准融合创新示范企业、泰州市服务型制造示范企业，成功获批国家工业和信息化部低碳冶金技术攻关项目、山东省重点研发计划（重大科技创新工程）项目、江苏省标准化试点项目、泰州市企业知识产权战略推进计划项目、泰州市科技计划项目，产品多次荣获国家银质奖、冶金部优质产品、冶金产品实物质量金杯奖、江苏省名牌产品、江苏精品、泰州市名牌产品荣誉称号。

靖江特钢以创建全球最具竞争力的特钢企业为共同愿景，秉承诚信、创新、融合、卓越的核心价值，大力实施精品制造+绿色制造+智能制造战略，致力于为客户创造价值、为员工创造幸福、为股东创造效益、为社会创造财富。

二、企业基本概况

企业名称	靖江特殊钢有限公司				
地址	靖江市经济开发区新港大道 21 号		邮编		214500
法人代表	苏春阳	电话	0523-80709087	电子邮箱	nianbowen@ citicsteel.com
联系人	年博文	电话	0523-80375552	联系人所在部门	党群行政部
企业成立时间	1958 年		企业网址		—
企业性质	国企控股		钢管设计能力（万吨/年）		65
企业员工人数（人）	849		其中：技术人员（人）		121
钢管产量（万吨）	2022 年	2023 年	钢管出口量（万吨）	2022 年	2023 年
	58	60		7	9.5
销售收入（万元）	2022 年	2023 年	利润总额（万元）	2022 年	2023 年
	349104.55	345157.58		14261.05	12472.01

三、热轧无缝钢管生产工艺技术装备及产量情况

机组类型及型号		台套/条	产品规格范围（外径范围×壁厚范围）（mm）	设计产能（万吨）	投产时间（年）	实际产量（万吨）	
						2022 年	2023 年
热轧钢管机组	φ258	1	(114.3~340)×(4.5~40)	50	2011	58	60

四、企业无缝钢管主导产品

产品名称		规格范围（外径范围）（mm）	执行标准	实际产量（万吨）	
				2022 年	2023 年
油井管	套管	114~339	API Spec 5CT 10th	13	12
管线管		114~339	API Spec 5L 46th	4	7
流体管		114~339	GB/T 8163—2018	15	17
低温管		114~339	ASTM A333/A333M—2018	1	0.6
高压锅炉管		114~339	GB/T 5310—2017	3	2
低中压锅炉管		114~339	GB/T 3087—2022	1	0.8
核电用管		114~339	—	—	—

续表

产品名称	规格范围 （外径范围）（mm）	执行标准	实际产量（万吨）	
			2022 年	2023 年
三化用管	114~339	GB/T 9948—2013 GB/T 6479—2013	0.6	0.5
耐磨管	114~339	—	—	—
气瓶管	114~339	GB/T 18248—2021	12	13
结构管	114~339	GB/T 8162—2018	1.5	1.2
液压支柱管	114~339	—	—	—
工程、石油机械用管	114~339	—	—	—
油缸管	114~339	技术协议	1.8	4.2
其他	114~339	—	1.7	1.9

21　达力普石油专用管有限公司

一、企业简介

达力普石油专用管有限公司始建于 1998 年，是一家集研发、制造、服务为一体的专业化、全产业链的石油专用管智能制造企业。公司位于国家级经济技术开发区沧州渤海新区境内，地处京津冀一小时经济圈。公司是国家高新技术企业、国家级绿色工厂、河北省创新引领型领军企业、河北省工业企业质量标杆、沧州市科技创新龙头企业，建有河北省石油专用管工程技术研究中心，公司技术中心被认定为河北省企业技术中心，河北省工业企业研发机构（A 级）。

二十多年来，公司始终致力于以石油专用管为主的研发、制造与服务，公司技术装备精良，全产业链优势突出。拥有以废旧金属为主要原料的管坯生产、石油管轧制、管端加厚、热处理、石油专用管加工等智能生产线和石油管智能周转库，实现了从原材料到终端产品的制造全过程信息的互联互通和产品质量在线的全过程监控，确保快捷、高效的向客户提供高质量产品，满足客户的需求。主导产品是 2 3/8″-20″API 和非 API 的高抗挤毁、耐腐蚀、耐高温、特殊螺纹的石油专用管和页岩气、天然气、煤层气开发用管以及风电、核电、水电、石化等高端能源装备配套产品。其中，耐温、耐压、耐腐蚀、高抗挤毁、特殊螺纹等特殊用途的石油专用管和高钢级抗硫油气输送管的全流程制造技术达到行业先进水平。公司产品遍布华北、大庆、长庆、西南、胜利、新疆等各大油气田，并取得 KOC 等多家国际知名企业的认证，销往世界 70 多个国家和地区。

公司检测手段齐全，工艺技术先进。配备了德国 SLICKS 联合探伤设备、全自动双工位水压机、德国蔡司场发射电子扫描显微镜、日本岛津的 X 射线荧光光谱仪、德国林赛斯的淬火/热膨胀相变仪、美国力可 TCH600 型氧氮氢分析仪等国际一流的高性能检测设备。公司先后取得了 API Q1 质量管理体系认证、ISO9001 质量管理体系认证、ISO14001 环境管理体系认证、ISO45001 职业健康安全管理体系认证、ISO50001 能源管理体系认证、ISO 10012 测量管理体系认证、GB/T 23001 两化融合管理体系认证、GB/T 29490 知识产权管理体系认证、中石油 HSE 管理体系认证、美国石油学会 API 5CT、API 5L 及 API 5DP 产品认证和国家特种设备生产许可证（TS）。公司检测实验中心获得了国家认可委实验室 CNAS 认证。这些都为高精度产品的制造提供了根本保证，满足了顾客产品定制化、个性化的需求。

公司注重创新驱动发展，秉承精品发展之路，持续积累品牌竞争优势，充分运用互联网技术，全面推行清洁生产、智能制造、绿色制造，致力于建设成为具有核心竞争力和可持续发展能力，以石油专用管（含天然气、页岩气、煤层气）为主的专业化供应商，为石油能源产业提供一流的一站式供应链集成服务，为全球客户创造更大价值。

公司坚持主动承担促进经济增长、社会进步、环境保护三者协调与和谐发展的社会责任，兼顾客户、供应商、员工、社会与股东等利益相关者的需求，实现和谐共生，共同发展。

二、企业基本概况

企业名称	达力普石油专用管有限公司				
地址	河北省沧州市渤海新区南疏港路装备区 1 号		邮编		061113
法人代表	张红耀	电话	0317-8883268	电子邮箱	zhhy@ dalipal.com
联系人	徐锐	电话	0317-6907693	联系人所在部门	营销中心
企业成立时间	1998 年 9 月 18 日		企业网址	http://www.dalipal.com/	
企业性质	民营企业		钢管设计能力 （万吨/年）	60	
企业员工人数（人）	1669		其中：技术人员（人）	97	
钢管产量 （万吨）	2022 年	2023 年	钢管出口量 （万吨）	2022 年	2023 年
	59.7	53.6		20.73	17.51
销售收入 （万元）	2022 年	2023 年	利润总额 （万元）	2022 年	2023 年
	406283.00	373097.00		18640.00	15297.00

三、热轧无缝钢管生产工艺技术装备及产量情况

机组类型及型号		台套/条	产品规格范围（外径范围×壁厚范围）（mm）	设计产能（万吨）	投产时间（年）	实际产量（万吨）	
						2022 年	2023 年
热轧钢管机组	159 连轧机组	1	(60.32~159)×(3.68~20)	35	2019	34.52	31.93
	219 斜轧机组	1	(114~273)×(4~22)	25	2014	25.18	21.67
	合计	2	—	60	—	59.7	53.6

22　临沂金正阳管业有限公司

一、企业简介

临沂金正阳管业有限公司是山东金正阳集团有限公司下属核心子公司，始建于 2005 年，是"国家级高新技术企业"、省级"专精特新"企业。专业生产 φ16~219mm 结构管、输送流体管、高中压锅炉管、耐压耐腐蚀油井管、石油天然气高精密传输管线管、热镀锌管、焊接管等产品的制造企业。公司占地面积 600 余亩，注册资本 26888 万元，现有职工 1000 余人，科研技术人员 108 人。公司拥有国内先进 180 连轧生产线、精密冷拔管生产线、焊接管生产线、镀锌管生产线，年生产能力达到 140 万吨，产品广泛应用于石油、天然气、化工、电力、工业制造、建筑、船舶等行业。

多年来，各级政府、行业协会、社会有识之士和广大用户对于公司的发展提供了大力支持和认可，公司荣获"中国无缝钢管生产企业十强""山东省制造业单项冠军""振兴沂蒙劳动奖状"等荣誉称号，先后被评为"中国质量过硬知名品牌""山东知名品牌""山东优质产品"、山东省"模范职工之家""诚信双十佳企业"、市级"守合同重信用"单位、"科技创新先进企业""临沂劳动关系和谐企业"、全市重点培植"双百"企业、临沂市政府重点支持的"四个一百"示范企业、"2018—2019 年度全国优质民营无缝钢管生产企业"。2022 年 9 月中国品牌建设促进会发布公司品牌价值为 20.42 亿元。

二、企业基本概况

企业名称	临沂金正阳管业有限公司				
地址	山东省临沂市临沭经济开发区		邮编		276700
法人代表	胡顺珍	电话	13953956481	电子邮箱	lyjinzhengyang@163.com
联系人	刘守已	电话	18666909707	联系人所在部门	项目部
企业成立时间		2005 年 11 月 15 日	企业网址		www.jzypipe.com
企业性质		民营	钢管设计能力 （万吨/年）		141
企业员工人数（人）		450	其中：技术人员（人）		120
钢管产量 （万吨）	2022 年	2023 年	钢管出口量 （万吨）	2022 年	2023 年
	72.25	96.51		—	—
销售收入 （万元）	2022 年	2023 年	利润总额 （万元）	2022 年	2023 年
	361717.00	370295.00		24697.00	25349.00

三、热轧无缝钢管生产工艺技术装备及产量情况

机组类型及型号		台套/条	产品规格范围（外径范围×壁厚范围）（mm）	设计产能（万吨）	投产时间（年）	实际产量（万吨）	
						2022 年	2023 年
热轧钢管机组	180 三辊连轧机组	1	(76~180)×(3.5~10)	50	2018	42.1	59.05
	400	1	—	50	2014	—	—
	穿孔	1	(76~159)×(3.5~10)	16	2010	14.05	14.34
	穿孔	2	(76~159)×(3.5~10)	20	2010	13.06	18.51
	穿孔	1	(76~159)×(3.5~10)	5	2010	3.04	4.61
	合计	6	—	141	—	72.25	96.51

四、企业无缝钢管主导产品

产品名称	规格范围（外径范围×壁厚范围）（mm）	执行标准	实际产量（万吨）	
			2022 年	2023 年
流体管	(76~180)×(3.5~10)	GB/T 8163	72.25	96.51

23 山东大洋钢管集团有限公司

一、企业简介

山东大洋钢管集团有限公司坐落于美丽的江北水城——聊城，经过十几年的艰苦奋斗，而今十个子公司形成了一家集钢管生产、钢管销售、新能源设备，圆钢销售、大口径扩管生产线、热处理加工、钢管深加工、钢材进出口、法兰盘和法兰毛坯深加工、畜牧养殖等为一体的大型综合性企业。

本集团是省内钢管制造业龙头之一，总投资约 15 亿元，占地面积 617 亩，在职员工约 600 人，技术人员占比约 23%。现有国内先进的热轧生产线四条，组距范围外径 38~325mm，壁厚 6~60mm，年产量 70 万吨无缝钢管。拥有扩管生产线五条，主要生产外径 300~1500mm，年产量 8 万吨。

集团常备钢管库存 7 万吨。圆钢年贸易量 65 万吨，常备圆钢现货 8 万吨。

集团旗下企业一家获评高新技术企业，两家获评专精特新企业，并获得发明、实用专利 32 项。公司通过了国家"安全生产标准化三级企业"的认定，通过了美国石油协会颁发的 API 5L、API 5CT 的认证，取得了国家 ISO 9001 质量管理体系认证，ISO 18001 职业

健康安全管理体系认证，ISO 14001 环境管理体系认证，通过了中石油、中石化、API 和 CE 认证，通过了国家 3C 产品认证，荣获"山东名牌产品"称号。

集团公司作为省内钢管制造行业龙头企业，公司以"严格的管理、良好的信誉、雄厚的实力、优质的服务"为宗旨，真诚与您携手创造更加辉煌的明天。集团公司愿与各界朋友促进交流、真诚合作、共同发展！

二、企业基本概况

企业名称	山东大洋钢管集团有限公司				
地址	聊城开发区松花江路		邮编		252000
法人代表	季茂雷	电话	13563009993	电子邮箱	—
联系人	王永志	电话	18663009993	联系人所在部门	科环开发部
企业成立时间	2013 年 7 月 22 日		企业网址		http://www.ritongpipe.com/
企业性质	私企	钢管设计能力（万吨/年）		70	
企业员工人数（人）	640	其中：技术人员（人）		106	
钢管产量（万吨）	2022 年	2023 年	钢管出口量（万吨）	2022 年	2023 年
	60	70		2.26	2.68

三、热轧无缝钢管生产工艺技术装备及产量情况

机组类型及型号		台套/条	产品规格范围（外径范围×壁厚范围）（mm）	设计产能（万吨）	投产时间（年）	实际产量（万吨）	
						2022 年	2023 年
热轧钢管机组	219 菌式	1	(133~219)×(8~35)	20	2021	16	18
	140 菌式	1	(89~168)×(6~16)	20	2024	—	—
	273 卧式	1	(133~273)×(12~50)	22	2014	23	25
	76 卧式	1	(76~114)×(8~25)	12	2010	8	9
	合计	4	—	74	—	47	52
热扩钢管机组	820×30	1	(377~820)×(8~30)	10	2023		0.7
	820×80	1	(377~1200)×(8~80)	10	2023		0.7
	630×30	1	(377~630)×(6~30)	10	2023		0.7
	720×30	1	(377~720)×(6~30)	10	2023		0.7
	630×30	1	(377~630)×(6~30)	10	2023		0.7
	合计	5	—	50			3.5

四、企业无缝钢管主导产品

产品名称		规格范围（外径范围×壁厚范围）（mm）	执行标准	实际产量（万吨）	
				2022 年	2023 年
油井管	油管	(48~325)×(6~70)	API 5CT	0	0
	套管	(48~325)×(6~70)	API 5CT	2	3
	钻杆/钻铤	(48~325)×(6~70)	API 5CT	1	1
管线管		(48~325)×(6~70)	API 5L	2	3
流体管		(48~325)×(6~70)	GB/T 8163	10	11
低温管		(48~325)×(6~70)	A33	0.5	1
高压锅炉管		(48~325)×(6~70)	GB/T 5310	0.5	0.5
低中压锅炉管		(48~325)×(6~70)	GB/T 3087	1	1
核电用管		(48~325)×(6~70)	P91	0.5	0.5
三化用管		(48~325)×(6~70)	GB 6479	0	0
耐磨管		(48~325)×(6~70)	HGJ 92~90	0	0
结构管		(48~325)×(6~70)	GB/T 8162	20	23
液压支柱管		(48~325)×(6~70)	GB/T 8162	6	7
工程、石油机械用管		(48~325)×(6~70)	GB/T 8162	6	6
油缸管		(48~325)×(6~70)	GB/T 8162	4	5
汽车、机车、机床用液压管		(48~325)×(6~70)	GB/T 8162	2	3
汽车管		(48~325)×(6~70)	GB/T 8162	1	1
车桥管/汽车半轴管		(48~325)×(6~70)	GB/T 8162	3.5	4
轴承管		(48~325)×(6~70)	GB/T 8162	0	0

24　江苏新长江无缝钢管制造有限公司

一、企业简介

江苏新长江无缝钢管制造有限公司创建于 1984 年，占地面积达 23 万平方米，专业生产各类冷拔、热轧、热扩无缝钢管。公司拥有冷拔生产线、热轧生产线、热扩生产线，各生产线还配套有钢管涡流探伤、超声波探伤、漏磁探伤、水压试验、管端磁粉机等多种检测设备。

公司生产销售的"QIANGYING"牌系列产品主要包括：结构管、输送流体管、低中高压锅炉管、石油裂化管、化肥设备用管、机械加工用管、船用管、油套管、美标欧标日标管等，产品畅销于国内 20 多个省市、地区及欧美、东南亚等地。公司从 1998 年开始先后获得 ISO9001、ISO14001、ISO45001 质量、环境、职业安全健康体系认证，以及中国 CCS、英国 LR、挪威 DNV、美国 ABS、法国 BV、日本 NK、韩国 KR、意大利 RINA 等船级社工厂认可。产品获得美国石油协会 API 5CT、5L 的会标使用许可证，欧盟 PED、CPR 认证，俄罗斯 CU-TR 认证，以及江苏省名牌产品称号，国家免检产品称号，并多次被评为无锡市、江阴市"明星企业"。

二、企业基本概况

企业名称	江苏新长江无缝钢管制造有限公司				
地址	江阴市镇澄路 375 号		邮编		214442
法人代表	袁国新	电话	13806161179	电子邮箱	cj. yuangx@ xinchj. com
联系人	潘文杰	电话	13771600000	联系人所在部门	厂办
企业成立时间	1984 年 8 月 8 日		企业网址		https：//www. jywfgg. com/
企业性质	有限责任公司		钢管设计能力（万吨/年）		56
企业员工人数（人）	546		其中：技术人员（人）		59
钢管产量（万吨）	2022 年	2023 年	钢管出口量（万吨）	2022 年	2023 年
	15. 4	34. 9		—	—
销售收入（万元）	2022 年	2023 年	利润总额（万元）	2022 年	2023 年
	153242. 08	281372. 80		4796. 70	4780. 90

三、冷热轧无缝钢管生产工艺技术装备及产量情况

机组类型及型号		台套/条	产品规格范围（外径范围×壁厚范围）（mm）	设计产能（万吨）	投产时间（年）	实际产量（万吨）	
						2022 年	2023 年
热轧钢管机组	273 ACCU RooL 机组	1	（159~340）×（6~60）	30	2008	18. 3	23. 2
	159 ACCU RooL 机组	1	（76~159）×（4~20）	10	2001	8. 2	9. 1
热扩钢管机组		—	6	（323. 8~1420）×（6~60）	6	2019	3. 9
冷拔机组		—	17	（10~114）×（1~12）	10	1985	9. 5
合计		—	—	—	56	—	39. 9

四、企业无缝钢管主导产品

产品名称		规格范围（外径范围×壁厚范围）（mm）	执行标准	实际产量（万吨）	
				2022 年	2023 年
油井管	套管	(168.3~339.7)×(7.32~13.06)	API 5CT	0.96	1.63
	钻杆/钻铤	—	—	—	—
管线管		(159~340)×(6~60)	API 5L、GB/T 9711	1.74	6.72
流体管		(159~340)×(6~60)	GB/T 8163	5.3	4.2
低温管		(159~340)×(6~60)	ASTM A333、GB/T 18984	1.12	1.48
高压锅炉管		(159~340)×(6~60)	GB/T 5310	1.98	2.6
低中压锅炉管		(159~340)×(6~60)	GB/T 3087	0.56	0.51
三化用管		(159~340)×(6~60)	GB/T 9948、GB/T 6479	2.75	2.91
气瓶管		(159~340)×(6~60)	GB/T 18248	0.17	0.12
结构管		(159~340)×(6~60)	GB/T 8162	0.32	0.33
船舶用管		159×6~323.9×45	GB/T 5312	0.1	0.1
其他		—	美标管、欧标管	3.3	2.6

25　山东墨龙石油机械股份有限公司

一、企业简介

山东墨龙石油机械股份有限公司是一家专业的能源装备制造与服务商，致力于为能源装备工业提供优质的产品及服务。

公司于 1987 年进入石油机械制造行业，以矢志成为国际知名石油机械制造与服务商为企业目标，持续进行技术改造、新产品开发、产能提升和产业链延伸，已形成了从冶炼、铸锻、钢管热轧、钢管冷拔、热处理、表面处理、机械加工、检验、检测和试验以及油田服务等完整的石油机械研发设计、加工制造、技术服务产业链。

公司主导产品主要包括，管材类产品：油套管、管线管、钻杆管体、锅炉管、流体输送管、液压支柱管、气瓶管、结构管；三抽设备及配件；抽油杆、抽油泵、抽油机、石油机械配件及井下工具；精密铸锻产品；石油用大型球阀阀体、泥浆泵缸套、浮动球阀等。公司具备了为能源开采行业提供优质的、有竞争力的产品和技术服务的能力。长期以来，与中石油、中石化、中海油、陕西延长石油集团、国内工程机械制造商以及国外客户建立了良好的合作关系，产品广泛应用于石油、天然气、页岩气、煤层气开采和煤炭挖掘机械、锅炉制造、工程机械制造行业，产品和服务得到用户的认可和好评，为企业长期、稳健发展奠定了市场基础。

公司建立了完善的 ISO9000 质量管理体系、职业健康安全管理体系、环境管理体系。主要设备工艺及产品如下：

炼钢、轧管及管加工系统：由高功率电弧炉、LF 炉外精炼炉、VOD 真空炉、保护浇注中间包、电磁搅拌、弧形连铸机、火焰切割机等设备组成，可提供直径为 350mm、330mm、310mm、280mm、220mm、180mm、120mm 优质圆管坯。

公司能力为：轧管 40 万吨、管端加厚 10 万吨、调质热处理 20 万吨（高钢级油井管）、螺纹加工 35 万吨（成品油套管）。

油套管类产品：先后研发多种 API 系列和非 API 系列新产品，如高抗挤毁套管系列、抗 H_2S 腐蚀油套管系列、热采井用套管系列、钻杆加厚管体系列、管线管、特殊通径套管以及射孔枪管、隔热油管、超高强抽油杆、API 系列高性能抽油机等，许多品种通过权威部门的检测评定并出口到美国、俄罗斯、中东、东南亚等国家和地区。

关键设备：油管和套管生产线，关键技术设备分别从欧洲、日本和国内大型专业厂家成套引进，生产全过程采用计算机自动化控制，并拥有专业、齐备、功能先进的在线和离线检验、检测设备。两条钢管调质热处理线均拥有先进的自动监测、控温系统和钢管旋转内外喷淋水淬火系统，多功能自动超声探伤机（英国产），拥有多项当今先进的钢管探伤检测技术，除具备纵向、横向探伤功能外，新增了斜向、分层（离层）形缺陷探伤和全长 100% 超声测厚功能，可确保高钢级油井管满足用户使用要求。

抽油杆类产品：生产中充分吸收了国内外先进生产技术的精华，产品类别有：依照 SY/T 5029、SY/T 6272、API SPEC 11B 标准组织生产的 D 级、HL 级、HY 级普通高强度、超高强度抽油杆以及超高强度抽油光杆，还有按照用户特殊要求生产的专用抽油杆，并取得 API SPEC 11B 标准使用证书和国内工业产品的生产许可证。

生产过程中采用先进的德国产直读光谱仪进行材质分析；用漏磁探伤机逐支在生产线上探伤；锻造时采用远红外线测温仪监控锻造加热温度；锻造后按照杆体材料的需要加保温或风冷装置，控制冷却速率；修磨后用荧光磁粉探伤仪检验杆体锻打部分；锻造后的杆体经整体回火消除加热区应力，并经热拉伸校直检验强度；杆体加工前经整体表面抛丸强化，提高杆的耐疲劳强度；杆头机械加工采用数控六角车床实现 PLC 工控自动化，加工后逐支复验加工精度……有完整的质量保证体系，欢迎用户选用。

抽油泵产品：采用先进的表面镀镍磷合金工艺、碳氮共渗工艺和氮碳硼三元共渗工艺研发制造的系列抽油泵，集防腐、耐磨、可靠、耐用兼泵效高于一身。

主要产品有：系列管式泵、杆式泵、多功能泵、斜井泵、防砂泵、反馈泵，泵型规格 $\phi 32 \sim 102mm$，冲程 $1.8 \sim 8m$。

二、企业基本概况

企业名称	山东墨龙石油机械股份有限公司				
地址	山东省寿光市古城街道兴尚路99号		邮编		262700
法人代表	—	电话	—	电子邮箱	sdml@ molonggroup.com
联系人	—	电话	0536-5789102	联系人所在部门	营销公司
企业成立时间	2001年		企业网址	www.molonggroup.com	
企业性质	有限公司	钢管设计能力 （万吨/年）		管材类产品：65	
销售收入 （万元）	2022年	2023年	利润总额 （万元）	2022年	2023年
	276564.50	131749.60		5	5

26 扬州龙川能源装备有限公司

一、企业简介

扬州龙川能源装备有限公司作为扬州龙川钢管有限公司拟上市的全资子公司，承载龙川公司所有的制造、研发、贸易，龙川公司创立于2003年，总部位于中国扬州，固定资产总投入45亿元人民币，拥有无缝钢管年制造能力70万吨，现有职工1000余名，连续多年被江苏省认定为高新技术企业。公司拥有国家级检测中心，省级技术中心，博士后企业工作站，完善的质保体系。

我们愿意与您共同分享：

充足的产能和完美的组距。公司年产无缝钢管70万吨，产品组距全尺寸覆盖 ϕ（19～1498）mm×（2～150）mm。管线钢级最高达X100，零下75℃低温及高温碳钢，微合金高强钢，高硫环境耐蚀钢，铬钼，铬镍高温合金钢，不锈钢等，广泛应用于超超临界火电、能源、机械制造领域。

720大口径无缝钢管生产线作为当今世界上装备最先进的大口径无缝管生产线，依靠自主创新技术，致力于无缝钢管生产的极限制造能力，不断突破产品在超超临界发电设备、能源输送、石油化工、油气开采、海洋工程、煤炭化工等领域应用传统，在世界无缝钢管行业独树一帜。

始终放心的质保体系。扬州龙川能源装备有限公司一直贯彻运行国际先进的质量控制与质量保证体系，始终坚持持续改进的产品质量理念，取得TÜV ISO9001—2008质量管理体系、ISO14001：2004环境管理体系和ISO45001：2018职业健康安全管理体系认证；公司通过 API 5CT、API 5L、IBR、PED、CPR、AD2000 等国际产品质量认证及 DNV-GL、ABS、LR、BV、CCS 等多国船级社的工厂认证。

值得信赖的技术研发体系。龙川公司以产品技术创新为核心驱动力，始终坚持年技术研发投入不低于 10% 的增长率，先后建立了国家级的无缝钢管理化检测中心，建设了自己的腐蚀实验室并取得 CNAS 证书、新品研发中心，联合国内外知名院所建立服务企业的博士后科研工作站、企业院士工作站，坚持以推动无缝钢管行业技术革新为己任，在无缝钢管技术领域始终追求领先优势。公司研发的新型海底管线产品荣获江苏省科技进步奖一等奖。大口径无缝钢管多项自主知识产权获得江苏省科技成果转化项目的大力支持。

国际化的销售服务体系。扬州龙川能源装备有限公司自创立之初就着眼国际国内市场的齐头并进，在国内市场已经作为电力锅炉的主要供应商，多年来为哈尔滨电气、上海电气、东方电气等客户提供数十万吨电站锅炉用管，同时也作为国内三大主要石油天然气公司的合格供应商，并已快速扩大在海工、煤化工等领域的市场影响力。国际市场网络建立了包括北美、南美、欧洲、海湾国家、非洲、独联体和东南亚为主的市场销售格局，产品外销 60 多个国家和地区；取得大批国际知名公司如科威特石油、科威特国家石油、阿布扎比石油、委内瑞拉石油、英国石油、巴西石油、阿曼石油、卢克石油、道达尔、阿尔斯通、西门子、SUNCOR、L&T、BHEL 等客户的认可，与国内外知名 EPC 公司建立了长期稳定的合作关系。

公司紧跟市场发展趋势，依托自身优势建立的物流配套及深加工中心，加长了产业链和配套力，强化了市场优势。

公司追求的销售理念是为客户提供：一站式服务，一次性完成。

企业愿景：管行世界，物畅其流。

龙川公司以完备的运营体系保障了产品的优越品质，以前卫的售后服务理念保障了用户的利益，确立了公司在无缝钢管行业的新领军者的地位。如今，在创建"百年龙川"的共同愿景指引下，朝气蓬勃的龙川人，积极迎接挑战，正踏着集科研、物流、制造为一体的国际著名的大型现代化钢管企业之路奋勇前进。

二、企业基本概况

企业名称	扬州龙川能源装备有限公司			
地址	江苏省扬州市江都经济开发区兴港路		邮编	225211
法人代表	马自强	电话	—	电子邮箱	sales@ lontrin.com
联系人	陈磊	电话	13605259999	联系人所在部门	国贸部
企业成立时间	2003 年	企业网址	www.lontrin.com		
企业性质	私有	钢管设计能力（万吨/年）	70		
企业员工人数（人）	900	其中：技术人员（人）	245		

续表

企业名称	扬州龙川能源装备有限公司			
钢管产量 （万吨）	2022 年	2023 年	钢管出口量 （万吨）	2022 年	2023 年
	22	24		6	8
销售收入 （万元）	2022 年	2023 年	利润总额 （万元）	2022 年	2023 年
	256714.51	326654.12		8654.32	19145.35

三、冷热轧无缝钢管生产工艺技术装备及产量情况

机组类型及型号		台套/ 条	产品规格范围 （外径范围）（mm）	设计产能 （万吨）	投产时间（年）	实际产量（万吨）	
						2022 年	2023 年
热轧 钢管 机组	穿孔机	8	50~720	70	2004/2007/2011/2014/2017/2021	22	24
	轧机	4	108~750	—	2004/2007/2015/2018/2023	—	—
	减径机	6	70~720	—	2003	—	—
	打头机	5	180	—	2003/2007/2013/2020	—	—
冷轧/ 冷拔 机组	穿孔机	4	48.1~355	—	2005/2011/2017	—	—
	冷拔机	20	19~300	—	2005/2008/2014/2022	—	—
	冷轧机	4	14~114	—	2016/2021	—	—

四、企业无缝钢管主导产品

产品名称		规格范围（外径范围× 壁厚范围）（mm）	执行标准	实际产量（万吨）	
				2022 年	2023 年
油井管	套管	(508~711)×(12.7~21)	API 5CT	0.05	—
管线管		(21.3~1498)×(2~150)	API 5L、GB/T 9711	5.2	4.7
流体管		(21.3~1498)×(2~150)	API 5L、GB/T 10752—1995、 GB/T 12772—1999、 GB/T 8803—2001	3.5	3.1
低温管		(19~1498)×(2~170)	ASTM A333 EN10216	3	1
高压锅炉管		(21.3~1498)×(2~170)	ASME SA106B/C/179/192/213/335	4	7
低中压锅炉管		(21.3~1498)×(2~170)	ASME SA106B/C/179/192/213/335	2	5
核电用管		(21.3~1498)×(2~170)	GB/T 24512.1、GB/T 24512.1	0.02	0.03
三化用管		(19~965)×(2~120)	ASTM/ASME SA335/A335	1.3	1
气瓶管		(21.3~965)×(2~80)	GB 18248/9251/15547/ EN 10297-1/ISO 11120/ JIS G 3429/ASTM A372	0.3	0.1
结构管		(21.3~1498)×(2~170)	GB 8162、ASTM A53	1	0.8

续表

产品名称	规格范围（外径范围×壁厚范围）（mm）	执行标准	实际产量（万吨）	
			2022 年	2023 年
液压支柱管	(21.3~1498)×(2~170)	EN10210/10025/10297、GB/T 17396—2009	1	0.8
工程、石油机械用管	(21.3~1498)×(2~170)	EN10210/10025/10297/ASTM A519	0.5	0.3
汽车管	(14~114)×(0.8~12)	GB 3088	0.0003	—

27　扬州诚德钢管有限公司

一、企业简介

扬州诚德钢管有限公司是 2006 年 10 月经江苏诚德钢管股份有限公司大口径钢管业务分立存续（江苏诚德钢管股份有限公司始建于 1988 年），2007 年引进战略资本投资基金美国凯雷集团组建新合资公司；2010 年美国精密铸造公司（PCC）公司收购了凯雷集团拥有的股权，成为扬州诚德钢管有限公司新的合作伙伴；2021 年 11 月公司为了企业更大的发展，收回了美国 PCC 的股权，成为私营独资企业。公司位于扬州市江都区沿江经济开发区三江大道 1 号，厂区毗邻长江黄金水岸，紧靠江都港，交通十分便捷；公司法人代表兼董事长张怀德为研究员级高级工程师、高级政工师、高级经济师，有突出贡献的中青年专家，国务院政府特殊津贴获得者；公司拥有总资产 14.7 亿元，职工 1000 余人（其中技术人员 239 人），占地 1 平方千米，具有年产 25 万吨大口径钢管的制造能力。

公司质保体系完善，生产设备先进，工艺独特，检测手段齐全；已通过 ISO9001 质量管理体系认证、ISO 14001 环境管理体系认证、ISO 45001 职业健康安全管理体系认证；取得压力管道特种设备制造许可证和中华人民共和国民用核安全设备制造许可证（核 2、3级）；产品通过德国 TÜV Nord 颁发的 PED、AD2000 和 CPR 等欧盟认证；美国 API 5L 会标使用权认证；DNV 与 GL、LR、ABS、BV、CCS 等船级社工厂认可；公司材料检验试验中心通过 CNAS 认证。

公司生产 φ(219~1422)mm×(8~150)mm 的各类碳钢、合金钢、不锈钢无缝钢管，产品覆盖电站锅炉、石油、化工、机械、造船、气瓶制造等诸多行业，是国内无缝钢管组距最大、品种最全的无缝管制造企业。过去 15 年已供应超过 90 亿元的超临界火电机组用 P91 和 P92 钢管，过去 30 年已供应了超过 300 亿元锅炉管。公司已完成国家级项目 6 项和江苏省成果转化项目 3 项（总经费近 1 亿元），获国家科技进步奖及省部级科技奖 7 项，获各类专利 50 余项，其中发明专利 20 项，主持或参与国家、行业标准起草 4 项。

公司以其独创的生产工艺，优良的产品质量，宽幅的产品组距，使其在世界无缝钢管行业独树一帜，已发展成为中国最具成长性的代表民族品牌的无缝钢管大型工业制造企业，公司电站用大口径无缝钢管国内市场占有率处于领先水平。公司产品还远销美国、德国、印度、日本、韩国等国际市场。"诚德"大口径无缝钢管品牌已得到国内、国外用户的广泛认可。

二、企业基本概况

企业名称	扬州诚德钢管有限公司				
地址	江苏省扬州市江都区沿江开发区三江大道1号		邮编		225215
法人代表	张怀德	电话	13901442928	电子邮箱	Jin. li@ cdpipe. com
联系人	李进	电话	13852508345	联系人所在部门	质量保证部
企业成立时间	2006 年 10 月		企业网址		www. cdpipe. com
企业性质	民营		钢管设计能力（万吨/年）		25
企业员工人数（人）	958		其中：技术人员（人）		239
钢管产量（万吨）	2022 年	2023 年	钢管出口量（万吨）	2022 年	2023 年
	10.887	11.846		3.57	4.75
销售收入（万元）	2022 年	2023 年	利润总额（万元）	2022 年	2023 年
	125039.00	156766.00		4329.00	10049.00

三、热轧无缝钢管生产工艺技术装备及产量情况

机组类型及型号		台套/条	产品规格范围（外径范围×壁厚范围）（mm）	设计产能（万吨）	投产时间（年）	实际产量（万吨）	
						2022 年	2023 年
热轧钢管机组	φ600/720穿轧管机组	1	(219~610)×(10~120)	10	2007	10.887	11.846
	φ800/960穿轧管机组	1	(406~1422)×(12~150)	15	2009		
	合计	2	—	25	—	10.887	11.846

四、企业无缝钢管主导产品

产品名称	规格范围（外径范围×壁厚范围）（mm）	执行标准	实际产量（万吨）	
			2022 年	2023 年
管线管	(219~1016)×(10~120)	API 5L	0.021	0.714
高压锅炉管	(219~767)×(8~100)	GB/T 5310	4.916	5.455
低中压锅炉管	(219~660)×(8~100)	GB/T 3087	0.288	1.662

续表

产品名称	规格范围（外径范围×壁厚范围）（mm）	执行标准	实际产量（万吨）	
			2022 年	2023 年
核电用管	(219~1016)×(8~100)	RCCM	0.192	0.148
三化用管	(219~660)×(8~100)	GB/T 6479	0.003	—
气瓶管	(356~1016)×(10~27)	ASTM A519	3.873	2.209
其他（机械管）	(219~1016)×(8~100)	ASTMA333, A106, A519; EN 10210-1	1.594	1.658
合计	—		10.887	11.846

28　四川三洲特种钢管有限公司

一、企业简介

四川三洲特种钢管有限公司（以下简称"公司"）成立于 2005 年 5 月 17 日，注册地址：成都市青白江大弯南路。现厂址：四川省成都市青白江区复兴大道 3 号，占地 1200 余亩，法人代表：储小晗，职工 300 余人。公司类型：有限责任公司；经营范围：制造、销售金属制品（不含国家限制品种）；进出口业务（不含国家限制类）。

公司投资 12 亿元人民币、引进德国 MEER 公司技术建设了国内领先、国际一流的 ϕ720mm 周期轧管机组，品种规格全球名列前茅。公司拥有年产 15 万吨热轧无缝钢管生产线，产品规格直径 ϕ273~1066mm、壁厚 8~240mm；钢种包括不锈钢、合金钢及碳钢；主要产品品种为钛管、铜管、高压锅炉用无缝钢管、不锈钢无缝钢管、高压化肥用无缝钢管、高压气瓶用无缝钢管、石油裂化用无缝钢管、核电用无缝钢管、低中压锅炉用无缝钢管等。公司设计制造的机型为 ϕ720mm 周期轧管机组，机组适应于大直径、高钢级、小批量、多品种无缝钢管的生产。

公司 2010 年正式投产，目前大口径高温高压锅炉钢管产品已应用到国内知名火电制造企业东方锅炉公司、哈尔滨锅炉公司、无锡华光锅炉公司、华西能源公司、杭州锅炉公司、东方日立公司以及出口印度 BHEL 等高温高压蒸汽管道上使用；在石油石化方面是中石油、中石化、中海油的合格供应商，并已经形成批量供货。公司产品主要定位于高质量、高标准的特种钢管，产品对原材料管坯钢质有较高的要求，目前公司坯料主要来源于国内冶炼技术领先的钢厂，如宝钢特钢、太钢不锈、东北特钢、兴澄特钢、长城特钢等国内知名企业，为用户提供高质量产品作出良好的保证。

四川三洲特种钢管有限公司诚邀国家钢铁研究总院为我们制定了公司中长期战略发展规划纲要，在人才战略和企业发展规划方面提出了更高的要求，今后将向由四川省级技术中心向博士后工作站、国内各大研究院校实验研发基地方向发展。

公司将以优秀的产品质量、用户满意的服务面对未来；公司的目标和愿景是成为国内一流、国际知名的大口径特种无缝钢管制造供应商。

二、企业基本概况

企业名称	四川三洲特种钢管有限公司				
地址	四川省成都市青白江区复兴大道 3 号		邮编		610300
法人代表	储小晗	电话	—	电子邮箱	—
联系人	张崇荣	电话	028-83604386	联系人所在部门	市场管理部
企业成立时间	2005 年 5 月		企业网址		www.scszssp.com
企业性质	其他有限责任公司		钢管设计能力（万吨/年）		15
企业员工人数（人）	306		其中：技术人员（人）		60
钢管产量（万吨）	2022 年	2023 年	钢管出口量（万吨）	2022 年	2023 年
	4.5	5.5		—	—
销售收入（万元）	2022 年	2023 年	利润总额（万元）	2022 年	2023 年
	32000.00	36000.00		—	—

三、热轧无缝钢管生产工艺技术装备及产量情况

机组类型及型号		台套/条	产品规格范围（外径范围×壁厚范围）（mm）	设计产能（万吨）	投产时间（年）	实际产量（万吨）	
						2022 年	2023 年
热轧钢管机组	φ720 周期轧管机组	1	(273~720)×(8~240)	15	2010		
	φ630 穿孔机组	1	(360~1066)×(40~360)	15	2010		

四、企业无缝钢管主导产品

产品名称		规格范围（外径范围）（mm）	执行标准
油井管	油管	273~720	API 5CT、GB/T 19830
	套管		
	钻杆/钻铤		
管线管		273~720	API5L、GB/T 9711
流体管		273~720	GB/T 8163
低温管		273~720	GB/T 18984、ASTM-A333
高压锅炉管		273~720	GB/T 5310、ASTM A106、ASME-A335
低中压锅炉管		273~720	GB/T 3087

续表

产品名称	规格范围（外径范围）（mm）	执行标准
核电用管	273～720	—
三化用管	273～720	GB/T 6479、GB/T 79948
气瓶管	273～720	GB/T 18248、GB/T 28884
结构管	273～720	GB/T 8162
液压支柱管	273～720	GB/T 17396
钛管	273～720	ASTM-B861、GB/T 3624、GB/T 16598、GJB 2218、GJB 2744A、GJB 2914、GJB 5049、GJB 9579
铜管	273～720	JISH 3300、ASTM B75
镍基合金	273～720	ASTM B75、ASTM B167
军工用管	273～720	GJB 2608A、GJB 3783、GJB 5049、GJB 6483

29　内蒙古北方重工业集团有限公司

一、企业简介

内蒙古北方重工业集团有限公司始建于 1954 年，是国家"一五"期间的 156 个重点建设项目之一，隶属于中国兵器工业集团公司，是国家唯一的大中口径火炮动员中心和火炮毛坯供应基地，是国家常规兵器重点保军企业。

公司占地面积 320 平方千米，资产总额超过 150 亿元。公司现有各类设备 9300 多台（套），在职员工 8000 余人，其中专业技术人员 1800 余人，主营业务收入超过 80 亿元。

公司始终坚持服务国家国防安全和国民经济发展两大使命，遵循军民融合发展，形成了军品、特种钢及延伸产品、矿用车等工程机械产品三大核心业务。

公司研发、制造的大量武器装备列装陆、海、空部队，在多次国庆阅兵仪式上接受了党和国家领导人及全国人民的检阅。以大口径厚壁无缝钢管为代表的特种钢及延伸产品，达到了世界先进水平，已应用于国内外二百多台亚临界、超临界和超超临界火电机组的四大管道，是"中国制造 2025"强基工程的中标产品，是国家能源局确定的国产化示范产品。

二、企业基本概况

企业名称	内蒙古北方重工业集团有限公司		
地址	内蒙古自治区包头市青山区兵工路	邮编	014030

续表

企业名称	内蒙古北方重工业集团有限公司				
法人代表	王占山	电话	—	电子邮箱	—
联系人	陈献刚	电话	0472-3384491	联系人所在部门	北重集团特钢事业部特钢研究院
企业成立时间	1954 年		企业网址		www.bfzg.com
企业性质	国有企业		钢管设计能力（万吨/年）		7
企业员工人数（人）	8000		其中：技术人员（人）		1800
钢管产量（万吨）	2022 年	2023 年	钢管出口量（万吨）	2022 年	2023 年
	5	5.5		—	—

三、热轧无缝钢管生产工艺技术装备及产量情况

机组类型及型号		台套/条	产品规格范围（外径范围×壁厚范围）（mm）	设计产能（万吨）	投产时间（年）
热轧钢管机组	3.6 万吨挤压机	1	1100×180	5	2009
	3000 吨油压机	1	1100×180	2	1996
	合计	2	—	7	—

四、企业无缝钢管主导产品

产品名称	规格范围（外径范围×壁厚范围）（mm）	执行标准
高压锅炉管	1100×180	ASTM A 335、ASME SA 335、EN 10216-2、GB/T 5310

30　河北宏润核装备科技股份有限公司

一、企业简介

河北宏润核装备科技股份有限公司（以下简称"宏润核装"），成立于 1996 年，是一家集专业从事管道装备研发、设计、生产、销售于一体的生产性企业。公司坐落于盐山县蒲洼工业园区，占地面积 38 万平方米，注册资金 13674.125 万元，建筑面积 13 万平方米，

现有员工 240 人，其中技术人员 49 人，拥有 12 个大型生产车间，并设有产品研发中心、检测中心，拥有生产和试验设备 800 多台/套。

主要生产制造设备：世界先进的 5 万吨垂直液压机组、8000 吨卧式挤压机、6000 吨卧式顶伸挤压机、900mm 冷轧制钢管生产设备系统、4000 吨挤压机、2000 吨冲孔及顶伸液压机、直径 200～1400mm 中频热弯机、直径 2000～8000mm 深度 2～13m 的大型井式热处理炉设备及各种钢管机加工设备等 240 余台/套。

主要生产制造产品：核电、军工、石油化工、矿业、海洋工程、船工、航空航天等领域用钢管、管件、特种挤压模锻件及风电产品。

主要的产品国内客户有：中国中原对外工程有限公司、中核龙源科技有限公司、中广核集团、国核工程公司、哈电集团、沈鼓集团、中国一重、二重等，与国内各省主要电厂、核电厂、石油化工企业都有业务联系。

公司拥有"高新技术企业""河北省技术创新示范企业""河北省著名商标""河北省科技型中小企业/'小巨人'企业"等荣誉称号，拥有民用核安全设备制造证、A 级特种设备制造许可证、安全生产标准化二级企业等 12 项核心资质证书，并已取得美国 ASME、欧盟 CE/CEP、GB/T 19001：2016/ISO9001：2015 等国内/国际体系认证。

公司有省级研发中心，具有较强的技术研发能力，拥有发明专利 19 项、实用新型专利 6 项；被河北省国防科技工业局、省发改委、省军区认定为"河北省军民融合型企业"；被河北省工业和信息化厅认定为 A 级研发机构；被河北省工信厅认定为河北省"创新引领型领军企业"；建有河北省企业技术中心、河北省管道装备工程技术研究中心等研发平台。

目前，宏润核装正以自主研发制造的 5 万吨垂直挤压机组为平台，与中国一重、中国二重、中国核动力院、中国科学院金属研究所、宝钢特钢等国有企业、科研院所开展战略合作与研发，积极承担国家重大课题专项，大力开发核一级钢管、核主管道、核主泵壳体、CAP1400 核电超级管道、钛合金管、大型船用柴油机曲轴拐、一回路压力管道、反应堆压力容器近净成形热挤压构件、挤压阀门体等高端产品，G115 高端钢管、核主泵泵壳、S90 曲轴拐等新产品即将投放市场。宏润核装不断向"高端极限制造"迈进，走出了一条"特立独行"的自我发展、创新发展之路。

二、企业基本概况

企业名称	河北宏润核装备科技股份有限公司				
地址	河北省盐山县工业开发区		邮编		061300
法人代表	刘春海	电话	0317-6090609	电子邮箱	hbhrzjb@126.com
联系人	李大伟	电话	0317-6090609	联系人所在部门	总经办
企业成立时间	1996 年 9 月 15 日		企业网址		http://www.hebhongrun.com/
企业性质	股份有限公司		钢管设计能力（万吨/年）		5

续表

企业名称	河北宏润核装备科技股份有限公司			
企业员工人数（人）	236	其中：技术人员（人）	40	
钢管产量 （万吨）	2022 年	2023 年	钢管出口量 （万吨）	2022 年	2023 年
	1.717	2.64		—	—
销售收入 （万元）	2022 年	2023 年	利润总额 （万元）	2022 年	2023 年
	38846.76	49135.28		1950.39	2543.24

三、冷热轧无缝钢管生产工艺技术装备及产量情况

机组类型及型号		台套/ 条	产品规格范围（外径范围× 壁厚范围）（mm）	设计产能 （万吨）	投产时间 （年）	实际产量（万吨）	
						2022 年	2023 年
热挤压轧 钢管机组	500MN	1	(325~1320)×(30~200)	3	2012	1.25	1.7
	160MN	1					
	6000T	1	(508~1600)×(30~200)	2	2006	0.4	0.85
	4000T	1				—	—
热扩 钢管机组	2000T	1	(51~108)×(6~25)	0.2	2021	0.005	0.023
	WT1400	1	(406~1200)×(20~100)	0.8	2003	0.021	0.025
冷轧/ 冷拔 机组	穿孔 机	3000T	1	—	—	—	—	—
	冷拔 机组	HRLB	4	(219~720)×(10~50)	0.5	—	—	—
	冷轧 机组	LG-30	1	(10~65)×(2~10)	0.1	—	0.015	0.009
		LG-60	1	(76~114)×(5~20)	0.15	—	0.026	0.033
合计		—	—	—	—	1.717	2.64

四、企业无缝钢管主导产品

产品名称	规格范围（外径范围× 壁厚范围）（mm）	执行标准	实际产量（万吨）	
			2022 年	2023 年
管线管	(325~1600)×(30~200)	API 5L	—	—
流体管	—	GB/T 8162	—	—
高压锅炉管	(325~1600)×(30~200)	GB/T 3087； GB/T 5310；	0.861	1.28
低中压锅炉管		ASME A335；	—	—
核电用管		ASME A106； EN 10222	0.64	1.11

续表

产品名称	规格范围（外径范围×壁厚范围）（mm）	执行标准	实际产量（万吨）	
			2022 年	2023 年
气瓶管	（325～1600）×（30～200）	GB/T 8162；	—	—
结构管		GB/T 8163	—	—
不锈钢管	（200～1320）×（18～200）	ASTM A312；GB/T 1220	0.216	0.25

31 莱钢集团烟台钢管有限公司

一、企业简介

莱钢集团烟台钢管有限公司，1958 年 5 月建厂开始生产无缝钢管。经营范围包括无缝钢管及制品的制造、销售，化工产品（不含化学危险品），建筑材料、普通机械设备、钢材的销售，货物和技术的进出口（依法须经批准的项目，经相关部门批准后方可开展经营活动）。

公司位于山东省烟台市福山区臧家庄工业园区，注册资本为 8386.82 万元人民币，现有员工 600 余人。经过多年不断地技术改造与工艺创新，公司目前已拥有了完善的质量保证体系，通过了一系列的资质认证，获取了进一步拓展国际、国内市场的通行证。"双环"牌无缝钢管的质量、信誉不断提升，一直以产品质量高、企业信誉好，深得用户信赖，在用户中享有较高的声誉。

企业已通过 ISO9001 质量体系、美国石油协会（API）、中国船级社（CCS）、挪威船级社（DNV）、英国劳氏船级社（LR）、美国船级社（ABS）等认证。产品可按国家标准（GB）和国际标准（ISO）、欧盟（EN）、美国（ASTM、ASME）、英国（BS）、日本（JIS）等标准组织生产。

公司为中石油、中石化的油套管（光管）、普管网上采购会员单位，全国电站锅炉行业协会物资供应会员单位。

公司坚持质量第一、服务至上的原则，多年来以优质、稳定的产品质量和良好的信誉得到了用户一致好评。

二、企业基本概况

企业名称	莱钢集团烟台钢管有限公司		
地址	烟台市福山区臧家庄工业园区上海路 66 号	邮编	265304

续表

企业名称	莱钢集团烟台钢管有限公司				
法人代表	杜俊峰	电话	—	电子邮箱	—
联系人	都业锋	电话	13606459070	联系人所在部门	市场营销部
企业成立时间	1958 年	企业网址	www.laigangyg.com		
企业性质	国有	钢管设计能力（万吨/年）	100		
企业员工人数（人）	620	其中：技术人员（人）	105		
钢管产能（万吨）	2022 年	2023 年	钢管出口量（万吨）	2022 年	2023 年
	19	22		—	—

三、冷热轧无缝钢管生产工艺技术装备及产量情况

机组类型及型号		台套/条	产品规格范围（外径范围×壁厚范围）（mm）	设计产能（万吨）	实际产量（万吨）	
					2022 年	2023 年
热轧钢管机组	108 机组	1	(60~114)×(3~20)	15	7	8
	159 机组	1	(108~168)×(5~30)	20	—	—
	219 机组	1	(140~356)×(6~50)	50	10	13
	76 机组	1	(57~108)×(3~15)	10	2	3
冷轧/冷拔机组	穿孔机 76 机组	1				
	冷拔机组 20 吨	6	(16~57)×(3~12)	4	3	2
	65 吨	5	(57~108)×(4~20)	15	5	6

32　瓦卢瑞克天大（安徽）股份有限公司

一、企业简介

一直以来，瓦卢瑞克天大（安徽）股份有限公司（原安徽天大石油管材有限公司）正式成为瓦卢瑞克集团一员。公司注册资本 5.038 亿元，现有员工 600 余人。

公司为各个行业提供高品质无缝钢管，满足各种严苛的应用要求，涉及的行业包括石油和天然气、石化、发电及工程机械等领域。凭借自身的产品质量、品牌信誉和专业知识，瓦卢瑞克天大已成为中国无缝钢管行业的标杆企业，产品远销全球 50 多个国家和地区。

瓦卢瑞克天大在并入瓦卢瑞克期间，工厂建设已遵循集团的环境政策，特别重视健康、安全和环境（HSE），公司培训每位员工了解生产对环境产生的影响，并严格遵守环境标准。

多年来，公司在加强质量管理的同时，还对环境管理和职业健康管理进行了大量投资，从而着重加强了健康、安全和环境方面的管理要求。目前，瓦卢瑞克天大的环境管理体系和安全管理体系，均已通过 ISO14001 环境管理体系认证和 OHSAS1800 职业健康与安全管理体系认证。

公司不仅成功通过 ISO 和 API 等多家国际机构的所有认证，同时也通过了 ABS、BV、LR 和 TUV 等多家权威机构的产品认证，并已获得国内外 30 多家大型石油公司的批准认证，例如中石化、中石油、中海油、道达尔、雪佛龙、壳牌、康菲石油、MOC、阿布扎比国家石油公司、科威特国家石油公司、EI、Pertamina EP 和埃克森美孚等。

公司产品远销东南亚、中东、北美、南美、欧洲、非洲、澳洲等地区，形成了覆盖全球的市场销售网络，已被公认为是目前石油和天然气工业的重要生产基地。

凭借优秀的销售服务团队，产品远销全球 50 多个国家和地区。

独一无二的产品。瓦卢瑞克天大高品质无缝管享誉全球。自从被收购以来，安徽天大石油管材股份有限公司（天大）从瓦卢瑞克集团在管材制造方面百余年的经验中受益匪浅。

碳钢、合金钢和高合金钢等不同等级外径 4.5~13.37 英寸（114.3~339.7mm）。

接箍管的最大外径为 14.56 英寸（370mm）、壁厚 0.19~1.37 英寸（5~35mm）量身定制的解决方案。

出色的品质。瓦卢瑞克天大拥有全球姊妹工厂专业支持。卢瑞克天大与世界上所有其他瓦卢瑞克工厂采用相同的质量标准，由瓦卢瑞克全球处理团队进行支持，该团队确保集团所有工厂都拥有最高的质量，让所有工厂操作都实现过程统一化。

服务客户，实现共赢。多年来，瓦卢瑞克天大始终是管线管、石化管和石油专用管产品领域的最大出口商之一。

我们的理念：不仅仅要成为客户的供应商。瓦卢瑞克天大是可靠、稳定且积极的合作伙伴，可以满足用户所有严苛的要求，哪怕是最严苛的要求，高效率和地缘优势相结合加工生产过程非常灵活，售后服务也非常出色。

与瓦卢瑞克天大合作，您将获得瓦卢瑞克品牌旗下极具竞争力的各大工厂资源。

公司毗邻上海港和南京，靠近中东和亚洲其他市场，可以轻松地将产品运送到世界各地，满足短期交货的要求。

瓦卢瑞克（中国）常州无缝钢管厂。自从 1904 年公司第一批钢管进入中国上海市场以来，瓦卢瑞克就与中国客户建立了持久而良好的合作关系。为了支持钢管业务在中国的发展，并与客户建立更加紧密的联系，在与中国的业务伙伴紧密合作下，瓦卢瑞克已经在常州建立了多处生产基地。

瓦卢瑞克（中国）常州无缝钢管厂于 2006 年正式建成，对于来自欧洲的原材料管坯进行精加工，并于 2012 年配备了最先进的钢管锻造设备。瓦卢瑞克常州工厂擅长为您提供优质大口径锻造钢管。常州工厂可采用两种技术路线：一种为两步生产，毛坯管由欧洲进口；另一种为一步生产，在常州工厂进行热成型工瓦卢瑞克常州工厂是一家值得信赖的优质钢管企业，可以满足各行业严苛的钢管应用需求，如能源、机械工程、石化、流体运输等行业。多年的专业知识、先进的生产技术、经验丰富的管理团队和高素质的员工保证了一直以来，瓦卢瑞克高品质无缝管享誉全球。

自2016年瓦卢瑞克集团完成交割最好的产品质量，满足客户需要和期望是我们的首要目标。

二、企业基本概况

企业名称		瓦卢瑞克天大（安徽）股份有限公司			
法人代表	BARREAU Mathieu	电话	—	电子邮箱	—
联系人	—	电话	010-59233017	联系人所在部门	—
企业性质		外商独资	钢管设计能力 （万吨/年）	50	
企业员工人数（人）		612	其中：技术人员（人）	62	
钢管产量 （万吨）	2022年	2023年	钢管出口量 （万吨）	2022年	2023年
	27.4	19		23.5	17.1
销售收入 （万元）	2022年	2023年	利润总额 （万元）	2022年	2023年
	184184.00	170269.00		-5526.00	6811.00

三、热轧无缝钢管生产工艺技术装备及产量情况

机组类型及型号		台套/条	产品规格范围（外径范围×壁厚范围）（mm）	设计产能（万吨）	投产时间（年）	实际产量（万吨）	
						2022年	2023年
热轧钢管机组	273 PQF 连轧机组	1	(114~356)×(4~40)	50	2009	26	19

四、企业无缝钢管主导产品

产品名称		规格范围（外径范围×壁厚范围）（mm）	执行标准	实际产量（万吨）	
				2022年	2023年
油井管	套管	(114~356)×(4~40)	API	13.8	15.7
管线管		—		5.9	3.3
流体管		(114~356)×(4~40)		2.7	—
高压锅炉管				1	0.3

续表

产品名称	规格范围（外径范围×壁厚范围）（mm）	执行标准	实际产量（万吨）	
			2022 年	2023 年
结构管	—	—	0.2	0.3
其他	—	—	2.6	1.9

33　江阴华润制钢有限公司

一、企业简介

江阴华润制钢有限公司坐落在江南水乡，有着中国民间小戏之乡美称的江阴市月城镇工业园区，月城镇地处中国经济最发达地区之一的长三角洲的集合中心，北枕长江，南临太湖，东连上海，西接南京，环境优美，水陆交通十分便利，发展环境及区位优势明显。

公司始建于 1994 年，前身为江阴中加钢铁有限公司，当时被冶金部列入全国乡镇企业样板工程，2000 年、2002 年重组后公司更名为江阴华润制钢有限公司，注册资金 155535 万元，占地 530 亩。公司主要经营钢铁冶炼及压延产品加工，年生产优特钢 70 万吨、各类优质无缝钢管 40 万吨。优特钢产品主要为优质碳素结构钢、合金结构钢、低合金高强度结构钢、管坯钢、高压锅炉用钢、锻钢冷轧辊用钢、工模具钢、不锈钢等几十个品种；无缝管产品主要有油管料、套管料、钻杆料、管线管、流体管、结构管、低中压锅炉管、高压锅炉管、液压支柱管、气瓶管、不锈钢管等几十个品种。

公司 2008 年通过 ISO9001：2008 质量管理体系认证、2010 年通过 ISO14001：2004 环境管理体系认证、2011 年通过 OHSAS18001：2007 职业健康安全管理体系认证、2014 年通过 ISO5001—2011 能源管理体系认证，2013 年通过美国 API 5CT、5DP、5L、Q1、ISO9001：2008、GHC 管理体系认证、2014 年通过 ISO10012：2003CMS 测量管理体系认证、2016 年通过欧盟 CE 认证气瓶管生产许可，2017 年通过美国 ABS 船级社认证，2018 年通过英国 LR 劳氏船级社认证，2018 年通过俄罗斯油井管接箍料证书，2022 年取得中国 CNAS 实验室认可证书，取得各类专利 60 项。2012 年公司取得了国家质量监督检验检疫总局颁发的压力管道（无修钢管、管坯）生产许可证。公司产品广泛用于机械压力容器、汽车、电力、石油、冶金、深加工等领域的装备制造。在市场同类产品中享有很好的质量声誉。通过不断创新和发展，把江阴华润制钢建设成为产品独特、工艺完善、设备配套经济效益好、有市场竞争能力的一个现代化特钢企业，实现股东价值最大化和员工价值最大化。

二、企业基本概况

企业名称	江阴华润制钢有限公司			
地址	江阴市月城镇北环路58号		邮编	214400
法人代表	赵明	电话 —	电子邮箱	—
联系人	寇军惠	电话 18015390988	联系人所在部门	钢管厂
企业成立时间	1994年5月	企业网址	www.jycrs.com.cn	
企业性质	私营	钢管设计能力（万吨/年）	40	
企业员工人数（人）	1000	其中：技术人员（人）	130	
钢管产量（万吨）	2022年	2023年	钢管出口量（万吨）	2022年	2023年
	30	33.4		4.9	2.4
销售收入（万元）	2022年	2023年	利润总额（万元）	2022年	2023年
	303258.81	332533.06		−10684.00	3679.59

三、热轧无缝钢管生产工艺技术装备及产量情况

机组类型及型号		台套/条	产品规格范围（外径范围×壁厚范围）（mm）	设计产能（万吨）	投产时间（年）	实际产量（万吨）	
						2022年	2023年
热轧钢管机组	180连轧机组	1	(60~180)×(3.8~25)	40	2012	30	33.4

四、企业无缝钢管主导产品

产品名称		规格范围（外径范围×壁厚范围）（mm）	执行标准	实际产量（万吨）	
				2022年	2023年
油井管	油管	(60~180)×(3.8~25)	API 5CT	9.88	10.9
	套管				
	钻杆/钻铤		API 5DP	1.25	1.4
管线管			GB/T 8163、API 5L	11.75	12.3
流体管					
低温管			GB/T 5310/9948/6479	1.1	1.5
高压锅炉管					
低中压锅炉管					
核电用管					
三化用管					
气瓶管			GB/T 18248	1.4	2.2
结构管			—	3.45	3.7
液压支柱管					
工程、石油机械用管					
油缸管			企标	1.5	1.3
车桥管/汽车半轴管			GB/T 8162	0.09	—

34 承德建龙特殊钢有限公司

一、企业简介

承德建龙特殊钢有限公司成立于 2001 年 12 月，注册资本 15 亿元，是建龙集团旗下的特钢子公司，企业总资产 214 亿元，在岗员工 3900 余人。

公司位于河北省承德市，依托承德丰富的钒钛资源优势，积极发展钒钛特钢和钒钛新材料产业，是国内把钒钛资源综合利用和特钢生产有机结合的唯一企业，是国家高新技术企业、国家知识产权优势企业、国家级绿色工厂、河北省科技领军企业、承德钒钛基地的核心骨干企业、承德市行业龙头民营企业。公司建有国家企业技术中心、承德建龙河北院士工作站、河北省锻造用钢技术创新中心、河北省企业技术中心、河北省企业重点实验室、钒钛资源综合利用研究所和检测中心等科研创新平台。

2021 年无缝钢管厂成功入选国家级智能制造试点示范工厂。2022 年承德建龙作为唯一一家钢铁企业入选"2022 年智能制造标杆企业"、2023 年入选"钢管产业十大创新案例"。2023 年公司被评为承德市行业龙头民营企业，位列河北省民营企业 100 强第 42 位，河北省制造业民营企业 100 强第 37 位。

2023 年承德建龙实现营业收入 142 亿元、上缴税金 2.3 亿元。

公司主导产品为特钢产品和钒系列产品。特钢产品包括锻造用连铸圆坯、无缝钢管用连铸圆管坯、汽车及工程机械用圆钢、热轧无缝钢管，钒系列产品包括五氧化二钒、钒氮合金。产品广泛应用于铁路、风电、汽车、工程机械、锅炉、电力、石油钻探、石油运输、装备制造等领域，在全国各地均有销售，并远销东南亚、中东、南北美、欧洲等地区。

承德建龙坚持创新发展理念，围绕"特种无缝钢管、非调质钢、最大连铸圆坯、钒电池储能一体化、钛合金开发应用、物流产业"六大产业链，深化制造业高端化、智能化、绿色化转型，全力打造"国际能源用钢生产基地、国内汽车及工程机械用钢生产基地、钒钛特种无缝管生产基地、钒钛特钢产品出口基地"四大基地，致力于建设成为引领行业发展、最具特色、最具竞争力的低碳钒钛特钢企业。

二、企业基本概况

企业名称	承德建龙特殊钢有限公司			
地址	兴隆县平安堡镇		邮编	067201
联系人	刘博	电话	0314-5316067	联系人所在部门	—

企业名称	承德建龙特殊钢有限公司			
企业成立时间	2001 年	企业网址	www. ejianlong. com	
企业性质	有限责任公司	钢管设计能力 （万吨/年）	50	
企业员工人数（人）	3900	其中：技术人员（人）	230	
钢管产量 （万吨）	2022 年	2023 年	钢管出口量 （万吨）	2022 年	2023 年
	34. 46	销量 52.6		1. 01	2. 16

三、热轧无缝钢管生产工艺技术装备及产量情况

机组类型及型号		台套/ 条	产品规格范围（外径范围× 壁厚范围）（mm）	设计产能 （万吨）	投产时间 （年）	实际产量（万吨）	
						2022 年	2023 年
热轧钢管机组	258PQF 连轧 无缝钢管机组	—	—	50	2021	34.46	52.6

35　江苏诚德钢管股份有限公司

一、企业简介

江苏诚德钢管股份有限公司始建于 1988 年，是一家大型钢管制造企业，省级科技民营企业，主要生产 $\phi(22\sim720)\,mm\times(3\sim100)\,mm$ 各类碳钢，合金无缝钢管，产品覆盖热电、锅炉、石油、化工、煤炭、造船等诸多行业，是国内无缝钢管品种最全的科技民营企业。

公司注册资本 21000 万元人民币。建有一条国际上最先进的 $\phi127PQF$ 热连轧生产线，该生产线可实现年产能 50 万吨无缝钢管，2022 年年产量 157166 吨无缝钢管，能源消耗总量为 17810 吨标准煤；2022 年营业收入 161462 万元，上缴税费总额 1823 万元，资产总计：127996 万元，银行信用等级为 AAA。

"诚德"牌高压锅炉用无缝钢管、油套管获江苏省名牌产品。公司在发展过程中不断研发创新，T11 高压锅炉管、T22 高压锅管、P91 超临界高压锅炉管、超长 T91 超临界高压锅炉管、P5 石油裂化用管等获得江苏省高新技术产品；P110 高钢级抗挤毁石油套管新技术分别获得扬州市科技进步奖三等奖，江都区科技进步奖一等奖。

由于钢管工业受国际金融危机的严重影响，当前我国钢管总体已呈现供大于求的格局，公司针对市场需求积极进行产品结构调整，重点研发高技术含量和高附加值产品，努

力提高国内市场高端产品的自给率和占有率，改变企业钢管数量多而技术含量低、附加值低的格局。产品遍及全国各省市，部分产品远销欧美及东南亚地区。诚德集团将联合安徽工业大学、东北特钢、上海锅炉厂、中冶赛迪、西南交大等有关科研院校及生产厂家成立无缝钢管研发及产业化技术团队，加强产学研一体化合作，使之形成全省同行业最强大的技术研发团队。将与安徽工业大学建立人才培养与就业基地建设合作，联合东北特钢、上海锅炉厂培养博士后研究员，提高公司研发机构创新能力，通过紧密合作，研发高温高压超临界用无缝钢管原料，核电用无缝钢管、高钢级抗腐蚀油套管等高性能，高附加值产品。与中冶赛迪、西南交大主要研究方向为短流程热连轧无缝钢管生产线及高强度镁基合金用板材项目，着眼既可生产高合金钢管，又可生产航空用镍基、钛基合金管。

未来诚德集团将建立管理科学、运转高效的项目管理机制，以诚德集团整体战略为基础平台，以诚德集团创投业之初的"忍磨苦修精，谦诚拓朴平"的精神状态和"天下无缝钢管谁为最，敢缚全球万里长"的胆识和气魄，着力推进发展战略转型、发展方式转变和体制机制创新，面向国际国内两个市场、两种资源，在更大范围内优化配置资源，在更高起点上推进"创意、创新、创业"，建设具有自主知识产权的品牌。

二、企业基本概况

企业名称	江苏诚德钢管股份有限公司			
地址	江苏省扬州市江都区三江大道 1 号		邮编	—
法人代表	张铮	电话	—	电子邮箱	—
联系人	尤金	电话	0514-80833878	联系人所在部门	物资部
企业成立时间	1988 年		企业网址	—
企业性质	股份		钢管设计能力 （万吨/年）	30
企业员工人数（人）	680		其中：技术人员（人）	86
钢管产量 （万吨）	2022 年	2023 年	钢管出口量 （万吨）	2022 年	2023 年
	20.5	23		1.75	1.25
销售收入 （万元）	2022 年	2023 年	利润总额 （万元）	2022 年	2023 年
	160000.00	176000.00		-430.00	4180.00

三、热轧无缝钢管生产工艺技术装备及产量情况

机组类型及型号	台套/条	产品规格范围（外径范围×壁厚范围）（mm）	设计产能（万吨）	投产时间（年）	实际产量（万吨）	
					2022 年	2023 年
热轧钢管机组	127 机组	1	（38~133）×（3.5~13.5）	30	2021	20.5	23

四、企业无缝钢管主导产品

产品名称	规格范围（外径范围×壁厚范围）（mm）	执行标准	实际产量（万吨）	
			2022 年	2023 年
管线管	(38~133)×(3.5~13.5)	API 5L	4.4	3.3
流体管	(38~133)×(3.5~13.5)	GB/T 8163	2.5	2.7
低温管	(38~133)×(3.5~13.5)	GB/T 8984	—	1.6
高压锅炉管	(38~133)×(3.5~13.5)	GB/T 5310	8.1	8
低中压锅炉管	(38~133)×(3.5~13.5)	GB/T 3087	3.6	3.8
结构管	(38~133)×(3.5~13.5)	GB/T 8162	—	1.7
工程、石油机械用管	(38~133)×(3.5~13.5)	API 5CT	1.3	1.3
油缸管	(38~133)×(3.5~13.5)	企标	0.6	0.6

36 浙江明贺钢管有限公司

一、企业简介

浙江明贺钢管有限公司注册成立于 2006 年 12 月，2008 年 7 月 18 日明贺钢管第一支无缝钢管诞生，正式宣告明贺公司投产。经过十五年多的发展，现已成为华东地区实力雄厚的无缝钢管生产厂家之一。公司位于浙江省德清县，杭州近郊，交通极为方便，杭宁高速、高铁可直接抵达，紧邻国家级风景名胜避暑胜地莫干山麓，为国家高新区莫干山经济开发区重点骨干企业，湖州市政府质量奖企业，国家高新技术企业，湖州市模范集体。公司现有员工超过 320 人，占地面积 65 亩。

公司专业生产 ϕ32~406mm，壁厚 6~65mm 各种规格的无缝钢管，主要应用于石油钻具、液压油缸、锅炉行业、工程机械、轴承行业、汽车工业、石油天然气输送。

公司拥有一条由中径 18m 环形炉、菌式穿孔机、基于德国米尔技术的阿塞尔 180 机组轧管机、步进式再加热炉、14 机架减径机组成的热轧生产线，年生产能力可达 12 万吨，可生产外径 83~250mm，壁厚 7~65mm 的热轧无缝钢管。

公司还拥有一条由 400 吨冷拔机组、2 台 90 精轧机组、连续加热炉构成的高精度冷拔管产线，年产量可达 5 万吨，尺寸在 32~406mm 之间，其中精轧尺寸控制在 32~121mm 之间。

公司拥有一条功能齐全、自动化程度高的高性能热处理调质生产线。年生产能力可达 5 万吨，专业调质外径 60~355mm，壁厚 6~50mm，长度 6~12m 的石油钻具用管：Q125、

P110、L80－9Cr、13Cr、N80－Q、1340、4140、4130、4145H 等；工程机械用管 720、S890、BJ890 等；螺杆钻具用 42CrMo、4145H 等定子管、转子管；卡特矿山专用材料 1E1058 等，覆盖所有高钢级无缝钢管。

公司已通过了浙江省省级研究院、国家级实验室 CNAS、IATF16949 体系、国家二级安全标准化、环境管理体系、职业健康管理体系，可持续发展项目 SCORE 证书以及 CE、GL、API、BV、PDE 等多项国内外认证。

当前公司已拥有美国卡特彼勒、徐工集团、中联重科、江苏恒立集团、格兰特石油钻具有限公司、上海海隆石油钻具有限公司、科玛中国液压设备有限公司、上海锅炉厂、太原锅炉集团等国内外行业顶级客户。

二、企业基本概况

企业名称	浙江明贺钢管有限公司			
地址	浙江省德清县阜溪街道长虹东街 766 号	邮编		313200
法人代表	傅国柱	电话	0572-8350320	电子邮箱	307742773@qq.com
联系人	李定杰	电话	13655827080	联系人所在部门	技术部
企业成立时间	2006 年	企业网址		http://www.zjmhgg.com/
企业性质	合资	钢管设计能力（万吨/年）		12
企业员工人数（人）	340	其中：技术人员（人）		59
钢管产量（万吨）	2022 年	2023 年	钢管出口量（万吨）	2022 年	2023 年
	11	12		2.1	2.6
销售收入（万元）	2022 年	2023 年	利润总额（万元）	2022 年	2023 年
	65000.00	76000.00		4500.00	5000.00

三、冷热轧无缝钢管生产工艺技术装备及产量情况

机组类型及型号		台套/条	产品规格范围（外径范围×壁厚范围）（mm）	设计产能（万吨）	投产时间（年）	实际产量（万吨）	
						2022 年	2023 年
热轧钢管机组	阿塞尔180 机组	1	(83~250)×(5~65)	12	2008	11	12
冷轧/冷拔机组	穿孔机 菌式斜轧机组	1	(100~255)×(10~65)	12	2008	11	12
	冷拔机组 400T	1	(89~356)×(10~45)	3	2014	2.6	2.8
	200T	1	(73~194)×(6~35)	2	2018	1.4	1.6
	冷轧机组 90 机组	2	(32~121)×(5~35)	1	2016	0.7	0.8

四、企业无缝钢管主导产品

产品名称		产品规格范围（外径范围×壁厚范围）（mm）	执行标准	实际产量（万吨）	
				2022 年	2023 年
油井管	油管	(73~219.1)×(5~50.8)	API 5CT	0.7	0.75
	套管	(73~219.1)×(5~25.4)	API 5CT	0.05	0.05
	钻杆/钻铤	(73~180)×(15~45)	SPEC7-1	2	2.1
管线管		(73~219.1)×(5~50.8)	API 5L	0.3	0.23
流体管		(32~356)×(5~50.8)	GB/T 8163	0.3	0.2
低温管		(32~356)×(5~50.8)	GB/T 8163	0.2	0.25
高压锅炉管		(83~219)×(5~65)	GB/T 5310	1	0.95
低中压锅炉管		(83~219)×(5~65)	GB/T 3087	0.1	0.15
核电用管		—		0	0
三化用管		(83~219)×(5~65)	GB/T 9948	0.15	0.2
耐磨管		—		0	0
气瓶管		(83~245)×(5~65)	GB/T 18248	0.05	0.07
结构管		(83~250)×(8~65)	GB/T 8162	1	1.1
液压支柱管		(83~245)×(8~65)	GB/T 17396	0.2	0.25
工程、石油机械用管		(32~356)×(5~65)	协议及 GB/T 8162 等	1.3	1.5
油缸管		(32~356)×(5~65)	协议及 GB/T 8162 等	3	3.4
汽车、机车、机床用液压管		(32~356)×(5~65)	协议及 GB/T 8162 等	0.05	0.05
汽车管		(32~356)×(5~65)	协议及 GB/T 8162 等	0.04	0.1
车桥管/汽车半轴管		(32~356)×(5~65)	协议及 GB/T 8162 等	0.5	0.6
轴承管		(76~356)×(5~65)	GB/T 18254	0.06	0.05

37　常熟市无缝钢管有限公司

一、企业简介

常熟市无缝钢管有限公司是生产、经销小口径冷拔（轧）无缝钢管的专业企业，"常峰牌"注册商标。主要产品有工程机械、汽车和柴油机用管；锅炉、压力容器和热交换器用管；高碳铬轴承用管；无氧化和光亮液压精密钢管。生产规格外径φ3~89mm，壁厚0.5~20mm，长度28m以下，年生产能力5万吨。

公司地处国际花园城市——江苏省常熟市，占地135000平方米，建筑面积60000平方米。现有三条热轧穿孔延伸生产线和四条冷拔（轧）生产线，配置五条天然气全自动热处理（光亮、无氧）炉，集四十多年无缝钢管研究、开发和生产实践经验，以薄、小、精、细作为产品特色，以精工细作为生产原则。公司持有特种设备制造许可证（压力管道元件）A2（1）、B（1）（2）资质和轴承钢管生产许可证，可以按中国标准 GB、美国标准 ASME、ASTM、日本标准 JIS、德国标准 DIN 生产供货，也可以按上述标准的内控企业标准生产供货，特别还可以根据客户特殊需要"量身定制"各种特殊要求的产品。

公司以科技创新作为服务客户的主要手段。企业建有苏州市工程技术研究中心，拥有经验丰富而且稳定的产品研发团队和熟练的工人队伍；和安徽工业大学、南京航空航天大学、江苏大学、上海理工大学、常熟理工学院开展经常性的技术合作，建有江苏省研究生工作站；钢管热处理自动控制系统达到行业水平。企业产品符合产业鼓励政策，有一大批高新技术产品。公司拥有钢管正火炉、具有钢管自动夹持功能的钢管水压检测装置、钢管水压自动检测机、钢管水压检测装置发明专利四件；全自动电弧冷定心装置等十多件实用新型专利；常峰无缝钢管退火炉 PLC 控制系统软件 V1.0、常峰无缝钢管退火炉计算机监控系统软件 V1.0 两项软件著作权。企业被认定为江苏省民营科技企业、江苏省信息化与工业化融合试点企业、苏州市信用管理示范企业。常峰牌商标被认定为苏州市知名商标、江苏省著名商标，常峰牌产品被认定为苏州市名牌产品。

公司具有充满江南文化底蕴的管理基础，以诚实、信用、共赢、和谐作为经营宗旨，积极倡导绿色发展理念，连续二十多年被江苏省人民政府授予"守合同重信用企业"称号，多年来被金融系统指定的评级机构评为 AAA 级资信企业。公司已通过 ISO9001 质量管理体系、ISO14001 环境管理体系、OHSAS18001 职业健康安全管理体系及 CE 认证，具有江苏省计量保证确认证书。公司注重建立和谐员工关系，多年来被评为苏州市、常熟市平安企业、诚信守法企业、苏州市能效之星三星级企业、安全生产标准化二级企业、苏州市劳动关系和谐企业、江苏省高技能人才摇篮奖、苏州市高技能人才培养突出贡献奖、苏州市"五一"劳动奖状、常熟市"五一"劳动奖状。

"持之以恒谓之常，力求超越谓之峰"，我们不求大而求强、不求全而求专。正确摆正企业产品的市场定位，不断提高自身为各位客户企业服务的能力。我们真诚希望同各位新老客户携手共赢，共同为富强、企业富裕、员工富有而努力奋斗！

二、企业基本概况

企业名称	常熟市无缝钢管有限公司				
地址	常熟市董浜镇工业园区华烨大道 25 号		邮编		215534
法人代表	陈国强	电话	13328028011	电子邮箱	179371658@ qq. com
联系人	章春霞	电话	13962385303	联系人所在部门	综合管理部
企业成立时间	1980 年 1 月 30 日		企业网址		http://cssst.com
企业性质	民营		钢管设计能力（万吨/年）		5.5

续表

企业名称		常熟市无缝钢管有限公司		
企业员工人数（人）	276	其中：技术人员（人）	45	
钢管产量（万吨）	2022 年	2023 年	钢管出口量（万吨）	2022 年	2023 年
	4.46	4.93		0.58	0.65
销售收入（万元）	2022 年	2023 年	利润总额（万元）	2022 年	2023 年
	40831.29	44949.04		1718.24	2814.69

三、冷轧无缝钢管生产工艺技术装备及产量情况

机组类型及型号			台套/条	产品规格范围（外径范围×壁厚范围）（mm）	设计产能（万吨）	投产时间（年）	实际产量（万吨）	
							2022 年	2023 年
冷轧/冷拔机组	穿孔机	φ50mm 机组	1	(40～50)×(2.6～6.0)	1.2	2020	1.1	1.2
		φ60mm 机组	1	(50～60)×(2.8～8.5)	1.8	2009	1.6	1.8
		φ60mm 加强机组	1	(60～85)×(3.8～18)	3	2009	2.2	2.4
	冷拔机组	20 吨三线链式冷拔机	2	(12～25)×(1.0～2.5)	0.2×2	2017	0.15×2	0.2×2
		25 吨三线链式冷拔机	1	(15～30)×(1.2～3.0)	0.25	2017	0.2	0.22
		30 吨三线链式冷拔机	1	(19～32)×(1.5～4.0)	0.3	2009	0.25	0.28
		35 吨三线链式冷拔机	1	(25～38)×(2.0～5.0)	0.35	2021	0.3	0.32
		38 吨三线链式冷拔机	1	(30～50)×(2.5～6.0)	0.38	2019	0.32	0.35
		40 吨三线链式冷拔机	2	(38～60)×(3.0～6.5)	0.4×2	2020	0.35×2	0.38×2
		45 吨三线链式冷拔机	1	(40～65)×(3.5～7.0)	0.45	2019	0.4	0.42
		50 吨三线链式冷拔机	1	(40～70)×(3.8～7.5)	0.5	2018	0.45	0.48
		60 吨三线链式冷拔机	1	(40～75)×(4.0～8.5)	0.6	2018	0.5	0.55
		70 吨三线链式冷拔机	2	(45～80)×(4.0～9.5)	0.7×2	2022	0.35×2	0.6×2
		75 吨三线链式冷拔机	1	(45～90)×(4.0～10.0)	0.75	2017	0.6	0.7
		120 吨三线链式冷拔机	1	(50～100)×(4.5～12.0)	1	2018	0.75	0.85

续表

机组类型及型号		台套/条	产品规格范围（外径范围×壁厚范围）（mm）	设计产能（万吨）	投产时间（年）	实际产量（万吨）	
						2022 年	2023 年
冷轧机组	ϕ30mm 两辊轧机	6	(25~38)×(1.8~4.0)	0.08×6	2013	0.75×6	0.08×6
	ϕ40mm 两辊轧机	4	(30~50)×(2.5~7.0)	0.12×4	2016	0.10×4	0.115×4

四、企业无缝钢管主导产品

产品名称	规格范围（外径范围×壁厚范围）（mm）	执行标准	实际产量（万吨）	
			2022 年	2023 年
流体管	(10~89)×(1.0~7.5)	GB/T 8163—2018	0.3	0.35
低温管	(16~45)×(2.0~5.0)	GB/T 150.2—2011	0.4	0.45
高压锅炉管	(32~76)×(2.0~6.5)	GB/T 5310—2017	0.3	0.3
低中压锅炉管	(25~51)×(1.5~5.0)	GB/T 3087—2008	0.2	0.2
三化用管	(15~76)×(1.2~6.5)	GB/T 9948—2013 GB/T 6479—2013	2.4	2.8
结构管	(10~76)×(2.0~5.0)	GB/T 8162—2018	0.5	0.5
工程、石油机械用管	(16~51)×(1.5~6.0)	GB/T 8162—2018	0.2	0.15
汽车管	(20~38)×(2.0~5.0)	技术协议	0.2	0.15

38 盛德鑫泰新材料股份有限公司

一、企业简介

盛德鑫泰新材料股份有限公司（简称"盛德鑫泰"）前身为常州盛德无缝钢管有限公司，于 2018 年 1 月股份改制后成立。公司现有职工 700 名左右，占地面积 175000m²，固定资产 35000 万元，总资产 90000 万元。公司于 2020 年 9 月在深交所创业板上市，股票代码 300881。

多年来，公司依靠科技进步，不断进行技术改造，优化产品结构，加大科技投入，扩大生产规模，创新制造技术含量高的尖端产品。先后引进和改造了 ϕ60mm（不锈钢专用）、ϕ76mm、ϕ90mm、ϕ130mm 热轧穿孔机组四台套；LG30－H、LG60S、LG60－H、LG120、LG360 冷轧机组 28 台套；10~100t 链式冷拔机组 17 台套；液压高精度大口径冷拔管机组 150t、250t 各 1 台套；120m 保护气氛热处理炉、连续辊底式固溶炉等，形成了碳钢、合金钢无缝钢管、不锈钢无缝钢管三条生产线。碳钢、合金钢管可从外径 $\phi16\sim159mm$，壁厚 $2\sim22mm$，不锈管无缝钢管可从外径 $\phi16\sim325mm$，壁厚 $2\sim22mm$。年产能碳钢、合金钢无缝钢管 120000 吨，不锈钢无缝钢管 50000 吨。

公司主要生产小口径冷拔（轧）碳钢、合金钢和不锈钢无缝钢管，年生产能力达 17 万吨，碳素钢管主要供给中石化、中石油、中海油，是中国石化企业的定点生产厂家之一；合金钢产品和不锈钢管主要与哈尔滨锅炉厂有限责任公司、东方电气集团东方锅炉股份有限公司、上海锅炉有限公司等国内大型电站锅炉集团配套。

公司不断进行技改投入，公司开发的超（超）临界电站锅炉用小口径 T91 无缝钢管获得了国家火炬计划项目证书，又相继成功开发了 T23、T92 和超临界合金优化内螺纹管。不锈钢产品方面，公司相继研发了 TP347H、TP347HFG、S30432 以及 TP310HCbN（S31042）等高等级不锈钢材料管材。2023 年公司完成总产量 11.2 万吨，实现产值 17.4 亿元。

"盛德鑫泰"的今天，靠的是自身的勤奋努力，不懈的拼搏，来源于各界人士新老顾客的关怀和支持，取得了优异的成绩。

"盛德鑫泰"的明天，一定会充满激情，抓住机遇，不失众望，迎接新的挑战。我们衷心地希望和广大的顾客达成共识，真诚合作，架起我们之间友谊的桥梁，为共同取得今后的更加辉煌而奋斗！

二、企业基本概况

企业名称	盛德鑫泰新材料股份有限公司					
地址	江苏省常州市钟楼区邹区镇 工业大道 48-1 号			邮编	213144	
法人代表	周文庆	电话	13809072953	电子邮箱	fq771227@126.com	
联系人	范琪	电话	13401600766	联系人所在部门	技术质量部	
企业成立时间	2001 年		企业网址	—		
企业性质	股份制		钢管设计能力 （万吨/年）	17		
企业员工人数（人）	700		其中：技术人员 （人）	110		
钢管产量 （万吨）	2022 年	2023 年	钢管出口量 （万吨）	2022 年	2023 年	
	8.6	11.2		0.15	0.26	
销售收入 （万元）	2022 年	2023 年	利润总额 （万元）	2022 年	2023 年	
	111290.00	174353.00		7394.00	13609.00	

三、冷轧无缝钢管生产工艺技术装备及产量情况

机组类型及型号		台套/条	产品规格范围（外径范围×壁厚范围）（mm）	设计产能（万吨）	投产时间（年）	实际产量（万吨）	
						2022 年	2023 年
冷轧/冷拔机组	穿孔机 70	2	(16~114)×(2~22)	—	2006	—	—
	穿孔机 90	1	(16~114)×(2~22)	—	2020	—	—
	穿孔机 130	1	(16~114)×(2~22)	—	2012	—	—
	冷拔机组 25T	2	(16~114)×(2~22)	—	2009		
	冷拔机组 60T	4	(16~114)×(2~22)	—	2012		
	冷拔机组 90T	4	(16~114)×(2~22)	—	2012		
	冷拔机组 100T	2	(16~114)×(2~22)	—	2015		
	冷轧机组 LG30	4	(16~114)×(2~22)	—	2008		
	冷轧机组 LG60	18	(16~114)×(2~22)	—	2012	—	—
	冷轧机组 LG90	3	(16~114)×(2~22)	—	2022	—	—
	合计	41	—	17		8.6	11.21

四、企业无缝钢管主导产品

产品名称	规格范围（外径范围×壁厚范围）（mm）	执行标准	实际产量（万吨）	
			2022 年	2023 年
流体管	(16~114)×(2~22)	GB/T 8163	0.34	0.11
高压锅炉管	(25~89)×(2~22)	GB/T 5310	6.91	9.49
三化用管	(16~114)×(2~22)	GB/T 9948	0.53	0.12
不锈钢管	(16~114)×(2~22)	GB/T 5310，GB/T 13296	0.81	1.49

39 天长市康弘石油管材有限公司

一、企业简介

天长市康弘石油管材有限公司成立于 2018 年 1 月，是由原安徽天大石油管材股份有限公司铜城工厂重组而来，整体继承了原安徽天大石油管材股份有限公司铜城工厂的全部资产、设备、管理团队和生产技术人员，公司拥有 30 年的专业无缝钢管制造和服务经验。

公司拥有 2 个生产基地，分别位于天长市铜城镇和滁州市高新技术产业开发区，拥有

员工 430 人。公司现有 1 条精密管生产线、40 多条冷轧和冷拔生产线。公司长期专注于研发、制造、销售换热管、化工管、船舶管、锅炉管、核电管、石油油井管及油气输送用管、不锈钢管等专用无缝钢管，公司年生产能力 20 万吨。同时可定制超低 P、S 含量的耐腐蚀抗酸专用管、耐低温用管、高温高压合金管及超长换热管（可提供 U 形加工）、多国标准的方矩管产品。

公司拥有特种设备制造许可证、ISO9001、ISO45001、ISO14001、IATF16949、API、欧盟 PED、欧盟 CPR 等体系认证以及 CCS、BV、LR、DNV-GL、ABS、NK、KR、RINA、RS 船级社等多家权威机构的产品认证。公司与合肥通用研究所、钢铁研究总院等行业知名科研机构进行紧密学研合作。公司与合作单位共同研发的抗酸管线、超低温管道、高强度结构管、耐腐蚀专用管获得了客户的高度认可。公司拥有 30 多项发明和实用新型专利。公司目前为国家级高新技术企业、省专精特新冠军企业、省企业技术中心企业，获得省工业精品、石化行业百佳供应商、滁州市级数字化车间、天长市十强企业、天长市市长质量奖等荣誉称号。

公司研制的 10（HSC）热交换器用无缝钢管，用于耐湿硫化氢腐蚀环境，已通过中国特种设备检测研究院的技术评价；公司制定的《10（HSC）热交换器用无缝钢管》企业标准（标准号：Q/KH 001—2022）已通过中国特种设备检测研究院评审备案；参与编制的《船舶生活污水收集系统》国家标准获得批准。

公司在多年的市场开拓中，凭借优秀的产品和服务，建立了遍布全球的销售网络，产品广泛应用于石油、天然气、化工、机械、能源、交通运输、基础设施建设等多个领域，公司系中石化、中石油、中海油、中核集团、中船集团、招商局集团、徐工集团、广东富华、中国一重等大型集团公司合格供应商。

公司积极响应国家提出的中小企业发展战略，走符合自身发展的"专精特新"之路。公司秉承产品符合标准要求为基本前提，按用户要求定制并满足客户专业化特殊需求为终极目标，努力追求产品和技术服务让客户满意，使得用户从采购、制作到产品服役使用的全生命周期成本最低。未来，公司将紧跟国际钢管技术的发展趋势，提高工艺技术，推进精细化管理，坚持持续改进，着力成为无缝钢管一揽子方案的解决者。

二、企业基本概况

企业名称	天长市康弘石油管材有限公司			
地址	安徽省天长市铜城镇振兴路		邮编	239311
法人代表	张胡明	电话	0550-7518599	电子邮箱	kh001@ kanghongpipe.com
联系人	徐联	电话	0550-7518599	联系人所在部门	办公室
企业成立时间	2018 年 1 月	企业网址	www. kanghongpipe.com	
企业性质	私营	钢管设计能力（万吨/年）	20	

续表

企业名称	天长市康弘石油管材有限公司			
企业员工人数（人）	430	其中：技术人员（人）	50	
钢管产量（万吨）	2022 年	2023 年	钢管出口量（万吨）	2022 年	2023 年
	9.41	9.79		0.93	0.75
销售收入（万元）	2022 年	2023 年	利润总额（万元）	2022 年	2023 年
	109000.00	109120.00		4448.00	2984.00

三、冷轧无缝钢管生产工艺技术装备及产量情况

机组类型及型号		台套/条	产品规格范围（外径范围）(mm)	设计产能（万吨）	投产时间（年）	实际产量（万吨）	
						2022 年	2023 年
冷轧/冷拔机组	穿孔机 50	1	10~114	20	2018	9.8	10.1
	60	1					
	70	1					
	80	1					
	冷拔机组 20T-300T	22	10~219	15	2018/2024	9.01	9.33
	冷轧机组 30T-60T	21	14~89	5		0.4	0.46

四、企业无缝钢管主导产品

产品名称		执行标准	实际产量（万吨）	
			2022 年	2023 年
油井管	油管	API 5CT	0.15	0.12
管线管		API 5L、GB/T 9711	2.16	1.80
流体管		GB/T 8163	1.61	1.44
低温管		ASTM、GB/T 18984	0.54	0.62
高压锅炉管		ASTM、GB/T 5310	0.80	0.96
低中压锅炉管		ASTM、GB/T 3087、欧标	1.59	1.54
核电用管		ASTM、GB/T 3087	0.22	0.24
三化用管		GB/T 6479、GB/T 9948	0.95	1.76
结构管		GB/T 8162、欧标、日标	0.39	0.32
工程、石油机械用管		GB/T 8162、欧标、日标	0.38	0.19
车桥管/汽车半轴管		ASTM	0.15	0.40
其他		—	0.47	0.40

40　河北金奥精工制造股份有限公司

一、企业简介

河北金奥精工制造股份有限公司始建于 1995 年，位于保定市高阳县庞口镇汽车农机配件产业园区，附近交通便利，工业发达。公司占地近 8 万平方米，员工 350 人，注册资金 3610 万元，总资产 2.8 亿元。公司下设钢管事业部、减振器事业部、精工事业部及国际事业部。

钢管事业部，原河北金奥管业有限公司，成立于 2009 年 5 月，专业生产汽车用精密无缝钢管，目前产能为 3 万吨，最高产能可达 3.8 万吨。公司拥有无缝钢管生产的全部工艺，包括穿孔、表面处理（酸磷皂）、冷拔、冷轧、热处理、探伤、精整等，产品定位于小口径无缝钢管，在精度、性能、工艺水平方面均处于国内领先水平。公司拥有先进的生产设备，聘请了一批国内钢管行业优秀的技术专家和管理人才，同北京钢铁研究院、北京科技大学、天津大无缝等多个单位建立研发平台，对汽车稳定杆、转向管柱、转向中间轴、电动汽车驱动轴、电机轴、传动轴等进行研发，并取得多项专利技术和成果，目前产品主要应用于丰田汽车、奔驰、宝马、沃尔沃、奥迪、领跑、长城、长安、上汽、一汽、二汽等汽车品牌。

钢管事业部专注于生产汽车用精密无缝钢管和汽车产品以外的高铁、核电、石油及工程机械制造业的高性能、高精度、高技术含量无缝钢管产品以及高合金产品。

公司早在 2017 年就专注新能源汽车用管的开发，目前同丰田、奔驰、长城蜂巢、领跑、华为、蔚来、理想、大众等新能源汽车平台建立了合作关系，丰田、奔驰、长城蜂巢已开始批量供货。

减振器事业部，始建于 1995 年的保定江辉减振器有限公司，以生产农用三轮汽车、三轮摩托车、电动三轮车减振器为主，产品主要销售国内及外贸出口。公司于 2002 年同清华大学、北京航空航天大学专家合作研制开发低速汽车减振器，研发队伍成熟过硬，目前拥有发明专利 5 项，实用新型专利 15 项，行业占有率 30%，销售产品 90% 以上为专利技术产品，产品质量和技术已经达到同行业领先水平，被授予"河北省优质产品""著名商标""质量效益型先进企业""质量信得过产品"等荣誉称号。目前产品畅销全国二十多个省、自治区、直辖市，先后为雷沃重工、五征集团、江苏宗申、河南隆鑫、力之星等厂家配套，被主机厂连续多年评为优秀供应商、A 级供应商、诚信供应商。

近几年，三轮汽车行业逐渐向国外拓展，集中在非洲、中东地区，市场不断扩大，出口量逐步增加。

精工事业部，主要从事无缝钢管的精密加工，依托丰田汽车、德系、美系汽车零部件企业用管的需求，本着为客户提供更多服务价值，满足市场对高端精密无缝钢管的需求，精工事业部致力于打造一支自动化、智能化的精密制造管理研发团队，公司配备有钻、铣、车、磨及焊接等自动化设备以及自动切割、六工位以上加工中心。为满足丰田汽车、大众汽车和美系零部件企业的订单要求，精工事业部于 2021 年完成引进六工位以上加工中心 26 台，自动喷丸设备、自动热处理线、自动磷化线各一条。同时精工事业部将打造一支专业的工艺研发和工装模具制作团队，保证加工技能水平及加工精度处于世界领先水平。

国际事业部，负责国际市场的产品开发和技术引进，下设国际贸易部和天津普若米尔贸易进出口有限公司。国际贸易部主要负责本公司产品的国际市场的开发，未来三年将在美国、德国、日本建立公司的办事处。天津普若米尔贸易进出口有限公司主要以进出口钢铁结构部件，冷轧/冷拔无缝钢管，高铁设备和配件，飞机零部件，汽车零部件，建筑工程用机械零部件，汽车、摩托车和电动车减振器。客户覆盖东南亚、中东、南美、北美和欧洲大部分地区。

公司目前拥有金属材料热处理、热轧、冷拔、精轧、精加工等专业技术团队。设置工程技术中心，下设产品研发部、工艺科、力学性能实验室、金相组织检测实验室、化验室等科研部门。配备有 60 吨拉力试验机、金相显微镜、直读光谱仪、布氏硬度计、洛氏硬度计、维氏硬度计、粗糙度仪、轮廓仪、陶瓷纤维马弗炉、阻尼试功机、弹簧拉压双向试验机、麦考特磁阻测绘仪、盐雾试验机、双动双频疲劳试验机等先进试验设备。在产品质量管理方面，严格按照 IATF16949：2016 质量管理体系的标准运行，严把产品质量关，做到从原材料进厂到产品出厂每道工序都严格控制，确保产品质量达到顾客满意。

金奥精工始终秉持"做最好的企业，为员工造福"的愿景目标，打造质量、信誉、科技的品牌内涵，一如既往地为市场提供最受客户信任、最受客户依赖的产品。

二、企业基本概况

企业名称	河北金奥精工制造股份有限公司				
地址	河北省保定市高阳县庞口镇高庞路 1 号		邮编		071504
法人代表	李亚辉	电话	15533231111	电子邮箱	zhb@ jinaoguanye.com
联系人	张艳宁	电话	13730259201	联系人所在部门	综合管理部
企业成立时间	2020 年 4 月 8 日	企业网址		www.jinaoguanye.com	
企业性质	民营	钢管设计能力（万吨/年）		3	
企业员工人数（人）	320	其中：技术人员（人）		15	
钢管产量（万吨）	2022 年	2023 年	钢管出口量（万吨）	2022 年	2023 年
	1.7153	1.8357		0.3251	0.3064

续表

企业名称	河北金奥精工制造股份有限公司				
销售收入 （万元）	2022 年	2023 年	利润总额 （万元）	2022 年	2023 年
	20100.00	21308.00		-141.00	-64.00

三、冷轧无缝钢管生产工艺技术装备及产量情况

机组类型及型号		台套/ 条	产品规格范围（外径范围× 壁厚范围）（mm）	设计产能 （万吨）	投产时间 （年）	实际产量（万吨）	
						2022 年	2023 年
冷轧/冷拔 机组	穿孔机	2	（40~90）×（2.6~18）	3.8	2009	1.8820	2.1558
	冷拔机组	5	（10~80）×（1.1~12）	2.4	2009	1.4522	1.2069
	冷轧机组	35	（18~83）×（1.5~17）	2.5	2009	1.1463	1.3801

四、企业无缝钢管主导产品

产品名称	规格范围（外径范围× 壁厚范围）（mm）	执行标准	实际产量（万吨）	
			2022 年	2023 年
汽车管	（10~80）×（1.1~17）	GB/T 3639	1.7153	1.8357

41　山东金宝诚管业有限公司

一、企业简介

　　山东金宝诚管业有限公司是一家专业生产无缝钢管的国家高新技术企业，公司成立于2003 年，注册资金11800 万元，公司占地500 余亩，员工400 余人。2019 年取得高新技术企业，2022 年实现销售收入11.4 亿元，总资产8.3 亿元，无缝钢管连续4 年在中国钢结构协会钢管分会同行业企业中排名前十位。现为中国钢结构协会钢管分会会员单位，中国金属学会轧钢分会钢管学术委员会委员单位。

　　公司的主导产品为外径 φ10~273mm、壁厚 1~30mm 的低中压锅炉管、输送流体管、石油裂化管、结构用无缝钢管、液压支柱管和汽车半轴管、合金管等不同用途无缝钢管。产品广泛应用于农田水利灌溉、建筑水暖安装、石油天然气输送、中低压锅炉及农业机械装备制造等领域。产能90 万吨。

　　公司注重科技创新和技术引领，获得"市级企业技术中心"。公司成立的金宝诚科协

和科技工作者之家被临沂市科协授予"市级科技工作者之家"。企业先后获得发明专利 2 项，实用新型专利 33 项。

企业自成立以来，秉承"诚信天下，以客户为中心"的经营理念，坚持"质量重于泰山"的质量方针，诚信合法经营，以质量求生存、以信誉求发展，通过十余年的生产经营实践，树立了良好的企业形象，被社会各界广泛认同。公司及产品先后荣获"山东省先进民营企业"、临沂市"百强企业""明星企业""文明诚信民营企业""纳税功勋企业""知名品牌产品""临沂市劳动关系和谐企业""临沂市消费者满意单位""光彩之星""安全生产工作先进单位""临沂市节能先进企业"等荣誉。"金宝诚"商标是山东省著名商标，产品获得了 ISO9000 质量体系认证、特种设备制造许可证、特种设备型式试验证书等资质证书。

二、企业基本概况

企业名称		山东金宝诚管业有限公司			
地址		山东省临沂市临沭县经济开发区	邮编		276700
法人代表	吴锋清	电话	—	电子邮箱	—
联系人	张建	电话	13583963281	联系人所在部门	生产项目部
企业成立时间		2003 年 9 月	企业网址		www.kingpipe.com
企业性质		股份有限公司	钢管设计能力（万吨/年）		50
企业员工人数（人）		460	其中：技术人员（人）		180
钢管产量（万吨）	2022 年	2023 年	钢管出口量（万吨）	2022 年	2023 年
	13	13.9		—	—
销售收入（万元）	2022 年	2023 年	利润总额（万元）	2022 年	2023 年
	72412.00	112681.00		−622.00	−466.00

三、冷轧无缝钢管生产工艺技术装备及产量情况

机组类型及型号	台套/条	设计产能（万吨）	投产时间（年）	实际产量（万吨）	
				2022 年	2023 年
穿孔机	6	20	2005	4.6	4.4
冷轧/冷拔机组	6	30	2005	8.4	9.6

四、企业无缝钢管主导产品

产品名称	实际产量（万吨）	
	2022 年	2023 年
低中压锅炉管	13	14

42　浙江伦宝管业股份有限公司

一、企业简介

浙江伦宝管业股份有限公司位于浙江西部，创建于 1992 年，占地面积 70000 平方米，现有职工 220 余人，专业研发人员 35 人。是一家集研发、生产、销售为一体的精密钢管民营企业。公司位于江山市工业园区，G3 黄衢南高速穿境而过，与 G60 杭金衢高速公路交接，背靠沪昆铁路干线，交通便捷。

公司主要产品可以按照中国标准 GB、美国标准 ASME、ASTM、日本标准 JS、德国标准 DIN 生产供货，同时还能够根据客户特殊需要"量身定制"各种特殊要求的产品。产品广泛应用于汽车零部件、压力管道、石油化工、液压机械、工程机械等行业。

公司拥有年产量 5 万吨无缝钢管的生产能力，产品规格：外径 4~89mm，壁厚 0.8~14mm；牌号：10~55 钢、09Mn、20Mn、Q355（B、D、E），20、20Cr、40Cr、15CrMo、20CrMo、35CrMo、42CrMo、12Cr1MoVG、20CrMnTi、CM690 等，现有穿孔、冷拔、精轧精密钢管等生产线若干条，并且配备较完备的检测设施：万能材料试验机，化学成分分析装置（光谱仪）、硬度试验机、涡流+超声一体探伤机、冲压试验机等，公司建有自动化酸洗生产线，具备完善的环保处理设施，实现废酸、废水循环化回用。

公司为国家高新技术企业，建有省级高新技术企业研究开发中心、浙江省"专精特新"中小企业。实现从采购、销售、生产、设备运行联网等全流程数据采集、产品质量追溯等数字化运用，2022 年被评为浙江省级"数字化车间"、省级"节水型企业"、衢州市绿色低碳工厂等荣誉称号。并取得国家特种设备生产许可证 B 级，通过 ISO9001：2015 国际质量体系认证、汽车用管 IATF16949：2016 国际质量管理体系认证、ISO14001：2015 环境管理体系认证、ISO45001：2018 职业健康安全管理体系认证、"国家级两化融合管理体系认证""知识产权管理体系认证"。2018 年，公司开展数字化建设，实现从采购、销售、生产全流程数据采集、产品质量追溯等数字化运用，提高工作效率，为企业高质量发展奠定基础。

公司重视科技创新和自主知识产权建设，常年与多家科研院校建有稳定的产学研合作关系。在新产品和环保治理技术研发方面取得了优良实效，目前拥有授权发明专利 4 项、实用新型专利 30 项，软件著作权 4 项。参与国家标准制定 6 项，行业标准 1 项，企业标准 3 项。

二、企业基本概况

企业名称	浙江伦宝管业股份有限公司				
地址	浙江省衢州市江山市贺村镇十里牌 19 号		邮编		324109
法人代表	王超仙	电话	13757005131	电子邮箱	422185987@ qq. com
联系人	郑岱伦	电话	13511403401	联系人所在部门	财务部
企业成立时间	1992 年 3 月 6 日		企业网址		—
企业性质	股份制企业		钢管设计能力 （万吨/年）		5
企业员工人数（人）	241		其中：技术人员 （人）		40
钢管产量 （万吨）	2022 年	2023 年	钢管出口量 （万吨）	2022 年	2023 年
	4. 96	4. 9		0	0. 0015
销售收入 （万元）	2022 年	2023 年	利润总额 （万元）	2022 年	2023 年
	28181. 80	25227. 70		1534. 76	649. 51

三、冷轧无缝钢管生产工艺技术装备及产量情况

机组类型及型号			台套/条	产品规格范围（外径范围×壁厚范围）（mm）	投产时间（年）	实际产量（万吨）	
						2022 年	2023 年
冷轧/冷拔机组	穿孔机	40 机	1	(6~89)×(1~13)	2021	1. 34	1. 33
		50 机	1	(6~89)×(1~13)	2016	1. 77	1. 67
		50-2 机	1	(6~89)×(1~13)	2020	1. 61	1. 57
	冷拔机组	30H	2	—	2006	—	—
		60H	1	—	2009	—	—
		40H	1	—	2010	—	—
		30-Z	2	—	2013	—	—
		40	1	—	2018	—	—
		60	1	—	2018	—	—
		40	2	—	2016	—	—
		60	1	—	2016	—	—
		30	2	—	2017	—	—
		XH60/3	1	—	2023	—	—
		90T	1	—	2020	—	—
		45T	1	—	2024	—	—
		合计	—	—	—	2. 42	2. 24

续表

机组类型及型号			台套/条	产品规格范围（外径范围×壁厚范围）（mm）	投产时间（年）	实际产量（万吨）	
						2022 年	2023 年
冷轧/冷拔机组	冷轧机组	10T 双链	1	—	1992	—	—
		5T 双链	1	—	2004	—	—
		20T	1	—	1992	—	—
		3T	1	—	2003	—	—
		30T	1	—	2004	—	—
		30T	1	—	2013	—	—
		40T	1	—	2004	—	—
		20T	1	—	2019	—	—
		合计	—	—	—	1	1

四、企业无缝钢管主导产品

产品名称	规格范围（外径范围×壁厚范围）（mm）	执行标准	实际产量（万吨）	
			2022 年	2023 年
流体管	(6~89)×(1~13)	GB/T 8163—2018	0.5381	0.2807
高压锅炉管	(6~89)×(1~13)	GB/T 5310—2017	0	0.0015
低中压锅炉管	(6~89)×(1~13)	GB/T 3087—2008	0.0496	0.05
结构管	(6~89)×(1~13)	GB/T 8162—2018	2.1012	2.077
工程、石油机械用管	(6~89)×(1~13)	GB/T 9948—2013	0.1014	0.2883
汽车管	(6~89)×(1~13)	GB/T 8162—2018	0.7483	0.7006

43 天津正安无缝钢管股份有限公司

一、企业简介

天津正安无缝钢管股份有限公司，位于武清区河西务镇工业区，是集生产、销售为一体的综合企业，前身是天津正安无缝钢管有限公司。公司成立于 2003 年 6 月，同期取得营业执照，统一社会代码为：91120222749131379D，主要经营范围：无缝钢管制造、金属材料等销售。公司占地面积 26730 平方米，建筑面积 19300 平方米，于 2004 年 12 月投入生产，公司注册资金 8000 万元人民币，法定代表人金兆东。

公司法人金兆东，回族，大学本科，机械自动化专业，在无缝钢管行业工作 40 年，一直从事生产一线的经营管理，具有丰富经验，对市场定位准确，公司主要从事无缝钢管生产、销售。产品主要销往东北、华北等地区的大型电站锅炉厂、石油化工及机械加工行业。2008 年通过 ISO9000 系列认证，2010 年公司取得了高压锅炉管生产许可证，是华北地区仅有的四家企业之一，可以生产目前国内大部分需要进口合金管，如 10Cr9Mo1VNb、12Cr2MoWVTiB、TP347H 等产品，产品附加值高，市场前景广阔。

由于产品品种规格及生产工艺的先进性，2010 年我公司被认定为科技型企业，2011 年被认定为科技型"小巨人"企业，同时入选天津市风云企业 100 强，2012 年被认定为天津市特色产业单位，在获得天津市财政资金及政策支持的同时为公司的设备改造和产品提升注入新的活力。

公司拥有员工 150 人，其中专业技术人员 23 人，高级技术人员 3 人。

公司主要生产设备有：组锯 3 台套，电子全自动控制 16.8 米步进式加热炉 1 座，60 加强型穿孔机 1 台套，90 穿孔机 1 台套，14 架定径机 1 台，钢管缩头机 1 台，冷拔机 4 台，冷轧机 6 台，48 米微氧化热处理炉 1 座，矫直机 3 台，成品钢管组锯 2 台，天车 23 部，涡流探伤机 2 台套，主要检验设备有超声波探伤机 1 台套，以及生产的全部配套设备和检验设施以及理化检验设备。自投产以来，随着市场需求的变化，公司产品结构不断调整，不断满足并提升，充分满足市场需求。

长期战略合作伙伴，上游企业主要有：天津钢铁集团有限公司、山东钢铁股份有限公司莱芜分公司、江苏永钢集团有限公司、山东潍坊钢铁集团有限公司、江苏长强钢铁有限公司等。

我公司为哈尔滨电气集团有限公司合作供方、哈尔滨电气国际工程有限公司合作供方、哈尔滨锅炉集团有限公司合作供方、太原锅炉集团有限公司合作供方、浙江浙能燃气股份有限公司合作供方等。

公司主要生产 φ(16～89)mm×(1.5～14)mm 各种型号高压无缝钢管，合金管，毛坯管，年生产能力 40000 吨。

公司业务经营情况，生产成无缝钢管后主要销售给锅炉公司，机械加工企业，汽车、机械制造、石油化工、地质等领域，哈尔滨锅炉厂、天津日马精密锻压有限公司等一批行业龙头和知名企业一直是我们的战略合作伙伴，部分产品远销韩国、日本等国，深受好评。

生产工艺流程：

原料剪断→穿孔→酸洗→磷化→皂化→冷轧（拔）→热处理→理化性能检验→合格矫直→切头尾→无损检验→打捆入库。

随着生产线项目的提升改造、产品质量及价格优势，我公司的市场不断扩大。

二、企业基本概况

企业名称	天津正安无缝钢管股份有限公司		
地址	天津市武清区河西务镇南京津公路西侧	邮编	301714

续表

企业名称	天津正安无缝钢管股份有限公司				
法人代表	金兆东	电话	022-29437278	电子邮箱	zagangguan@126.com
联系人	张树生	电话	13612044867	联系人所在部门	总工
企业成立时间	2003年6月1日		企业网址		—
企业性质		股份制	钢管设计能力（万吨/年）		1.5
企业员工人数（人）		150	其中：技术人员（人）		23
钢管产量（万吨）	2022年	2023年	钢管出口量（万吨）	2022年	2023年
	3.2	3.6		0	0
销售收入（万元）	2022年	2023年	利润总额（万元）	2022年	2023年
	21000.00	27000.00		1687.00	1978.00

三、冷热轧无缝钢管生产工艺技术装备及产量情况

机组类型及型号		台套/条	产品规格范围（外径范围×壁厚范围）（mm）	设计产能（万吨）	实际产量（万吨）	
					2022年	2023年
热轧钢管机组	60穿孔机组	1	(16~89)×(2~14)	—	3.2	3.6
	90穿孔机组	1	(16~89)×(2~14)	—		
	14架定径机	1	—	—	—	—
	合计	3	—	5	3.2	3.6
冷轧/冷拔机组	冷拔机组 55吨冷拔机	1	(16~89)×(2~14)	—	1	1.1
	45吨冷拔机	1	(16~89)×(2~14)	—	0.9	1
	20吨冷拔机	1	(16~89)×(2~14)	—	0.6	0.6
	10吨冷拔机	1	(16~89)×(2~14)	—	0.4	0.4
	冷轧机组 新60精轧机	1	(16~89)×(2~14)	—		0.2
	老60精轧机	1	(16~89)×(2~14)	—		0.2
	40精轧机	1	(16~89)×(2~14)	—	0.2	0.1
	20精轧机	1	(16~89)×(2~14)	—	0.1	—
	合计	10	—	5	3.2	3.6

四、企业无缝钢管主导产品

产品名称	规格范围（外径范围×壁厚范围）（mm）	执行标准	实际产量（万吨）	
			2022年	2023年
流体管	(16~89)×(2~14)	GB/T 8163—2018	0.1	0.1

续表

产品名称	规格范围（外径范围×壁厚范围）（mm）	执行标准	实际产量（万吨）	
			2022 年	2023 年
高压锅炉管	(16~89)×(2~14)	GB/T 5310—2017	2.6	2.8
低中压锅炉管	(16~89)×(2~14)	GB/T 3087—2022	0.4	0.6
结构管	(16~89)×(2~14)	GB/T 8162—2018	0.05	0.05
其他	—	ASME SA-210M—2013	0.05	0.05

44 浙江五洲新春集团股份有限公司

一、企业简介

浙江五洲新春集团股份有限公司成立于 1999 年 11 月 12 日，位于浙江省绍兴市新昌县七星街道泰坦大道 199 号。公司法定代表人为张峰，注册资本为 36858.1128 万元人民币。

公司业务范围：五洲新春是一家集研发、制造和服务为一体的综合型企业集团，主要生产轴承及汽车配件等高端精密零部件。公司产品包括精密汽车轴承、数控机床轴承、纺机轴承、轴连轴承和电机轴承等。

公司发展历程：五洲新春自 1999 年成立以来，经过 20 多年的发展，已经成为国内轴承领域的领先企业。2016 年，公司在上交所挂牌上市，股票代码为 603667。

公司组织架构：五洲新春的董事会成员包括张峰、王学勇、俞越蕾等。公司旗下拥有多家全资或控股实体企业，如新春、金昌、捷姆等。

公司市场布局：公司在浙江、安徽、四川、大连和墨西哥等国家和地区建有多个生产基地，并在美国、欧洲等地拥有销售公司，形成了全球化的市场布局。

公司未来展望：五洲新春将继续深耕精密制造技术，特别是在新能源领域的发展前景良好。公司已经与特斯拉、蔚来等新能源汽车企业建立了合作关系，并成为比亚迪的一级供应商。

二、企业基本概况

企业名称	浙江五洲新春集团股份有限公司				
地址	浙江省绍兴市新昌县泰坦大道 199 号		邮编		—
法人代表	张峰	电话	—	电子邮箱	—
联系人	张冰	电话	13858573389	联系人所在部门	集团
企业成立时间	1999 年	企业网址	https://www.xcc-zxz.com		

企业名称	浙江五洲新春集团股份有限公司			
企业性质	民营	钢管设计能力（万吨/年）	5	
企业员工人数（人）	280	其中：技术人员（人）	56	
钢管产量（万吨）	2022年	2023年	钢管出口量（万吨）	2022年 / 2023年
	2.8	3.1		0.2 / 0.3
销售收入（万元）	2022年	2023年	利润总额（万元）	2022年 / 2023年
	35000.00	41000.00		1210.00 / 1420.00

三、冷轧无缝钢管生产工艺技术装备及产量情况

机组类型及型号		台套/条	产品规格范围（外径范围）（mm）	设计产能（万吨）	投产时间（年）	实际产量（万吨）	
						2022年	2023年
冷轧/冷拔机组	穿孔机 50	1	45~60	1.3	2007	0.7	0.8
	穿孔机 76	1	60~110	3	2018	1.8	2.1
	穿孔机 40	2	40~50	1	2011	0.7	0.9
	冷轧机组 30	12	20~30	0.72	2007	—	—
	冷轧机组 60	20	35~60	3	2011	—	—
	冷轧机组 90	6	60~90	1.6	2011	—	—
	合计	38	—	5.32	—	—	—

四、企业无缝钢管主导产品

产品名称	规格范围（外径范围）（mm）	执行标准	实际产量（万吨）	
			2022年	2023年
汽车管	20~91	QXCC701—2017	2.8	3

45 重庆钢铁集团钢管有限责任公司

一、企业简介

重庆钢铁集团钢管有限责任公司始建于1966年，原名重庆无缝钢管厂，1995年改制

更名，系重庆钢铁集团有限责任公司的全资子公司，具有 50 余年无缝钢管专业生产历史，是全国无缝钢管的专业生产企业。

2006 年，钢管公司被纳入重庆市主城区第二批环境污染安全隐患重点企业搬迁单位。2015 年 7 月，环保搬迁项目 φ114 热连轧无缝钢管生产线在长寿新区正式开工建设。2017 年 12 月 31 日，钢管公司老区无缝钢管、焊管生产线关闭。

2019 年 4 月 26 日，φ114 热连轧无缝钢管生产线热负荷联动试车成功，8 月 7 日实现全线贯通。2019 年 10 月探伤设备经国家冶金工业钢材无损检测中心综合测试合格，取得无损检测系统综合性能认可证书。2020 年 7 月取得了包括"高压锅炉管""锅炉和过热器用钢管""石油天然气输送用管"及"油套管"在内的 10 个品种 50 多个钢号的压力管道元件制造《特种设备生产许可证》。具备生产外径 38～114mm，壁厚在 3.5～14mm 的热轧无缝钢管能力，2020 年机组逐步实现顺行，产品质量符合国标要求，几何尺寸精度达到行业先进水平。获得华润燃气公司入围资质、东方锅炉公司供应商资质和中石油供应商资质。

二、企业基本概况

企业名称	重庆钢铁集团钢管有限责任公司				
地址	重庆市长寿区江南街道江南大道 2 号		邮编	401220	
法人代表	严强	电话	023-62590131	电子邮箱	gggszzgc0152@163.com
联系人	龙海	电话	13627604454	联系人所在部门	生产技术部
企业成立时间	1966 年		企业网址	—	
企业性质	国有企业		钢管设计能力（万吨/年）	15	
企业员工人数（人）	187		其中：技术人员（人）	44	
钢管产量（万吨）	2022 年	2023 年	钢管出口量（万吨）	2022 年	2023 年
	0	0		0	0
销售收入（万元）	2022 年	2023 年	利润总额（万元）	2022 年	2023 年
	879.00	323.00		-5573.00	-4334.00

三、热轧无缝钢管生产工艺技术装备及产量情况

机组类型及型号		台套/条	产品规格范围（外径范围×壁厚范围）（mm）	设计产能（万吨）	投产时间（年）	实际产量（万吨）	
						2022 年	2023 年
热轧钢管机组	φ114mm MPM 机组	1	(38～114)×(3.5～14)	15	2019	0	0

四、企业无缝钢管主导产品

产品名称		规格范围（外径范围×壁厚范围）（mm）	执行标准
油井管	油管	(38~114)×(3.5~14)	GB/T 19830—2017
	套管	(38~114)×(3.5~14)	GB/T 19830—2017
	钻杆/钻铤	(38~114)×(3.5~14)	GB/T 9808—2008
管线管		(38~114)×(3.5~14)	GB/T 9711—2017
流体管		(38~114)×(3.5~14)	GB/T 8163—2018
高压锅炉管		(38~114)×(3.5~14)	GB/T 5310—2017，XG2019
低中压锅炉管		(38~114)×(3.5~14)	GB 3087—2022
三化用管		(38~114)×(3.5~14)	GB 6479—2013，GB 9948—2013
结构管		(38~114)×(3.5~14)	GB/T 8162—2018
液压支柱管		(38~114)×(3.5~14)	GB/T 17396—2022

46 邯郸新兴特种管材有限公司

一、企业简介

邯郸新兴特种管材有限公司作为新兴际华集团的子公司，是一家面向世界的特殊钢无缝管生产企业。新兴特管在材料加工领域扮演着重要角色，在油气、化工、能源、汽车、军工和核电领域，提供管材产品服务和解决方案。世界领先的6300吨热挤压生产线，冷轧冷拔生产线，热轧生产线，热处理、快锻机，以及其他自动化生产线，保证了高产能和优良的产品质量，以最大程度的满足客户的需求，为客户提供最好的产品和产品解决方案。经营范围从特殊钢锻造到成品，圆棒和异型材，包括合金钢、不锈钢、镍基合金钢、有色金属和冶金复合双（多）金属无缝管。

领先的技术、精良的装备、完善的管理、良好的信誉以及强大的科研，是提供优质产品和满意服务的有力保障。由衷的感谢您对我公司及产品的关注，更欢迎您对我们提出宝贵的意见。秉承着"在学习中成长，在创新中发展"的理念，请相信我们可以为您提供更优质的产品、更强大的支持、更周到的服务。

二、企业基本概况

企业名称	邯郸新兴特种管材有限公司			
地址	河北省邯郸市马头工业区新兴大街 1 号	邮编		056000
法人代表	高玉光	电话	—	电子邮箱	—
联系人	郝谅	电话	13754401064	联系人所在部门	营销中心
企业成立时间	2010 年	企业网址		http：//196.1.120.5：8087
企业性质	国有企业	钢管设计能力（万吨/年）		4
企业员工人数（人）	207	其中：技术人员（人）		35
钢管产量（万吨）	2022 年	2023 年	钢管出口量（万吨）	2022 年	2023 年
	0.55	0.65		0.03	0.05
销售收入（万元）	2022 年	2023 年	利润总额（万元）	2022 年	2023 年
	15000.00	20000.00		100.00	350.00

三、冷热轧无缝钢管生产工艺技术装备及产量情况

机组类型及型号		台套/条	产品规格范围（外径范围×壁厚范围）（mm）	设计产能（万吨）	投产时间（年）	实际产量（万吨）	
						2022 年	2023 年
热轧钢管机组	6300 吨挤压机	—	—	—	—	—	—
冷轧/冷拔机组	冷拔机组 10 吨	3	(19~30)×(1~5)	0.2	2011	0	0
	20 吨	2	(30~65)×(2~8)	0.25	2011	0	0
	40 吨	2	(65~114)×(4~15)	0.3	2011	0	0
	200 吨	1	(114~273)×(10~30)	0.4	2011	0.02	0.03
	冷轧机组 φ30	7	(19~28)×(1~5)	0.25	2011	0.03	0.04
	φ60	3	(30~65)×(2~8)	0.3	2011	0.025	0.03
	90/110/150/280	4	(65~273)×(4~30)	0.4	2011	0.02	0.025

四、企业无缝钢管主导产品

产品名称	规格范围（外径范围×壁厚范围）（mm）	实际产量（万吨）	
		2022 年	2023 年
工程、石油机械用管	(19~273)×(1.5~65)	0.17	0.16
不锈钢管	(19~273)×(1.5~65)	0.22	0.35
其他	—	0.16	0.14

47　辽宁天丰特殊工具制造股份有限公司

一、企业简介

辽宁天丰特殊工具制造股份有限公司成立于 2008 年，坐落于交通便捷，投资环境优越的鞍山经济开发区，是东北地区唯一一家专业加工制造及修复"限动芯棒"的民营企业，芯棒直径从 $\phi30\sim300$mm，长度达 16m，该产品主要应用于 MPM、PQF 限动芯棒连轧机组。

公司现注册资金 7051 万元，资产总额已超过 2 亿元，现年产值近 3 亿元，占地面积 7 万多平方米，现有专业技术人员 21 人，其中：中高级技术人员 9 人。

公司在发展中注重技术研发和科技创新，获得多项技术成果，现拥有 2 项发明专利、30 项实用新型专利及 2 项软件著作权，是辽宁省高新技术企业，辽宁省专精特新中小企业，辽宁省企业技术中心，科技"小巨人"企业，产品质量通过国际 ISO9000 质量体系认证。

在此基础上公司也在积极拓展业务范围，新建年产 5000 吨限动芯棒和年产 8 万吨石油管项目。2013 年公司根据无缝钢管行业的市场发展趋势，经过审慎调研，决定新建短流程 ϕ89MPM 连续制管机组，年产直径 $\phi38\sim114$mm，壁厚 $3\sim15$mm，长度 $4000\sim36000$mm 的各类无缝钢管 8 万吨，该项目采用德国先进技术，替代了传统冷拔酸洗工艺，在细分行业领域里，目前热轧小口径无缝管属国家鼓励类产品，主要品种以生产市场需求量较大的石油油管为主，同时也兼顾高附加值的管线管、高压锅炉管、石油裂化管、低中压锅炉管、输送流体管、结构管等。

2017 年 1 月 8 日该机组全线热负荷试车一次成功，预计达产后可以实现年收入近 5 亿元。

为适应资本市场的运作与管理，公司建立了一套完善的管理体制，实力不断增强。随着公司成功登陆新三板市场，实现了与资本市场成功对接，这将会为公司未来发展提供更加广阔的平台，公司将以此为契机，专营主业，力争发展成为我国小口径石油专用管和限动芯棒的专业生产企业。

二、企业基本概况

企业名称	辽宁天丰特殊工具制造股份有限公司				
地址	鞍山市铁西区鞍刘路 499 号		邮编		114011
法人代表	肖旭	电话	0412-8727207	电子邮箱	office@ intianfeng.com

续表

企业名称	辽宁天丰特殊工具制造股份有限公司			
企业成立时间	2008 年	企业网址	www.intianfeng.com	
企业性质	民营	钢管设计能力（万吨/年）	8	
企业员工人数（人）	190	其中：技术人员（人）	21	
钢管产量（万吨）	2022 年	2023 年	钢管出口量（万吨）	2022 年	2023 年
	6	1（停产）		—	—

48 天津天钢石油专用管制造有限公司

一、企业简介

天津天钢石油专用管制造有限公司（以下简称"天钢石油"）是专业生产高端石油专用管、割缝筛管、复合筛管及接箍的企业，公司坐落在天津市津南经济开发区，紧靠外环线，东临天津港（13 公里），距天津机场 20 公里，铁路 10 公里，交通便利，地理条件优越。

天钢石油自 1997 年成立以来，依靠自身实力不断发展，目前已投资建设了天津美津钢管有限公司、天津滨海天成石油钻采器材有限公司，现有员工 300 余人，占地 200 余亩。

公司拥有雄厚的创作与开发能力，年产套管、油管 30 万吨，接箍 200 万只。公司具备一流的实验及检测设备与手段，独立的实验室及技术中心，汇集了一批石油专用管行业的科研和生产精英，目前已成功开发出行业领先水准的 TG-QMI 系列、TTSP 系列、割缝管、复合筛管。在国内外油田使用，受到了客户的广泛好评。

天钢石油坚持以人为本，客户至上的经营管理理念，以先进的设备和科学的管理作为企业发展的基础。公司已经通过 ISO9001：2015 质量管理体系、ISO14001：2015 环境管理体系、OHSAS18001：2007 职业健康安全管理体系的三体系认证，2004 年通过美国石油协会 API 认证，取得中国石油、中国石化两大石油公司一级网络供应商资格，被质量与技术监督机构确认为一级出口企业，同时企业的技术中心也被评定为市级技术中心，确保为客户提供最优质的产品。

公司坚持以一流的产品、一流的服务来开拓市场，产品销往国内东北、华北、中原、西北等各大油田，海外出口到欧美、非洲、中东和东南亚等 50 多个国家和地区，并被天津市政府评为 2008 年度天津市十佳出口民营企业。

天钢石油将用精湛的技术及诚信的理念竭诚为国内外客户服务。

二、企业基本概况

企业名称	天津天钢石油专用管制造有限公司				
地址	天津市津南经济开发区		邮编		300350
法人代表	张鸿源	电话	13902014455	电子邮箱	eileefan@ tg-casing.com
联系人	范正玲	电话	15902232606	联系人所在部门	外贸部
企业成立时间	1997 年		企业网址		www. tg-casing.com
企业性质	民营		钢管设计能力（万吨/年）		25
企业员工人数（人）	126		其中：技术人员（人）		20
钢管产量（万吨）	2022 年	2023 年	钢管出口量（万吨）	2022 年	2023 年
	4.8	7		2.5	4

三、企业无缝钢管主导产品

产品名称		规格范围（外径范围）（mm）	执行标准	实际产量（万吨）	
				2022 年	2023 年
油井管	油管	42~114	API 5CT	0.6	2.1
	套管	114~609	API 5CT	4.2	4.9

49 无锡市东群钢管有限公司

一、企业简介

无锡市东群钢管有限公司前身为锡山市东群钢管厂，始建于 1991 年，1999 年 6 月经过股份制改革，更名为锡山市东群钢管有限公司；2001 年无锡市行政区调整后，划归无锡市滨湖区，2001 年 7 月 26 日经重新核准后，登记为无锡市东群钢管有限公司，2009 年 7 月底搬迁至滨湖区胡埭工业园，现公司占地面积 66644.70 平方米，建筑面积 45181.90 平方米；公司拥有固定资产 12000 多万元，流动资金 5000 多万元。

公司是一家生产各类冷拔无缝钢管的专业厂家，为中国石化、中国石油、中海油、爱克森美孚及国内较多锅炉厂家的指定供应商。目前，公司主要产品品种有：GB/T 8163 输送流体用无缝钢管；GB/T 3087 低中压锅炉用无缝钢管；GB/T 9948 石油裂化用无缝钢管；GB/T 6479 化肥设备用高压无缝钢管；GB/T 5310 高压锅炉用无缝钢管及 ASME 相关标准等。主要牌号包括：10、20、20G、Q345E、15CrMo、12Cr1MoVG、Gr. B、09CrCuSb、08Cr2AlMo、09MnNiD、T11、P11、T91、P91 等。自公司成立以来，始终坚持：质量开拓市场、信誉诚交朋友；遵守法规要求、满足用户需求；节能清洁生产、挖潜提高能效；营造优美环境、保障健康安全；不断改进绩效、促进和谐发展的管理方针。对内加强管理，对外积极抓住机遇，努力调整产品结构，严格按国家标准和客户要求生产，拥有完善的检测手段。1995 年取得低中压锅炉用无缝钢管生产许可证；2008 年 3 月取得高压锅炉用无缝钢管生产许可证，2007 年 1 月取得特种设备制造许可证。

公司现有员工 280 余人，其中管理人员 50 名，技术人员 28 名，无损检测人员 10 名。公司现下设销售部、生产技术部、质保部、管理部、设备安保部等。公司现有穿孔机组 3 台、冷拔机组 19 台、热处理炉 2 台、无氧热处理炉 1 台等生产设备。公司现有涡流探伤机组 2 台，涡流超声波探伤一体机组 2 台，水压机组 1 台，直读光谱仪 1 台、金相显微镜 1 台、万能材料试验机 2 台、冲击试验机 1 台等检测设备。

目前公司产品销售遍及黑龙江、辽宁、北京、河北、山西、甘肃、山东、河南、湖北、江西、贵州、安徽、浙江、上海、江苏、广东等省市几十家单位，主要用于石油、化工、锅炉、机械及汽车等行业。

二、企业基本概况

企业名称	无锡市东群钢管有限公司				
地址	江苏省无锡市滨湖区胡埭镇金桂西路 10 号		邮编		214161
法人代表	谢根坤	电话	0510-85586798	电子邮箱	wxdqgg@ 263. net
联系人	吴尧宇	电话	13338111725	联系人所在部门	管理部
企业成立时间	1992 年 8 月		企业网址		www. wxdqgg. com
企业性质	有限责任公司		钢管设计能力（万吨/年）		10
企业员工人数（人）	283		其中：技术人员（人）		35
钢管产量（万吨）	2022 年	2023 年	钢管出口量（万吨）	2022 年	2023 年
	9.2	9.1		0	0
销售收入（万元）	2022 年	2023 年	利润总额（万元）	2022 年	2023 年
	63082.00	62175.00		3602.00	3456.00

三、冷轧无缝钢管生产工艺技术装备及产量情况

机组类型及型号		台套/条	产品规格范围（外径范围×壁厚范围）（mm）	设计产能（万吨）	投产时间（年）	实际产量（万吨）	
						2022年	2023年
冷轧/冷拔机组	穿孔机	3	（42~180）×（2.8~16）	12	2009	10.8	10.5
	冷拔机组	19	（14~168）×（2~14）	10	2009	9.2	9.1

四、企业无缝钢管主导产品

产品名称	规格范围（外径范围×壁厚范围）（mm）	执行标准	实际产量（万吨）	
			2022年	2023年
流体管	（14~168）×（2~14）	GB/T 8163	1.2	1.1
低温管	（14~168）×（2~14）	ASTM A333	0.5	0.6
高压锅炉管	（14~168）×（2~14）	GB/T 5310	3.8	3.6
低中压锅炉管	（14~168）×（2~14）	GB/T 3087	2.9	2.7
核电用管	（14~168）×（2~14）	ASTM A106	0.2	0.3
其他	—	—	0.6	0.8

50 湖北加恒实业有限公司

一、企业简介

湖北加恒实业有限公司成立于 2010 年，隶属于加拿大艾瑞升（国际）集团。公司经过两期征地，四期建设，现厂区占地面积 187 亩，厂房建筑面积 72000 平方米，现有人员 200 余人。公司主要生产直径 28~530mm 高精密无缝冷拔钢管、冷拔气瓶管以及珩磨管，还可以生产直径 30~150mm 高精密冷拔钢棒。现有产品分为四大类：工程机械油缸用管、气瓶管、汽车用管及风力螺栓用钢，广泛应用于汽车、工程机械、石油、风力发电等领域。公司具有齐全的机械加工设备，现拥有冷拔设备 4 台套，校直机 7 台套、电退火炉 3 台、天然气连续热处理炉 1 台、锯床 12 台、探伤机 1 台、抛光机 2 台、珩磨设备 4 台、刮滚设备 1 台、冷轧设备 2 台套、各种检测检验设备 15 台套、辅助设备 45 台套等装备，形成年产 8 万吨冷拔管（棒）的能力。

公司是冶钢的战略合作方，冶钢提供技术和相关装备的支持，采购的原材料主要来自中信特钢、衡阳华菱无缝钢管厂、天津钢管集团，主导产品已为三一重工、中联重科、龙

工、徐工、郑煤机、柳汽、卡特彼勒、哈利勃顿等国内外知名企业配套，并且为冶钢提供出口高精密冷拔管的生产加工，并得到了合作伙伴的认可。公司拥有自营产品进出口权，在高精密冷拔管制造领域处于国内行业龙头企业，尤其是油缸用管的国内市场地位，根据近三年的统计数据分析，油缸用管已在国内高精密冷拔管细分领域市场占有率稳占第 1 位。

目前公司已通过了质量管理体系、环境管理体系、职业健康安全管理体系、能源管理体系的认证，于 2016 年 3 月 8 日取得国家质量监督检验检疫总局颁发的"压力管道元件-无缝钢管的特种设备制造许可证"，并于 2024 年 2 月 26 日成功通过换证审核，于 2023 年 9 月 25 日获得压力管道元件-无缝钢管的特种设备型式试验证书。公司先后荣获高新技术企业、湖北省专精特新"小巨人"企业、省级知识产权示范企业、省级两化融合示范企业、省级制造业单项冠军企业、省级绿色工厂、黄石市市长质量奖提名奖。

二、企业基本概况

企业名称	湖北加恒实业有限公司				
地址	湖北省黄石市西塞山区工业园河西大道 89 号			邮编	435000
法人代表	Zhang Qin	电话	15926919006	电子邮箱	cahen@ cahen.cn
联系人	张勃	电话	13797773007	联系人所在部门	人事行政部
企业成立时间	2010 年 8 月 4 日	企业网址		www.cahen.cn	
企业性质	中外合资	钢管设计能力（万吨/年）		8	
企业员工人数（人）	200	其中：技术人员（人）		43	
钢管产量（万吨）	2022 年	2023 年	钢管出口量（万吨）	2022 年	2023 年
	6.13	6.71		0	0
销售收入（万元）	2022 年	2023 年	利润总额（万元）	2022 年	2023 年
	33600.00	36700.00		720.00	698.00

三、冷轧无缝钢管生产工艺技术装备及产量情况

机组类型及型号			台套/条	产品规格范围（外径范围×壁厚范围）(mm)	设计产能（万吨）	投产时间（年）	实际产量（万吨）	
							2022 年	2023 年
冷轧/冷拔机组	冷拔机组	150T	1	(30~146)×(3~50)	1.5	2016	1.2	1.3
		250T	1	(30~210)×(3~50)	1.8	2013	1.7	1.4
		400T	1	(120~406)×(3~50)	2	2014	1.88	2.26
		600T	1	(210~530)×(5~50)	2.4	2019	1.2	1.6
	冷轧机组	75 轧机	1	(55~106)×(3~22)	0.24	2018	0.15	0.15
		30 轧机	1	(25~55)×(1.5~10)	0.12	2018	0	—
合计			—	—	8.06	—	6.13	6.71

四、企业无缝钢管主导产品

产品名称		规格范围（外径范围× 壁厚范围）（mm）	执行标准	实际产量（万吨）	
				2022 年	2023 年
油井管	油管	(30~530)×(3~50)	企业标准	—	—
	套管	(30~530)×(3~50)	企业标准	—	—
	钻杆/钻铤	(30~530)×(3~50)	企业标准	0.5	0.6
管线管		(30~530)×(3~50)	企业标准	—	—
流体管		(30~530)×(3~50)	企业标准	—	—
高压锅炉管		(30~530)×(3~50)	企业标准	—	—
低中压锅炉管		(30~530)×(3~50)	企业标准	—	—
气瓶管		(102~406)×(3.0~7.0)	企业标准	0.6	0.8
结构管		(30~530)×(3~50)	企业标准	0.1	0.1
液压支柱管		(30~530)×(3~50)	企业标准	0.9	1
工程、石油机械用管		(30~530)×(3~50)	企业标准	0.2	0.3
油缸管		(30~530)×(3~50)	企业标准	3.8	3.9
汽车、机车、机床用液压管		(30~530)×(3~50)	企业标准	—	—
汽车管		(30~530)×(3~50)	企业标准	0.03	0.01
车桥管/汽车半轴管		(30~530)×(3~50)	企业标准	—	—
轴承管		(30~530)×(3~50)	企业标准	—	—

51 江苏宏亿精工股份有限公司

一、企业简介

江苏宏亿精工股份有限公司成立于 2006 年，总部位于江苏省常州市武进区遥观镇大明中路 8 号。公司深耕精密制造十余年，为国内少数拥有原材料加工、制管、热处理、机加工的汽车精密管件全流程生产企业。

公司目前主要产品有精密无缝钢管、焊管以及机加工管件，主要应用于汽车、摩托车、工程机械等行业。公司生产的精密无缝钢管、精密焊管和机加工管件广泛应用于汽车悬挂系统、转向系统及被动安全系统等。部分产品应用于摩托车车架、摩托车减震器，以及工程机械用管。

公司目前参与编写国家标准 2 项，拥有发明专利 8 项。公司通过了 IATF16949、

ISO9001、ISO14001、特种设备生产许可证的认证。公司为高新技术企业、国家级专精特新"小巨人"企业、省级企业技术中心、江苏省民营科技企业、2022 年常州市四星明星企业、市级工程技术中心。

二、企业基本概况

企业名称	江苏宏亿精工股份有限公司				
地址	常州市武进区遥观镇大明中路 8 号		邮编		213000
法人代表	倪宋	电话	—	电子邮箱	—
联系人	吴铭	电话	18651997506	联系人所在部门	董事会
企业成立时间	2006 年		企业网址	https://www.hongyisteelpipe.com	
企业性质	私营企业	钢管设计能力（万吨/年）	10		
企业员工人数（人）	768	其中：技术人员（人）	115		
钢管产量（万吨）	2022 年	2023 年	钢管出口量（万吨）	2022 年	2023 年
	7	8		—	—
销售收入（万元）	2022 年	2023 年	利润总额（万元）	2022 年	2023 年
	64000.00	70000.00		—	—

三、冷轧无缝钢管生产工艺技术装备及产量情况

机组类型及型号		台套/条
冷轧/冷拔机组	穿孔机	4
	冷拔机组	36
	冷轧机组	54
	合计	94

四、企业无缝钢管主导产品

产品名称	规格范围（外径范围×壁厚范围）（mm）	执行标准	实际产量（万吨）	
			2022 年	2023 年
汽车管	(4~80)×(0.5~10)	IATF16949	2.5	2.3
其他	(4~80)×(0.5~10)	—	1.3	1

52 无锡大金高精度冷拔钢管有限公司

一、企业简介

无锡大金高精度冷拔钢管有限公司成立于 2000 年，注册资本 2500 万元，是一家专注于生产冷拔钢管的生产制造企业。公司坐落于江苏省无锡市惠山区钱桥工业园，距离高速出口无锡西不到 4 公里，地处长三角经济带，交通运输极为便利。

公司具有完整的冷拔钢管生产体系，具有较强的自主研发和创新能力，在行业中名列前茅，在中高端客户群享有一定的知名度。公司现有主要生产设备：300 吨全液压高精度冷拔生产线 3 条，LG-90 型冷轧机组 2 台，5T/h 钢管辊底式连续无（微）氧化低温回火炉 1 台，全纤维台车式电阻炉 1 台，具有世界先进水平的进口 SRB2590-9m、6m、3m 切削滚压数控镗床 5 台，数控矫直机 2 台，焊接机器人 1 台，油口数控环缝焊机 4 台，切管机、锯割等其他金加工辅助生产设备。公司年生产能力达 35000 吨。

公司检测设备主要有：超声波涡流联合探伤机、直读光谱仪、光学显微镜、万能拉伸试验机、冲击试验机、洛氏硬度机、粗糙度仪、测厚仪等产品质量检测设备。

公司主导产品：液压和气动缸筒用精密钢管，缸筒规格为内径 $\phi40\sim400mm$；多级液压缸用管，缸筒规格为外径 $\phi40\sim250mm$。

产品主要用于工程机械、纺织机械、冶金机械、塑料机械、启闭机械、矿山机械、商用车-自卸车、玻璃机械辊筒、电机壳等生产制造领域。另外公司可以根据客户的特殊需求量身定制。

公司先后通过 ISO9001 质量管理体系认证、ISO14001 环境管理体系认证，接受多个外资公司和上市企业的供方质量保证审核和认可，获得 PED 证书。

公司成立 20 多年来，获得了江苏省民营科技企业、江苏省科技型中小企业、江苏省专精特新中小企业、江苏省高新企业等荣誉称号，也多次被客户评为质量信得过供应商、诚信供应商和优秀供应商，是无锡市 3A 级诚信企业。

我们的合作伙伴有国内外知名企业：卡特彼勒、KYB、DYPOWER、JCB、Pacoma、Rexroth、wipro、TEREX、三一、合力、徐工等。

二、企业基本概况

企业名称	无锡大金高精度冷拔钢管有限公司			
地址	江苏省无锡市惠山区钱桥街道钱胡公路 508 号	邮编		214151
法人代表	许卫东	电话	—	电子邮箱	rwj_dj@126.com

续表

企业名称	无锡大金高精度冷拔钢管有限公司				
联系人	任伟江	电话	13338762871	联系人所在部门	技术研发部
企业成立时间	2000 年 2 月	企业网址		http://www.dajinchina.com	
企业性质	民营股份制	钢管设计能力（万吨/年）		3	
企业员工人数（人）	156	其中：技术人员（人）		16	
钢管产量（万吨）	2022 年	2023 年	钢管出口量（万吨）	2022 年	2023 年
	2.7	2.5		0.35	0.32
销售收入（万元）	2022 年	2023 年	利润总额（万元）	2022 年	2023 年
	25000.00	23000.00		—	—

三、冷轧无缝钢管生产工艺技术装备及产量情况

机组类型及型号		台套/条	产品规格范围（外径范围×壁厚范围）（mm）	设计产能（万吨）	投产时间（年）	实际产量（万吨）	
						2022 年	2023 年
冷轧/冷拔机组	冷拔机组	3	（50~305）×（5~30）	3	2000	2.4	2.22
	冷轧机组	2	（30~114）×（3~26）	0.5	2010	0.3	0.28

四、企业无缝钢管主导产品

产品名称	规格范围（外径范围×壁厚范围）（mm）	执行标准	实际产量（万吨）	
			2022 年	2023 年
油缸管	（50~305）×（5~30）	GB/T 3639—2021	2.7	2.5

53　泰纳瑞斯（青岛）钢管有限公司

一、企业简介

泰纳瑞斯是为全球能源行业和部分其他工业领域提供管材产品和相关服务的全球领先供应商，集团公司在纽约、意大利和墨西哥上市。我们在全球 16 个国家设立生产工厂，3 个研发中心，销售和服务网络遍布美洲、欧洲、中东、亚洲和非洲等 25 个国家，集成了

钢管生产、研发、精加工和服务。2023 年泰纳瑞斯全球净销售额为 149 亿美元，在全球拥有来自 93 个不同国籍的 29000 名雇员。

泰纳瑞斯（青岛）钢管有限公司是泰纳瑞斯集团 2005 年 9 月在青岛西海岸新区注册成立的全外商独资的石油管材加工工厂。2006 年公司投资建成汽车零部件中心并于 2021 年进行增资扩产。自成立至今经历了 8 次增资，目前注册资本 1 亿美元。公司主要从事石油和天然气勘探开发用无缝钢管及汽车零部件的生产销售及服务。在中国的主要客户包括中石油、中石化、中海油、壳牌、Husky 等国内外著名石油企业以及汽车零部件厂商、海工造船厂、工程机械制造公司等。

目前公司在职员工 182 人，相关技术人员 20 人。2023 年全年完成管加工 2.1 万吨，销售总额 10 亿元人民币，较去年同比增长 63%，全年纳税约 1 亿元。

二、企业基本概况

企业名称	泰纳瑞斯（青岛）钢管有限公司				
地址	山东省青岛市黄岛区昆仑山南路 2001 号		邮编		266555
法人代表	刘景华	电话	0532-89601668	电子邮箱	pwang@ tenaris.com
联系人	王鹏	电话	13601226858	联系人所在部门	机构关系部
企业成立时间	2005 年 9 月 23 日		企业网址		www.tenaris.com
企业性质	外商独资		钢管设计能力 （万吨/年）		5
企业员工人数（人）	182		其中：技术人员 （人）		20
钢管产量 （万吨）	2022 年	2023 年	钢管出口量 （万吨）	2022 年	2023 年
	1.5	2.1		0.45	1
销售收入 （万元）	2022 年	2023 年	利润总额 （万元）	2022 年	2023 年
	62045.00	101500.00		393.00	801.00

三、企业无缝钢管主导产品

产品名称		规格范围（外径范围×壁厚范围）（mm）	执行标准	实际产量（万吨）	
				2022 年	2023 年
油井管	油管	60.3×114.3	API 5CT	0.24	0.89
	套管	114.3×339.7	API 5CT	0.75	0.3
汽车管		φ20~40	EN、ASTM	0.51	0.91

54 江西红睿马钢管股份有限公司

一、企业简介

江西红睿马钢管股份有限公司成立于 2006 年 11 月，目前建有江西厂区 2 处，湖北厂区 1 处，拥有注册资本 16000 万元，总资产 8 亿元，总占地面积 15 万平方米，年产无缝轴承钢管 9 万吨，特种钢管 6 万吨，员工 400 名。是江西省内唯一一家专业生产精密无缝轴承钢管，集产、学、研于一体的规模企业。公司先后获评"国家级高新技术企业""国家级专精特新'小巨人'企业""江西省优秀企业""全省先进非公有制企业""江西省专业化'小巨人'企业""江西省专精特新中小企业""赣出精品"企业、"江西省轴承行业十强企业""江西省科技型中小微企业""江西省产融合作主导产业重点企业""省级信息化和工业化融合示范企业""上饶市市长质量奖"等荣誉称号。

公司自成立以来，把依靠科技进步、增强自主创新能力作为转变经济增长方式、提升核心竞争力的重要举措。公司与洛阳轴承研究所、杭州轴承试验研究中心有限公司、上海交通大学、武汉科技大学等院校长期合作开展技术研究，大力实施人才战略，配备行业尖端专业人才，使用先进的质量检测设备严格控制产品质量，极大地增强了企业核心竞争力。公司已获得精密轴承钢无缝钢管发明专利 7 项，实用性专利 31 项。已全面通过 IATF16949：2016《汽车行业质量管理体系》、ISO9001 质量管理体系、ISO14001 环境管理体系、ISO45001 职业健康安全管理体系、能源管理体系、服务管理体系、两化融合管理体系等认证。公司组建的技术中心已被评为"省级企业技术中心""省级无缝轴承钢管工程研究技术中心""江西省高速精密轴承用无缝钢管工程研究中心"。"红睿马"牌无缝轴承钢管获评江西省名牌产品。

公司专注高端轴承钢管生产，产品以中信泰富集团旗下特钢公司生产的优质圆钢为原材料，采用国内先进的穿孔、冷（轧）拔设备和工艺技术，经过加热、穿孔、球化、酸洗、冷拔冷轧、矫切、无损探伤等一系列的工艺流程，达到高精度、高强度和长寿命的优质无缝钢管。目前，公司产品在江西省市场占有率 95% 以上，为国内知名轴承制造企业人本集团、八环轴承集团、福建泛科轴承集团、江苏常熟长城轴承公司等提供配套生产服务。

公司市场目标客户群为全球八大家轴承企业以及国内顶尖轴承企业，产品主要应用于汽车、摩托车、电机等，代表着中国制造新势力。

二、企业基本概况

企业名称	江西红睿马钢管股份有限公司			
地址	江西省上饶市玉山县金山工业区		邮编	334700
法人代表	徐方琴	电话	13805775309	电子邮箱	postmaster@ hrmgf.com
联系人	夏小波	电话	15170388822	联系人所在部门	企管中心
企业成立时间	2006 年 11 月	企业网址		www.hrmgf.com
企业性质	民营	钢管设计能力（万吨/年）		14
企业员工人数（人）	400	其中：技术人员（人）		80
钢管产量（万吨）	2022 年	2023 年	钢管出口量（万吨）	2022 年	2023 年
	8.6	10.5		0.9	1.5
销售收入（万元）	2022 年	2023 年	利润总额（万元）	2022 年	2023 年
	64500.00	81700.00		2600.00	3300.00

三、冷轧无缝钢管生产工艺技术装备及产量情况

机组类型及型号			台套/条	产品规格范围（外径范围×壁厚范围）（mm）	设计产能（万吨）	投产时间（年）
冷轧/冷拔机组	穿孔机	40 穿孔	4	(40~45)×(2.7~6)	5	2008
		50 穿孔	4	(50~60)×(3~7)	10	2010
		60 穿孔	2	(60~90)×(5~17)	6	2012
		90 穿孔	1	(80~120)×(7~20)	8	2020
	冷拔机组	10t 冷拔机	2	(10~114)×(1~17)	6	2010
		20t 冷拔机	4	(10~114)×(1~17)	12	2010
		30t 冷拔机	6	(10~114)×(1~17)	16	2010
		45t 冷拔机	8	(10~114)×(1~17)	21	2010
		65t 冷拔机	2	(10~114)×(1~17)	15	2020
		100t 三线冷拔机	2	(10~114)×(1~17)	18	2010
	冷轧机组	LG30 冷轧机	22	(10~60)×(1~8)	2	2010
		LG60 冷轧机	2	(50~80)×(5~17)	2	2020
		LG90 冷轧机	1	(10~114)×(1~17)	2.5	2020
		LG40 冷轧机	5	(10~50)×(1~8)	1.5	2010

四、企业无缝钢管主导产品

产品名称		规格范围（外径范围×壁厚范围）（mm）	执行标准	实际产量（万吨）	
				2022 年	2023 年
油井管	油管	（10~114）×（1~17）	API 5CT 等	—	
	套管	（10~114）×（1~17）	API 5CT 等	—	
	钻杆/钻铤	（10~114）×（1~17）	API 5CT 等	—	
管线管		（10~114）×（1~17）	API SPEC 5L 等	—	
流体管		（10~114）×（1~17）	GB/T 8163 等	—	0.5
低温管		（10~114）×（1~17）	ASME A334 等	—	
高压锅炉管		（10~114）×（1~17）	GB/T 5310 等	—	0.4
低中压锅炉管		（10~114）×（1~17）	GB/T 3087 等	—	
三化用管		（10~114）×（1~17）	GB/T 6479 等	—	
气瓶管		（10~114）×（1~17）	ASME A213 等	—	
结构管		（10~114）×（1~17）	GB/T 8162 等	—	0.5
液压支柱管		（10~114）×（1~17）		—	
工程、石油机械用管		（10~114）×（1~17）	GB/T 9948 等	—	
油缸管		（10~114）×（1~17）	JIS G 3445 等	—	0.5
汽车管		（10~114）×（1~17）	GB/T 3639 等	—	0.5
轴承管		（10~114）×（1~17）	YB/T 4146 等	6.5	7.5
其他		（10~114）×（1~17）	NB/T 47019 等	—	0.6

55　宜昌中南精密钢管有限公司

一、企业简介

宜昌中南精密钢管有限公司于 2003 年成立，占地面积 300 多亩。公司与著名的葛洲坝水利枢纽毗邻，依托长江黄金水道，水陆交通便捷，地理位置优越。

公司可生产 $\phi25\sim1050mm$ 范围段之间任意尺寸的高精度冷拔、冷轧钢管，ZNP460~890 系列高精度、高强度、高韧性冷拔钢管，27SiMn 调质管、大口径气瓶管、复合管、异型管产品，公司集多年生产和服务经验，不断推进公司产品专业化、高端化、特色化。

宜昌中南精密钢管有限公司拥有冷拔（冷轧）领域的前沿技术和最齐全装备，建立了全球第一条集冷拔与调质为一体的钢管生产流水线，包括：国内最大的 2000 吨冷拔生产线、LG250 冷轧机组、步进式钢管调质生产线、φ1050mm 热扩生产线、钢管内外喷丸生产线、超声波+涡流+全长测厚一体探伤机。

宜昌中南精密钢管有限公司的产品在工程机械、煤矿机械、石油化工等领域表现卓著，公司在核心技术上不断实现突破，现拥有自主知识产权（专利）21 项、欧盟 PED、挪威船级社（DNV.GL）工厂认证、国家特种设备制造许可证、美国石油协会 API 认证、ISO9001 质量管理体系认证、高新技术企业证书。中南钢管始终追求持续改进，产品得到了客户的充分认可。产品畅销全国，并远销欧美等多个国家和地区，得到三一重工、郑煤机集团、中联重科、新兴能源、鲁西化工、卡特彼勒、澳洲德尔塔等国内外高端客户青睐。

公司秉承"忠诚、团结、开拓、创新"的核心价值观，以品质铸品牌之魂、以服务塑和谐共赢。

二、企业基本概况

企业名称	宜昌中南精密钢管有限公司				
地址	宜昌市点军区紫阳路		邮编		443004
法人代表	赵江华	电话	13807201148	电子邮箱	znjm_0717@126.com
联系人	黄艳	电话	13997672258	联系人所在部门	综合管理部
企业成立时间	2003 年 11 月	企业网址		—	
企业性质	有限责任公司	钢管设计能力（万吨/年）		10	
企业员工人数（人）	177	其中：技术人员（人）		33	
钢管产量（万吨）	2022 年	2023 年	钢管出口量（万吨）	2022 年	2023 年
	4	4.5		0.35	0.5
销售收入（万元）	2022 年	2023 年	利润总额（万元）	2022 年	2023 年
	31000.00	36000.00		1200.00	1500.00

三、冷轧无缝钢管生产工艺技术装备及产量情况

机组类型及型号			台套/条	产品规格范围（外径范围×壁厚范围）（mm）	设计产能（万吨）	实际产量（万吨）	
						2022 年	2023 年
冷轧/冷拔机组	冷拔机组	1600T	1	（580~1050）×（3~100）	3	0.05	0.14
		600T	3	（219~580）×（3~80）	3	1.47	1.78
		400T	2	（100~250）×（3~50）	2	1.41	1.54
		250T	1	（63~299）×（3~30）	1.5	0.57	0.47

续表

机组类型及型号			台套/条	产品规格范围（外径范围×壁厚范围）（mm）	设计产能（万吨）	实际产量（万吨）	
						2022 年	2023 年
冷轧/冷拔机组	冷轧机组	轧机 180	1	(127~250)×(3~50)	0.5	0.36	0.48
		轧机 90	1	(75~121)×(3~30)	0.1	0.08	0.07
		轧机 60	3	(28~75)×(2~20)	0.1	0.05	0.04

四、企业无缝钢管主导产品

产品名称	规格范围（外径范围×壁厚范围）（mm）	执行标准	实际产量（万吨）	
			2022 年	2023 年
流体管	(48~377)×(5.0~30)	技术协议	0.054	0.079
低温管	(48~377)×(5.0~30)	技术协议	0.018	0.023
高压锅炉管	(48~377)×(5.0~30)	技术协议	0.017	0.013
低中压锅炉管	(48~377)×(5.0~30)	技术协议	0.024	0.032
耐磨管	(48~377)×(5.0~20)	技术协议	0.066	0.139
气瓶管	(267~720)×(3.0~22)	技术协议	0.828	0.629
结构管	(48~630)×(5~28)	技术协议	0.209	0.02
液压支柱管	(83~377)×(10~33)	技术协议	1.002	1.647
工程、石油机械用管	(127~458)×(7~20)	技术协议	1.503	1.608
油缸管	(83~247)×(8~15)	技术协议	0.126	0.197
汽车、机车、机床用液压管	(83~247)×(8~15)	技术协议	0.146	0.121
汽车管	(95~138)×(6.5~8.0)	技术协议	0.006	0.007
不锈钢管	(95~121)×(1.2~4.0)	技术协议	0.01	—

56 山东永安昊宇制管有限公司

一、企业简介

山东永安昊宇制管有限公司成立于 2019 年，是依托临港精品钢基地，按照高端智能、低碳环保的标准建设的精密冷拔无缝钢管高端制造企业。

公司专业化生产销售应用于锅炉、石油化工、汽车、船舶、工程机械及其他特种行业的精密无缝钢管，与国内多家大型钢厂建立原材料供应合作关系，产品销往国内外各大锅炉制造、船舶制造、石油化工、汽车制造、工程机械等知名企业。

永安昊宇已建成 11 条生产线，年产小口径精密冷拔无缝钢管 30 万吨。公司现有员工 700 余人，其中专业技术人员 200 余人。未来，永安昊宇将继续加大科技投入，延长产业链，开发工程机械用管、超长管等深加工产品。

永安昊宇秉承"质量为本，客户至上"的企业价值观，在生产建设中打造一流品牌，走高质量发展之路，争创国家级专精特新"小巨人"企业、瞪羚企业、省企业技术中心、省工程研究中心和市长质量奖，继续致力于让每一位客户享受到卓越的产品体验。

二、企业基本概况

企业名称	山东永安昊宇制管有限公司				
地址	山东省临沂市临港区黄海五路与坪南路交汇处		邮编		276616
法人代表	朱孟尧	电话	18660991986	电子邮箱	—
联系人	张玉	电话	—	联系人所在部门	办公室
企业成立时间	2017 年 11 月	企业网址		www.yonganhaoyu.com	
企业性质	私营企业	钢管设计能力 （万吨/年）		120	
企业员工人数（人）	720	其中：技术人员 （人）		200	
钢管产量 （万吨）	2022 年	2023 年	钢管出口量 （万吨）	2022 年	2023 年
	20.48	21.01		0	0
销售收入 （万元）	2022 年	2023 年	利润总额 （万元）	2022 年	2023 年
	107796.20	121964.20		−3629.00	−744.00

三、冷轧无缝钢管生产工艺技术装备及产量情况

机组类型及型号		台套/条	产品规格范围（外径范围×壁厚范围）（mm）	设计产能（万吨）	投产时间（年）	实际产量（万吨）	
						2022 年	2023 年
冷轧/冷拔机组	穿孔机 50	11	（12~76）×（2~10）	40	2020	20.48	21.01
	冷拔机组 30t、60t、120t	27	（12~76）×（2~10）	—	—	—	—
	冷轧机组 30	20	（12~76）×（2~10）	—	—	—	—

四、企业无缝钢管主导产品

产品名称	规格范围（外径范围×壁厚范围）（mm）	执行标准	实际产量（万吨）	
			2022 年	2023 年
管线管	(12~76)×(2~10)	—	20.48	21.01
流体管	(12~76)×(2~10)	—		
低温管	(12~76)×(2~10)	GB/T 18984		
高压锅炉管	(12~76)×(2~10)	GB/T 5310		
低中压锅炉管	(12~76)×(2~10)	GB/T 3087		
工程、石油机械用管	(12~76)×(2~10)	GB/T 8162		
汽车、机车、机床用液压管	(12~76)×(2~10)	GB/T 8162		

57　云南曲靖钢铁集团凤凰钢铁有限公司

一、企业简介

云南曲靖钢铁集团凤凰钢铁有限公司 2013 年 8 月 19 日成立，经营范围包括建筑用线材棒材、无缝钢管的生产加工及销售；经营企业生产所需的废钢及原辅材料，销售钢渣等；技术咨询服务。

公司位于宣威市凤凰山工业园区，注册资本 6 亿元，现有员工 1800 余人。是云南省民营 100 强、制造业 20 强企业，云南省钢铁行业协会副会长单位、云南省标准化协会副理事长单位、中国绿色发展联盟理事单位、云南钢铁行业首家获得省级"绿色工厂"称号企业。

公司坚持科学发展，不断追求卓越，技术装备成熟、可靠、完整、先进。主要生产各种型号规格的盘圆、盘螺、螺纹钢、抗震钢等，其中高强度抗震钢占产品总量的 60% 以上，2023 年公司建成投产了一条先进的三辊连轧机组，可生产油井管、管线管、高中低压锅炉管、气瓶管、流体管、结构管等产品。公司以质量创品牌、品牌促发展、诚信铸未来；以人才为根本、技术为支撑、资本为纽带；以更稳健的步伐、更高的站位，向着更高的未来目标奋进。

二、企业基本概况

企业名称	云南曲靖钢铁集团凤凰钢铁有限公司			
地址	云南省曲靖市宣威市特色工业园区 凤凰山循环经济基地	邮编		655400
法人代表	董厚文	电话	0874-7815869	电子邮箱	xg7815555@126.com
联系人	林增容	电话	0874-7815555	联系人所在部门	销售部
企业成立时间	2013年8月19日	企业网址		http://www.qjfhgt.com/
企业性质	民营企业	钢管设计能力 （万吨/年）		—
企业员工人数（人）	1822	其中：技术人员 （人）		172

钢管产量 （万吨）	2022年	2023年	钢管出口量 （万吨）	2022年	2023年
	30.67	64.48		0	0
销售收入 （万元）	2022年	2023年	利润总额 （万元）	2022年	2023年
	157241.78	242962.95		4963.30	5223.00

三、热轧无缝钢管生产工艺技术装备及产量情况

机组类型及型号		台套/ 条	产品规格范围（外径范围× 壁厚范围）（mm）	设计产能 （万吨）	实际产量（万吨）	
					2022年	2023年
热轧钢管 机组	219 TCM 连轧线	1	（76~219）×（4~16）	50	—	—
热扩钢管 机组	φ（273~377）× （6~10）扩管机组	2	（273~377）×（6~10）	1.2	—	—
	合计	—	—	—	30.67	64.48

四、企业无缝钢管主导产品

产品名称		规格范围（外径范围×壁厚范围）（mm）	执行标准
油井管	油管	（88.9~114.3）×（5.49~16）	API 5CT
	套管	（114.3~177.8）×（5.21~14.15）	API 5CT
	钻杆/钻铤	（88.9~101.6）×（9.5~14）	API 5DP
管线管		（88.9~219）×（3.96~14.27）	API 5L/GB 9711
流体管		（76~219）×（4~16）	GB/T 8163
低温管		（76~219）×（4~16）	ASTM A333/GB/T 18984/JIS G3460

续表

产品名称	规格范围（外径范围×壁厚范围）（mm）	执行标准
高压锅炉管	(76~219)×(4~16)	GB/T 5310
低中压锅炉管	(76~219)×(4~16)	GB/T 3087
三化用管	(76~219)×(4~16)	GB/T 6479
气瓶管	(76~219)×(4~6.8)	GB/T 18248
结构管	(76~219)×(4~16)	GB/T 8162
液压支柱管	(76~219)×(4~16)	GB/T 17396
工程、石油机械用管	(76~219)×(4~16)	—
油缸管	(76~219)×(4~16)	—
车桥管/汽车半轴管	(76~219)×(4~16)	GB 3088
轴承管	(76~219)×(4~16)	YB/T 4146

58 山东中正钢管制造有限公司

一、企业简介

山东中正钢管制造有限公司始建于 2006 年，占地面积 260 亩，注册资本 1.66 亿元，员工 280 余人，其中高级工程师 2 名，中级工程师 6 名，技术骨干 40 余人。现公司固定资产 2.5 亿元，产品主要用于机械制造、石油化工、交通、建筑、电力等行业。下辖中立钢管外贸公司，常年保持出口各类型号钢管量 6 万吨以上，连续多年为聊城同行业出口前列。为聊城生产加工销售一体的钢管行业龙头企业。

（一）制造优势。现有热轧无缝钢管生产线两条，为 114 热轧无缝机组和 219 精密热轧机组，年生产能力 60 万吨以上。目前生产产品的主要材质为普钢（20#、45#）、合金钢（16Mn、27SiMn、40Cr、42CrMo、35CrMo、J55、N80 等），规格为直径 70~325mm、壁厚 6~70mm 热轧无缝钢管。主要生产设备有穿孔机、轧管机、定径机、矫直机、自动打包机等。2020 年新上无损探伤生产线，保证了产品质量的稳定性，先进的生产工艺、完备的产品检测系统，严格的质量管理体系确保了产品质量的稳定性。公司通过了 ISO9001 质量认证、ISO4001 环境、OSHMS 职业安全健康三大管理体系认证和 API 国际产品质量认证，并取得 TSG 特种设备经营许可。

（二）信息化建设。多年来，公司积累了丰富的经营管理经验，有着诚信的经营理念。结合自主研发的监管系统及设备管理系统，于 2019 年开始进行公司数字化转型建设，该系统集成了无纸化信息办公 BPM 系统、销售管理 CRM 系统、绩效考核 KPI 系统、地磅管理系统、扫码系统、能源管控系统、生产管理 MES 系统、银企互联系统。此系统的应用极大提高了企业的办公效率和管理水平。

（三）品牌建设。在政府及各界领导的支持和帮助下，公司现已成为聊城市钢管行业的佼佼者，并先后被认定为高新技术企业、省市级"专精特新"企业、两化融合试点企业，通过了两化融合贯标认证，获得了"聊城市百强企业"、聊城市工业设计中心、聊城市数字化车间、聊城市绿色工厂、诚信经营单位等荣誉称号。特别是 2021 年同时获得"省级专精特新"和"省级高新技术企业"称号，2023 年成为山东省钢管行业唯一一家质量标杆企业，增强了企业的市场竞争力，提升了企业品牌。现拥有知识产权 43 项，其中发明专利 2 项，实用新型专利 35 项，软著 6 项。

本着诚信经营、稳步发展的经营理念，公司在产品质量、市场开拓等方面实现了新的突破。公司将继续秉承着"诚实守信、质量优先"的精神，在钢管上下游行业拓展延伸，竭诚与国内外客户携手并进共创辉煌！

二、企业基本概况

企业名称	山东中正钢管制造有限公司				
地址	山东省聊城市经济开发区牡丹江路		邮编		252000
法人代表	徐付生	电话	0635-2921996	电子邮箱	285513617@qq.com
联系人	范建华	电话	0635-2921889	联系人所在部门	销售综合部
企业成立时间	2006 年	企业网址		www.zz-pipe.com	
企业性质	私营	钢管设计能力（万吨/年）		60	
企业员工人数（人）	280	其中：技术人员（人）		40	
钢管产量（万吨）	2022 年	2023 年	钢管出口量（万吨）	2022 年	2023 年
	53	55		3	3
销售收入（万元）	2022 年	2023 年	利润总额（万元）	2022 年	2023 年
	230000.00	235000.00		600.00	600.00

三、热轧无缝钢管生产工艺技术装备及产量情况

机组类型及型号		台套/条	产品规格范围（外径范围×壁厚范围）（mm）	设计产能（万吨）	投产时间（年）	实际产量（万吨）	
						2022 年	2023 年
热轧钢管机组	140 机组	1	(70~159)×(8~40)	25	2010	21	22
	219 机组	1	(152~325)×(18~70)	35	2016	32	33

四、企业无缝钢管主导产品

产品名称	规格范围（外径范围×壁厚范围）（mm）	执行标准	实际产量（万吨）	
			2022 年	2023 年
流体管	(70~325)×(8~70)	GB/T 8163	0	0
高压锅炉管	(70~325)×(8~70)	GB/T 5310	0	0
低中压锅炉管	(70~325)×(8~70)	GB/T 3087	0	0
结构管	(70~325)×(8~70)	GB/T 8162	53	55

59　大冶市新冶特钢有限责任公司

一、企业简介

大冶市新冶特钢有限责任公司成立于 2000 年，是一家集钢铁冶炼、钢管制造于一体的长流程民营特钢企业。公司坐落于"世界青铜文化发源地"——湖北省大冶市，东临长江、西接京珠高速公路、毗邻大广高速公路，专用铁路线与武九铁路相连，区域位置优越，交通网络发达。

公司现有职工 2000 余人，占地面积 1400 余亩，资产总额 50 余亿元。公司拥有烧结、炼铁、炼钢、无缝钢管、优钢棒材轧制的长流程生产线，辅助配套设施完备，检验检测设施齐全。年生产能力无缝钢管 80 万吨，优钢棒材 80 万吨。主要产品为多系列、多品种、多规格的 $\phi89\sim460mm$ 无缝钢管及 $\phi32\sim110mm$ 优钢棒材。无缝钢管产品主要适用于石油、化工、天然气、船舶、煤炭以及高铁站、飞机场等大型建筑设施领域。优钢棒材产品主要适用于汽车、机械制造等领域。

千年古矿冶，铸就新冶人。公司先后被评为湖北省优秀民营企业、"AAA"级信用企业、全国钢铁工业先进集体、湖北省纳税百强企业、湖北制造业企业 100 强等荣誉称号。"十四五"期间，公司将努力建设成为国内有充分竞争力的优特钢企业。

二、企业基本概况

企业名称	大冶市新冶特钢有限责任公司			
地址	湖北省大冶市金湖矿冶大道 139 号	邮编		435100
法人代表	徐文平	电话	—	电子邮箱	—
联系人	李志达	电话	13907238152	联系人所在部门	销售部

续表

企业名称	大冶市新冶特钢有限责任公司			
企业成立时间	2000 年	企业网址	http://www.dysxytg.cn/	
企业性质	民营企业	钢管设计能力 （万吨/年）	90	
企业员工人数（人）	2100	其中：技术人员 （人）	136	
钢管销售量 （万吨）	2022 年	2023 年	钢管出口量 （万吨）	2022 年	2023 年
	58.999	64.43		未直接出口	未直接出口
销售收入 （万元）	2022 年	2023 年	利润总额 （万元）	2022 年	2023 年
	311900.00	291900.00		—	—

三、热轧无缝钢管生产工艺技术装备及产量情况

机组类型及型号		台套/条	产品规格范围（外径范围×壁厚范围）（mm）	设计产能（万吨）	投产时间（年）	实际产量（万吨）	
						2022 年	2023 年
热轧 钢管机组	325 斜轧轧管机	1	(273~508)×(8~22)	25	2005	17.92	20.64
	273 A-R 轧管机	1	(180~325)×(6~22)	25	2007	14.62	15.68
	140 A-R 轧管机	1	(89~219)×(5~22)	15	2011	11.15	10.94
	159 自动轧管机	1	(133~219)×(4~8)	15	2018	9.46	10.64
	114 自动轧管机	1	(89~159)×(4~8)	10	2018	7.41	7.23
	合计	5	—	90	—	60.55	65.13

四、企业无缝钢管主导产品

产品名称	规格范围（外径范围×壁厚范围）（mm）	执行标准	实际产量（万吨）	
			2022 年	2023 年
流体管	(89~508)×(4~22)	GB/T 8163	58.49	62.55
低中压锅炉管	(89~508)×(4~22)	GB/T 3087	0.26	0.37
结构管	(89~508)×(4~22)	GB/T 8162	1.64	2.06
液压支柱管	(95~146)×(9~16)	GB 17396	0.16	0.15

60　常熟市异型钢管有限公司

一、企业简介

常熟市异型钢管有限公司位于中国历史名城江苏常熟境内，南依沪宁高速、北临沿江高速，距国家一级口岸——常熟港仅 20 公里，企业地理位置优越，交通便捷。

公司始建于 1978 年，专业生产各种冷拔（轧）无缝钢管。多年来，在社会各界的关心支持下，公司蓬勃发展，目前，公司拥有固定资产 6000 多万元，厂区占地面积 8 万平方米，生产车间达 3 万平方米；员工总数 300 多名，其中中高级技术管理人才 60 多名，公司以生产高精度、高难度冷拔（轧）无缝异型钢管而驰名中外。公司注重科技投入，加大开发力度，以科技新品带动企业发展，公司先后获批 4 项江苏省高新产品、8 项专利及 10 项实用新型专利，2013 年 10 月，成为江苏省高新技术企业并获批成立苏州市异型钢管工程技术研究中心。

公司生产、检测设备齐全，具备年产各类冷拔（轧）无缝钢管 3 万吨的生产能力。主要产品有：链条用合金结构管、钛及钛合金管（异型管）、内螺纹管、钻杆键条、探矿机械用地质钻杆、煤矿用六角钻杆、锅炉用一体式鳍片管（双翅片管）、大中型客车用异型管以及高中压锅炉管、高压化肥设备管、石油裂化管等。产品品种丰富，规格齐全，广泛应用于各行各业。

公司经 30 多年的不懈努力，在钢管生产和管理上积累了丰富经验，建立起了一套完善的质量管理体系。公司具备力学工艺性能、金相化学分析、涡流（超声）探伤及水压试验等全套检测手段和一支高素质的质检队伍，产品多次经国家和江苏省产品检测中心检测，各项性能指标均优于国家及行业相关标准。企业先后获得了计量保证确认证书、ISO9001 国际质量体系认证证书、美国 API. 5L. 5CT 油井管生产许可证、欧盟 CE 认证、TSG 特种设备生产许可证等相关证书，是连续多年的"AAA"资信等级企业。

二、企业基本概况

企业名称	常熟市异型钢管有限公司				
地址	江苏省常熟市梅李镇支梅路 170 号		邮编		215500
法人代表	何建刚	电话	13901579357	电子邮箱	hejiangang859@ 163. com
联系人	张根明	电话	13913650189	联系人所在部门	副总办公室
企业成立时间	1978 年 8 月	企业网址		www. yxgg. com. cn	

续表

企业名称	常熟市异型钢管有限公司				
企业性质	股份合作制	钢管设计能力（万吨/年）	4		
企业员工人数（人）	252	其中：技术人员（人）	45		
钢管产量（万吨）	2022 年	2023 年	钢管出口量（万吨）	2022 年	2023 年
	3.2	2.5		0.8	0.6
销售收入（万元）	2022 年	2023 年	利润总额（万元）	2022 年	2023 年
	2200.00	2080.00		1120.00	1030.00

61 苏州钢特威钢管有限公司

一、企业简介

苏州钢特威钢管有限公司系民营股份制企业，公司位于"长三角"长江之滨的江苏省常熟市董浜镇，毗邻上海、苏州和无锡，沿江高速和苏嘉杭高速交汇入口处到厂区仅 2 分钟，到上海仅需 60 分钟，交通运输便捷，地理优势突出。苏州钢特威钢管有限公司，2006 年成立，注册资金 10800 万元。

苏州钢特威钢管有限公司是一家专业生产不锈钢无缝钢管的现代化企业，公司现年产不锈钢无缝钢管 6000 吨，生产规格从 $\phi 6 \sim 426mm$。为确保产品质量，公司率先通过了 ISO9001：2008 认证，并建立了一套行之有效的科学的质量管理制度，配备了较为完善的检测设施，如：涡流探伤、水压试验、光谱分析、晶腐实验、力学性能测试等设备。

公司引进具有先进水平的生产线，如采用清洁能源液化天然气作为燃料的连续式固溶化热处理炉、各种吨位的冷拔机、各种规格型号的冷轧机、矫直机、酸洗等生产设备；制造设备齐全，工艺科学先进，从而确保了本公司产品质量的优越性。采用的标准有 GB、ASTM、DIN、EN、JIS 等，本公司生产的不锈钢无缝钢管，现已广泛应用于仪器仪表、化工设备、锅炉、造船等行业。

如何运用现代科学结合长期积累的经验，促使产品的升级；如何抓住以出口为契机，在接受价格与品质的双重考验的环境中发展，提高企业的综合竞争力；如何吸收与容纳当今世界先进的经营理念，促使企业素质的全面提升。我们正在努力着、尝试着、实践着。

钢特威人热忱欢迎您的加盟，我们将以实力和真诚来捍卫自己的承诺和信誉。

二、企业基本概况

企业名称	苏州钢特威钢管有限公司				
地址	常熟市董浜镇华烨大道 36 号		邮编		215500
法人代表	刘凯	电话	18051822700	电子邮箱	gtwgg@ 126.com
联系人	刘凯	电话	18051822700	联系人所在部门	总裁办
企业成立时间	2006 年 8 月 3 日	企业网址		www.sz-goldway.com	
企业性质	有限责任公司	钢管设计能力（万吨/年）		1.3	
企业员工人数（人）	177	其中：技术人员（人）		35	

钢管产量（万吨）	2022 年	2023 年	钢管出口量（万吨）	2022 年	2023 年
	1.24	1.17		0.19	0.16
销售收入（万元）	2022 年	2023 年	利润总额（万元）	2022 年	2023 年
	38000.00	32000.00		3800.00	3200.00

三、冷轧无缝钢管生产工艺技术装备及产量情况

机组类型及型号			台套/条	产品规格范围（外径范围×壁厚范围）（mm）	设计产能（万吨）	实际产量（万吨）	
						2022 年	2023 年
冷轧/冷拔机组	冷拔机组	LBJ6-45T	2	冷拔成品 φ60 以下	0.25	0.23	0.2
		LBJ10-10T	2	冷拔成品 φ38×2.5 以下	0.15	0.14	0.13
		LBJ-10T 双线	2	冷拔成品 φ25×2 以下	0.2	0.19	0.18
		200T	1	冷拔成品 φ325×20 以下	0.1	0.1	0.1
	冷轧机组	LG60	8	φ25～89	1.3	1.24	1.17
		LG20	8	φ10～25	0.2	0.19	0.18
		LG30	12	φ15～40	0.4	0.39	0.38

四、企业无缝钢管主导产品

产品名称	规格范围（mm）	执行标准	实际产量（万吨）	
			2022 年	2023 年
流体管	φ426×18，DN≤426	GB/T 14976—2012	0.2	0.18
高压锅炉管	φ57×4.5，DN≤57	GB/T 5310—2017	0.23	0.19

续表

产品名称	规格范围（mm）	执行标准	实际产量（万吨）	
			2022年	2023年
不锈钢管	φ168×7，DN≤168	GB/T 13296—2013	0.53	0.54
	φ76×6.5，DN≤76	NB/T 47047—2015	0.03	0.02
	φ89×8.8，DN≤89	GB/T 9948—2013	0.15	0.14
	φ114.3×8.56，DN≤125	GB/T 21833.2—2020	0.01	0.01
	φ114.3×8.56，DN≤125	GB/T 21833.1—2020	0.01	0.02
	φ325×20，200≤DN≤325	GB/T 13296—2013	0.08	0.07

62 聊城市中岳管业有限公司

一、企业简介

聊城市中岳管业有限公司成立于 2006 年 11 月 10 日，位于聊城市经济开发区辽河路299 号，注册资金 6000 万元，总投资额 17600 万元，全厂占地面积 120 亩。主要生产经营无缝管，外径 38～130mm，壁厚 5～22mm，公司员工 110 人。年生产无缝管 17 万吨。公司以耐蚀耐压油井管、汽车用管、高压锅炉管、液压支柱管、高强度机械用管、结构管等为主导产品。

公司在同行业中率先通过质量、环境、职业健康安全体系认证。近年来，公司先后荣获山东省"专精特新"中小企业、两化融合等荣誉。公司的生产严格按照国家的相关政策进行建设，符合国家的环保政策，相关的设备采用节能降耗等先进技术。

公司长期本着信誉第一，薄利多销的原则，以优质的服务，灵活的经营模式开拓市场，在广大新老客户的协助支持下，不断地发展壮大，已成为山东较大型的无缝钢管生产经营公司。诚信是企业的生命，您的需要是我们的立业之本。产品广泛用于石油、化工、煤炭、机械、液压支柱、汽车用管等行业。产品销售全国各地，主要销往杭州、宁波、无锡、张家港、南京、哈尔滨、大连、北京、青岛及周边地区。

公司的主要生产设备有主穿孔机 LXC90 机组一台、LXC50 机组两台、步进式加热炉三台、穿孔机、轧机、定径机、矫直机、起重机等主要生产设备。

公司宗旨：团结、服务、创新。

公司方针：以质量求生存，以信誉求发展。

热诚欢迎业界同仁，各行各业客户与公司合作，共同发展，共创未来。

二、企业基本概况

企业名称	聊城市中岳管业有限公司			
地址	聊城经济技术开发区辽河路 299 号		邮编	252000
法人代表	裴绍明	电话 18363589999	电子邮箱	wax2008good@ 163.com
联系人	王爱秀	电话 18663522221	联系人所在部门	综合办公室
企业成立时间	2006 年 11 月 10 日	企业网址	—	
企业性质	有限责任公司	钢管设计能力（万吨/年）	17	
企业员工人数（人）	110	其中：技术人员（人）	6	

钢管产量（万吨）	2022 年	2023 年	钢管出口量（万吨）	2022 年	2023 年
	5.69	6.82		0	0
销售收入（万元）	2022 年	2023 年	利润总额（万元）	2022 年	2023 年
	23149.00	23966.00		47.00	45.00

三、热轧无缝钢管生产工艺技术装备及产量情况

机组类型及型号		台套/条	产品规格范围（外径范围×壁厚范围）（mm）	设计产能（万吨）	投产时间（年）	实际产量（万吨）	
						2022 年	2023 年
热轧钢管机组	90 机组	1	(60~130)×(6~22)	8	2019	1.46	2.54
	50 机组	1	(38~76)×(5~16)	6	2022	2.38	2.97
	小 50 机组	1	(38~54)×(5~10)	3	2018	1.85	1.31
	合计	3	—	17	—	5.69	6.82

四、企业无缝钢管主导产品

产品名称	规格范围（外径范围×壁厚范围）（mm）	执行标准	实际产量（万吨）	
			2022 年	2023 年
结构管	(38~130)×(5~22)	GB/T 8162—2018	5.5	6.7

63 河南汇丰管业有限公司

一、企业简介

河南汇丰管业有限公司成立于 2008 年，注册资金 4000 万元，是一家集产品制造、销售、服务于一体的现代化大型高科技企业。公司位于河南省安阳市殷都区许家沟乡，占地面积 30 万平方米，标准化厂房 20 万平方米，现有职工 980 余人，其中大专以上毕业生 150 人，高管人员 5 人，高级工程师 8 人，工程师 23 人。公司拥有现代化水平的质量管理体系和企业管理机制，拥有高素质的管理团队。

公司主要从事生产无缝钢管、不锈钢装饰管、不锈钢带钢、热镀锌加工、镀锌盘扣式脚手架、房地产、软件开发等多个行业。2022 年营业收入 29 亿元，目前，公司已形成多规格、多品种、多用途的高科技、高标准的现代化企业。我公司引进国内先进的生产设备及生产工艺，经过数年的努力与开拓，已经达到国内先进水平。汇丰管业以科学发展观为指导，进一步推动技术进步，强化企业管理，创建环保、节约、循环经济型企业，实现全面协调可持续发展。环保方面，采用了 SCR 脱硝系统和环境在线监测设备。在行业内公司通过了 ISO9001 质量管理体系认证、ISO14001 环境管理体系认证、OHSAS18000 职业安全健康管理体系认证、两化融合管理体系评定、能源管理体系认证等，先后取得 2 项发明专利，55 项国家授权实用新型专利，包含了产品设计开发、产品工艺、产品检测等相关技术创新的研发成果，荣获国家级"高新技术企业"称号。

二、企业基本概况

企业名称		河南汇丰管业有限公司			
地址	安阳市殷都区许家沟乡安林路黄口段		邮编		455133
法人代表	许少鹏	电话	—	电子邮箱	1174659851@ qq. com
联系人	—	电话	0372-5533811 0372-5533898	联系人所在部门	销售部
企业成立时间	2008 年	企业网址	http://www.ayhfgy.com		
企业性质	民营企业	钢管设计能力 （万吨/年）	60		
企业员工人数（人）	980	其中：技术人员 （人）	31		

续表

企业名称	河南汇丰管业有限公司			
钢管产量 （万吨）	2022 年	2023 年	钢管出口量 （万吨）	2022 年	2023 年
	60	55		—	—
销售收入 （万元）	2022 年	2023 年	利润总额 （万元）	2022 年	2023 年
	29000.00	—		—	—

三、热轧无缝钢管生产工艺技术装备及产量情况

机组类型及型号		台套/ 条	产品规格范围（外径范围× 壁厚范围）（mm）	设计产能 （万吨）	实际产量（万吨）	
					2022 年	2023 年
热轧钢管 机组	100-AR 机组	1	(76~114)×(4.5~12)	10	—	—
	159Assel 机组	1	(89~203)×(6~15)	20	—	—
	340-AR 机组	1	(219~426)×(8~50)	30	—	—
	合计	—			60	55

64　淮安市振达钢管制造有限公司

一、企业简介

淮安市振达钢管制造有限公司筹建于 2005 年 4 月，地处素有"南船北马、九省通衢、天下粮仓"美誉的"中国运河之都"——淮安。公司坐落于国家级淮安高新技术产业开发区，是一家制造冷拔无缝钢管的专业企业。

公司占地面积 45 万多平方米，建筑面积 20 万多平方米，固定资产 8 亿元。现有职工 400 余人，其中工程技术、质量管理人员 60 余人，高、中级职称 30 余人。公司拥有各种钢管生产设备一百多台套，目前年生产能力为 30 万吨。

经过几年的建设和发展，公司是淮安市发展速度较快、投资规模较大的民营企业，2005 年被评为淮安市优秀技改项目；2008 年被淮阴区委区政府授予"十佳和谐企业"；2016 年获淮安高新区"工业入库税金十强企业""开票销售十强企业""工业经济突出贡献单位"荣誉称号；2017 年获"落实安全生产主体责任先进单位"称号等；2019 年获"脱贫攻坚爱心企业"称号；2020 年被评为"淮安高新区经济贡献示范企业"；2023 年被评为"淮安市绿色标杆企业"。

公司已注册"元平"商标。公司低中压锅炉用无缝钢管 2006 年获全国工业产品生产许可证证书，2008 年获得 TSG 特种设备制造许可证，通过了 ISO9001 质量管理体系认证、ISO14001 环境管理体系认证、ISO45001 职业健康安全管理体系认证、ISO50001 能源管理体系认证、API 会标认证、TUV 欧盟认证；通过美国、英国、德国、法国、挪威、日本、韩国等船级社认证；为标准化安全三级企业。为保证满足顾客质量要求，公司具备相当完善的测量手段，拥有 QJ212-600KN 电子式万能试验机一台，WE-1000D 液压万能试验机一台，ARL 直读光谱仪一台，超声波探伤仪，涡流探伤仪，水压试验机以及全套金相试验设备和物理化学仪器，建立和健全了一整套符合要求的检测设备。

现能够生产多类型钢种、多种规格的大口径无缝钢管，规格范围在 $\phi(159\sim720)\,\text{mm}\times(4.5\sim50)\,\text{mm}\times L\,\text{mm}$。主要品种：生产结构用无缝钢管；输送流体用无缝钢管；高压锅炉用、低中压锅炉用、石油裂化用、高压化肥设备用、石油套管或油管用、气瓶用无缝钢管，大容积气瓶用无缝钢管、冷拔异型无缝钢管；ASME 系列无缝钢管；API 系列油套管和管线管、EN 系列结构压力容器用无缝钢管以及各种合金钢管。目前执行国家标准：GB/T 8162、GB/T 8163、GB/T 3087、GB/T 5310、GB/T 9948、GB/T 6479、GB/T 18248、GB/T 28884 等，并能满足特殊技术要求的客户需求。

为适应生产需求，近年来，公司高度重视科技创新，提升自主创新能力，与东北大学、常州大学校企合作，建立了多个科技研发平台，有"王国栋院士工作站""淮安市无缝钢管及轧制技术及连轧自动化工程研究技术中心""常州大学产学研基地"等，公司对生产大口径冷拔无缝钢管的设备作了多次系统的技改，着力开发无缝钢管新品，取得了明显的成效。

公司具备较强的专业技术、服务能力和市场竞争力，产品立足国内市场，远销欧美、东南亚、中亚及中东等地，并与国际知名企业建立了长期合作的战略伙伴关系。目前公司是国内大口径薄壁冷拔无缝钢管的龙头企业，行业细分领域的隐形冠军。在同行业内，产品质量优异、壁厚精度最高，在国内无缝钢管行业享有良好的知名度，在大口径薄壁无缝钢管市场中占据主导地位，是细分行业内的标杆企业，有很强的市场影响力。

公司在贯彻质量管理体系标准要求的过程中，以顾客为关注焦点，充分发挥领导作用，调动全体员工参与的积极性，运用"过程方法"和"基于事实的决策方法"，适应市场竞争的需要，确立以顾客满意为中心的质量管理体系，坚持"以可持续发展为导向，创新求实；以满足顾客为永远的追求，信誉至上"的企业宗旨，强化市场意识、质量意识和服务意识，确立"重质量，促发展；重管理，求改进；重顾客、保满意"的质量方针，强化内部管理，增强市场竞争力，实现优质、高产、低耗，向广大顾客提供优质优价的产品，提供全方位的服务，奠定企业在市场竞争中以质取胜的地位。

公司牢固树立科学发展观，始终保持创业奋进的激情，以"精、特、新"为产品发展方向，坚持企业"满足顾客、诚信、国家员工利益"三个原则，坚持与时俱进，勇于开拓创新，追求更大的跨越。为广大冶金行业、无缝钢管行业的健康发展，为建设和谐社会作出更大的贡献。

二、企业基本概况

企业名称	淮安市振达钢管制造有限公司				
地址	江苏省淮安市淮阴区		邮编	223300	
法人代表	佘军	电话	—	电子邮箱	—
企业成立时间		2005 年	钢管设计能力 （万吨/年）	30	
企业员工人数（人）		431	其中：技术人员 （人）	60	
钢管产量 （万吨）	2022 年	2023 年	钢管出口量 （万吨）	2022 年	2023 年
	8.88	7.15		1.55	1.27

三、冷轧无缝钢管生产工艺技术装备及产量情况

机组类型及型号			台套/条	产品规格范围（外径范围×壁厚范围）（mm）
冷轧/冷拔机组	穿孔机	ϕ180 穿孔机机组	1	（159~720）×（4.5~50）
		ϕ250 穿孔机机组	1	
		ϕ600 穿孔机机组	1	
	冷拔机组	300t 液压拉拔机	4	
		400t 液压拉拔机	2	
		500t 液压拉拔机	1	
		700t 液压拉拔机	1	
		1000t 液压拉拔机	1	
		1200t 液压拉拔机	1	
		2000t 液压拉拔机	1	

第二篇

焊接钢管生产企业基本情况

1 天津友发钢管集团股份有限公司

一、企业简介

天津友发钢管集团股份有限公司是集热镀锌钢管、直缝焊管、方矩形钢管、热镀锌方矩形钢管、内衬塑复合钢管、涂塑复合钢管、螺旋焊管、不锈钢管及管件、盘扣脚手架、热镀锌无缝钢管、石油管、管件等多种产品生产销售于一体的大型企业集团，拥有"友发"和"正金元"两个品牌。已经建成天津、唐山、邯郸、陕西韩城、江苏溧阳、辽宁葫芦岛6个生产基地，旗下10家钢管生产企业拥有300余条生产线，并拥有4个国家认可实验室、1个天津市焊接钢管技术工程中心、1个天津市企业技术中心。产品销往全国各地，并远销北美洲、南美洲、欧洲、非洲、大洋洲、中东、东南亚等110多个国家和地区。自2006年至今，连续18年入围中国企业500强、中国制造业500强。2020年12月，友发集团成功登陆上交所主板挂牌上市。

"友发"牌钢管连续多年被天津市政府授予"天津市名牌产品"称号。"友发"牌热镀锌钢管、方矩形钢管、衬塑复合管、螺旋焊接钢管先后被中国钢铁工业协会授予冶金产品实物质量"金杯奖"；唐山正元管业有限公司荣获2016年"河北省政府质量奖（组织奖）"。2015年，中国建筑业协会材料分会授予友发钢管集团"鲁班奖工程功勋供应商"称号，被中国金属材料流通协会评为"3A"级信用企业，被中国质量协会、全国用户委员会评为用户满意企业。集团下属一分公司及管道科技均已通过国家工信部认证的国家"绿色工厂"。

友发在2019年获得由中华人民共和国工信部颁发的《制造业单项冠军示范企业》，获得由中华人民共和国工信部认证的《管道科技生产的友发牌钢塑复合管为绿色产品》。友发也是中国金属流通协会焊管分会首任会长单位。

创新是企业发展的不竭动力。友发研制的"钢管自动打包机""多推拉杆钢管镀锌装置""热管余热回收蒸发器"等创新成果，在同行业得到广泛应用，为钢管行业提质增效起到了积极推动作用。"镀锌炉余热深度利用关键技术研究与示范"项目、"涂塑复合管节能降耗环保关键技术研发与产业化"项目，已成为天津市科技计划项目（课题）。截止到2023年底，友发集团共拥有授权专利技术156项，其中发明专利17项，实用新型专利139项；国家标准、行业标准、团体标准，共29项。其中，2016年6月1日开始施行的GB/T 3091—2015《低压流体输送用焊接钢管》国家标准，在友发得到全面执行，所有友发产品均符合新国标。

自强不息的友发人，以"让员工幸福成长、促行业健康发展"为使命，时刻秉承"共赢互利信为本，同心并进德为先"的核心价值观，发扬"律己利他，合作进取"的友发精神，在未来的发展中，携手并肩，勇往直前，为把友发钢管打造成为受人尊敬的幸福企业而不懈努力！

友发钢管，流通天下，撑起世界！

二、企业基本概况

企业名称	天津友发钢管集团股份有限公司				
地址	天津市静海区大邱庄镇度假村环湖南路 1 号		邮编	301606	
法人代表	李茂津	电话	13902028818	电子邮箱	limaojin@yfgg.com
联系人	马永涛	电话	18649079099	联系人所在部门	战略发展中心
企业成立时间	2011 年 12 月 26 日		企业网址	www.yfgg.com	
企业性质	股份有限公司（上市）		钢管设计能力（万吨/年）	2500	
企业员工人数（人）	11000		其中：技术人员（人）	492	
钢管产量（万吨）	2022 年	2023 年	钢管出口量（万吨）	2022 年	2023 年
	2010	2085		25.6	25.8
销售收入（万元）	2022 年	2023 年	利润总额（万元）	2022 年	2023 年
	6736000.00	6091822.00		37295.05	56987.00

三、焊接钢管生产技术装备及产量情况

机组类型及型号			台套/条	产品规格范围（外径范围×壁厚范围）（mm）	设计产能（万吨）	实际产量（万吨）	
						2022 年	2023 年
焊接钢管机组	螺旋缝埋弧焊机组	325	1	φ219×6.0～φ325×10	2	1.8	1.7
		426	1	φ219×6.0～φ426×12	2.3	1.7	1.8
		630	1	φ273×5.0～φ529×12	2.5	2.2	2
		720	2	φ219×5.0～φ377×10	4	3.1	3.8
		820	1	φ377×6.0～φ920×12	3	2.7	3.4
		1220	1	φ426×6.0～φ1220×12	4	3.1	3.9
		1820	1	φ920×8.0～φ2020×18	3	2.6	1.7
		2020	1	φ478×6.0～φ1620×14	4	2.9	2.9

续表

机组类型及型号				台套/条	产品规格范围（外径范围×壁厚范围）（mm）	设计产能（万吨）	实际产量（万吨）	
							2022年	2023年
焊接钢管机组	高频焊管机组	圆管机组	42	10	φ21.3×1.2～φ60.3×4.0	7	54.5	53.8
			50	30	φ21.3×1.2～φ60.3×4.0	6	112.6	121.5
			60	22	φ33.7×1.3～φ76.1×4.0	8	114.2	116.9
			76	18	φ60.3×1.8～φ76.1×4.0	10	119	120.3
			89	9	φ60.3×2.5～φ88.9×4.75	14	100.1	101.9
			114	8	φ76.1×1.8～φ114×4.75	20	103.3	105.9
			140	2	φ114.3×1.7～φ139.7×6.0	20	32.9	33.2
			165	2	φ114.3×1.7～φ165.1×6.5	28	46.2	46.9
			180	1	φ114.3×1.7～φ165.1×6.5	2	1.1	1.4
			219	8	φ125×2.2～φ219×7.0	25	125.7	129.1
			355	1	φ219×6.0～φ355×10	4	2.5	3.9
			630	1	φ273×5.0～φ529×12	4	2.6	3.7
		方矩管机组	42	1	F20×1.5～F40×3.0	1	0.4	0.5
			50	4	F25×1.5～F40×3.0	9	22.4	22.6
			76	17	F40×1.7～F60×4.75	8	104	107
			89	3	F50×1.7～F80×4.75	11	31.7	31
			114	6	F70×1.7～F100×4.75	13	64.7	63.9
			127	7	F70×2.0～F120×7.75	11	74	72.4
			140	3	F80×2.0～F140×7.75	12	31.8	32.7
			165	3	F100×2.0～F160×7.75	16	9	9
			180	3	F150×2.0～F180×7.75	11	23	23
			200	3	F100×3.0～F250×9.75	10	23.6	26
			273	1	F120×3.25～F250×9.75	22	22.3	21
			300	1	F200×3.5～F300×10.5	14	12.5	9.3
			400	2	F200×3.75～F400×15.75	14	22.2	25.8
	合计				—	—	1276.4	1303.9
热浸镀锌机组	圆管	热浸镀锌圆管机组		69	—	12	557.6	571.3
	方矩管	热浸镀锌方矩管机组		26	—	10	172	178
钢塑复合钢管机组	衬塑机组	衬塑机组		17	—	3	21.48	23
	涂塑机组	涂塑机组		8	—	2	8.5	8.7

四、企业焊接钢管主导产品

产品名称		规格范围（外径范围×壁厚范围）（mm）	执行标准	实际产量（万吨）	
				2022 年	2023 年
焊管产量（黑管）	直缝高频圆管	(21.3×1.8) ～ (609.6×19.5)	GB/T 3091；GB/T 13793；Q/YFGG 101；Q/12YF 002；SY/T 5768	814.7	838.5
	直缝高频方矩形管	(25×1.2) ～ (400×15.75)	GB/T 6725；GB/T 6728；Q/HDYF 003—2024；Q/SXYF 001	441.6	444.2
	螺旋焊埋弧管	(165×3.0) ～ (4000×28.0)	GB/T 9711；GB/T 3091；SY/T 5037；SY/T 5768	20.1	21.2
热镀锌管	圆管	(21.3×1.2) ～ (323.9×9)	GB/T 3091；Q/YFGG 101	557.6	571.3
	方矩管	(25×1.2) ～ (200×7.75)	GB/T 6725；GB/T 6728；Q/HDYF003—2024；Q/SXYF 001	172	178
主要品种产量	钢塑复合管	(21.3×2) ～ (323.9×6)	GB/T 28897；CJ/T 136	21.48	23
	涂塑复合管	(21.3×2) ～ (2020×18)	GB/T 28897；CJ/T 120；GB/T 5135.20；GB/T 42541；GB/T 37594；GB/T 23257	8.5	8.7
	管线管（输送油气）	(21.3×1.8) ～ (609.6×19.5)	GB/T 3091；GB/T 9711	7.58	10.3
	其他	—	GB/T 5135.11；GB/T 36019；CJ/T 156；GB/T 12771；GB/T 24593；GB/T 19228；GB/T 31439；Q/YFGG 191；JG/T 503	—	—

2　浙江金洲管道科技股份有限公司

一、企业简介

浙江金洲管道科技股份有限公司创建于 1981 年，地处浙江省湖州市吴兴区，是主营高等级石油工业用管道和新一代绿色民用管道研发制造的国有控股企业，为国内首家以焊管为主业的 A 股上市公司（证券代码002443），已跨入国家重点高新技术企业、国家创新型试点企业、国家级绿色工厂和国家知识产权示范企业等行列。

　　公司配备国际先进、国内领先的自动化管道生产线，年产能达 160 万吨，主导产品有高频焊管、热浸镀锌钢管、给水涂塑/衬塑复合管材管件、涂覆管材管件、薄壁不锈钢管材管件、螺旋缝埋弧焊钢管（SAWH）、直缝电阻焊钢管（HFW）、直缝埋弧焊钢管（SAWL）、FBE/2PE/3PE 防腐钢管等九大系列数百个品种规格，广泛应用于石油天然气长输管线、城市燃气、消防、化工、给排水、建筑、通信、电力和结构用管等领域，是中石油、中石化、中海油、国家电网及国内各大水务公司、燃气公司的管道优秀供应商。

　　公司坚定"百年金洲、实业报国"企业使命，践行"求精求实争卓越、共享共赢重担当"核心价值观，致力于成为品质客户首选和受人尊敬的管道制造服务商。

二、企业基本情况

企业名称	浙江金洲管道科技股份有限公司				
地址	浙江省湖州市吴兴区区府路 388 号		邮编		313000
法人代表	李兴春	电话	0572-2072542	电子邮箱	—
联系人	周必成	电话	15957242072	联系人所在部门	—
企业成立时间		2002 年 7 月 31 日	企业网址	http://www.chinakingland.com/	
企业性质		国有控股	钢管设计能力 （万吨/年）	150	
企业员工人数（人）		1266	其中：技术人员 （人）	193	
钢管产量 （万吨）	2022 年	2023 年	钢管出口量 （万吨）	2022 年	2023 年
	75.4	75.6		0	0
销售收入 （万元）	2022 年	2023 年	利润总额 （万元）	2022 年	2023 年
	431446.00	393306.00		20238.00	25469.00

三、焊接钢管生产技术装备及产量情况

机组类型及型号			台套/ 条	产品规格范围（外径范围× 壁厚范围）（mm）	设计产能 （万吨）	投产时间 （年）	实际产量（万吨）	
							2022 年	2023 年
焊接钢管机组	高频焊管机组	圆管机组						
		42 机组	3	(15~25)×(1.5~3.5)	8	2016	9	9.5
		50 机组	2	(15~20)×(1.5~3.5)	3	2012	2.8	2.5
		76 机组	5	(32~80)×(2.0~4.0)	10	2016	31	30
		114 机组	1	100×(2.3~5.0)	15	2014	8.9	9
		219 机组	1	(125~200)×(3.5~8.0)	25	2016	13	13.8
	合计		—	—	—	61	—	64.7	64.8

续表

机组类型及型号			台套/条	产品规格范围（外径范围×壁厚范围）（mm）	设计产能（万吨）	投产时间（年）	实际产量（万吨）	
							2022年	2023年
热浸镀锌机组	圆管	42镀锌管生产线	3	（15~32）×（1.5~4.5）	10	2016	22	22
		114镀锌管生产线	3	（40~100）×（1.5~4.5）	12	2019	21	20
		273镀锌管生产线	2	（100~250）×（1.5~4.5）	15	2017	21	21
	合计		—		37	—	64	63
钢塑复合钢管机组	衬塑机组	DN15~65	1	（21.3~76.1）×（2.1~4.5）	1.5	2016	—	—
		DN50~150	1	（60.3~165.0）×（2.8~5.0）	2.0	2016	—	—
		DN80~250	1	（88.9~273.0）×（3.0~7.0）	1.5	2016	—	—
		DN80~300	1	（88.9~323.9）×（3.0~8.0）	1.0	2017	—	—
	合计		—		6.0	—	6.1	5.6
	涂塑机组	DN15~65	1	（21.3~76.1）×（2.1~4.5）	2.5	2015	—	—
		DN50~100	1	（60.3~114.3）×（2.8~4.5）	1.9	2015	—	—
		DN80~200	1	（88.9~219.1）×（3.0~6.0）	1.3	2015	—	—
		DN15~80	1	（21.3~88.9）×（2.1~4.5）	1.3	2016	—	—
		DN100~300	1	（114.3~323.9）×（3.0~8.0）	2.2	2017	—	—
		DN15~100	1	（21.3~114.3）×（2.1~4.5）	1.7	2020	—	—
		DN32~100	1	（42.4~114.3）×（2.8~4.5）	2.0	2023	—	—
	合计		—		12.9	—	4.3	4.4

四、企业焊接钢管主导产品

产品名称		规格范围（外径范围×壁厚范围）（mm）	执行标准	实际产量（万吨）	
				2022年	2023年
焊管产量（黑管）	直缝高频圆管	（15~200）×（1.5~8.0）	GB/T 3091—2015	65	64
热镀锌管	圆管	（15~250）×（1.5~9.0）	GB/T 3091—2015	64	63
主要品种产量	钢塑复合管	（21.3~323.9）×（2.1~8.0）	GB/T 28897—2021、GB/T 5135.20—2010、GB/T 42541—2023	10.4	10
	涂塑复合管	（21.3~323.9）×（2.1~8.0）	GB/T 28897—2021、GB/T 5135.20—2010、GB/T 42541—2023	4.3	4.4

3　宝鸡石油钢管有限责任公司

一、企业简介

宝鸡石油钢管有限责任公司（简称"宝石钢管"或"BSG"）是中国石油天然气集团有限公司唯一的专业化现代制管企业，始建于1958年，是新中国"一五"期间156个重点建设项目之一，是"中国焊管发源地"、中国第一家油气输送管生产企业。公司以管材制造为核心业务，集输送管、石油专用管、连续油管、管材防腐、焊接材料、新能源装备和制造服务等业务于一体，产业布局合理，区域优势明显，十个生产和两个研发基地分别位于我国东北、华北、华东、西北、西南五大区域和"一带一路"陆海大通道重要节点，覆盖国家四大油气能源通道，毗邻国内主要油气田企业，是国内生产基地分布最广的能源管材装备制造企业。

公司作为油气管材制造头部企业，产线建设创造"七个第一"，具备3820mm大管径、X100高钢级、58mm大壁厚输送管，高性能石油专用管和CT150超高强度万米连续油管的生产能力。建厂至今已累计生产输送管、专用管和连续管共计2848万吨，参建重点管线200余条，产品出口俄罗斯、沙特、印度等40多个国家和地区，取得国际油气公司资质认证28项。

公司是国家级服务型制造示范企业、国家级绿色企业，中国石油创新型企业和对标世界一流价值创造标杆企业，拥有行业唯一的国家石油天然气管材工程技术研究中心等7个国家和省部级研发平台，与30多家知名高校、科研院所、钢厂及油气田共同建立了产学研用合作机制，形成了10项领先制造技术，"十二五"以来承担国家重大科技专项、"863"计划、科技支撑计划、重点研发计划等项目19项。建立了陕西省院士专家、博士后科研工作站，同时也是油气管道输送安全全国家工程研究中心、中国石油连续管技术研究中心共建单位，主办行业知名《焊管》期刊，是管材国标、行标起草单位。

公司正按照"144336"发展思路，锚定"一个发展目标"，坚持"四项发展原则"，实施"创新驱动、数智赋能、成本领先、国际化发展"四大发展战略，按照"三个发展阶段"谋划发展，构建做强能源管材业务、做快新能源业务、做优"制造+服务"业务的"一体两翼"业务布局，通过做好以"市场为王"为导向、以技术立企为根本、以智能强管为基础、以"三新"求变为方向、以精益创效为抓手、以党建引领为保障"六篇文章"，坚持以客户为中心，树立"无中生有、有中生新"市场开发理念，突出供给高效、服务先行，着力"把管材做强大"，努力"让产品会说话"，朝着"建设世界一流能源管材装备智造服务商"的目标勇毅前行。

二、企业基本概况

企业名称			宝鸡石油钢管有限责任公司		
地址	陕西省宝鸡市渭滨区姜谭路 10 号			邮编	721008
法人代表	常学军	电话	0917-3398325	电子邮箱	bsggsb@ cnpc. com. cn
联系人	魏 强	电话	0917-3398385	联系人所在部门	市场营销部
企业成立时间		1958 年	企业网址	http：//www. bsg. com. cn	
企业性质		国有独资	钢管设计能力（万吨/年）	351	
企业员工人数（人）		4310	其中：技术人员（人）	3500	
钢管产量（万吨）	2022 年	2023 年	钢管出口量（万吨）	2022 年	2023 年
	148	114		13	2
销售收入（万元）	2022 年	2023 年	利润总额（万元）	2022 年	2023 年
	1060000	750000		43000.00	7000.00

三、焊接钢管生产技术装备及产量情况

机组类型及型号			台套/条	产品规格范围（外径范围×壁厚范围）(mm)	设计产能（万吨）	投产时间（年）	实际产量（万吨）	
							2022 年	2023 年
焊接钢管机组	JCOE 直缝埋弧焊管机组	JCOE 直缝生产线	2	（508~1422）×(6~40)	70	2007	26	21
	螺旋缝埋弧焊机组	螺旋生产线	16	（219~1422）×(6~25)	148	1976	76	50
	高频焊管机组 圆管机组	HFW 生产线	1	（139.7~426）×(3.17~12.7)	15	2000	3	4

四、企业焊接钢管主导产品

产品名称		规格范围（外径范围×壁厚范围）(mm)	执行标准	实际产量（万吨）	
				2022 年	2023 年
焊管产量（黑管）	高频直缝焊管	（139.7~426）×(3.17~12.7)	API 5L 管线钢管规范	3	4
	螺旋焊埋弧管	（219~3820）×(6~25)	API 5L 管线钢管规范	76	53
	直缝埋弧焊管	（508~1422）×(6~58)	API 5L 管线钢管规范	26	22
主要品种产量	石油专用管	（60.3~339.7）×(6.20~12.19)	API 5CT 套管和有关规范	43	35

4 番禺珠江钢管（珠海/连云港）有限公司

4.1　番禺珠江钢管（珠海）有限公司

一、企业简介

1994年珠江钢管的建成和中国第一根大口径直缝埋弧焊钢管的诞生，标志着国内具备了自主生产高标准油气管道产品的能力从无到有。用中国人自己的钢管，支持与服务了国家的能源输送战略。随后，斩获我国大口径直缝埋弧焊钢管第一份国际订单，产品成功打入国际市场。

2003年春晓气田项目，打破国际封锁，成功摆脱我国海底油气钢管长期以来依赖进口的局面，实现了该领域的技术突围。

3500米级的深海有着接近0℃的超低温和约等于350倍标准大气压的超高压，相当于拇指指甲盖大小的面积要承受350多公斤的质量。2019—2022年，珠江钢管集团在世界范围内首创3500米级超深海管线用直缝埋弧焊钢管制造技术，填补了国内空白。此技术在南海"恩平""崖城"气田，以及尼日利亚天然气输送管道项目中得到应用，实现了社会效益和经济效益的统一。

发展过程中，成为了国内唯一拥有"中国名牌产品""中国驰名商标"和"冶金实物质量金杯奖"三项国家荣誉的焊管生产企业。

今天，随着3500米级深海油气输送管道生产工艺技术的日益成熟，珠江钢管仍初心不改，以敢为人先的精神不断精进技术工艺，为祖国能源保障、海洋开发再尽源源不断的绵薄之力。

二、企业基本概况

企业名称	番禺珠江钢管（珠海）有限公司				
地址	广东省珠海市金湾区南水镇南水大道1号		邮编		519050
法人代表	陈昌	电话	0756-6250888	电子邮箱	—
联系人	黄克坚	电话	0756-6250888	联系人所在部门	技术中心
企业成立时间	2010年6月21日		企业网址		www.pck.com.cn
企业性质	港澳台商与内地合办企业		钢管设计能力（万吨/年）		50

企业名称	番禺珠江钢管（珠海）有限公司			
企业员工人数（人）	322	其中：技术人员（人）	59	
钢管产量（万吨）	2022 年	2023 年	钢管出口量（万吨）	2022 年	2023 年
	15.48	22.49		4.67	13.44
销售收入（万元）	2022 年	2023 年	利润总额（万元）	2022 年	2023 年
	81826.01	176180.73		2416.31	3734.03

三、焊接钢管生产技术装备及产量情况

机组类型及型号		台套/条	产品规格范围（外径范围×壁厚范围）（mm）	设计产能（万吨）	投产时间（年）	实际产量（万吨）	
						2022 年	2023 年
焊接钢管机组	JCOE 直缝埋弧焊管机组	1	(406~1626)×(7~60)	25	2012	6.79	7.56
	螺旋缝埋弧焊机组	2	(800~4500)×(8~30)	15	2013	5.65	9.89
	三辊成型环焊对接焊管机组	3	(610~7000)×(8~230)	10	2014	3.04	5.04
	合计	6	—	—	—	15.48	22.49

四、企业焊接钢管主导产品

产品名称		规格范围（外径范围×壁厚范围）（mm）	执行标准	实际产量（万吨）	
				2022 年	2023 年
焊管产量（黑管）	螺旋焊埋弧管（SAWH）	(800~4500)×(8~30)	GB/T 3091、SY/T 5040、EN10219-1	5.65	9.89
	直缝埋弧焊管（含三辊对接焊管）（SAWL）	(406~7500)×(7.23~230)	API5L/2B/DNVGL-ST-F101 ISO3183 GB/T 9711/ASTM A671/672/EN10225	9.83	12.58
主要品种产量	管线管（输送油气）	(406~1626)×(6.3~60)	API5L、GB/T 9711/DNVGL-ST-F101	6.09	7.23
	流体管（输送水、固体）	—	GB/T 3091	0.7	0.8
	其他（FBE/2PE/3PE 防腐钢管）	(406~7000)×(6.3~230)	SY/T 0413—2002 GB/T 23257—2009 DIN 30670—1991 CAN/CSA Z245.21—2010 ISO 21809-1—2009 NF A49-711—1992 NF A49-710—1988	816753.85 平方米	1125136.6 平方米

4.2 番禺珠江钢管（连云港）有限公司

一、企业简介

番禺珠江钢管（连云港）有限公司成立于 2009 年，位于连云港市徐圩新区，是连云港市"十二五"规划重点项目，专业从事焊接钢管技术研发、生产制造的新型企业。

公司目前已建成多条高性能管线钢管生产线，生产线核心设备均从欧美发达国家引进，自动化程度高，公司生产大直缝双面埋弧焊管、直缝高频焊管、螺旋埋弧焊管、耐蚀合金复合钢管及不锈钢管，并配套供应 FBE、3LPE/3LPP、水泥配重等各种形式的防腐钢管以及各类弯管、弯头、异径管等管件产品，产品广泛应用于陆地及海底的石油、天然气、石油化工、化工、采矿、电力、建筑、钢结构和供水等领域，具有工艺技术先进、生产效率高、竞争力强等特点。

番禺珠江钢管（连云港）有限公司为贯彻国家钢铁产业政策，调整产品结构，解决钢管项目优质原料之供应而规划建设高性能管线板材工程项目，拥有国际先进的 HSM 设备并将其升级改造组成一个完整的板材生产线。该生产线生产的产品填补国家空白，并领先世界先进水平，将为国家能源管道建设、海洋装备工程项目的实施发挥关键作用，符合国家"十二五"规划重点发展高性能板材和重点开发海洋工程装备的国家产业政策。

为了积极响应国家和江苏省沿海发展战略，珠江钢管将以连云港基地为核心，重点发展高性能管线钢管，并向上、下游延伸产业链，建设物流紧凑、投资成本低、附加值高的板管一体化全流程项目，以推动珠江钢管由单一的钢管生产制造企业向专业化生产高级别精品板材和高性能管线钢管的全流程、全产业链的联合企业转变。

二、企业基本概况

企业名称	番禺珠江钢管（连云港）有限公司			
地址	江苏省连云港市徐圩新区江苏大道 396 号		邮编	222000
法人代表	陈昌	电话	0518-80687776	电子邮箱	—
联系人	王文涛	电话	18061322287	联系人所在部门	行政部
企业成立时间	2009 年 7 月 8 日	企业网址	www.pck.com.cn	
企业性质	有限责任公司	钢管设计能力（万吨/年）	75	
企业员工人数（人）	676	其中：技术人员（人）	49	
钢管产量（万吨）	2022 年	2023 年	钢管出口量（万吨）	2022 年	2023 年
	16.02	17.41		3.1	2.33

企业名称	番禺珠江钢管（连云港）有限公司				
销售收入 （万元）	2022 年	2023 年	利润总额 （万元）	2022 年	2023 年
	87256.19	93866.81		7653.91	3723.22

三、焊接钢管生产工艺技术装备及产量情况

<table>
<tr><td rowspan="2" colspan="2">机组类型及型号</td><td rowspan="2">台套/
条</td><td rowspan="2">产品规格范围（mm）</td><td rowspan="2">设计产能
（万吨）</td><td rowspan="2">投产时间
（年）</td><td colspan="2">实际产量（万吨）</td></tr>
<tr><td>2022 年</td><td>2023 年</td></tr>
<tr><td rowspan="6">焊接钢管机组</td><td colspan="2">JCOE 直缝双面埋弧焊管机组（折弯成型）</td><td>2</td><td>0D457~1524
WT6.0~40</td><td>40</td><td>2010/2016</td><td>11.63</td><td>7.72</td></tr>
<tr><td colspan="2">螺旋缝埋弧焊机组</td><td>1</td><td>0D508~2438
WT6.35~25.4</td><td>12</td><td>2013</td><td>2.39</td><td>1.93</td></tr>
<tr><td rowspan="3">高频焊管机组</td><td>COE-HFW 机组</td><td>1</td><td>0D273~711
WT5~25.4</td><td>8</td><td>2013</td><td>0.11</td><td>—</td></tr>
<tr><td>COE 直缝双面埋弧焊机组</td><td>1</td><td>0D406~711
WT6.35~25.4</td><td>10</td><td>2013</td><td>1.01</td><td>8.07</td></tr>
<tr><td>三辊成型环焊对接焊管机组</td><td>4</td><td>0D800~6000
WT15~80</td><td>5</td><td>2013</td><td>0.97</td><td>1.97</td></tr>
<tr><td colspan="2">合计</td><td>9</td><td>—</td><td>75</td><td>—</td><td>16.10</td><td>19.69</td></tr>
</table>

四、企业焊接钢管主导产品

<table>
<tr><td rowspan="2" colspan="2">产品名称</td><td rowspan="2">规格范围（外径范围×
壁厚范围）（mm）</td><td rowspan="2">执行标准</td><td colspan="2">实际产量（万吨）</td></tr>
<tr><td>2022 年</td><td>2023 年</td></tr>
<tr><td rowspan="4">焊管产量
（黑管）</td><td>FBE/2PE/3PE
防腐焊管</td><td>(219~3000)×匹配钢管壁厚</td><td>GB/T 23257—2017，
SY/T 0315，SY/T 0442，
ISO 21809-1，ISO 21809-2，
DIN 30670，API RP 5L2，
AWWA C213，CSA Z245.20，
CSA Z245.21，AS 3862</td><td>72.77 万
平方米</td><td>173.55 万
平方米</td></tr>
<tr><td>流体输送管</td><td>(406~6000)×(5~40)</td><td>GB/T 3091，GB/T 5037</td><td>0.40</td><td>0.02</td></tr>
<tr><td>高频直缝焊接钢管
（ERW/FHW）</td><td>(273~711)×(5~25.4)</td><td>API 5L/2B，DNVGL-ST-F101，
ISO 3183，EN 10219，
GB/T 9711，AS 1663</td><td>0.11</td><td>—</td></tr>
<tr><td>直缝埋弧焊接钢管
（SAWL）</td><td>(406~1524)×(5~40)</td><td>API 5L/2B，DNVGL-ST-F101，
ASTM A671/672，ASTM A53，
ISO 3183，GB/T 9711，
SY/T 10037</td><td>1.01</td><td>8.07</td></tr>
</table>

产品名称		规格范围（外径范围×壁厚范围）（mm）	执行标准	实际产量（万吨）	
				2022 年	2023 年
焊管产量（黑管）	螺旋缝埋弧焊接钢管（SAWH）	（508~2438）×（6.35~25.4）	API 5L/2B，ISO 3183，GB/T 9711	2.39	1.93
	三辊成型大口径环焊管（RBE）	（800~6000）×（15~80）	API 5L/2B，DNVGL，ASTM A671/672，ISO 3183，GB/T 9711	0.97	1.97
主要品种产量	管线管（输送油气）	—	—	12.91	16.42
	流体管（输送水、固体）	—	—	0.40	0.02
	其他	—	—	1.51	1.69

5　中国石油集团渤海石油装备制造有限公司

一、企业简介

中国石油集团渤海石油装备制造有限公司（以下简称"渤海装备公司"）是中国石油天然气集团公司所属综合性的石油装备制造企业，主营业务包括输送装备、油气井管、钻井装备、采油装备、炼化装备五条产品链和"制造+服务"业务链。

渤海装备公司具有雄厚的研发实力和实验检测实力，拥有国家级实验室，公司实验室被国家发改委、科技部、财政部、海关总署、国家税务总局等五部委认定为国家级企业技术中心，拥有 3 个实验检测平台，14 个重点实验室，14 个中试车间。

2023 年，渤海装备公司继续保持向前向上的发展态势，牢牢把握高质量发展"拓展提升"主题主线，坚持一张蓝图绘到底，巩固拓展发展成果，保持了质的有效提升，生产经营各项指标再上新台阶，各项工作实现新发展。全年生产并销售钢管 96.93 万吨，为国家重大能源管道建设提供了有力保障，充分发挥了主力军作用。

二、企业基本概况

企业名称	中国石油集团渤海石油装备制造有限公司		
地址	天津市经济技术开发区第二大街 83 号中国石油天津大厦	邮编	300457

续表

企业名称	中国石油集团渤海石油装备制造有限公司				
法人代表	张同钟	电话	—	电子邮箱	bhzbmail@ cnpc. com. cn
联系人	王庆雷	电话	022－59839191/ 13512376101	联系人所在部门	—
企业成立时间	2008 年		企业网址	https：// bhzb. eip. cnpc/Pages/default. aspx	
企业性质		国有	钢管设计能力 （万吨/年）	160	
钢管产量 （万吨）	2022 年	2023 年	钢管出口量 （万吨）	2022 年	2023 年
	110	89		4	6

三、焊接钢管生产技术装备及产量情况

机组类型及型号		台套/ 条	产品规格范围（外径范围× 壁厚范围）（mm）	设计产能 （万吨）	投产时间 （年）	实际产量（万吨）	
						2022 年	2023 年
焊接钢管 机组	JCOE 直缝埋弧 焊管机组	3	(406. 4～1422. 4)×(6. 4～60)	70	2002	75	50
	螺旋缝埋弧 焊管机组	5	(406. 4～2032)×(5～25. 4)	75	2000	32	35
	HFW 直缝 焊管机组	1	(177. 8～508)×(3. 6～16)	10	2006	3	4

四、企业焊接钢管主导产品

产品名称		规格范围（外径范围× 壁厚范围）（mm）	执行标准	实际产量（万吨）	
				2022 年	2023 年
焊管产量 （黑管）	直缝高频圆管	(177. 8～508)×(3. 6～16)	GB/T 9711 GB/T 13793 GB/T 3091 API SPEC 5L API SPEC 5CT	3	4
	螺旋焊埋弧管	(406. 4～2032)×(5～25. 4)	API SPEC 5L、GB/T 9711、 GB/T 3091 以及用户其他标准	32	35
	直缝埋弧焊管	(406. 4～1422. 4)×(6. 4～60)	ISO3183、API SPEC 5L、 API SPEC 2B、GB/T 9711 以及用户其他标准	75	50

6 徐州光环钢管（集团）有限公司

一、企业简介

徐州光环钢管（集团）有限公司系光环集团的核心企业，是一个以制管业为主多元化运作的企业集团公司，占地面积 20 万平方米，厂房建筑 6 万平方米，注册资本 5967.12万元，总资产 8 亿元人民币。曾于 2008 年位列徐州市工业企业五十强、出口贸易企业十强，系中国钢管协会副理事长单位。除从事焊接钢管生产销售外，还投资控（参）股物资贸易公司、科技公司、机械修造公司等多家企业和分支机构。公司位于徐州经济技术开发区三环东路 19 号，东依 104 国道，南邻徐连、京沪、京福高速公路，北望大运河亿吨大港，西靠徐州铁路枢纽站，1480m 的铁路专用线直达生产车间，地利得天独厚，网接八方客商。

徐州光环钢管（集团）有限公司现为中美合资企业，主业为焊接钢管生产制造和销售。拥有纵剪生产线三条，高频焊管生产线四条。其中 L1300mm 纵剪生产线、ϕ89mm、ϕ219mm 焊管生产线、ϕ165mm 热镀锌钢管生产线全套从日本和美国引进，制管设备精良、生产工艺先进、检测手段齐全，具备年生产 ϕ21.3～219mm 系列焊管和（15×15）mm～（120×120）mm 方矩形钢管 20 万吨、镀锌钢管 5 万吨的能力。

公司从事高频直缝焊管生产二十多年来，坚持走"质量、品种、效益"之路，不断进行技术改造，调整产品结构，拓宽焊管使用领域，向高精尖方向发展，目前可按 20 余个国内外标准组织生产，产品共分中低压流体输送、传动轴制造、带式输送机托辊、集装箱、缸体、抽油泵、矿用流体输送、建筑钢结构、超高压输电线路铁塔、油井和油气输送管线用焊接钢管等十一大类。其中传动轴用电焊钢管、矿用流体输送电焊钢管、ϕ73×5.51 J55 钢级 ERW 油管填补国家空白，并受国家钢标准化委员会委托，独家起草和修订了《传动轴用电焊钢管》标准，起草了《矿用流体输送电焊钢管》标准。公司先后通过了 ISO9001 质量管理体系认证、美国石油协会颁发的 API5CT、API5L 会标使用权证书和压力管道特种设备制造许可证。产品广泛应用于石油、化工、机械、汽车、建筑、电力、矿业、轻工业等领域，远销到北美、欧洲、中东、港澳台等二十多个国家和地区，并在国家百余个重大工程如北京国际机场、东方机场、澳门回归大厅等建设中使用，受到专家和用户的好评。

"光环"牌焊管、热镀锌管连续十五年被评为江苏省名牌产品和重点保护产品，荣获国家银质奖。"光环"牌商标为江苏省著名商标，并于 2008 年分别在美国和加拿大注册。我们将以更加优质的产品和热情周到的服务回报广大新老客户，顾客的需求就是我们的努力方向。

二、企业基本概况

企业名称	徐州光环钢管（集团）有限公司				
地址	徐州经济技术开发区三环东路 19 号		邮编		221004
法人代表	吴建设	电话	0516-87773770	电子邮箱	ghgsbgs@163.com
联系人	吴远柱	电话	0516-87778679	联系人所在部门	技术处
企业成立时间		1988 年	企业网址		—
企业性质		中外合资	钢管设计能力 （万吨/年）		28
企业员工人数（人）		220	其中：技术人员 （人）		26
钢管产量 （万吨）	2022 年	2023 年	钢管出口量 （万吨）	2022 年	2023 年
	6.7	6.8		0.55	0.6
销售收入 （万元）	2022 年	2023 年	利润总额 （万元）	2022 年	2023 年
	40870.00	41480.00		—	—

三、焊接钢管生产技术装备及产量情况

机组类型及型号			台套/条	产品规格范围（外径范围×壁厚范围）（mm）	设计产能（万吨）	投产时间（年）	实际产量（万吨）	
							2022 年	2023 年
焊接钢管机组	高频焊管机组	圆管机组	φ89 ERW 机组	1	(26.9~89)×(1.8~4.5)	5	1982	0.9	0.98
			φ168 ERW 机组	1	(108~168)×(3.0~6.5)	8	2007	1.2	1.32
			φ219 ERW 机组	2	(73~219)×(3.0~9.5)	30	1990/2024	4.6	4.5
热浸镀锌机组	圆管		φ168mm 热镀锌机组	—	(26.9~168)×(3.0~8.0)	1	1982	6.7	6.8

四、企业焊接钢管主导产品

产品名称		规格范围（外径范围×壁厚范围）（mm）	执行标准	实际产量（万吨）	
				2022 年	2023 年
热镀锌管	方矩管	—		4.8	5.5
主要品种产量	输送托管	(48.3~219)×(3.0~6.0)	GB/T 13793—2016		
	汽车用管	(50~180)×(1.8~6.5)	YB/T 5209—2020	2.2	2.5

7 天津源泰德润钢管制造集团有限公司

一、企业简介

天津源泰德润钢管制造集团有限公司（简称"源泰德润"），是在原天津市源泰工贸有限公司基础上于 2010 年成立的专门从事黑色冶金及压延加工的企业，是国家认定的高新技术企业，是中国方矩管产品的单项冠军企业。

源泰德润面向装配式钢结构建筑、玻璃幕墙、大型场馆、光伏项目、畜牧业农业建设、船舶、汽车、机械等终端领域，参与基础设施材料设计、制造结构用钢管类产品。目前已研发量产出超大口径、超厚壁、直角、异形等多个特种钢管产品，掌握重大工程用结构钢制品生产制造核心技术。

产品广泛应用于装配式住宅建筑、光伏结构支撑、塔吊制造、玻璃幕墙工程、桥梁护栏、机场、高铁站等领域。承担过多个国家重点工程项目材料供应。包括国家电投青海千万千瓦级最大特高压电力光伏 13.5 万吨钢管桩项目、中国农业部"一带一路"埃及农业大棚项目 7 万吨方矩管项目、港珠澳大桥热镀锌方矩管、国家体育馆、国家大剧院、北京大兴国际机场等国家重点工程方矩管供应。

荣膺中国民营企业 500 强、中国制造业企业 500 强，获评工信部 2022 制造业单项冠军示范企业，两化融合贯标企业等。推进方矩管产品多个应用领域。源泰德润参与了多项国家标准、行业标准和团体标准的制定，推进方矩管产品在桥梁、游乐设施、表面镀锌等多个方面的创新应用，已累计申请专利超过 80 余项。

截至 2023 年，集团营业收入 2781405 万元，方矩管产品产销量达 500 万吨。全球市场占有率第一。在方矩管领域，公司 300 方以上大口径，直角异形钢管在大型场馆建设、玻璃幕墙工程等多个领域处于市场领先地位。

二、企业基本概况

企业名称	天津源泰德润钢管制造集团有限公司				
地址	天津市静海区大邱庄工业区		邮编		301606
法人代表	高树成	电话	13821855888	电子邮箱	1031157729@qq.com
联系人	刘凯松	电话	18522633362	联系人所在部门	集团
企业成立时间	2002 年	企业网址		www.ytdrgg.com	

企业名称	天津源泰德润钢管制造集团有限公司			
企业性质	私企	钢管设计能力（万吨/年）	1000	
企业员工人数（人）	2200	其中：技术人员（人）	200	
钢管产量（万吨）	2022 年	2023 年	钢管出口量（万吨）	2022 年 / 2023 年
	440	470		10 / 11
销售收入（万元）	2022 年	2023 年	利润总额（万元）	2022 年 / 2023 年
	2575071.00	2750000.00		2000.00 / 2200.00

三、焊接钢管生产技术装备及产量情况

机组类型及型号		台套/条	产品规格范围（外径范围×壁厚范围）（mm）	设计产能（万吨）	投产时间（年）	实际产量（万吨）	
						2022 年	2023 年
焊接钢管机组	JCOE 直缝埋弧焊管机组	1	406×8～1420×50	20	2020	14	16
	高频焊管机组 圆管机组	10	4 分×1.5～8 寸×5.75	100	2023	0	10
	高频焊管机组 方矩管机组	39	20 方×1.5～1000 方×50	600	2002	346	354
	合计	—	—	720	—	360	380
热浸镀锌机组	圆管	10	4 分×1.5～8 寸×5.75	100	2023	0	10
	方矩管	10	20 方×1.5～500 方×30	180	2002	80	80
	合计	—	—	—	—	80	90

四、企业焊接钢管主导产品

产品名称		规格范围（外径范围×壁厚范围）（mm）	执行标准	实际产量（万吨）	
				2022 年	2023 年
焊管产量（黑管）	直缝高频圆管	4 分×1.5～8 寸×5.75	GB/T 3091	0	20
	直缝高频方矩形管	20 方×1.5～1000 方×50	GB/T 6728	346	354
	直缝埋弧焊管	406×8～1420×50	GB/T 3091	14	16
热镀锌管	圆管	4 分×1.5～8 寸×5.75	GB/T 3091	0	10
	方矩管	20 方×1.5～1000 方×50	GB/T 6728	80	80

8　京华日钢管业有限公司

一、企业简介

京华集团公司创业始于 1993 年 5 月。京华日钢管业有限公司下辖钢管企业有：衡水京华制管有限公司、唐山华岐制管有限公司、吉林京华制管有限公司、郑州京华制管有限公司、广州市华岐镀锌钢管有限公司、成都彭州华岐钢管有限公司、日照京华管业有限公司等企业。集团公司以焊管为主业，在规模和品种等方面已位居同行前列。

（一）衡水京华制管有限公司

始创于 1993 年，注册资金 2 亿元人民币，占地 500 余亩，拥有员工 1200 余人。年生产销售热镀锌钢管、焊接钢管、燃气专用钢管、螺旋缝埋弧焊钢管、钢塑复合钢管、FBE 石油防腐钢管、3PE 石油防腐钢管等各类钢管 180 万吨，水压、涡流、超声、X 射线等相关配套辅助检测设施齐全，已成为中国最大的燃气管道制造企业，中国重要的钢管生产基地，通过国家质检总局颁发的特种设备制造 A1 级认证等多项资质。京华产品连续多年被评为"河北省名牌产品"，荣获"河北省企业技术中心""河北省高新技术企业""河北省守合同重信用企业"等多项殊荣。

（二）唐山京华制管有限公司

是全国优秀企业、全国质量和服务诚信优秀企业、河北省百强民营企业、河北省科技型企业、唐山市最具成长型企业，全国知名的大型钢管制造企业。公司总投资 3 亿元，占地 631 亩，员工 1000 人。拥有高频直缝焊管生产线 14 条，热浸镀锌钢管生产线 11 条，螺旋缝埋弧焊钢管生产线 10 条，钢塑复合管生产线 3 条，设计产能 248 万吨。主产直缝电焊钢管、热浸镀锌钢管、螺旋缝埋弧焊钢管、方矩管、钢塑复合管五类产品。

（三）郑州京华制管有限公司

位于郑州市二七区马寨工业园工业路 16 号，公司处于西四环城路与郑少高速路口交汇处，具有得天独厚的交通和地理位置优势。占地面积约 200 余亩，注册资金 5000 万元，总投资 5 亿元。全面建设后将成为中原地区"品种最多、规模最大、质量最好、服务最优"的钢管生产制造基地。

（四）日照京华管业有限公司

注册资金 1000 万美元，是具有专业生产高频直缝焊管的生产厂家。公司拥有 7 条高频焊接钢管生产线，年产外径 $\phi21\sim219mm$、壁厚 $1.5\sim6.0mm$ 各类焊管以及 F30×30~F60×60、J30×50~J50×100 的方矩管 50 余万吨。公司依托集团公司日照钢铁原料优势，可为客户定做 Q235B、Q345B、SPA-H 等材质的网架管、燃气管、内刮疤管、方矩管等产品。

（五）成都彭州京华制管有限公司

固定资产 2 亿元，配套流动资金 2.5 亿元。已拥有悬臂 $\phi50mm$ 直缝焊管机组 4 套，$\phi76mm$ 机组 2 套，龙门 $\phi32mm$ 机组 2 套，龙门 $\phi50mm$ 机组 2 套，$\phi114mm$ 机组 1 套，$\phi219mm$ 机组 1 套，$\phi165mm$ 机组 1 套，螺旋 $\phi529mm$ 和 $\phi820mm$ 埋弧焊管机组各 1 套，350 三连冷轧机组 2 套，大小纵剪机组若干套，酸洗线 2 条，热镀锌生产线 5 条，罩式退火炉 3 座，污水处理等配套设施一应俱全。集直缝焊管、方矩管、螺旋焊管、热镀锌管、镀锌带管等各种产品于一体，配套设施全面，生产规格齐备。年可生产 $\phi19\sim219mm$ 规格以内各种直缝焊管 75 万吨，$\phi19\sim219mm$ 以内各种规格热镀锌管 50 万吨，$\phi219\sim820mm$ 以内各种规格螺旋焊管 6 万吨。

（六）广州京华制管有限公司

厂区共占地面积 130 余亩，注册资金 8000 万元。公司现拥有先进热镀锌生产线 3 条、高频直缝焊管机组 6 条，工艺设计产量可达 25 万吨/年。公司主要生产热镀锌管，给水衬、涂塑复合钢管，电线套管，广泛应用于水、污水、燃气、空气、采暖蒸汽等低压流体输送用管道和各种结构件、零件、电线防护套管及生活用冷热水等。其产品重点面向珠三角区域，其中广东省内的销售比例占 50%，并且覆盖了周边湖南、江西、贵州、福建、海南等省份。

（七）吉林京华制管有限公司

全资子公司，为独立核算企业。建厂初期名为吉林华岐制管有限公司，注册商标为"华岐"品牌，2006 年 3 月更名为吉林京华制管有限公司，公司初建时注册资金 4000 万元，2004 年 6 月 16 日正式投产，经过多年发展，到 2016 年 6 月底，公司已拥有总资产 4 亿元，占地面积 140 亩。

集团始终坚持以质量求生存，以信誉求发展的原则，得到了广大客户的认可和赞许，多次被省市评为"科技企业""明星企业""优秀民营企业""重合同守信用企业""全国首选高频焊管质量过硬品牌企业"等，集团公司生产的"华岐"牌钢管于 2000 年 9 月通过 ISO9001 国际质量体系认证，并取得了"河北名牌产品""社会公认满意产品""中国公认名牌产品"等荣誉。

二、企业基本概况

企业名称	京华日钢管业有限公司		
企业成立时间	1993 年 5 月	企业网址	—

企业名称	京华日钢管业有限公司			
企业性质	民营	钢管生产设计能力（万吨/年）	800	
企业员工人数（人）	3500	技术人员（人）	—	
钢管产量（万吨）	2022 年	2023 年	钢管出口量（万吨）	2022 年	2023 年
	383	358		7	8

三、焊接钢管生产工艺技术装备

机组类型及型号		台套/条	产品规格范围（外径范围×壁厚范围）（mm）	设计产能（万吨）
焊接钢管机组	高频电阻焊 HFW	72	(21.3~219.1)×(1.8~6.0)	800
	埋弧焊 SAWH	19	(219~2820)×(5.0~20.0)	—
热浸镀锌机组	热浸锌机组	33	DN15~300	—
复合机组	衬塑复合钢管机组	14	(21~325)×(1.8~6.0)	—
	涂塑复合钢管机组	2	(21~325)×(1.8~6.0)	—

四、企业焊接钢管主导产品

产品名称	规格范围（外径范围×壁厚范围）（mm）	执行标准
热镀锌钢管	DN15~300	GB/T 3091—2015
方矩形钢管	F30×30~F150×150 J20×40~J100×200	GB/T 6728—2017
热镀锌方矩形钢管	F30×30~F150×150 J20×40~J100×200	GB/T 6728—2017
衬塑复合管	DN15~300	GB/T 28897—2021
涂塑复合管	φ21.3~2020	GB/T 28897—2021
FBE/2PE/3PE 防腐钢管	φ42~2020	GB/T 23257—2017
石油专用管（焊接石油套管、油管）	φ219~2820	GB/T 9711—2017
管线管	φ219~2820	GB/T 9711—2017 API 5L
高频直缝焊接钢管（ERW/FHW）	φ21.3~219.1	GB/T 3091—2015 GB/T 13793—2016
螺旋缝埋弧焊接钢管（SAWH）	φ219~2820	SY/T5037—2018 GB/T 9711—2017

五、唐山京华制管有限公司

（一）企业简介

唐山京华制管有限公司始建于 2001 年，隶属京华日钢管业有限公司。位于河北省唐山市开平高新技术产业开发区，是国家高新技术企业、河北省科技型企业，省级绿色工厂，全国优秀企业，全国知名大型焊接钢管制造企业。

公司注册资本 2 亿元，占地 631 亩，员工 1000 余人。拥有高频直缝焊管、热浸镀锌钢管、螺旋缝埋弧焊钢管、衬塑复合管、方矩管、涂塑管、3PE 防腐管生产线 51 条，设计产能 300 余万吨。主产直缝电焊钢管、热浸镀锌钢管、螺旋缝埋弧焊钢管、方矩管、热浸镀锌方矩管、衬塑复合管、涂塑复合管、3PE 防腐钢管八大类产品，广泛应用于石油管线、给排水、消防、燃气等低压流体输送及穿线、结构、冷弯、高速材料等多种用途。

公司荣列国家钢管标准修制订单位，多年来参与起草和制修订国家、行业标准 15 项。拥有一个省级企业技术中心，取得发明专利 4 项，实用新型专利 29 项。先后通过质量、环境、能源、职业健康安全体系认证、安全标准化审核认证、中国环境标志产品认证。"华岐"牌钢管已有二十余年的制造历史，以其优异的产品质量获得"河北省名牌产品""CTC 中国建材认证产品""河北省优质产品""河北省企业技术中心""全国质量检验稳定合格产品"等荣誉。

"华岐"牌钢管广泛应用于北京大兴国际机场、星海湾跨海大桥、沈阳奥体中心、上海地铁、厦门世贸大厦、唐山世界园艺博览会等众多国家及省市重点工程建设。

（二）企业基本概况

企业名称	唐山京华制管有限公司				
地址	河北省唐山市开平区新苑路 118 号		邮编		063021
法人代表	温朝江	电话	0315-3371628	电子邮箱	13933369139@163.com
联系人	闫海波	电话	13933369139	联系人所在部门	质量部
企业成立时间		2002 年 7 月 25 日	企业网址		www.tsjhhg.com
企业性质		民营	钢管设计能力（万吨/年）		300
企业员工人数（人）		1000	其中：技术人员（人）		50
钢管产量（万吨）	2022 年	2023 年	钢管出口量（万吨）	2022 年	2023 年
	85	87		0.8	1
销售收入（万元）	2022 年	2023 年	利润总额（万元）	2022 年	2023 年
	422410.16	319816.46		—	1800.00

（三）焊接钢管生产技术装备及产量情况

机组类型及型号			台套/条	产品规格范围（外径范围×壁厚范围）（mm）	设计产能（万吨）	投产时间（年）	实际产量（万吨）	
							2022年	2023年
焊接钢管机组	螺旋缝埋弧焊机组	529	6	（219~529）×（4.0~16）	20	2002	10	11
		1200	1	（529~1200）×（4.0~20）	5	2002	4	5
		2820	1	（1200~2820）×（6.0~20）	5	2002	1	2
	高频焊管机组	圆管机组 50	6	（DN15~40）×（1.5~4.0）	50	2002	15	12
		76	3	（DN40~65）×（2.0~4.5）	30	2002	8	6
		114	2	（DN80~100）×（2.5~5.0）	50	2002	12	11
		219	2	（DN125~200）×（3.0~6.0）	70	2002	15	10
		方矩管机组 50	2	（F30~50）×（1.7~4.0）	10	2017	4	5
		80	2	（F50~80）×（1.7~5.0）	20	2017	4	5
		100	1	（F80~100）×（2.0~6.0）	10	2017	4	10
		120	1	（F100~120）×（3.0~7.0）	20	2017	4	5
		150	1	（F120~150）×（3.0~7.0）	10	2017	4	5
	合计		—	—	300	—	85	87
热浸镀锌机组	圆管	DN300	8	（DN15~300）×（1.5~7.0）	200	—	45	30
	方矩管	150	3	（F30~150）×（1.7~7.0）	50	—	18	18
	合计		—	—	250	—	63	48
钢塑复合钢管机组	衬塑机组	300	7	（DN15~300）×（1.5~7.0）	20	—	3	3
	合计		—	—	20	—	3	3
	涂塑机组	1200	2	（DN15~1200）×（1.5~10）	10	—	0.6	1.5
	合计		—	—	10	—	0.6	1.5

（四）企业焊接钢管主导产品

产品名称		规格范围（外径范围×壁厚范围）（mm）	执行标准	实际产量（万吨）	
				2022年	2023年
焊管产量（黑管）	直缝高频圆管	（15~200）×（1.5~6.0）	GB/T 13793 GB/T 3091	50	39
	直缝高频方矩形管	F30×30~F150×150，J20×40~J150×200，1.5~7.0	GB/T 6728	20	30
	螺旋焊埋弧管	（219~2820）×（4.0~20）	GB/T 3091，SY/T 5037，GB/T 9711	15	18

续表

产品名称		规格范围（外径范围×壁厚范围）（mm）	执行标准	实际产量（万吨）	
				2022 年	2023 年
热镀锌管	圆管	(15~300)×(1.5~7.0)	GB/T 3091	45	30
	方矩管	F30×30~F150×150, J20×40~J150×200, 1.5~7.0	GB/T 6728	18	18
主要品种产量	钢塑复合管	(15~300)×(1.5~7.0)	GB/T 28897	3	3
	涂塑复合管	(15~1200)×(1.5~10)	GB/T 28897	0.6	1.5

9　邯郸正大制管集团股份有限公司

一、企业简介

邯郸正大制管集团股份有限公司（简称"正大制管"，英文缩写"ZDP"）前身为邯郸市正大制管有限公司，于 2021 年 8 月 8 日改制成立邯郸正大制管集团股份有限公司。获国家高新技术企业、全国守合同重信用企业、国家两化融合管理体系贯标企业、中国制造业 500 强、中国民营企业 500 强、河北省百强企业、河北产业集群龙头企业、中国民营企业文化建设三十标杆单位等荣誉称号。是一家以高频焊管、热镀锌管、螺旋焊管、方矩管、热镀锌方矩管、钢塑复合管制造、销售为主导，集科、工、贸为一体的现代化综合型企业。自主品牌"天虹"荣获 2014 河北名片、河北省著名商标、河北省优质产品、河北省名牌产品等荣誉称号。

旗下拥有邯郸工厂、迁安工厂、山西工厂、云南工厂四大生产基地。公司自成立以来，秉承"追求卓越，创造永恒"的生产观，以质量为先导，公司采用国际先进的美国色马图尔固态高频、林肯焊机、德国直读光谱仪、金相分析仪等生产检测设备。年可生产各类规格"天虹""吉立"品牌钢管 1000 余万吨。

公司先后通过中国船级社 ISO9001：2015、ISO14001：2015、ISO45001：2018、ISO50001：2018、ISO10012：2013，质量、环境、职业健康安全、能源管理、测量五体系认证，美国石油学会 API5L 认证、欧盟 CE 认证。"天虹""吉立"系列钢管产品普遍应用于石油管线、油气输送和给排水、自来水、消防、燃气、集中供暖、采暖蒸汽等低压流体输送及支架、穿线、钢结构、冷弯型材等用途。

公司系列钢管产品广泛使用于国家及省市众多重点工程建设，如南水北调工程、上海世博会、杭州湾大桥、河南城际铁路黄河大桥、武汉长江隧道、三峡大坝、济南奥体中心、南京地铁 3 号线、石武高铁、昆明长水国际机场、万科地产、万达广场、晋煤 300 万吨煤制造油项目、山东液化天然气（LNG）项目、贵州省农村安全饮用水项目等。

公司已成为中建、中铁、中冶、中石化、中石油、中海油等国家诸多大型企业的优质供应商，国内销售网络远及新疆、青海、云贵遍布全国。目前，"天虹"牌钢管已出口到德国、法国、葡萄牙、美国、加拿大、秘鲁、乌拉圭、哥伦比亚、利比亚、巴西、印度、菲律宾、马来西亚等 100 多个国家和地区。

多年来，正大制管的发展得到了国家及省市各级领导的亲切关怀和指导。十二届全国人大常委会副委员长、民建中央原主席陈昌智，河北省政协主席叶冬松等领导，多次莅临正大制管实地参观调研和考察指导。

"致力发展，奉献社会"是正大制管的一贯宗旨。多年来，正大制管积极投身社会公益事业，常态化开展了"爱国拥军"双拥共建、"梅花盛开"助学行动等，成为省市两级"扶危济困"先进模范，以及河北省双拥共建战线上的一面旗帜。

文化是企业发展的精神支柱，博大精深的中华传统文明赋予正大制管丰富的企业文化内涵，公司创造性地提出"儒家待人、法家治厂"的管理理念。在"做正派人、干大事业"企业精神的感召下，形成了以"德"为基，以"正"为本的企业核心价值观，打造了一支"群策群力、勇于拼搏、致力发展、奉献社会"的钢铁团队。"正气、正派、正直，大方、大气、大度"是正大人的品德；"雷厉风行、令行禁止，钢铁意志、博爱奉献"是正大人的作风；"行成于思、业精于勤；逆水行舟、不进则退"是正大人的发展观。

广博为贤，唯正乃大。正大人以山的浑厚、海的广博，诚信务实的品质，敬业创新的作风，追求卓越、创造永恒的信念，传承千年炼钢文化，成就百年制管企业！

二、企业基本概况

企业名称	邯郸正大制管集团股份有限公司				
地址	河北省邯郸市成安聚良大道 9 号		邮编	056700	
法人代表	张洪顺	电话	13383150333	电子邮箱	953333123@qq.com
联系人	陈华勇	电话	13383150333	联系人所在部门	品牌推广部
企业成立时间		2005 年 8 月 8 日	企业网址	www.hdzdzg.com	
企业性质		股份有限公司	钢管设计能力（万吨/年）	2000	
企业员工人数（人）		6700	其中：技术人员（人）	642	
钢管产量（万吨）	2022 年	2023 年	钢管出口量（万吨）	2022 年	2023 年
	1035.92	1124.2		—	—

续表

企业名称	邯郸正大制管集团股份有限公司				
销售收入 （万元）	2022 年	2023 年	利润总额 （万元）	2022 年	2023 年
	1370518.45	1262696.28		157.25	12215.44

三、焊接钢管生产技术装备及产量情况

机组类型及型号			产品规格范围（外径范围× 壁厚范围）（mm）	实际产量（万吨）	
				2022 年	2023 年
焊接钢 管机组	螺旋缝埋弧焊机组		φ219~2220	32.42	35.19
	高频焊 管机组	圆管机组	DN15~300	294.24	310.23
		方矩管机组	J40×20~J400×200，F20×20~F300×300	241.39	283.37
	合计		—	568.05	628.79
热浸镀 锌机组	圆管		DN15~300	270.74	271.10
	方矩管		J40×20~J400×200，F20×20~F300×300	186.31	212.33
	合计		—	457.05	483.43
钢塑复合 钢管机组	衬塑机组		DN15~300	10.44	11.31
	合计		—	10.44	11.31

四、企业焊接钢管主导产品

产品名称		规格范围（外径范围× 壁厚范围）（mm）	执行标准	实际产量（万吨）	
				2022 年	2023 年
焊管产量 （黑管）	直缝高频圆管	DN15~300	GB/T 3091—2015	294.24	310.23
	直缝高频方矩形管	J40×20~J400×200 F20×20~F300×300	GB/T 6728—2017	241.39	283.37
	螺旋焊埋弧管	219~2220	SY/T 5037—2018 GB/T 9711—2017	32.42	35.19
热镀锌管	圆管	DN15~300	GB/T 3091—2015	270.74	271.1
	方矩管	J40×20~400×200 F20×20~300×300	GB/T 6728—2017	186.31	212.33
主要品 种产量	钢塑复合管	DN15~300	GB/T 28897—2021	10.44	11.31

10　河北天创新材料科技有限公司

一、企业简介

河北天创新材料科技有限公司（简称"天创新材料"）成立于 2010 年，由鑫方盛全资筹建，系河北省重点建设项目之一。公司坐落于被誉为历史文化名城、钢铁之都的邯郸，处于晋、冀、鲁、豫四省交界处，紧靠 107 国道，地理位置优越，总占地 500 余亩，拥有员工近 2000 名，是集金属表面防腐产品研发、生产及销售于一体的大型生产制造企业。

天创新材料引进国内领先的现代化生产工艺及检验检测设备，具备较强的规模化生产能力。现有包括热浸镀锌（喷塑/浸塑）波型梁护栏板/立柱、系列定制型钢（C 型钢/U 型钢/H 型钢）、大型结构件成型及镀锌等在内 70 多条各类产品生产线，年产能达 150 万吨。产品远销全国各地及中东、非洲、欧洲、南美、东南亚等 20 多个国家和地区，广泛应用于交通、光伏、电力、通信、建筑等行业领域。

凭借一流品质与卓越服务，天创新材料参与了北京大兴国际机场、万（万象）万（万荣）高速、藏中联网工程、北京延崇高速、迪拜 700MW 光热电站工程、京台高速、云广特高压直流输电工程等国家重点工程项目建设，是中国中铁、山东高速、中国交建、中国路桥、国家电网、中船重工等大型集团企业的合作供应商，并赢得广大客户及施工单位的认可与好评。

多年来，天创新材料强化协同创新，推动科技成果落地转化，先后与浙江大学、华南理工大学、河北工业大学、河北紧固件产业技术研究院等建立产学研深度合作。公司已通过 ISO9001、ISO14001、ISO45001 管理体系认证，并获得 CRCC 铁路产品认证、特种设备制造许可认证、五星级售后服务认证等资质，拥有国家授权专利 50 项。被授予河北省高新技术企业、河北省优秀民营企业、河北民营企业 100 强、全国交通行业质量领先企业、全国光伏行业质量领先企业、全国紧固件行业质量领先品牌等荣誉称号。

未来，天创新材料将以"引领行业绿色发展，成为一流的金属表面防腐方案解决者"为使命，秉承"诚信、服务、合作、共赢"的经营理念，坚持以客户需求导向为中心的全流程质量控制管理体系，全面深化精益管理进程，并将深入实施人才强企战略，不断优化产业布局，加大数字信息技术投入与研究，建立健全产学研一体化协同发展体系，努力将公司发展成为行业内最具竞争力的卓越企业。

二、企业基本概况

企业名称	河北天创新材料科技有限公司				
地址	河北省邯郸市永年区		邮编		—
法人代表	赵雪刚	电话	0310-6798888	电子邮箱	—
联系人	梁明坤	电话	15100080999	联系人所在部门	—
企业成立时间	2010 年 12 月 1 日		企业网址		www.hbtcxl.com
企业性质		私营	钢管设计能力 （万吨/年）		120
企业员工人数（人）		1200	其中：技术人员 （人）		260
钢管产量 （万吨）	2022 年	2023 年	钢管出口量 （万吨）	2022 年	2023 年
	35	20		2	1
销售收入 （万元）	2022 年	2023 年	利润总额 （万元）	2022 年	2023 年
	16800.00	9400.00		—	—

三、焊接钢管生产技术装备及产量情况

机组类型及型号			台套/条	产品规格范围（外径范围×壁厚范围）（mm）	设计产能（万吨）	投产时间（年）	实际产量（万吨）	
							2022 年	2023 年
焊接钢管机组	高频焊管机组	圆管机组	32	4	(20~33)×(1.0~4.0)	8	2011	1	1
			50	2	(20~42)×(1.5~4.0)	8	2011	2	1
			76	2	(42~60)×(2.0~4.5)	20	2011	6	4
			165	3	(76~140)×(2.0~6.0)	52	2011	14	6
			219	1	(165~219)×(2.5~6.5)	30	2011	12	8
热浸镀锌机组	圆管		20~219	8	20~219	80	2012	30	17
钢塑复合钢管机组	衬塑机组		20~219	4	—		2018	5	5

四、企业焊接钢管主导产品

产品名称		规格范围（外径范围×壁厚范围）（mm）	实际产量（万吨）	
			2022 年	2023 年
焊管产量（黑管）	直缝高频圆管	(20~219)×(1.0~6.5)	35	20
热镀锌管	圆管	(20~219)×(1.0~6.5)	30	17

产品名称		规格范围（外径范围× 壁厚范围）（mm）	实际产量（万吨）	
			2022 年	2023 年
主要品种产量	钢塑复合管	(20~219)×(2.2~5.0)	5	5
	其他	(20~219)×(1.0~6.5)	30	15

11　浙江久立特材科技股份有限公司

一、企业简介

浙江久立特材科技股份有限公司（原浙江久立不锈钢管股份有限公司）创建于 1987 年，坐落在"长三角"中心——太湖南岸——浙江省湖州市镇西，注册资本 8.41520326 亿元人民币。公司建有世界先进水平的不锈钢、耐蚀合金、高温合金无缝钢管（热挤压、热穿孔、冷轧、冷拔）生产线和大、中、小口径焊接钢管生产线，一直致力于为工业管道系统提供高性能、耐蚀、耐压、耐温的解决方案。

公司有完善的质保体系，公司在运行 ISO9001：2008 质保体系的基础上，2009 年获得国家核安全局颁发的《民用核安全机械设备制造许可证》，获得 ASME 核电体系认证。公司已于 2005 年取得国家质量监督检验检疫总局颁发的《特种设备制造许可证》。公司又通过 ISO14001：2004 和 OHSAS18001：2007 等体系认证。公司又通过了 API 5LC/5CT 认证、欧盟承压设备指令认证 PED97/23/EC、德国莱茵公司、CCS 中国船级社、GL 德国劳氏船级社、BV 法国船级社、DNV 挪威船级社、ABS 美国船级社、LR 英国劳氏船级社、RINA 意大利船级社、RMRS 俄罗斯船级社、NK 日本船级社和 KR 韩国船级社等材料或工厂认证。

公司是浙江省"五个一批"重点企业、国家级高新技术企业，建有省级企业研究院及博士后科研工作站。公司始终坚持"艰苦创业，以质取胜，以信为本"的企业精神和"以成熟的技术和可靠的产品质量服务用户，贡献社会，发展自己"的经营理念，得到了广大客户和全社会的一致认可。公司曾被中华全国总工会授予"全国五一劳动奖状"，中共浙江省委、省人民政府授予"文明单位"称号，国家工商行政管理总局授予"全国守合同重信用单位"，中国钢铁工业协会授予"冶金产品实物质量金杯奖"。

公司十分重视技术装备的不断更新和新产品的研发工作，满足用户需求。1996 年成功开发了工业用中、大口径不锈钢焊接管，通过了省级新产品鉴定，获浙江省科技进步二等奖，是国家科技部火炬项目。2008 年已引进了 630 自动焊接机组，公司拥有世界先进的自动焊接生产线 22 条，生产装备世界领先、产品质量国内领先；1998 年开发的小口径不锈钢焊接管以及双相钢焊接钢管，获得全国压力容器标准化技术委员会和国家质量技术监督局锅炉压力容器安全监察司颁发的《压力容器用材料技术评审证书》，同时通过了省级新产品鉴定。2003 年开发了电站低压加热器和冷凝器用的 U 型管和直管，被评为省级新产品；同年开发的双相钢焊接管通过省级新产品鉴定，并获得了湖州市科技进步二等奖，浙江省科技进步三等奖。公司征地 1000 多亩花巨资建设无缝管生产基地，相继引进 3500 吨挤压机、热处理炉、冷轧机等先进设备，相继开发的双相钢无缝管、超级双相钢管、超级奥氏体锅炉管、镍基合金管等新产品，双相钢、超级双相钢无缝管通过了全国压力容器标准化技术委员会组织的技术评审。公司开发生产的超超临界电站锅炉用无缝钢管获得了全国压力容器标准化技术委员会和中国机械工业联合会的双重认证。

依靠过硬的产品质量和优质服务，公司已成为中国石油化工股份有限公司的定点供应单位、中国石油天然气集团总公司的物资供应商、中国海洋石油总公司合格供应商，也是壳牌（SHELL）、埃克森美孚（ExxonMobil）、英国石油 BP、康菲石油 ConocoPhilips、巴西国家石油公司（PetroBras）、沙特阿美（Saudi Aramco）、沙特基础工业公司沙比克（Sabic）、阿曼石油开发公司（PDO）、阿曼国家石油勘探开发公司（OOCEP）、南非国家石油公司（Sasol）、阿尔及利亚国家石油公司（Sonatrach）、阿布扎比国家天然气公司（GASCO）、阿布扎比陆上石油 ADCO、阿布扎比海上石油公司（ADMA-OPCO）、科威特国家石油公司（KNPC）、卡塔尔石油公司（QP）、卡塔尔天然气公司（QatarGas）、马士基石油（Maersk Olie og Gas AS）、巴斯夫 BASF、杜邦 Dupont、拜耳 Bayer、陶氏化学 Dow 等世界知名石油石化公司，以及福陆 Fluor、KBR、嘉科 Jacobs、芝加哥路桥（CB&I）、鲁奇（Lurgi）、德希尼布 Technip、福斯特惠勒（Foster Wheeler）、沃利帕森（WorleyParsons）、阿美科（AMEC）、塞班（Saipem）、意大利（Techint）、Technimont、西班牙（TR）、派特法（Petrofac）、克瓦纳（Kverner）、日挥（JGC）、千代田（Chiyoda）、石川岛播磨（IHI）、东洋（TOYO）、三井工程（MES）、三星（Samsung）、GS、大林（Daelim）、现代工程（Hundai）、斗山（Doosan）、拉森特博洛（L&T）、EIL 等世界著名工程公司的合格供应商，与国内外石油、化工、造纸、电站、锅炉、煤化工、造船、机械、制药等行业中 1000 多家大型企业建立了长期、稳定的合作关系，产品应用在国内几百个国家重点项目，如西气东输工程、扬巴一体化工程（60 万吨乙烯）、赛科 90 万吨乙烯裂解联合装置、中石化福炼乙烯项目、中石化天津乙烯项目、中石化镇海乙烯项目、中石油辽化 PTA 项目、中石油独山子一体化项目（1000 万吨炼油和 120 万吨乙烯）、大唐煤基烯烃项目、神华宁煤煤基烯烃项目、深圳大鹏 LNG 项目、上海洋山港 LNG 项目、福建 LNG 项目、大连 LNG 项目、江苏 LNG 项目、宁波 LNG 项目、珠海 LNG 项目等，并出口到美国、加拿大、巴西、英国、德国、瑞士、挪威、意大利、西班牙、南非、中东、东南亚等 60 多个国家和地区。

二、企业基本概况

企业名称	浙江久立特材科技股份有限公司		
地址	浙江省湖州市吴兴区中兴大道 1899 号	邮编	313028

续表

企业名称	浙江久立特材科技股份有限公司				
法人代表	李郑周	电话	—	电子邮箱	—
联系人	储振洪	电话	18758327542	联系人所在部门	市场部
企业成立时间	1987 年	企业网址		www.jiuli.com	
企业性质	民营股份有限公司	钢管设计能力（万吨/年）		10	
企业员工人数（人）	4126	其中：技术人员（人）		363	
焊管产量（万吨）	2022 年	2023 年	钢管出口量（万吨）	2022 年	2023 年
	6.696	6.322		—	—

三、企业焊接钢管主导产品

产品名称		规格范围（外径范围×壁厚范围）（mm）	执行标准	实际产量（万吨）	
				2022 年	2023 年
主要品种产量	其他	(6~3000)×(0.5~80)	ASME ASTM GB EN DIN JIS API GOST RCCM	6.322	6.6958

12 浙江德威不锈钢管业股份有限公司

一、企业简介

浙江德威不锈钢管业股份有限公司创建于 1986 年，总部位于浙江省嘉兴市，企业注册资金壹亿零叁拾万元人民币，占地面积 231 亩，生产建筑面积 10 万平方米，是一家专业加工制造大、中、小不锈钢工业不锈钢焊管、合金焊管、不锈钢管件、预制件、双金属堆焊复合管、民用水管的国家高新技术企业，年产不锈钢及合金焊管 5 万吨以上，管件500 万件，为工业管道及民用涉水管提供安全可靠和高性能、耐腐蚀、耐高压、耐高温、耐低温的解决方案。

企业建有完善的质保体系，包括 ISO9001 质量管理体系、ISO14001 环境管理体系认证、OHSAS18001 职业健康安全管理体系认证，国家质量监督检验检疫总局颁发的《特种设备制造许可证》A 级、B 级证书，PED2014/68/EU 欧盟承压设备指令、美国机械工程师协会 ASME 认证、美国石油学会 API 5LC 认证、API 5LD 认证、海关联盟 EAC 认证、CCS 中国船级社、DNV-GL 挪威德劳船级社、ABS 美国船级社、LR 英国劳氏船级社等国际知名的船级社认证证书。

企业具有完整的产品加工产业链，有原材料裁剪加工中心、连续成型焊管生产车间、JCO 单支成型生产车间、管件加工车间、热处理车间、无损检测和理化检验中心等。企业技术研发中心以科技创新引领企业高质量发展，利用技术优势和科研能力，积极与高校、科研院所建立产学研合作，拥有浙江省企业研究院、浙江省级研发中心，着力开发具有国内国际先进水平、有核心竞争力的新材料、新产品和新技术。

二、企业基本概况

企业名称	浙江德威不锈钢管业股份有限公司				
地址	嘉兴市南湖区新丰镇嘉钢路 1618 号			邮编	314001
法人代表	沈根荣	电话	0317-4735777	电子邮箱	info@ deweigroup.cn
联系人	德威客服	电话	400-8875966	联系人所在部门	销售部
企业成立时间	2004 年 8 月 25 日		企业网址	https://www.deweigroup.cn	
企业性质	股份有限公司		钢管设计能力（万吨/年）	10	
企业员工人数（人）	245		其中：技术人员（人）	100	
钢管产量（万吨）	2022 年	2023 年	钢管出口量（万吨）	2022 年	2023 年
	8.5	9		0.25	0.2
销售收入（万元）	2022 年	2023 年	利润总额（万元）	2022 年	2023 年
	240800.00	250000.00		16800.00	14000.00

三、焊接钢管生产工艺技术装备及产量情况

机组类型及型号		台套/条	产品规格范围（外径范围×壁厚范围）（mm）	设计产能（万吨）	投产时间（年）	实际产量（万吨）
焊接钢管机组	φ40mm 机组	6	(12.7~50.8)×3	0.4	2004	—
	φ114mm 机组	4	(26.7~114)×5	0.8	2004	
	φ219mm 机组	3	(127~219)×6	0.8	2004	
	φ377mm 机组	2	(245~377)×8	1.2	2012	
	φ406mm 机组	2	(273~406)×12	1.6	2018	
	φ630mm 机组	2	(406~630)×10	2	2017	
	φ820mm 机组	1	(406~820)×14	1.2	2020	
	JCO 机组	2	(406~3000)×65	3.6	2006	
	合计	—		11.6		—

四、企业焊接钢管主导产品

产品名称		规格范围（外径范围×壁厚范围）（mm）	执行标准	实际产量（万吨）	
				2022 年	2023 年
焊管产量（不锈钢）	焊接圆管	（1）单缝（φ6~1067）×壁厚（0.5~70）； （2）双缝（φ630~1626）×壁厚（2~80）； （3）环缝（φ813 以上）×壁厚（2~100）	GB/T 12771—2019、GB/T 24593—2018、GB/T 21832.1—2018、 GB/T 21832.2—2018、GB/T 32958—2016、GB/T 12770—2012、GB/T 245973—2018、GB/T 32964—2016、GB/T 31929—2015、ASTM A249/A249M-18a、ASTM A268/A268M-20、ASTM A312/A312M-21、ASTM A358/A358M-19、ASTM A688/A688M-18 等	8.5	9

13　天津市利达钢管集团有限公司

一、企业简介

天津市利达钢管集团有限公司始建于 1992 年，位于天津市西青开发区王村工业园，现有职工 1000 余人，注册资本 3.5 亿元人民币。

公司是专业生产直缝高频焊接钢管，镀锌钢管，钢塑复合管的企业。公司具有健全的管理体系，完备的检测实验设备。经过三十年的经营生产和技术改造，公司现拥有高频焊管机组 11 条，热镀锌机组 10 条，钢塑复合机组 10 条，具有年生产高频焊管 80 万吨，镀锌钢管 70 万吨，钢塑复合管 10 万吨的生产能力。

利达牌钢管是 2008 年和 2022 年奥运场馆，天津全运会场馆，首都机场改造等各地重点工程项目建设使用产品，产品畅销全国，在业内具有良好口碑。

公司是天津市钢铁协会、天津市建材协会、中国监护材料流通协会焊管分会、中国建筑金属协会、给排水分会、中国消防协会、中国城市燃气协会会员单位。

诚信务实开拓创新是"利达"人一贯秉承的经营理念。以服务规范化、管理科学化为核心，确立了"诚信为本，追求卓越"的发展目标。在新的历史机遇和挑战面前，利达人不忘初心、砥砺前行，以"追求客户满意打造知名品牌"为使命，坚持发扬"团结、务实、稳健、高效、严谨、创新"的企业精神，用一流的技术，一流的服务，为国内外新老客户，用心创造一流的钢管产品。

二、企业基本概况

企业名称	天津市利达钢管集团有限公司				
地址	天津市西青区大寺镇王村金龙道南侧		邮编		300385
法人代表	陈宝建	电话	022-23977381	电子邮箱	ylixinw@163.com
联系人	于立新	电话	13512288055	联系人所在部门	综合办
企业成立时间		1992 年	企业网址		—
企业性质		民营	钢管设计能力 （万吨/年）		177
企业员工人数（人）		800	其中：技术人员 （人）		40
钢管产量 （万吨）	2022 年	2023 年	钢管出口量 （万吨）	2022 年	2023 年
	83	72		—	—
销售收入 （万元）	2022 年	2023 年	利润总额 （万元）	2022 年	2023 年
	268587.00	279445.00		−4276.00	−2053.00

三、焊接钢管生产技术装备及产量情况

机组类型及型号				台套/条	产品规格范围（外径范围×壁厚范围）（mm）	设计产能（万吨）	投产时间（年）	实际产量（万吨）	
								2022 年	2023 年
焊接钢管机组	高频焊管机组	圆管机组	φ45-219	12	(15~200)×(1.8~6.0)	100	1992	44	39
热浸镀锌机组	圆管		φ15-300	10	(15~300)×(1.8~6.0)	70	1999	35	29.5
钢塑复合钢管机组	衬塑机组		φ65-120	9	(15~300)×(1.8~6.0)	7	2004	3.8	3.3

四、企业焊接钢管主导产品

产品名称		规格范围（外径范围×壁厚范围）（mm）	执行标准	实际产量（万吨）	
				2022 年	2023 年
焊管产量（黑管）	直缝高频圆管	(15~200)×(1.8~6.0)	GB/T 3091—2015 GB/T 13793—2016	44	39
热镀锌管	圆管	(15~200)×(1.8~6.0)	GB/T 3091—2015 GB/T 13793—2016	35	29.5
钢塑复合管		(15~300)×(1.8~6.0)	GB/T 28897—2021	3.8	3.3

14　江苏玉龙钢管科技有限公司

一、企业简介

江苏玉龙钢管科技有限公司是一家专业生产焊接钢管的科技型企业，注册资金 30000万元，具备年产 100 万吨焊接钢管的生产能力、具备年产 400 万平方米的 3PP/3PE/FBE外防腐和环氧粉末/环氧树脂内防腐的加工能力。公司主导产品包括直缝双面埋弧焊钢管（SAWL），螺旋缝双面埋弧焊钢管（SAWH），方矩形高频焊钢管，3PE/3PP/FBE 防腐钢管。

公司产品广泛应用于石油、化工、天然气输送、自来水、污水工程、热网工程、桥梁、钢结构建筑等领域。公司是中石油、中石化及中海油的一级供应商；是中国燃气、华润燃气、新奥燃气的合格供应商；是国内大型石化、煤化工行业，省市级天然气管网，华东地区自来水污水热力管道的主力供应商；是科威特石油公司、泰国石油公司、马来西亚石油公司、阿布扎比石油公司及阿联酋 ADNOC/ADCO 等石油天然气公司认证企业。

公司推行全面质量管理，已通过计量保证确认认证、测量管理体系认证、特种设备压力管道生产许可、ISO9001：2015 质量管理体系认证、ISO14001：2015 环境管理体系认证、ISO45001：2018 职业健康安全管理体系认证及 API Spec Q1 等多项国际国内体系认证，产品通过 API Spec 5L、API Spec 2B 认证。

公司凭借自身的技术团队，自主创新、研发，持续推进产品向智能制造、绿色工厂转型升级，围绕"高质量、高标准、高起点"的要求先后建立产品研发中心、培训中心、市级企业技术中心、国家级检测中心等。实验室通过了 CNAS 认证，注册的"玉龙牌"商标成为焊接钢管行业的知名品牌。

公司地处环境优美的太湖之滨、近代经济学家孙冶方故居—无锡市惠山区玉祁镇，公司占地面积 42 万平方米，位于长三角中心地带，毗邻京杭大运河、312 国道，紧靠沪宁高速玉祁道口，交通运输十分便利。

公司秉持"创新、服务、高效"价值观，牢记"为员工谋幸福、为企业谋发展、为社会创价值"使命，以市场为导向，以高质量服务为宗旨，以助推社会经济发展为己任，致力于成为中国华东地区最具竞争力的焊接钢管制造服务商。

2023 年度共完成销售 34 万吨，销售收入 23 亿元。公司累计生产 37.4 万吨钢管，涵盖了直缝埋弧焊、螺旋埋弧焊和方矩形钢管。

二、企业基本概况

企业名称	江苏玉龙钢管科技有限公司				
地址	江苏省无锡市惠山区玉祁街道玉龙路 15 号		邮编		214183
法人代表	苏伟峰	电话	—	电子邮箱	renhu_fp@163.com
联系人	任虎	电话	15006176360	联系人所在部门	技术部
企业成立时间	2016 年		企业网址	http://www.yulongsteelpipe.com/	
企业性质	私营		钢管设计能力（万吨/年）	150	
企业员工人数（人）	800		其中：技术人员（人）	120	
钢管产量（万吨）	2022 年	2023 年	钢管出口量（万吨）	2022 年	2023 年
	32.8	37.4		1.9	2.6
销售收入（万元）	2022 年	2023 年	利润总额（万元）	2022 年	2023 年
	220000.00	230000.00		16000.00	17000.00

三、焊接钢管生产技术装备及产量情况

机组类型及型号		台套/条	产品规格范围（外径范围×壁厚范围）（mm）	实际产量（万吨）	
				2022 年	2023 年
焊接钢管机组	JCOE 直缝埋弧焊管机组 406-1422	2	(406~1422)×(6.4~50)	10	13.6
	406-813	1	(406~813)×(6.4~30)	2.3	2.3
	螺旋缝埋弧焊机组 2540	1	—	3.3	2.9
	1829	1	—	6.2	6.3
	720	1	—	3	3.6
	529	2	—	2.2	1.6
	方矩管机组 400 方	1	—	4.9	4.5
	三辊成型环焊对接焊管机组 40MM 厚 RBE 机组	2	(813~3600)×(9.53~40)	0.9	2.6

四、企业焊接钢管主导产品

产品名称		规格范围（外径范围×壁厚范围）（mm）	执行标准	实际产量（万吨）	
				2022 年	2023 年
焊管产量（黑管）	螺旋焊埋弧管	（219~3048）×（5.6~25.4）	API SPEC 5L；GB/T 9711—2023；GB/T 3091—2015；SY/T 5037—2018	14.7	14.4
	直缝埋弧焊管	（406~3648）×（5.6~50）	API SPEC 5L；GB/T 9711—2023；GB/T 3091—2015；SY/T 5037—2018	13.2	18.5
热镀锌管	方矩管	400×500×（6~14）	GB/T 6725；GB/T 6728	4.9	4.5

15　河北华洋钢管有限公司

一、企业简介

河北华洋钢管有限公司公司创建于 2005 年，注册资金 5 亿元，公司占地面积 1000 余亩，固定资产 12 亿元，年销售收入近 100 亿元，现有员工 600 余人。华洋牌高频直缝焊钢管被评为"河北省名牌产品"，年生产能力可达 200 多万吨，2024 年河北华洋钢管有限公司荣获河北省百强民营企业（69 位），河北省百强制造业（57 位）荣誉称号。

公司现有 17 条新型的自动化钢管生产线，φ76~630 高频直缝焊钢管生产线 14 条、φ406~1422 直缝双面埋弧焊钢管生产线 3 条，公司具有先进的理化实验室，可承担钢管的各项物理及化学检测试验。公司先后取得了 ISO9001 质量管理体系认证、ISO14001 环境管理体系认证、ISO14001 职业健康安全管理体系认证、特种设备制造许可证、美标 API 5L 和 API 2B 认证、欧盟 CE 认证、中海油入网证、安全生产标准化二级企业等标准质量体系认证。

公司主要产品有：φ76~630mm，壁厚 2.5~20mm 高频直缝焊钢管，φ406~1422mm、壁厚 9~50mm 双面埋弧焊钢管，并可根据用户需要生产各种型号、规格、材质、长度的高频直缝焊管、双面埋弧焊钢管。

公司产品主要用于石油、天然气、水、蒸汽、煤气等高、中、低压流体输送管道及打桩、桥梁、建筑等结构用钢管，并承担了国内外标志性工程建设，华洋作为一个综合型生产企业，下设河北铭高贸易有限公司，以及在天津、石家庄、山东、四川、广州等地设立有 3 家分公司和 5 个办事处。产品销往各个城市并出口东南亚、中东、欧美等八十多个地区，在我国享有很高的声誉。

公司官网：www.hbhuayang.com/cn

联系电话：0317-6899800

二、企业基本概况

企业名称	河北华洋钢管有限公司				
地址	河北省沧州市孟村回族自治县希望新区		邮编		—
法人代表	张国清	电话	0317-6899800	电子邮箱	hypipe@ hbhuayang.com
联系人	韩文璨	电话	18831761919	联系人所在部门	宣传部
企业成立时间	2005 年		企业网址	www. hbhuayang. com/cn	
企业性质	民营		钢管设计能力（万吨/年）	300	
企业员工人数（人）	600		出口量（万吨）	2022 年	2023 年
				9.8	10.6
钢管产量（万吨）	2022 年	2023 年	销售收入（万元）	2022 年	2023 年
	172.57	216.68		740000.00	830000.53

三、焊接钢管生产技术装备及产量情况

机组类型及型号			台套/条	产品规格范围（外径范围）（mm）	设计产能（万吨）
焊接钢管机组	JCOE 直缝埋弧焊管机组	JCOE	3	406～1422	50
	高频焊管机组	89 机组	1	76～89	9.6
		127 机组	1	108～127	12
		114 机组	1	114～140	12
		159 机组	1	152～159	12
		180 机组	1	165～180	12
		219 机组	1	219	18
		245 机组	1	194～245	12
		299 机组	1	219～299	30
		273 机组	1	273	24
		325 机组	1	325	36
		351 机组	1	351～406	18
		377 机组	1	299～377	12
		660 机组	1	426～610	12
		508 机组	1	377～508	12

16 沧州市鑫宜达管道有限公司

一、企业简介

（一）企业经营管理概况

1. 企业经营情况

沧州市鑫宜达管道有限公司，成立于 2003 年，是一家专注于石油天然气工业管线输送用螺旋缝埋弧焊钢管的高新技术企业，公司属于黑色金属冶炼和压延加工业，细分领域为钢压延加工。公司拥有一支专业团队，专职员工总数达到 298 人。公司年度营收情况良好，2022 年、2023 年公司营收达到 13.6 亿元、17.1 亿元，国内市场占有率分别为13.20%、14.62%，2022 年、2023 年均位列国内市场排名第四名。公司坚持以人才为本，以创新为驱动，以市场为导向，不断提高自身的生产能力，增加产品品种、扩大应用领域，促进管道装备产业链技术进步。

2. 企业细分领域及地位

公司从事细分领域已有 21 年，在螺旋缝埋弧焊钢管设计、加工工艺、产品检测等多个环节都拥有完善的技术支持，采用先进设备，制造精度高，控制系统全部采用西门子的可编程控制器及 S120 中央处理器，成型稳定、调型方便焊接质量可靠，为产品的品质与可靠性提供了有力的保障。公司个性化服务、卓越的性能和可靠性，以及快速响应客户需求的能力，使得公司在市场中占据了领先地位。产品已经广泛应用于石油、燃气、化工、热力、水利等多个领域，为知名大企业中石油，中石化，中燃配套。

3. 企业经营战略

公司积极布局未来发展，秉持技术不断进步的使命，满足迭代增长的市场需求，深入探索螺旋缝埋弧焊钢管技术的无限潜能，不断提升研发实力。公司注重卓越质量和可靠性，通过建立完善的质量管理和服务体系，确保提供客户满意的高可靠解决方案。同时，公司重视维护合作生态，与供应商、客户和技术合作伙伴等建立紧密的合作关系，深化品牌塑造与保护，全面布局知识产权保护体系，着眼专利的研究开发与转化落地。"技术为上，创新不止"，公司以技术创新为立足点，持续提升产品、服务、管理、市场以及品牌等各方面的竞争力，以实现可持续发展，成为国内螺旋缝埋弧焊钢管行业的领导企业之一。

（二）企业主导产品及技术情况

1. 关键领域补短板锻长板

公司积极响应国家螺旋缝埋弧焊钢管的产业政策，致力于其加工制造技术精进，公司主导产品是石油天然气工业管线输送用螺旋缝埋弧焊（SAWH）钢管，在关键领域起到了"补短板""填补国内空白"的作用，实现国内关键技术突破，采用国际先进的成型方式，内外焊缝均采用 AC/DC 双丝埋弧焊接技术，并配有内外焊缝自动跟踪系统和内外焊缝自动补焊装备，优化了椭圆度测量工序、铣边工序、无损检测工序，增加补焊工序，能有效消除嘌嘴、错边等成型缺陷，控制管件加工尺寸精度，使钢管的强度显著增加，具有耐低温冲击韧性的优异性能、具备抗压性能强的优点。

2. 参与关键核心技术攻关

公司重视螺旋缝埋弧焊钢管领域的关键核心技术攻关，建立了内部研发机构，分别于2022 年、2023 年立项 18 个研发项目，累计研发投入 13944 万元。公司先后与华北工业学校、沧州技师学院、沧州职业技术学院所建立了长期的产学研技术合作关系，从材料力学、成型力学、自动化等方面进行共同研究，建立内、外部专家库，内部专家库由公司工程技术人员、质量检验人员、一线操作人员组成，开展经验交流、知识分享；外部专家库由科研院所、高等学府、钢管检测机构、其他钢管企业的高级人才构成，开展钢管前沿领域研究合作。经过技术攻关，公司成功实现了对板卷的铣边设计、焊接工艺、成型工艺、无损检测技术的优化，通过高精度管道椭圆度测量装置设计，一端为定位单元，另一端为检测端，先定位后测量，保证管端相互之间外周长差为 0~3mm，管端椭圆度 0.6%D；通过切割工艺设计高效环形切割组件、贴敷打磨组件和跟随循环冷却组件设计，提高了螺旋埋弧焊管的几何尺寸加工精度；实现了钢中 A、B、C、D 类非金属夹杂物级别≤2.0、带状组织应不大于 3 级；低温冲击：-5℃-40J；管端外径允许偏差为+2.0~-0.5mm，且两端平均直径之差≤2.0mm 的技术突破。

3. 所属产业链供应链情况

公司的主导产品属于管道装备产业链关键环节，产品质量可达到国内先进水平，主要顾客群体为中石油、中石化、中国燃气、热力公司、水利水电、防腐保温的一级或甲级采购商，入网五大气（港华燃气、中国燃气、华润燃气、新奥燃气、昆仑燃气）、五大电（华能、大唐、华电、国电、电投）、六大设计院（天辰、赛鼎、东华、五环、华陆、成达）采购备案平台，国内客户群体达 2000 多家公司。

4. 知识产权积累和运用情况

公司注重知识产权布局，不断探索知识产权挖掘、信息检索分析、咨询、保护和高价值专利转化与运营，内部建设了健全的知识产权管理制度且配备了专职管理人员，上年度围绕专利布局累计研发投入 9800 万元。公司的主导产品均为自主研发，拥有 3 项与主导产品有关的一类知识产权，13 项二类知识产权，目前已申报专利 10 件，其中发明专利 5件，90%已完全投入实际应用并产生经济效益。随着公司不断完善知识产权保护和风险防控机制，核心竞争力正在不断提升。

（三）企业获得的荣誉或称号情况

公司获得了高新技术企业、专精特新中小企业、专精特新示范企业、制造业单项冠军企业、诚信典型案例企业、创新型中小企业、2021—2023 河北省制造业民营企业 100 强、河北省工业企业研发机构 A 级、河北省优胜质量科技成果奖、河北省二等质量科技成果奖、沧州市工程技术研究中心、沧州市科学技术进步奖二等奖、"领跑者"企业、优秀民营企业等荣誉或称号。通过了质量管理体系、环境管理体系、职业健康安全管理体系的认证。

二、企业基本概况

企业名称		沧州市鑫宜达管道有限公司				
地址		河北省沧州市开发区开曙街 16 号		邮编		061000
法人代表	刘圣	电话	0317-3096051	电子邮箱		449002926@qq.com
联系人	刘法雷	电话	0317-3096030	联系人所在部门		质量保证部
企业成立时间		2003 年 7 月 31 日	企业网址		www.czsynda.com	
企业性质		民营企业	钢管设计能力 （万吨/年）		80	
企业员工人数（人）		380	其中：技术人员 （人）		120	
钢管产量 （万吨）	2022 年	2023 年	钢管出口量 （万吨）	2022 年		2023 年
	26.64	33.25		0		0
销售收入 （万元）	2022 年	2023 年	利润总额 （万元）	2022 年		2023 年
	136199.46	167513.54		1681.28		2203.75

三、焊接钢管生产技术装备及产量情况

机组类型及型号		台套/ 条	产品规格范围（外径范围× 壁厚范围）（mm）	设计产能 （万吨）	投产时间 （年）	实际产量（万吨）	
						2022 年	2023 年
焊管机组	螺旋缝埋弧焊机组	9	（219~3500）×（6~25.4）	80	2003—2014	26.64	33.25

四、企业焊接钢管主导产品

产品名称		规格范围（外径范围× 壁厚范围）（mm）	执行标准	实际产量（万吨）	
				2022 年	2023 年
焊管产量 （黑管）	螺旋焊埋弧管	（219~3500）×（6~25.4）	GB/T 9711	26.64	33.25
	管线管（输送油气）	（219~3500）×（6~25.4）	GB/T 9711	26.64	33.25

17　天津博爱管道科技集团有限公司

一、企业简介

天津博爱管道科技集团是集高精度、高强度 HFW 直缝焊管、方矩管、SAWH 螺旋管、3PE/3PP/FBE 外防腐管、外涂塑内环氧防腐管、液态环氧漆防腐管、聚氨酯保温管、建筑结构装配用管、石油天然气输送管道用管线钢管、石油套管、汽车传动轴用管、煤矿输送托辊用管、光伏太阳能支架管、体育器材用管、高精结构管、高强度桩管等多品种产品生产、销售为一体的大型企业。下属有博爱管道、博宇钢管、科建防腐科技、博宇通国际贸易、茂强科技等五家子公司。

公司坐落在天津市静海区蔡公庄镇，海、陆、空交通运输十分便捷，距首都国际机场190 公里，距天津机场 56 公里，距天津新港 80 公里，另有京沪、丹拉、津晋等多条高速公路途经本地，地理位置便利，网接八方商客。集团总占地面积近 15 万平方米，总投资 5亿元人民币，现有职工 300 人。

集团现有 5 条 HFW 焊管生产线，4 条 SAWH 螺旋焊管生产线，2 条 3PE 防腐生产线、1 条外涂塑内环氧防腐生产线、1 条保温管生产线和 4 条纵剪生产线，可年生产 $\phi219 \sim 3000mm$，壁厚 $5 \sim 30mm$ 的螺旋焊管 10 万吨；$\phi33.4 \sim 508mm$，壁厚 $3 \sim 22mm$ 的 HFW 焊管66 万吨，钢级为 Q235B、Q355B、GR. B、H40、J55、K55、X42、X52、X70、X80、N80 1 类、P235、P265、S235、S275、S355。$\phi76 \sim 2620mm$ 的防腐钢管 150 万平方米、保温管 50 万延米。

公司自创建以来，通过不断地进步与完善，建立了专门、高效的质量管理团队，已通过 ISO9001 质量管理体系认证、ISO14001 环境管理体系认证、ISO45001 职业健康安全管理体系认证，获得了原国家质监总局核发的"压力管道元件"证书，同时获得了美国石油协会 API 5L、API 5CT 的会标使用权以及 API Q1 体系证书、欧盟 CPR、PED 证书、俄罗斯 GOST 证书，安全生产标准化证书。于 2010 年获得了"天津市著名商标"荣誉称号，此外还自 2011 年至 2017 年曾获得过"天津市名牌产品"，获得了"国家级高新技术企业"荣誉称号，产品曾获得"天津市重点新产品""天津市杀手锏产品"等荣誉称号。

集大成于一身，凝聚中国管道制造的精华，公司以做专、做精、做强、做大为己任，以打造绿色、环保钢管企业为标准，严格按照 API 5L、API 5CT、API Q1、ASTM A53、ASTM A252、EN10217、EN10219、BS1387、DIN30670、DIN30678、CSA Z245.20、CSA Z245.21、GB/T 9711、GB/T 3091、GB/T 13793、GB/T 23257、SY/T 0315、SY/T 0422、SY/T 0457 等标准组织生产。产品广泛应用于石油天然气，煤气，供热，引排水，电力，化工的管道输送；同时用于打桩，结构，海工，机械，矿山，体育，汽车等诸多行业，产品销往美国、欧盟、澳大利亚、加拿大、印度、东南亚、中东、非洲、南美洲等几十个国家和地区。

依托"质量就是生命,品质即品牌"的质量理念,产品质量一直是我们生存与发展的基础。公司装备了如:X射线实时成像系统、磁粉探伤仪、离线超声波、全管体超声波探伤机、水压试验机等质量检测设备和物理、化学实验室,配备了专门的人员,进行从原材料到产成品的检验;并在生产过程中按照工序流程推行规范、科学、严格的质量内部控制与管理制度,保证产品出厂合格率;在售后质量服务上实行质量问题跟踪解决制,做到客户无忧使用。

博爱人将秉承"自律利他、团结进取、目标坚定、坚持超越"的企业精神,坚守"守正、创新、品质、诚信"的企业价值观,践行"品质为王,诚信共赢,员工值钱,客户满意"的经营理念,一直为客户提供高质量的产品和优质的服务,我们愿真诚与各界朋友携手合作,互利共赢,共创美好未来。

二、企业基本概况

企业名称		天津博爱管道科技集团有限公司			
地址		天津市静海区蔡公庄镇工业园	邮编		301646
法人代表	李鸿全	电话	022-68568299	电子邮箱	boai@tjboai.cc
联系人	孙丽娜	电话	18622905045	联系人所在部门	综合办公室
企业成立时间		2003年11月6日	企业网址		http://www.tjboai.cc
企业性质		居民企业	钢管设计能力 (万吨/年)	76	其中:技术人员 (人) 52
企业员工人数 (人)		300	出口量 (万吨)	2022年 1.5	2023年 1.8
钢管产量 (万吨)	2022年 45.84	2023年 40.41	销售收入 (万元)	2022年 226900.00	2023年 180700.00

三、焊接钢管生产技术装备及产量情况

机组类型及型号			台套/条	产品规格范围(外径范围×壁厚范围)(mm)	设计产能(万吨)	投产时间(年)
焊接钢管机组	螺旋缝埋弧焊机组	φ630mm 螺旋缝埋弧焊管机组	1	φ219~630	2	2003
		φ820mm 螺旋缝埋弧焊管机组	1	φ219~820	2.7	2003
		φ1020mm 螺旋缝埋弧焊管机组	1	φ273~1020	4	2003
		φ2540mm 螺旋缝埋弧焊管机组	1	φ406~3000	7.3	2003

机组类型及型号			台套/条	产品规格范围（外径范围×壁厚范围）（mm）	设计产能（万吨）	投产时间（年）
焊接钢管机组	高频焊管机组	圆管机组				
		φ89mmHFW 机组	1	(33.4~89)×(2.0~6.0)	4	2015
		φ140mmHFW 机组	1	(60~140)×(3.0~14)	7	2007
		φ180mmHFW 机组	1	(89~180)×(3.0~14)	8	2017
		φ273mmHFW 机组	1	(152~273)×(3.0~14)	9	2007
		φ508mmHFW 机组	1	φ219~508	10	2022
防腐保温生产线	防腐机组	3PE 防腐生产线	1	φ60~2620	—	2017
		外涂塑内环氧生产线	1	φ60~2620	—	2017
		保温管生产线	1	φ219~1420	—	2017
合计			8	—	—	—

四、企业焊接钢管主导产品

产品名称		规格范围（外径范围×壁厚范围）（mm）	执行标准	实际产量（万吨）	
				2022 年	2023 年
焊管产量（黑管）	直缝高频圆管	(33~508)×(3~22)	API 5L、API 5CT、GB/T 9711、EN10217	27.37	23.68
	螺旋焊埋弧管	(219~2620)×(5~25.4)	9711、API 5L、3091 等	4.635	2.443
主要品种产量	外 3PE 防腐管	φ60~2620	CSA Z245.20、CSA Z245.21、AWWA C213、AWWA C210、GB/T 23257、CJ/T 120、SY/T 0315、SY/T 0442	33.8 万平方米	21.5 万平方米
	涂塑复合管	φ325~2620			

18　济南迈科管道科技有限公司

一、企业简介

济南迈科管道科技有限公司是一家从事管道生产及全领域管道解决方案的科技创新型高新技术企业，致力于国内外高品质直缝钢管、预制钢管、螺旋管的研发与生产。公司总部位于平阴县工业园区玫瑰片区，是平阴县唯一一家在港上市企业。为了保持公司持续发展，公司每年投入销售收入的 3.5% 以上进行研究开发，随着公司业务的发展，未来公司投入研发的资金将进一步增加。

公司严格按照 ISO9001 质量管理体系组织生产和质量控制，并通过 ISO14001 环境管理体系认证、ISO45001 职业健康安全管理体系认证、ISO50001 能源管理体系认证、GB/T 29490 知识产权管理体系认证、TS 认证、美国 FM 认证、美国 UL 认证、美国 API5L 认证、以色列 SII 认证、南非 SATAS 认证、德国 TUV 认证、CBW 认证、节水产品认证、环境标志认证等国内外认证。公司检测中心顺利通过了美国 UL 实验室认证、CNAS 实验室认证。产品生产技术先进、产品质量可靠。

产品严格执行 GB/T 3091—2015、GB/T 28897—2021、GB/T 9711—2017、GB/T 14291、ASTM A53、ASTM A795、ASTM A733、BS1387、EN10255、AS1074、SANS62-1、CJ/T 120—2008、CJ/T 136—2007、SY/T 5037—2018、EN10241、T/CNHA 1018—2018 等国内外标准，钢管直径涵盖 8~3048mm。产品广泛应用于燃气、油气，水、消防、暖通、矿井、石油等流体输送领域。为客户提供快速高质的服务和一站式解决方案是公司的宗旨。

为拓展全球市场，顺应国际化发展趋势。"迈科"商标已在全球 100 多个国家和地区申请注册。公司产品已出口到 70 多个国家和地区，是细分行业龙头企业，其中钢管接头、接管产品销量多年来稳居全球第一。公司在国内建立了遍布全国 20 多个省份的营销网络，为新奥燃气、华润燃气、玫德集团、南隆公司、济南热力集团等知名公司提供优质稳定的服务。

近年来，公司先后被评为国家级绿色工厂、专精特新"小巨人"企业、国家制造业单项冠军企业、国家知识产权优势企业、"一带一路"示范企业、山东省"专精特新"中小企业、山东省制造业单项冠军、山东省高端品牌培育企业、山东省智能工厂、山东省管理标杆企业、山东省首批数字经济"晨星工厂"、山东省劳动关系和谐企业、山东省技术创新示范区企业、山东省企业技术中心、济南市专家工作站、济南市工程研究中心、山东知名品牌、山东优质品牌等各类荣誉。

二、企业基本概况

企业名称	济南迈科管道科技有限公司			
地址	山东省平阴工业园区玫瑰片区		邮编	250400
法人代表	周志伟	电话 15655155566	电子邮箱	LXT050531@163.com
联系人	刘长春	电话 15964526682	联系人所在部门	研发中心
企业成立时间	2013 年 5 月 21 日	企业网址	https://www.mechpipingtech.com/	
企业性质	港澳台法人独资	钢管设计能力 （万吨/年）	63	
企业员工人数（人）	761	其中：技术人员 （人）	113	
钢管产量 （万吨）	2022 年	2023 年	钢管出口量 （万吨）	2022 年	2023 年
	22.06	26.18		5.1	7

续表

企业名称	济南迈科管道科技有限公司			
销售收入 （万元）	2022 年	2023 年	利润总额 （万元）	2022 年	2023 年
	119804.50	99347.83		11144.25	10132.91

三、焊接钢管生产技术装备及产量情况

机组类型及型号			台套/ 条	产品规格范围（外径范围× 壁厚范围）（mm）	设计产能 （单班） （万吨）	投产时间 （年）	实际产量（万吨）	
							2022 年	2023 年
焊接 钢管 机组	高频 焊管 机组	圆管 机组	φ3215—ERW/HFW 机组	1	(16.7~26.3)×(1~2.75)	1.48	2015	1.34	1.37
			φ3220—ERW/HFW 机组	1	(16.7~26.3)×(1~2.75)	1.48	2015	1.09	1.12
			φ50—ERW/HFW 机组	1	(13.7~60.3)×(0.8~4.0)	3.07	2014	2.18	2.42
			φ140—ERW/HFW 机组	1	(60~140)×(2.0~6.0)	7.43	2014	1.95	2.41
			φ89—ERW/HFW 机组	1	(60.3~89)×(3.5~6)	7.43	2018	1.44	1.87
			φ219—ERW/HFW 机组	1	(114~219)×(2.0~8)	16.17	—	3.04	4.17
			薄壁焊管生产线	1	(15~63)×(1.0~3.0)	1	2021	0.02	0.05
			合计	7	—	38.06	—	11.06	13.41
热浸 镀锌 机组	圆管		镀锌一线	1	(21.3~219)×(2.0~8)	10	2015	4.18	4.71
			镀锌二线	1	(21.3~48)×(2.0~8)	6	2018	2.76	3.04
			合计	2	—	16	—	6.94	7.76
钢塑 复合 钢管 机组	衬塑机组		衬塑线	2	(21.3~219.1)×(2.2~6.0)	1.5	2015	0.68	0.59
			合计	2	—	1.5		0.68	0.59
	涂塑机组		涂塑线	3	(21.3~219.1)×(2.2~8.18)	6	2016 2019 2022	3.38	4.42
			双层涂塑线	1	(21.3~219.1)×(2.2~8.18)	2.06	2022	0.00	0.00
			合计	4	—	8.06	—	3.38	4.42

四、企业焊接钢管主导产品

产品名称		规格范围（外径范围× 壁厚范围）（mm）	执行标准	实际产量（万吨）	
				2022 年	2023 年
焊管产量 （黑管）	直缝高频圆管	(10.3~219.1)×(1.73~8.18)	GB/T 3091 低压流体输送 用焊接钢管	11.06	13.41
热镀锌管	圆管	(21.3~219.1)×(2.0~8.18)	GB/T 3091 低压流体输送 用焊接钢管	6.94	7.76

续表

产品名称		规格范围（外径范围×壁厚范围）（mm）	执行标准	实际产量（万吨）	
				2022 年	2023 年
主要品种产量	钢塑复合管	(21.3~219.1)×(2.2~6.0)	GB/T 28897—2021 流体输送用钢塑复合管及管件	0.68	0.59
	涂塑复合管	(21.3~219.1)×(2.2~8.18)	GB/T 28897—2022 流体输送用钢塑复合管及管件	3.38	4.42

19 北京君诚实业投资集团有限公司

一、企业简介

北京君诚实业投资集团有限公司是中国专注绿色能源开发和实体企业投资的大型综合性集团，荣获"中国制造业企业 500 强、中国民营企业制造业 500 强、中国 AAA 级诚信单位、全国产品和服务质量诚信示范单位"称号。集团主要业务分为"绿色能源农牧、实业产品制造、重点项目配送和产业协同延伸"四大板块，其中"绿色能源农牧"板块紧随世界、中国双碳减排控制下的能源战略发展方向，与优秀企业战略联手，优先布局新能源农牧渔综合产业的开发建设运营，为大众提供绿色清洁能源和高品质原料食材；"实业产品制造"板块被评为中国多项国家标准制定单位、国家高新技术企业、全国建筑钢塑复合管道技术研发中心、中国房地产建材最佳提供商、中国绿色建筑首选配套（新型管材管件）产品、全国建筑给水排水行业名牌及突出贡献企业、中国最具价值诚信品牌、中国各类钢制管道和光伏结构材料综合制造商前三品牌、全国鲁班奖重点工程供货商、全国质量诚信承诺示范企业，中国新能源光伏结构支架材料、螺旋地桩、绿氢管道、温室结构设施农业材料、承插型盘扣式钢管支架、水务系统不锈钢管的优质供应商等荣誉。

集团总部位于北京，实业产品制造基地坐落在——天津市、山东省和内蒙古自治区。集团各子公司总占地近 800 亩，主要产品制造生产线近 110 条，其中已建和规划热镀锌生产线 16 条，直缝焊接钢管、方矩管、新能源风电氢能光伏结构支架材料、螺旋地桩、温室结构设施农业材料、承插型盘扣式钢管支架、抗震结构支架、JDG 热镀锌钢导线管、高速公路护栏板等生产线 58 条，不锈钢管、衬塑复合管、涂覆塑复合管、预涂覆热浸锌钢管、高速公路护栏板喷涂、保温生产线、3PE 防腐生产线、食品饮品高级包装超薄基板生产线 26 条，绿氢管道、螺旋缝双面埋弧焊钢管生产线及其他生产制造设施 10 多条。年各类产品总制造能力 500 多万吨，其中 φ21~219mm 热镀锌钢管和热镀锌方矩管 180 万吨、φ21~273mm 直缝焊管 100 万吨、方矩钢管 100 万吨、φ219~3620mm 螺旋钢管 30 万吨，绿氢管道、钢塑复合管、新能源风电氢能光伏结构支架材料、温室结构设施农业材料、承插型盘扣式钢管支架、不锈钢管等产品 90 万吨。

君诚牌系列管道是行业率先打造"重点工程专用,漏一支赔一万"的实业制造企业,热镀锌钢管执行美国 ASTM A53、英国 BS1387、中国 GB/T 3091 等低压流体输送用焊接钢管标准。推行 ISO9001 国际质量管理体系认证,同时也是中国工程建设标准化协会、中国质量检验协会、中国燃气协会、中国消防协会和中国建筑金属结构协会给水排水设备分会推荐产品企业。"君诚牌"专用管道生产过程实施涡流探伤、超声波探伤、根根水压等系列检测,以及保险公司产品责任险保证。君诚在全国行业规模综合处于前列,先后制定多项中国国家标准——《建筑用太阳能光伏系统支架通用技术要求》(JG/T 490)、《光伏支架型钢》(YB/T)、《低压流体输送用焊接钢管》(GB/T 3091)、国家电网系统《输电线路钢管塔用直缝焊管》、《直缝电焊钢管》(GB/T 13793)、《国家电网特高压输电线路用管》、《给水涂塑复合钢管》(CJ/T 120)、《建筑排水钢塑复合短螺距内螺旋管材》、《内衬内覆不锈钢复合钢管管道工程技术规程》、《流体输送用钢塑复合管及管件》(GB/T 28897)。

君诚牌系列产品已成为中石油、中石化、中海油、中铁集团、中建集团、中国核建、国家电网、国电投集团、大唐集团、华电集团、华能集团、三峡能源、蒙能集团、京能集团、中广核集团、龙源电力、中国能建、中国电建、上海电气、中国燃气、华润燃气、港华燃气、新奥能源、保利地产、中海地产、万科地产、龙湖地产、中国水务集团、首创生态环保、深圳工务署、珠海华发集团、北京城建、陕西建工、山西建投、武汉郑州西安成都杭州石家庄青岛厦门深圳等城市地铁、山东福建云南上海等高速港口、北京上海无锡贵阳南宁厦门乌鲁木齐等高铁站桥、上海虹桥/成都天府/郑州新政/武汉天河/海口美兰/青岛流亭/呼和浩特盛乐等国际机场等大型企业与项目的稳定供应商。推行 ISO14001 和 ISO45001 国际管理体系认证,立志创造绿色低碳、少碳、无碳的工作与生活环境。君诚始终坚持"服务客户,幸福员工,奉献社会,回报股东"的经营宗旨和"君行万里,勤俭拼搏;友遍天下,诚信共赢"的管理理念,愿为中国的美好建设、能源安全和食品高质不懈努力,为实现绿色自然和人类和谐幸福贡献自己的力量!

二、企业基本概况

企业名称	北京君诚实业投资集团有限公司			
地址	北京市朝阳区八里庄西里远洋商务 61 号楼 1404 室		法人代表	郭建军
联系人	赵晓杰	电话	022-28110688	企业网址 http://www.jccopipe.com/
企业性质		有限责任公司	钢管设计能力 (万吨/年)	200
钢管产量 (万吨)	2022 年	2023 年	钢管出口量 (万吨)	2022 年　　　2023 年
	147	160		2.5　　　　　3

三、焊接钢管生产技术装备及产量情况

机组类型及型号		台套/条	实际产量（万吨）	
			2022 年	2023 年
焊接钢管机组	JCOE 直缝埋弧焊管机组	—	—	—
	螺旋缝埋弧焊机组	8	18	18
	高频焊管机组　圆管机组	11	53	52
	高频焊管机组　方矩管机组	6	2	4
热浸镀锌机组	圆管	9	55	62
	方矩管	5	12	17
钢塑复合钢管机组	衬塑机组	4	2	2
	涂塑机组	2	9 万平方米	6 万平方米

四、企业焊接钢管主导产品

产品名称		实际产量（万吨）	
		2022 年	2023 年
焊管产量（黑管）	直缝高频圆管	53	52
	直缝高频方矩形管	2	4
	螺旋焊埋弧管	18	18
热镀锌管	圆管	55	62
	方矩管	12	17
主要品种产量	钢塑复合管	2	2
	涂塑复合管	9 万平方米	6 万平方米
	其他（防腐保温管）	95 万平方米	56 万平方米

20　江苏立万精密制管有限公司

一、企业简介

　　江苏立万精密制管有限公司创办于 1981 年，总占地 133 亩，厂房面积 6 万平方米，拥有员工 400 人，致力于研发和生产高精度焊管、焊拔管、冷轧精密无缝管以及车用管型零部件的深加工。

所属行业为：汽车零部件及配件制造、智能制造新材料。

产品主要应用于：减震器、转向、安全气囊、传动轴、稳定杆、气压泵与气弹簧等车用管型部件。

目前公司 90% 的客户是在汽车零部件一级供应商：KYB、采埃孚、天纳克、日立、一汽东机工、马瑞利、万都、比亚迪等国内外知名客户。终端客户为特斯拉、比亚迪、理想、小米、长城、奔驰、宝马、奥迪、大众、丰田、本田、日产等各大汽车制造商。另外 10% 供给高端精密仪器、大型机械设备、高铁减震、制冷设备、组合器材等。年销售额超过 5 亿元。

公司通过 IATF16949 认证，拥有完善的质量控制体系。公司自 2014 年起一直获评国家高新技术企业，是 GB/T 3639—2009、GB/T 31315—2014、YB/T 4675—2018 起草人，2017 年获评江苏省企业技术中心，2018 年获评江苏省研究生工作站（合作单位：江苏科技大学），2019 年获评省级二级安全标准化单位，2022 年获评知识产权贯标单位，2022 年获评江苏省专精特新企业，2023 年获评省汽车精密钢管工程技术研究中心。研发投入每年在 2000 万以上。公司目前拥有实用新型 50 余项和发明专利 9 项。母公司江苏立万精密工业股份有限公司（立万精工，代码 874389）新三板挂牌。

二、企业基本概况

企业名称	江苏立万精密制管有限公司				
地址	江苏省张家港市金港镇南沙镇山		邮编		215632
法人代表	倪志红	电话	0512-56939098	电子邮箱	jmgsk@ jsliwan.com
联系人	孙凯	电话	0512-56939098	联系人所在部门	办公室
企业成立时间		2005 年 11 月	企业网址		https://liwantube.com/
企业性质		私营企业	钢管设计能力（万吨/年）		10
企业员工人数（人）		250	其中：技术人员（人）		41
钢管产量（万吨）	2022 年	2023 年	钢管出口量（万吨）	2022 年	2023 年
	8	8		1	1
销售收入（万元）	2022 年	2023 年	利润总额（万元）	2022 年	2023 年
	50000.00	50000.00		2000.00	2800.00

三、焊接钢管生产技术装备及产量情况

机组类型及型号				台套/条	产品规格范围（外径范围×壁厚范围）(mm)	设计产能（万吨）	实际产量（万吨）	
							2022 年	2023 年
焊接钢管机组	高频焊管机组	圆管机组	nakata机组	8	(20~75)×(0.6~6.5)	10	8	8

四、企业焊接钢管主导产品

产品名称		规格范围（外径范围×壁厚范围）（mm）	执行标准	实际产量（万吨）	
				2022 年	2023 年
焊管产量（黑管）	直缝高频圆管	—	—	8	8
主要品种产量	汽车用管	(20~75)×(0.6~6.5)	GB/T 40316—2021	8	8

21 江苏迪欧姆股份有限公司

一、企业简介

江苏迪欧姆股份有限公司是高新技术企业，常州市上市后备企业，省科技"小巨人"企业，省企业技术中心。位于常州市武进区遥观镇，沪宁线中部，地理位置优越，交通运输十分便利。

公司成立于 2007 年，注册资金 6000 万元人民币，总投资 22000 万元人民币，占地75000 平方米，建筑面积 45000 平方米。

主要生产高附加值的精密冷拔钢管，公司拥有高性能精密焊接生产线 6 条，高性能精密冷拔生产线 10 条。年设计产中高端精密焊接钢管 8 万吨，冷拔精密焊接钢管 5 万吨，冷拔或冷轧精密无缝钢管 1 万吨。

产品主要用于汽车，摩托车，高档家具，工程机械，健身器材，低中压流体用管等行业。公司与国家钢铁研究总院联办了中高端焊管研发产业基地，主起草制定了国家标准GB/T 33156—2016《气弹簧用精密焊接钢管》，GB/T 33821—2017《汽车稳定杆用无缝钢管》，行业标准《摩托车减震器用精密无缝钢管》，修订国家标准 GB/T 3639—2021《冷拔或冷轧精密无缝钢管》。"全国钢标准化技术委员会钢管分技术委员会精密钢管工作组"入驻公司。通过了 IATF16949—2016 国际质量体系等认证，检测中心通过国家级实验室CNAS 认证。积极推进公司融入世界钢管制造业的先进行列。

二、企业基本概况

企业名称		江苏迪欧姆股份有限公司			
地址		武进区遥观镇勤新工业集中区		邮编	213011
法人代表	周仁杰	电话	—	电子邮箱	—

续表

企业名称	江苏迪欧姆股份有限公司				
联系人	郁正龙	电话	13338037106	联系人所在部门	技术部
企业成立时间	2010 年		企业网址	—	
企业性质	私营		钢管设计能力（万吨/年）	8	
企业员工人数（人）	220		其中：技术人员（人）	32	
钢管产量（万吨）	2022 年	2023 年	钢管出口量（万吨）	2022 年	2023 年
	3.9	3.6		0.38	0.4
销售收入（万元）	2022 年	2023 年	利润总额（万元）	2022 年	2023 年
	30500.00	27600.00		1200.00	1000.00

三、焊接钢管生产技术装备及产量情况

机组类型及型号			台套/条		产品规格范围（外径范围）（mm）	设计产能（万吨）	投产时间（年）	实际产量（万吨）	
								2022 年	2023 年
焊接钢管机组	高频焊管机组	圆管机组	60	3	1～4.3	4.5	2011	2.8	2.6
			40	3	1～2.5	3.5	2011	1.1	1

四、企业焊接钢管主导产品

产品名称		规格范围（外径范围）（mm）	执行标准	实际产量（万吨）	
				2022 年	2023 年
主要品种产量	汽车用管	12～63.5	GB/T 31315	3.9	3.6

22　天津市宝来工贸有限公司

一、企业简介

天津市宝来工贸有限公司成立于 2002 年 6 月，是以生产高频直缝焊接钢管、热镀锌钢管及经营钢铁建筑材料与进出口贸易为主的集工贸一体的综合性企业。从 2004 年至今连续荣获天津市百强企业。

公司拥有 8 条制管生产线，专业生产外径 ϕ26.8~273mm，壁厚 1.8~12.0mm 的各种规格和钢级的高频直缝焊管；拥有 4 条热镀锌生产线，2 条挂镀锌生产线；具备大型钢管深加工能力，可热扩外径 ϕ325~630mm 钢管。产品执行我国标准 GB/T 9711、GB/T 19830、GB/T 3091、GB/T 14291、GB/T 13793、GB/T 6728、YB/T 4028，美国标准 API-5L、API-5CT、ASTM A513、ASTM A53、ASTM A252，欧盟标准 EN10217-1、EN10217-2、EN10219-1，日本标准 JIS G3452、JIS G3444，英国标准 BS1387、BSEN39，德国标准 DIN10255、DIN2440、DIN2444 等。

产品广泛用于石油、石化和天然气管道输送用管，油气田井用油（套）管，水、煤气输送用管，皮带运输机托辊用管，矿山井下送风和排水用管，深井泵配套用管，建筑脚手架用管，机械结构用管，体育器材用管等。年产量 60 万吨。年产热镀锌焊管 30 万吨。

公司拥有自营出口权，先后荣获美国石油学会 API-5L 和 API-5CT 会标认证证书，荣获 ISO9001 质量管理体系认证，ISO14001 环境管理体系认证证书，和 OHSAS18001 职业健康安全管理体系，荣获欧盟 PED 认证【通过进入欧盟市场准入条件 PED（欧盟承压设备指令）及 AD2000-WO（德国压力容器技术规范）产品安全认证】证书，荣获新加坡 FPC 认证（冷弯空心型钢工厂生产控制）证书，荣获日本 JIS 认证（JIS G3452、JIS G3444）证书。产品已大量出口 21 个国家，赢得了用户的广泛赞誉。

公司取得了国家质量监督检验检疫总局颁发的《特种设备制造许可证（压力管道）》。2009 年被认定为"市级企业技术中心"。

"质量、公平、即使、服务"并持续改进是我公司的经营理念。我公司愿与社会各界朋友精诚合作，共谋发展，开创未来。

二、企业基本概况

企业名称	天津市宝来工贸有限公司				
地址	天津市静海区大邱庄镇海河道 6 号		邮编		301606
法人代表	谢茂秀	电话	13752610218	电子邮箱	tianjinbaolai@ 126. com
联系人	贾海刚	电话	18002072999	联系人所在部门	办公室
企业成立时间		2002 年 6 月	企业网址		www. tjbaolai. com
企业性质		私营企业	钢管设计能力（万吨/年）		60
企业员工人数（人）		490	其中：技术人员（人）		68
钢管产量（万吨）	2022 年	2023 年	钢管出口量（万吨）	2022 年	2023 年
	59.5	59		10	10
销售收入（万元）	2022 年	2023 年	利润总额（万元）	2022 年	2023 年
	268000.00	245000.00		4000.00	3500.00

三、焊接钢管生产技术装备及产量情况

机组类型及型号			台套/条	产品规格范围（外径范围×壁厚范围）（mm）	设计产能（万吨）	投产时间（年）	实际产量（万吨）	
							2022 年	2023 年
焊接钢管机组	高频焊管机组	圆管机组	273 机组	1	（140~273）×（5.0~11.75）	20	2002	17	16
			219 机组	2	（114~219）×（3.0~6.75）	15	2010	13	13
			133 机组	2	（76~159）×（3.0~5.75）	5	2002	11	10.5
			114 机组	2	（60~114）×（2.5~6.0）	20	2005	17.5	18
	合计		—	7	—	60	—	58.5	57.5

四、企业焊接钢管主导产品

产品名称		规格范围（外径范围×壁厚范围）（mm）	执行标准	实际产量（万吨）	
				2022 年	2023 年
主要品种产量	流体管（输送水、固体）	（26.9~273）×（1.5~12）	GB/T 3091—2015，GB/T 13793—2016，GB/T 9711，APT-5CT，API-5L	59.5	59

23　天津市联众钢管有限公司

一、企业简介

天津市联众钢管有限公司是一家专业从事高频焊管制造，集研发、生产、服务于一体的高新技术企业。

公司主要产品为石油天然气开采用套管、管线管、消防管、传动轴管、车桥管、客车方矩管、压缩机管、托辊管、太阳能扭矩轴管、锅炉和热交换器钢管、割缝管、结构管以及桩管等，设备年产能 50 万吨。公司产品执行 API SPEC 5CT、API SPEC 5L、JIS G3444、JIS G3452、AS/NZS1163、AS/NZS1074、EN10217、EN10219、EN10255 以及 GB/T 9711、GB/T 3091、GB/T 13793、GB/T 19830、YB/T 5209、SY/T 5768、GOST10704、GOST10705、GOST20295 等国内外标准。

产品销往海内外市场，广泛应用于石油、天然气、氢气、二氧化碳等流体输送以及太阳能、化工、机械设备、汽车、轮船、电力、建筑等行业。

公司实验检测中心拥有各类先进检测设备，通过了 CNAS 认证，并被认定为"天津市企业技术中心""天津市焊接钢管企业重点实验室"，承接焊接钢管研发、实验检测和技

术交流为一体的职能。

联众钢管注重质量与安全的管理，通过了 ISO9001 质量管理体系认证、ISO14001 环境管理体系认证、ISO45001 职业健康安全管理体系认证、美国石油协会 API 认证、欧盟 CE 产品认证、日本 JIS 产品认证、海关联盟 EAC 认证、压力管道制造许可认证等。

公司注重人才培养和技术研发，依靠人才培养和技术创新驱动发展是联众钢管长期发展的战略。

二、企业基本概况

企业名称	天津市联众钢管有限公司				
地址	天津市静海区大邱庄镇恒泰路 8 号		邮编		301606
法人代表	周文军	电话	—	电子邮箱	office@ tus. cc
联系人	艾玉红	电话	13752120158	联系人所在部门	企管部
企业成立时间	2004 年 10 月 10 日		企业网址		www. tus. cc
企业性质		有限公司	钢管设计能力（万吨/年）		50
企业员工人数（人）		160	其中：技术人员（人）		41
钢管产量（万吨）	2022 年	2023 年	钢管出口量（万吨）	2022 年	2023 年
	18	21		7.5	9
销售收入（万元）	2022 年	2023 年	利润总额（万元）	2022 年	2023 年
	86400	88200		—	—

三、焊接钢管生产技术装备及产量情况

机组类型及型号			台套/条	产品规格范围（外径范围×壁厚范围）（mm）	设计产能（万吨）	投产时间（年）	实际产量（万吨）	
							2022 年	2023 年
焊接钢管机组	高频焊管机组	圆管机组	114	1	(33.4~2.0)×(114.3~9.0)	8	2011	1.5	2
			168	1	(127~2.5)×(168.3~11.1)	14	2011	5.5	7
			355	1	(141~2.5)×(406~14.0)	28	2006	11	12
	合计		—	3	—	50	—	18	21

四、企业焊接钢管主导产品

产品名称	规格范围（外径范围×壁厚范围）（mm）	执行标准	实际产量（万吨）	
			2022 年	2023 年
焊管产量（黑管）	直缝高频圆管	(33.4×3.4)~(406.4×14.0)	—	3.5	4.2

产品名称		规格范围（外径范围×壁厚范围）（mm）	执行标准	实际产量（万吨）	
				2022 年	2023 年
热镀锌管	圆管	（33.4×3.4）～（406.4×14.0）	技术要求	1	1.5
	方矩管	（100×2.2）～（170×9.0）	技术要求	2.2	3
主要品种产量	油井管	（60.3×4.24）～（339.72×10.92）	API 5CT、GB/T 19830	0.5	0.8
	管线管（输送油气）	（33.4×3.4）～（406.4×14.0）	API 5L、GB/T 9711	1.8	2.2
	流体管（输送水、固体）	（33.4×3.4）～（406.4×14.0）	GB/T 3091、ASTM A53、ASTM A795/A135 等	7.2	7.8
	其他（托辊管）	（60.3×2.0）～（355.6×12.7）高精度	GB/T 13793	1.8	1.5

24　佛山市三水振鸿钢制品有限公司/四川振鸿钢制品有限公司

　　振鸿钢管成立于 2001 年，专业化生产和销售热浸锌钢管，高频焊管、方矩形管和热浸锌方矩管的生产企业。目前拥有广东与四川两大生产基地，年产能超 500 万吨。

高频焊管规格：外径 21～325mm，厚度 0.8～8.0mm；

热浸锌圆管规格：外径 21～325mm，厚度 0.8～8.0mm；

热镀锌方矩管 30～200 方，厚度 0.6～14mm；

方矩形管规格：生产 15～500 方，厚度 0.6～20mm，长度 4.5～29m；

冷轧带钢规格：生产 20～720mm 不同宽度、0.15～2.5mm。

　　公司自成立以来，一直专注于质量和服务。先后通过了国际 ISO9001&14001 质量/环境体系认证、ISO45001：2018 职业健康安全体系认证，荣获《中国企业评价协会 AAA 级信用企业》《中国 AAAAA 级质量信用企业》《守合同重信用企业》《3·15 绿色诚信企业》《消防设备制造先进单位》、中国质量新闻网 2018—2019 年度《质量先锋展示产品》等荣誉；并入选成为国家指定的《院士专家工作站》。

　　振鸿钢管始终秉承"质量是根、诚信为本"的经营宗旨，推行"振鸿钢管，管放心！"的品牌理念，引进了国际先进的 TPS 精益生产管理模式，能够持续确保产品在生产效率、质量与成本上的行业优势，为客户创造更大的价值与空间！

24.1　佛山市三水振鸿钢制品有限公司

一、企业简介

佛山市三水振鸿钢制品有限公司（以下简称"振鸿"），坐落于珠江三角洲佛山市三水区乐平镇，地理位置优越，生产设备配套完善，厂区规划科学合理。

振鸿自 2001 年 3 月进入钢管制造行业以来，一直专注于保持产品的质量标准和服务承诺。有赖于广大客户的信任和支持，经过十几年的不懈努力，已经成长为华南地区规模化、专业化的直缝焊管、方矩形管、热浸锌钢管和冷轧带钢的生产企业。

在管理上，振鸿参照国际化质量管理、环境管理及职业健康与安全管理标准，并获得官方认证。

在经营上，振鸿以质量，服务为核心理念，实行产、供、销一条龙服务。

在生产上，振鸿引进了国际先进的 TPS 精益生产管理模式，能够持续确保产品在生产效率、质量与成本上的行业领先优势，为客户创造更大的价值与空间！

振鸿生产的直缝焊管、热浸锌钢管直径从 4 分~12 寸（公称外径 20.8~325mm）、壁厚从 0.8~8.0mm 为主的各种规格。各种材质的产品品种齐全，非定尺管可进行个性化定制。

方矩钢管规格为从最小 15 方、到最大 300 方，厚度从 0.6~10mm，不同规格，不同材质的非定尺管可根据客户需求定制作。

冷轧带钢产品宽度从 20~720mm，厚度从 0.15~2.5mm 的各种光退、黑退、冷硬带，各种厚度，各种材质的产品品种齐全，质量稳定。

振鸿产品主要销往广东、广西、海南、湖南、江西、福建、云南、贵州、四川、重庆等省、自治区、直辖市，并有部分专用产品通过不同渠道销往东南亚地区。

振鸿自创建以来，始终奉行"质量是根、诚信为本，与时俱进、引领行业"的宗旨。不断细化完善管理机制，培养造就了一大批专业技术人才和管理人才，形成了研发、设计、生产、销售、管理的专业化队伍。实现了生产量、销售量、市场占有份额的与日俱增，凭借努力与实力，在市场竞争日益激烈的钢管生产领域，获得了广大客户、供应商和社会各界给予的认可与尊重。

振鸿以"一切以客户的成长为根本"作为我们的客户观。联合客户、优质供应商和外部资源，不断建立与扩大战略伙伴合作关系。以振鸿人特有的"认真、快、坚守承诺、保证成果"的服务效率和精神。以"构建社会和谐美，愿天下人更加幸福快乐"为愿景。与各界朋友携手共赢，谱写振鸿之歌崭新的、更加辉煌的华彩乐章！

二、企业基本概况

企业名称	佛山市三水振鸿钢制品有限公司				
地址	佛山市三水区乐平镇三水中心科技工业区范湖小区 B 区 E-1-2-2 号（F1、F2、P9）			邮编	528138
法人代表	王飞	电话	18863367777	电子邮箱	2376063134@ qq. com
联系人	李春阳	电话	15917002552	联系人所在部门	人力资源
企业成立时间		2005 年	企业网址	http：//www. zhenhong-gd. com	
企业性质		有限责任公司	钢管设计能力（万吨/年）	200	
企业员工人数（人）		500 余	其中：技术人员（人）	8	
钢管产量（万吨）	2022 年	2023 年	钢管出口量（万吨）	2022 年	2023 年
	81. 57	94. 61		0	0
销售收入（万元）	2022 年	2023 年	利润总额（万元）	2022 年	2023 年
	140373. 80	341026. 00		2360. 50	−919. 45

三、焊接钢管生产技术装备及产量情况

机组类型及型号				台套/条	产品规格范围（外径范围×壁厚范围）（mm）	实际产量（万吨）	
						2022 年	2023 年
焊接钢管机组	高频焊管机组	圆管机组	定径成型 60 机组	3	(20. 8~32. 8)×(1. 5~4. 0)	4. 71	1. 86
			定径成型 76 机组	2	(42~76)×(1. 5~5. 0)	6. 6	2. 6
			定径成型 114 机组	2	(76~114)×(1. 5~6. 0)	11. 54	4. 55
			定径成型 165 机组	1	(114~165)×(2. 0~6. 0)	1. 81	0. 71
			定径成型 273 机组	1	(114~273)×(2. 0~6. 0)	7. 32	2. 89
			定径成型 325 机组	1	(218~325)×(2. 0~10. 0)	5. 14	2. 03
		方矩管机组	定径成型 50 方机组	1	(19~63)×(1. 5~3. 50)	0. 56	2. 54
			定径成型 80 方机组	1	(50~101)×(1. 5~5. 0)	0. 52	2. 38
			定径成型 90 方机组	1	(50~101)×(1. 5~5. 0)	0. 54	2. 48
			定径成型 100 方机组	1	(82~127)×(1. 5~6. 0)	0. 5	2. 26
			定径成型 150 方机组	1	(140~190)×(2. 0~10. 0)	0. 4	1. 84
			定径成型 300 方机组	1	(178~382)×(2. 0~16)	0. 29	1. 3

续表

机组类型及型号		台套/条	产品规格范围（外径范围×壁厚范围）（mm）	实际产量（万吨）	
				2022 年	2023 年
热浸镀锌机组	圆管 4 分-2 寸钢管镀锌线	1	(20.8~59.5)×(1.5~4.0)	6.38	10.21
	2 寸-4 寸钢管镀锌线	1	(42~165)×(1.5~6.0)	8.01	12.83
	4 寸-12 寸钢管镀锌线	1	(20.8~59.5)×(1.5~4.2)	10.96	17.55
	方矩管 25-60 方管镀锌线	1	(30~250)×(1.5~10.0)	8.08	12.94
	60-200 方管镀锌线	1	(50~250)×(1.5~10.0)	8.52	13.65

四、企业焊接钢管主导产品

产品名称		规格范围（外径范围×壁厚范围）（mm）	执行标准	实际产量（万吨）	
				2022 年	2023 年
焊管产量（黑管）	直缝高频圆管	(20.8~325)×(1.5~10.0)	GB/T 3091—2015	37.12	14.64
	直缝高频方矩形管	(19~382)×(1.5~16.0)	GB/T 6728—2002	2.81	12.8
热镀锌管	圆管	(20.8~325)×(1.5~10.0)	GB/T 3091—2015	33.42	46.23
	方矩管	(19~250)×(1.5~16.0)	GB/T 6728—2002	8.53	20.94

24.2 四川振鸿钢制品有限公司

一、企业简介

四川振鸿钢制品有限公司成立于 2013 年 6 月，2014 年 8 月开工建设，总投资 12 亿元，总占地面积 500 亩，分两期建设，第一期工程建设用地 252 亩，建成年产 100 万吨高频焊管、方矩形管、热浸锌钢管的生产规模。2015 年 7 月竣工并正式投入生产。

振鸿公司是一家集生产、研发、销售、服务于一体的专业化生产热浸锌钢管、高频焊管、方矩形管的企业。目前拥有行业领先的全新制管设备，包括 φ60mm 机组、50 方机组、φ76mm 机组、80 方机组、φ114mm 机组、100 方机组、φ165mm 机组、150 方机组、φ325mm 机组，拥有国内首台全自动 300 方制管机组，共 20 多条生产线，以及大小纵剪机组 13 台套；浸锌生产线 6 条，为当地提供就业岗位 600 多个。

振鸿秉承"质量·服务"的核心价值观，追求高品质、永无止境。一切以客户的成长为根本，满足客户的交期，赢在起跑线上。振鸿人忠诚正直，团结进取，稳中求进，积累了雄厚的技术力量，培养了卓越的管理精英团队，公司在不断修炼内功和优化内部管理体系。全面提升人力资源管理系统、营销系统、生产系统和国际先进的 TPS 精益生产管理系统。短短几年间，公司各项自动化设备的改造、产能可动率的有效发挥、吨钢成本的降低。在西南市场产销量处于遥遥领先水平。能够持续确保产品在生产交期，质量与成本上的行业领先优势，为客户创造更大的价值与空间，深受用户一致好评。

2019—2021 年公司先后建设成为"四川省高新技术企业""德阳市企业技术中心""四川省省级绿色工厂""两化融合企业"等，2022—2024 年连续三年入围四川省民营企业 100 强，也是目前什邡市唯一进入四川省"贡嘎培优计划"的优秀企业。

二、企业基本概况

企业名称	四川振鸿钢制品有限公司				
地址	四川省德阳市什邡市经济开发区（北区）朝阳大道 10 号		邮编		618400
法人代表	王飞	电话	0838-8711603	电子邮箱	83703072@qq.com
联系人	石全中	电话	15919005615	联系人所在部门	财务部
企业成立时间	2013 年 6 月 8 日		企业网址	http://www.zhenhong-gd.com	
企业性质	有限责任公司		钢管设计能力（万吨/年）	180	
企业员工人数（人）	600 余		其中：技术人员（人）	63	
钢管产量（万吨）	2022 年	2023 年	钢管出口量（万吨）	2022 年	2023 年
	105.1	129.88		0	0
销售收入（万元）	2022 年	2023 年	利润总额（万元）	2022 年	2023 年
	323174.10	373617.33		732.74	5663.68

三、焊接钢管生产技术装备及产量情况

机组类型及型号			台套/条	产品规格范围（外径范围×壁厚范围）（mm）	投产时间（年）	实际产量（万吨）	
						2022 年	2023 年
焊接钢管机组	高频焊管机组	圆管机组 定径成型 60 机组	2	(20.8~32.8)×(1.5~4.0)	2015	2.5	3.2
		定径成型 76 机组	2	(42~76)×(1.5~5.0)	2015	5.5	7.5
		定径成型 114 机组	2	(76~114)×(1.5~6.0)	2015	8.5	10.4
		定径成型 165 机组	2	(114~165)×(2.0~6.0)	2015	6.1	8.4
		定径成型 325 机组	1	(218~325)×(2.0~10.0)	2016	4.8	5.8
		方矩管机组 定径成型 50 方机组	2	(19~63)×(1.5~3.50)	2015	3.2	3.8
		定径成型 80 方机组	2	(50~101)×(1.5~5.0)	2015	12.8	17.7
		定径成型 100 方机组	1	(82~127)×(1.5~6.0)	2015	8.1	9.1
		定径成型 150 方机组	1	(140~190)×(2.0~10.0)	2015	8.0	9.4
		定径成型 300 方机组	1	(178~382)×(2.0~16)	2016	9.0	9.8

续表

机组类型及型号			台套/条	产品规格范围（外径范围×壁厚范围）（mm）	投产时间（年）	实际产量（万吨）	
						2022年	2023年
热浸镀锌机组	圆管	4分~2寸钢管镀锌线	—	(20.8~59.5)×(1.5~4.0)	2015	10	11
		1.2寸~6寸钢管镀锌线	—	(42~165)×(1.5~6.0)	2015	4.9	10.3
		4寸~12寸钢管镀锌线	—	(20.8~59.5)×(1.5~4.2)	2015	11.9	13.2
		4寸~12寸钢管镀锌线	—	(20.8~59.5)×(1.5~4.3)	2019	—	—
	方矩管	25~150方管镀锌线	—	(30~250)×(1.5~10.0)	2015	9.8	11.2
		30×50~80×160钢管热浸生产线	—	(50~250)×(1.5~10.0)	2019	—	—

四、企业焊接钢管主导产品

产品名称		规格范围（外径范围×壁厚范围）（mm）	执行标准	实际产量（万吨）	
				2022年	2023年
焊管产量（黑管）	直缝高频圆管	(20.8~325)×(1.5~10.0)	GB/T 3091—2015	27.4	35.1
	直缝高频方矩形管	(19~382)×(1.5~16.0)	GB/T 6728—2002	41.2	49.8
热镀锌管	圆管	(20.8~325)×(1.5~10.0)	GB/T 3091—2015	26.8	34.6
	方矩管	(19~250)×(1.5~16.0)	GB/T 6728—2002	9.8	11.2

25　天津市万里钢管有限公司

一、企业简介

天津市万里钢管有限公司始建于2003年11月，公司坐落于天津市静海区大邱庄镇王虎庄，总占地面积约20万平方米，以生产中、薄壁厚高频直缝焊管为主。

公司自2004年初投产以来，规模逐步扩大，现有制管生产范围：外径φ20~219mm，壁厚1.3~4.0mm，外径φ273~426mm，壁厚2.0~8.0mm的各种规格中、薄壁厚高频直缝焊管，年产量达40万吨。

公司已通过ISO9001国际质量管理体系认证，并取得中国特种设备（压力管道元件）制造许可，严格的质量控制和全新的管理方式，加之现代化的生产设备，我们的产品得到广大用户认可，并获得"天津市名牌产品""重合同、守信用""诚信企业""科技型企业""天津市节能企业"等多项荣誉称号，公司将以此自勉，脚踏实地持续发展。

二、企业基本概况

企业名称	天津市万里钢管有限公司				
地址	天津市静海区大邱庄镇王虎庄村王虎庄路北		邮编		—
法人代表	王新朋	电话	022-68587808	电子邮箱	5601277@qq.com
联系人	王新朋	电话	022-68587808	联系人所在部门	经理
企业成立时间	2003 年		企业网址	http://www.tjwlgg.com/	
企业性质	私营有限责任公司	钢管设计能力（万吨/年）		36	
企业员工人数（人）	130	其中：技术人员（人）		30	
钢管产量（万吨）	2022 年	2023 年	钢管出口量（万吨）	2022 年	2023 年
	25.2	25		—	—
销售收入（万元）	2022 年	2023 年	利润总额（万元）	2022 年	2023 年
	104000.00	95000.00		—	—

三、焊接钢管生产技术装备及产量情况

机组类型及型号			台套/条	产品规格范围（外径范围×壁厚范围）（mm）	设计产能（万吨）	投产时间（年）	实际产量（万吨）	
							2022 年	2023 年
焊接钢管机组	高频焊管机组	圆管机组	50 机组	1	(20~47)×(1.3~3.0)	4	2022	2.8	2
			114 机组	2	(47~114)×(1.7~4.0)	6	2022	4.2	4
			219 机组	1	(140~273)×(1.7~4.0)	11	2019	7.7	7
			426 机组	1	(273~426)×(2.0~8.0)	15	2021	10.5	12

四、企业焊接钢管主导产品

产品名称		规格范围（外径范围×壁厚范围）（mm）	执行标准	实际产量（万吨）	
				2022 年	2023 年
焊管产量（黑管）	直缝高频圆管	(20~426)×(1.3~8.0)	GB/T 13793	25.2	25

26 湖南胜利湘钢钢管有限公司

一、企业简介

湖南胜利湘钢钢管有限公司是由湘潭钢铁集团有限公司控股的国有企业，由湘潭钢铁集团有限公司和山东胜利钢管有限公司于 2011 年合资成立，建设资金 7 亿元，坐落于伟人故里湖南省湘潭国家高新区，占地面积 700 亩，距湘江码头不足 1 千米，京珠高速入口 3 千米、湘钢铁路专用线 1.5 千米，地理位置优越，水陆交通极为便利，是国内一流的大管径、大壁厚、高等级、长距离石油、天然气输送用焊管生产企业，同时也是国内仅有的三家板管一体化企业之一。

公司是国家战略油气输送管道重要供应商之一，公司现有一条直缝埋弧焊管生产线，两条螺旋埋弧焊管生产线及两条防腐配套生产线，钢管年生产能力达 50 万吨，内外防腐 240 万平方米；生产规格为直缝 $\phi508 \sim 1422mm$，钢级 X80 时，壁厚为 33mm；螺旋 $\phi323.9 \sim 2620mm$，钢级 X80 时，壁厚为 18.4mm。公司具备了 CNAS 实验室认证证书，国家特种设备生产许可证，美国石油学会 API 会标使用许可证、中国船级社颁发的 ISO9001 质量体系认证、ISO14001 环境管理体系、ISO45001 职业健康安全管理体系、HSE 管理体系、产品五星级售后服务认证等多项资质证书。

公司是中石油、中石化及中海油的甲级供应商，是首批加入国家管网框架协议的六大主力供应商之一。参与了西气东输三线、陕京四线、新粤浙管道项目、鄂安沧管道项目及中俄东线等国内重大管线工程，获得了业主的一致好评。

二、企业基本概况

企业名称	湖南胜利湘钢钢管有限公司			
地址	湖南省湘潭市高新区滨江大道 8 号		邮编	411101
法人代表	昌发祥	电话	0731-58392726	电子邮箱	changfaxiang@ hnslxg. com
联系人	易春洪	电话	18975206387	联系人所在部门	销售公司
企业成立时间	2011 年 11 月 1 日	企业网址		www.hnslxg. cn
企业性质	有限责任公司	钢管设计能力 （万吨/年）		直缝：40 螺旋：30
企业员工人数（人）	370	其中：技术人员（人）		60

企业名称	湖南胜利湘钢钢管有限公司				
钢管产量 （万吨）	2022 年	2023 年	钢管出口量 （万吨）	2022 年	2023 年
	23.62	18.02		0	0.5

三、焊接钢管生产技术装备及产量情况

机组类型及型号		台套/条	产品规格范围（外径范围×壁厚范围）（mm）	设计产能（万吨）	投产时间（年）	实际产量（万吨）	
						2022 年	2023 年
焊接钢管机组	JCOE 直缝埋弧焊管机组	1	(508～1422)×(7.9～60)	40	2011	192670	140391
	螺旋缝埋弧焊机组	2	(323～2620)×(5.2～25)	30	2011	43533	39816

四、企业焊接钢管主导产品

产品名称		规格范围（外径范围×壁厚范围）（mm）	执行标准	实际产量（万吨）	
				2022 年	2023 年
焊管产量（黑管）	螺旋焊埋弧管	(323～2620)×(5.2～25)	GB/T 9711 标准	4.3533	3.9816
	直缝埋弧焊管	(508～1422)×(7.9～60)	GB/T 9711 /国家管网 DEC 标准	19.2670	14.0391
主要品种产量	管线管（输送油气）	直缝：(508～1422)×(7.9～60) 螺旋：(323～2620)×(5.2～25)	GB/T 9711/国家管网 DEC 标准	20.2670	14.5391
	流体管（输送水、固体）		GB/T 3091 标准	3.3533	3.4816

27　天津惠利通钢管有限公司

一、企业简介

天津惠利通钢管有限公司位于天津市静海区北环工业园区，是专业化生产直缝高频电阻钢管螺旋双面埋弧焊钢管、方矩形管及防腐的企业。公司坐落在天津静海北环工业园区，距离天津新港 75 公里，西邻 104 国道、东邻京沪高速出入口，交通干线四通八达。公司占地面积 15 万平方米，公司拥有完善的各类生产设备及检测设备，年生产规模 35 万

吨以上。

公司拥有雄厚的专业技术优势，拥有多名专业技术人员及检测人员，建立了完善的技术保障体系及质量保证体系，以质量树立企业形象，以服务赢得客户信赖，严抓管理，先后获得了 ISO9001 质量体系认证、ISO14000 环境管理体系认证、ISO45001 职业健康安全体系认证、特种设备压力管道制造许可证和美国石油协会 API 会标使用权证书。公司产品可满足 API 5L PSL2、API 5CT、GB/T 9711 PSL2、GB/T 13793、EN10210、EN10217、EN10219 等行业标准，产品广泛应用于石油、天然气输送、输水供气流体输送、污水处理排污、桥梁港口码头、工业用桩管以及各类结构。

公司一贯坚持"以先进的设备和技术为前提，以质量求生存，以管理求效益，以品质求发展"的经营方针理念；树立"用户至上，服务为本，信誉第一"的经营思想，不断开拓新市场，新渠道，长期以来与广大客户建立了良好的关系，得到了广大客户的一致好评。

二、企业基本概况

企业名称	天津惠利通钢管有限公司				
地址	天津市静海区北环工业园区		邮编		301600
法人代表	刘建利	电话	15302138079	电子邮箱	214352095@qq.com
联系人	王炳臣	电话	18602293066	联系人所在部门	销售处
企业成立时间	2003 年 6 月 26 日	企业网址		www.huilitong.com.cn	
企业性质	私营企业	钢管设计能力（万吨/年）		80	
企业员工人数（人）	233	其中：技术人员（人）		22	
钢管产量（万吨）	2022 年	2023 年	钢管出口量（万吨）	2022 年	2023 年
	25.2	23.3		6.5	5.7
销售收入（万元）	2022 年	2023 年	利润总额（万元）	2022 年	2023 年
	110242.00	123107.00		3214.00	2892.00

三、焊接钢管生产技术装备及产量情况

机组类型及型号			台套/条	产品规格范围（外径范围）（mm）	设计产能（万吨）	投产时间（年）	实际产量（万吨）	
							2022 年	2023 年
焊接钢管机组	螺旋缝埋弧焊机组	1220 机组	1	325~1220	8	2003	2	1
		920 机组	1	219~920	10	2003	1	1
		2540 机组	1	406~2540	10	2007	3	3
		2540 机组	1	508~2540	10	2015	3	4

续表

机组类型及型号			台套/条	产品规格范围（外径范围）(mm)	设计产能（万吨）	投产时间（年）	实际产量（万吨）	
							2022 年	2023 年
焊接钢管机组	高频焊管机组	圆管机组						
		273 机组	1	114.3~273.1	10	2008	2	2
		508 机组	1	219.1~508	12	2007	5	6
		180 机组	1	60~180	10	2005	5	4
		203 机组	1	114~203	10	2017	6	5
	合计		8	—	80	—	—	—

四、企业焊接钢管主导产品

产品名称		规格范围（外径范围×壁厚范围）(mm)	执行标准	实际产量（万吨）	
				2022 年	2023 年
焊管产量（黑管）	直缝高频圆管	(60~508)×(3~16)	GB/T 3091 GB/T 13793 GB/T 9711 API 5L API 5CT EN10217 EN10219 EN10210	18	17
	螺旋焊埋弧管	(219~3220)×(6~28)	SY/T 5037 GB/T 3091 GB/T 13793 GB/T 9711 API 5L API 5CT EN10217 EN10219 EN10210	7	7
主要品种产量	油井管	—	√	—	—
	管线管（输送油气）	—	√	—	—
	流体管（输送水、固体）	—	√	—	—
	其他	—	√	—	—

28　辽宁奥通钢管有限公司

一、企业简介

辽宁奥通钢管有限公司位于中国钢铁基地——鞍钢的西南侧，地理位置得天独厚，具有方便快捷的原材料购货优势。毗邻哈大高速公路，直抵大连和营口两个海港，交通运输极为便利、快捷。本公司为鞍钢长年协议用户。

公司始建于1992年，占地面积25万多平方米，现有员工700人，其中专业技术人员200人，管理人员115人，资产总额4.8亿元。主导产品双面埋弧焊螺旋钢管、3PE防腐钢管。

目前公司拥有十一套具有国际现代化水平的螺旋焊管生产机组，年生产能力50万吨，螺旋焊管口径从219mm到3600mm，是国内产能较高的企业、生产焊管口径大的螺旋缝埋弧焊管生产基地。

该机组采用国外先进的辊式向心成型理论，焊接采用标准的林肯焊机，内外焊采用双丝埋弧自动焊，并采用英国Meta公司生产的激光跟踪系统自动监控，整套机组配有自动化程度较高的电脑触摸屏控制系统和在线超声波探伤仪、X射线工业电视，管端扩径及射线抓拍，自动控制静水压试验可达25MPa。整套机组自动化程度高，成型稳定，焊接质量可靠。

同时，公司还拥有先进水平的实验室，检验设备先进、齐全，能对产品质量提供可靠保障措施。产品执行石油学会API SPEC 5L、GB/T 9711.1—1997、GB/T 9711.2—1999、SY/T 5037—2000标准。螺旋焊管壁厚6～25mm，钢种材质为A、B级——X80级。公司拥有现代化的3PE防腐生产线一台套，年生产能力100万平方米，是国内生产PE防腐的制造企业。

奥通公司以其优良的产品保证和细致周到的服务在客户中拥有较高的知名度和良好的口碑。

产品广泛应用于石油、天然气、煤气、热力、给排水等承压运输管线，也可用于化工、电力、灌溉、结构、打桩等工程。

产品销量连年递增，先后为"中国石油独山子千万吨炼油，百万吨乙烯工程"、国家"十一五"重点工程——"辽宁华锦化工（集团）500吨炼油，48万吨乙烯工程""长春西北环线天然气管道工程""兰州燃气管道工程""抚顺大乙烯项目""北京奥运供水管道工程""鞍钢新轧钢输气管道工程""大庆石化输油管道工程"等大型重点工程提供配套的产品。

在国外市场，产品已远销到美国、加拿大、丹麦、沙特阿拉伯等国家和地区。我公司产品质量符合 API 标准要求，多次通过了西安管材研究所研究员驻公司质量监督及国际管材制造知名专家的认可。并已加入中石油、大庆油田、鞍钢、首钢等大企业供方网络，成为常年供应单位之一。

奥通公司已通过 ISO9001：2000 版质量管理体系和石油学会 API 质量体系认证，被誉为"中国焊管十强企业"，并获得中华人民共和国特种设备制造许可证、"能源 1 号网会员"证、全国工业生产许可证。产品曾被授予辽宁省知名品牌、鞍山市知名品牌等多项荣誉，公司获得守合同重信用先进企业、工商免检企业、诚信企业和 AAA 级资信企业等荣誉。

公司秉承信誉至上、用户至上、信守合同、定期交货为服务宗旨，竭诚与国内外朋友携手共进，同创宏图伟业！

二、企业基本概况

企业名称	辽宁奥通钢管有限公司			
地址	辽宁省鞍山市千山区鞍腾路 405 号		邮编	114050
法人代表	于君铎	电话 13941202948	电子邮箱	—
联系人	李鹏程	电话 17741238970	联系人所在部门	质量部
传真	0412-2572999	电子信箱	Lipengcheng06@ 163. com	
企业成立时间	2004 年	企业网址	http：//www. asatgg. com/	
企业性质	国企	钢管生产设计能力（万吨/年）	50 万吨	
企业员工人数（人）	700	其中：技术人员（人）	200	
钢管产量（万吨）	2022 年	2023 年	出口量（万吨）	2022 年	2023 年
	10	11		0.15	0.9

三、焊接钢管生产工艺技术装备及产量情况

机组类型及型号		台套/条	产品规格范围（外径范围×壁厚范围）（mm）	设计产能（万吨）	投产时间（年）
螺旋埋弧焊管机组	φ920~3620	1	3620×25	15	2009
	φ426~2032	1	2032×22	10	2006
	φ426~1520	1	(508~2438)×25.4	10	2009
	φ426~1220	1	1220×18	5	2007
	φ219~820	2	820×16	9	2002
	φ219~630	2	630×14	6	2001
	合计	8	(508~2438)×(14~25.4)	55	—

四、企业焊接钢管主导产品

产品名称	规格范围（外径范围× 壁厚范围）（mm）	执行标准
螺旋缝埋弧焊接钢管 （SAWH）	(219~3620)×(6~25)	GB/T 9711—2017 GB/T 3091—2015

29 河北敬业精密制管有限公司

一、企业简介

河北敬业精密制管有限公司是一家集直缝焊管、托辊管、方矩形钢管、螺旋焊管等多种产品生产销售于一体的大型企业。

公司成立于 2014 年 8 月，总投资 6 亿元，于 2014 年 11 月 20 日正式投产，拥有目前国内先进的高频焊接钢管生产线，实现了钢管换型到出成品的电控自动化。

目前，公司投产焊管生产线 4 条、大口径方管生产线 2 条、螺旋管生产线 3 条，规划热镀锌管生产线，将形成热镀锌钢管、螺旋管防腐保温等全系列钢管产品，生产规模将发展至 350 万吨。

二、企业基本概况

企业名称	河北敬业精密制管有限公司			
地址	河北省石家庄市平山县南甸镇东庄村 10 号		邮编	—
法人代表	习明海	电话	—	电子信箱	—
联系人	张彦虎 马志强	电话	18031823787 13582358369	联系人所在部门	销售部
传真	—	电子信箱	—		
企业成立时间	2014 年	企业网址	www.hbjyjmzg.cn/		
企业性质	民营企业	钢管生产设计能力 （万吨/年）	58		
企业员工人数（人）	513	其中：技术人员 （人）	22		

企业名称	河北敬业精密制管有限公司			
钢管产量 （万吨）	2022 年	2023 年	钢管出口量 （万吨）	2022 年	2023 年
	55	60		0.15	2.2

三、焊接钢管生产工艺技术装备及产量情况

机组类型及型号		台套/ 条	产品规格范围（外径范围× 壁厚范围）（mm）	设计产能 （万吨）	投产时间 （年）	实际产量（万吨）	
						2022 年	2023 年
焊接钢管 机组	φ630ERW 机组	2	φ219~630	3	2019	—	—
	φ50ERW 机组	1	φ20~48	3	2016	—	—
	φ127ERW 机组	1	φ89~114	5.3	2016	—	—
	φ76ERW 机组	1	φ32~76	5.2	2015	—	—
	φ165ERW 机组	1	φ89~165	6.5	2015	—	—
	400 方机组	1	F200~400	15	2019	—	—
	250 方机组	1	F100~250	13	2016	—	—
	φ219~2420 螺旋缝埋弧焊管机组	1	φ219~2420	7	2019	—	—
合 计		9	—	58	—	55	60

四、企业焊接钢管主导产品

产品名称	规格范围（外径范围× 壁厚范围）（mm）	执行标准
方矩形钢管	F200~400	GB/T 6728—2017
管线管	(219~2420)×(5~25.4)	API SPEC 5L
螺旋缝埋弧 焊接钢管（SAWH）	(219~2420)×(5~25.4)	SV/T 5037—2018 GB/T 9711—2017 API SPEC 5L GB/T 3091—2015

30　佛山市南海宏钢金属制品有限公司

一、企业简介

佛山市南海宏钢金属制品有限公司位于广东省佛高新开发区里水镇桂和路和桂工业园B区内，交通便利，物流发达。

公司是以热浸镀锌钢管、钢塑复合管、方矩形管、优质冷轧带钢为主导产业的生产型企业，专业生产"宏钢"牌热镀锌钢管，现有员工270人。在"互联网+"新的经济形态下，企业定位于"优质管道互联智造价值新坐标"，不断优化生产工艺，实现产品质的飞跃。实现原料生产供应商—生产工厂—经销商—用户信息无限共享。个性化定制服务，根据最终用户的需求量身制造，产品的深加工实现大部分工厂化。与广东工业大学开展离散制造过程人工智能系统关键技术研发与应用，最大限度的节省原料损耗，控制产品质量，节约物流成本，降低现场安装劳动强度。满足不同用户，尤其是直接使用者、重点工程实际需求。发挥产业链快速反应，全制程可控制特点及长期投入改造硬件基础设施的优势。发挥品牌效应，充分调动专业生产钢管三十年的无形资产积累，服务大型承建商，为重点工程配套。

全面提升产品质量，与华南理工大学建立教学科研创新实践基地，形成了镀锌工艺产学研合作关系，使大企业和高校的先进工艺技术及设备直接服务于企业，为企业提供工艺技术支持。各生产工序严格按照产品质量标准进行质量控制，钢管在线涡流探伤检测、水压试验，检测中心可进行理化分析、机械性能检测，为生产优质管道提供了可靠的保证。

多年来一直坚持以优质产品创品牌，并始终把"质量第一、客户至上，诚信经营"的理念贯穿于企业发展的全过程。消防管道广泛应用于广发证券大厦，高铁佛山西站，广州琶洲地下空间工程，海南省委办公楼等大型项目。成为世界500强马士基公司集装箱厂、中集集装箱制造有限公司、南方电网公司的供应商；镀锌消防管成为"碧桂园""雅居乐"，万科，保利地产工程中标推荐安装产品。热镀锌钢管、钢塑复合管符合佛山市绿色建筑和绿色建材政府采购产品要求。参与编制国家建筑工业行业标准、国家《燃气用热镀锌钢管》团体标准和佛山市钢管行业联盟标准。

公司通过了ISO9001质量管理体系，ISO14001环境管理体系，ISO45001职业健康安全管理体系，ISO10012测量管理体系的认证，获中国船级社工厂认可，获广东省采用国际标准产品认可证书，获广东省诚信示范企业证书，获广东省制造业优秀企业称号，获广东省自主创新示范企业，获广东省专精特新企业，荣列广东省制造业500强企业，获广东省"守合同重信用"企业。获佛山市专精特新企业，获佛山市"细分行业龙头"企业，获佛山市绿色建材政府采购符合性证明，获佛山市安全生产标准化证书，获佛山市南海区制造业高质量发展标杆企业。"宏钢"商标获得广东省著名商标认定，"宏钢"牌热镀锌钢管产品，冷轧钢板产品分别荣获广东省名牌产品称号。获绿盾全国企业 AAA 信用评价等级证书。公司在广东股权交易中心高成长板企业挂牌（代码：892800），为国家高新技术企业，佛山市钢管工程技术研究中心。

公司本从钢管专业生产几十年，锻造了一批经验丰富、热爱钢管事业的工匠。一直探索钢管生产流程的自动化、数字化改造。2023 年被评定为佛山市数字化智能化示范车间。ERP、MES、WMS 系统全面应用在管理环节。公司已逐步发展成为广东省内优质管道互联智造的现代化企业，不断开拓管道个性，打造新篇章。

二、企业基本概况

企业名称	佛山市南海宏钢金属制品有限公司				
地址	佛山市南海区里水镇和桂工业园 B 区		邮编		528241
法人代表	吴刚	电话	13702974121	电子邮箱	nhhonggang@ 126. com
联系人	申建春	电话	13535713437	联系人所在部门	企管部
企业成立时间	2004 年		企业网址		www. honggangpipe. com
企业性质	私营		钢管设计能力（万吨/年）		30
企业员工人数（人）	270		其中：技术人员（人）		35
钢管产量（万吨）	2022 年	2023 年	钢管出口量（万吨）	2022 年	2023 年
	25	30		—	—

三、焊接钢管生产技术装备及产量情况

机组类型及型号			台套/条	产品规格范围（外径范围×壁厚范围）（mm）	设计产能（万吨）	投产时间（年）	实际产量（万吨）	
							2022 年	2023 年
焊接钢管机组	高频焊管圆管机组	圆管机组	5	(15~200)×(1.0~6.0)	30	2005	25	30
热浸镀锌机组	圆管		3	(15~200)×(1.0~6.0)	—	2005	25	30
钢塑复合钢管机组	衬塑机组		2	(20~150)×(1.0~5.0)		2010	2	2.5
	涂塑机组		1	(20~150)×(1.0~5.0)	—	2010	1	1.2

四、企业焊接钢管主导产品

产品名称		规格范围（外径范围×壁厚范围）（mm）	执行标准	实际产量（万吨）	
				2022 年	2023 年
焊管产量（黑管）	直缝高频圆管	(15～200)×(1.0～6.0)	GB/T 3091—2015	25	30
热镀锌管	圆管	(15～200)×(1.0～6.0)	GB/T 3091—2015	25	30
主要品种产量	钢塑复合管	(20～150)×(1.0～5.0)	GB/T 28897—2021	2	2.5
	涂塑复合管	(20～150)×(1.0～5.0)	GB/T 28897—2021	1	1.2

31　广东荣钢管道科技有限公司

一、企业简介

"荣钢"品牌创建于 1994 年，创立广东荣钢管道科技有限公司，注册资金 10000 万元，是主要生产、经营"荣钢"牌消防级系列钢管：热浸镀锌钢管、热浸镀锌高压无缝钢管、内外涂覆钢管（执行标准：GB/T 5135.20—2010）；"荣钢"牌给水系列钢管：给水衬塑复合钢管、涂塑给水复合钢管、内外涂塑复合钢管，以及"荣钢"牌 JDG 钢制热镀锌电线套管、热浸镀锌方矩管等系列产品的集中生产基地。公司位于：广东省佛山市南海里水和顺石塘村桃北工业园 2 号，厂房及仓储占地面积 100 亩，长年储备各品种钢管总量 5 万～8 万吨。

荣获以下权威认证证书：

本企业通过 ISO9001：2015 质量管理体系认证、ISO14001：2015 环境管理体系认证、ISO45001：2018 职业健康安全管理体系认证、知识产权管理体系认证、售后服务认证、测量管理体系认证、中国环境标志产品认证。

企业获得荣誉称号：

广东省名牌产品、细分行业龙头企业、高新技术企业、安全生产标准化三级、广东省守合同重信用企业、佛山市"专精特新"企业、全国给排水行业名牌、品牌贡献奖、科技创新先进企业、专精特新中小企业、创新型中小企业。

获得行业荣誉：

"中国建筑金属结构协会给排水设备分会管道委员会"副主任委员；

"佛山市建材行业协会"副会长单位；

"佛山市钢管行业协会"常务副会长兼秘书长单位；

"佛山市工程造价与招标协会"优秀建材供应商会员单位。

给水系列产品荣获广东省饮用水卫生许可批件：粤卫水字【2022】-05-第 S0388 号、粤卫水字【2022】-05-第 S0389 号。

"荣钢"牌产品被广泛应用于消防、供水、通信、电力、市政排污、地铁、高铁、钢结构等工程。产品遍及全国各地，曾被广州地铁 21 号线、广州市新白云机场 T2 航站楼、港珠澳大桥、珠海航展中心、东莞地铁 R2 线、清远清新区自来水供水、田林县防汛抗旱供水、天峨县 2017 农村饮水供水、广西河池东兰县饮水供水、海南三亚丽思卡尔顿酒店、广州地铁六号线、广东大亚湾核电站、昆明地铁、江西赣州明珠工业园、长沙市自来水管道改造工程、远销辐射中东、东南亚等第三世界国家。

二、企业基本概况

企业名称	广东荣钢管道科技有限公司			
地址	佛山市南海区里水镇和顺石塘村桃北工业园 2 号		邮编	528244
法人代表	邓伟勤	电话 13802920483	电子邮箱	498851740@qq.com
联系人	蔡海雄	电话 13824431908	联系人所在部门	市场部
企业成立时间	2014 年 8 月 12 日	企业网址	www.gdronggang.com	
企业性质	有限责任公司	钢管设计能力（万吨/年）	20	
企业员工人数（人）	90	其中：技术人员（人）	12	
钢管产量（万吨）	2022 年	2023 年	钢管出口量（万吨）	2022 年 2023 年
	5.4522	7.1892		0　　　　0
销售收入（万元）	2022 年	2023 年	利润总额（万元）	2022 年 2023 年
	29442.00	37384.00		195.78　　288.65

三、焊接钢管生产技术装备及产量情况

机组类型及型号			台套/条	产品规格范围（外径范围×壁厚范围）（mm）	设计产能（万吨）	投产时间（年）	实际产量（万吨）	
							2022 年	2023 年
焊接钢管机组	JCOE 直缝埋弧焊管机组 φ325~2200		2	（300~2200）×（5~20）	1.5	—	0.6	—
	高频焊管机组	圆管机组 φ50	1	（20~65）×（0.8~4）	10	—	—	—
		φ114	1	（65~125）×（1.5~4.5）	12	—	—	—
		φ165	1	（114~200）×（2~6.5）	12	—	—	—
		方矩管机组 φ50	2	（20~80）×（0.5~4）	20	—	—	—
		φ80	2	（50~100）×（0.8~4.5）	20	—	—	—

机组类型及型号		台套/条	产品规格范围（外径范围×壁厚范围）（mm）	设计产能（万吨）	投产时间（年）	实际产量（万吨）	
						2022年	2023年
热浸镀锌机组	圆管	1	DN15～80	15	—	12	13
		1	DN65～200	18	—	15	16
钢塑复合钢管机组	衬塑机组	GNFS-11-111　3	DN15～80	1	2014	0.8	0.8
		GNFS-11-1V　2	DN80～300	1.5	2014	1	1.1
	涂塑机组	— 1	DN15～300	2	2016	0.85	1

四、企业焊接钢管主导产品

产品名称		规格范围（外径范围×壁厚范围）（mm）	执行标准	实际产量（万吨）	
				2022年	2023年
焊管产量（黑管）	直缝高频圆管	15×2.8～325×6.0	GB/T 3091—2015	18	20
热镀锌管	圆管	15×2.8～325×6.0	GB/T 3091—2015	13	14.5
主要品种产量	钢塑复合管	DN15～300	GB/T 28897—2021	2.5	2.7
	涂塑复合管	DN15～300	GB/T 28897—2021	0.8	1

32 天津市天应泰钢管有限公司

一、企业简介

天津市天应泰钢管有限公司坐落于天津静海大邱庄，是一家从事钢管生产和销售及进出口贸易的综合性技术企业。近20年的快速发展，天应泰拥有5家生产工厂、2家外贸公司，形成完整的产业战略布局。

目前拥有建筑面积100000m² 的生产基地，配备15条先进的环保型镀锌带焊管生产线、焊管深加工生产线15条，具备年产百万吨镀锌带焊管的生产能力，公司深耕镀锌带焊管的研发生产20年，拥有完善的研发生产体系，打造了300多个不同规格的镀锌带焊管产品，广泛应用于基础建设结构、设施农业、光伏产业、新基建、高端装备制造、交通建设、运动器材等多个领域。

产品出口 50 多个国家和地区，已获得欧盟 CE、菲律宾 PNS、马来西亚 CCS 等认证。在泰国、菲律宾等国家有绝对市场优势。

为了保障公司产品质量，使公司具备产品检测、新产品研发等可持续发展能力，公司建立了功能齐全的"研发检测中心"，对公司产品化学元素、机械性能、表面特性、极限试验等全方位测试。经过不断发展，努力创新，获得 30 项证书；其中有 1 项为：一种镀锌管钝化液自动喷涂系统（ZL201610139539.4），增长钝化时间，钝化液附着均匀，钝化效率高，确保至少 18h 以上的盐雾试验，最大限度保证防腐效果，是业界唯一一家拥有如此防腐效果产品的企业，填补了行业空缺。

2024 年研发单管单码技术，每支钢管都赋予独立的数字码，根据此数字码可以查出这支钢管的所有信息，做到生产可追溯，防假防伪的作用，让客户用得更放心。

为了给顾客提供方便、快捷的服务，公司投资建造了超大型室内钢管配送中心，配备了多辆钢材运输车队，做到 24 小时全天候为顾客提供运输业务，使顾客真正感受到销售、仓储、运输、配送一条龙服务。

我们期待与您"携手共进、共创未来"！

二、企业基本概况

企业名称	天津市天应泰钢管有限公司				
地址	天津市静海区大邱庄镇恒泰路 14 号		邮编		301606
法人代表	任秀健	电话	—	电子邮箱	tyt05@ tytgg. com. cn
联系人	—	电话	022-28891151	联系人所在部门	市场部
企业成立时间		2007 年	企业网址		https：//www. tytsteel. cn
企业性质		民营	钢管设计能力 （万吨/年）		镀锌带管 50 余万吨，钢管深加工 10 余万吨，热镀锌钢管 20 余万吨
钢管产量 （万吨）	2022 年	2023 年	钢管出口量 （万吨）	2022 年	2023 年
	53.96	54.15		25	28

三、企业焊接钢管主导产品

产品名称		规格范围（外径范围×壁厚范围）（mm）	实际产量（万吨）	
			2022 年	2023 年
热镀锌管	圆管	4 分~4 寸（20~112、0.8~2.0）	21.58	21.66
	方矩管	20×20~60×120（0.8~2.0）	32.38	32.49

33 天津市飞龙制管有限公司

一、企业简介

天津市飞龙制管有限公司坐落于天津市滨海新区大港太平镇郭庄子村中华民营经济园内，距天津市区 70 公里，天津港口 50 公里，紧贴 205 国道，东距万黄铁路 1 公里，西距京汕高速公路 1 公里，与石黄高速，京沪高速，津晋高速纵横交错，地理位置优越，交通四通八达。

企业是全国诚信企业和天津市知名企业之一，属大港区骨干企业；始建于 1995 年，有员工 650 余人，其中专业技术人员 160 人，中高层管理人员 20 人，中高级职称 8 人，厂区占地面积 400484 平方米，建筑面积 67352 平方米。

企业现有 12 条高频率焊管生产线，3 条热镀锌生产线，2 条扩管生产线，成为纵剪、轧板、焊管、扩管、热镀锌综合型制管公司，公司拥有完备的水压试验、压扁试验、低温冲击材料试验机、电脑控制化学成分直读光谱仪、拉伸试验、弯曲试验等检验设备和设施，可生产焊管 50 多万吨，年产热镀锌管能力达 18 万吨。

二、企业基本概况

企业名称	天津市飞龙制管有限公司				
地址	天津市滨海新区大港太平镇郭庄子村中华民营经济园内		邮编		—
法人代表	张世皓	电话	—	电子邮箱	feilongzhiguan@126.com
联系人	徐林健	电话	022-63106966	联系人所在部门	销售部
企业成立时间		1995 年	企业网址		http://www.tjfeilong.com
企业性质		民营	钢管设计能力（万吨/年）		60
企业员工人数（人）		650	其中：技术人员（人）		160
钢管产量（万吨）	2022 年	2023 年	钢管出口量（万吨）	2022 年	2023 年
	40.34+24.16	38.52+22.61		—	—

三、焊接钢管生产技术装备及产量情况

机组类型及型号			产品规格范围（外径范围×壁厚范围）（mm）	实际产量（万吨）	
				2022 年	2023 年
焊接钢管机组	高频焊管机组	圆管机组	φ20~426	38.7304	37.8714
		方矩管机组	—	1.6118	0.644

四、企业焊接钢管主导产品

产品名称		规格范围（外径范围×壁厚范围）（mm）	实际产量（万吨）	
			2022 年	2023 年
焊管产量（黑管）	直缝高频圆管	φ20~426	38.7304	37.8714
	直缝高频方矩形管	—	1.6118	0.644
热镀锌管	圆管	—	24.155	22.6104

34 天津市兆利达钢管有限公司

一、企业简介

天津市兆利达钢管有限公司始建于 2009 年（其前身为成立于 2002 年的天津市鑫昊商贸有限公司），坐落在大邱庄工业区，注册资金一亿三千六百万元，占地 12 万平方米，年产能 120 万吨，员工 300 余人。现有镀锌带钢管生产线 11 条，其中方矩管规格为 20~150 方，圆管规格为 5~8 寸。

经过多年的积累和开拓，天津市兆利达钢管集团被评为天津市绿色工厂、天津市高新技术企业、天津市专精特新中小企业。公司将一如既往的努力下去，坚持为客户提供良好品质的产品。

天津昊大钢管有限公司，成立于 2007 年，坐落在静海镇开发区，员工 120 余人，生产线 4 条，主要产品为 4 分-4 寸的圆管。

天津市伟昊得钢管有限公司，成立于 2010 年，专业从事外贸加工，承揽（英标、美标、德标和日标）车丝、喷漆、涂油、改包、断尺、压槽、去筋、倒角等多项业务。同时自有货场 3000 平方米，常备库存 1500 吨，与众多国际贸易和工程公司建立了长期合作

关系。

兆利达钢管公司全员坚持"以质量求生存，以科技求发展，以管理求效益，以信誉求市场"的宗旨，不断地加强科技创新，改进提高品质，为客户提供高品质产品。

天津赫隆国际贸易公司，成立于2011年，自营和代理各类商品的进出口业务，同南美、非洲、中东以及东南亚各国建立了良好的贸易关系，为兆利达走向世界奠定坚实的基础。

作为全国同行业中的当先企业，我们将以优良的产品、优良的质量和优良的服务与广大客户建立长期合作、互惠互利、共同发展的战略合作伙伴关系，携手并进共谱美丽新篇章。

二、企业基本概况

企业名称	天津市兆利达钢管有限公司			
地址	天津市静海区大邱庄工业区科技大道9号		邮编	301606
法人代表	顾廷伟	电话	—	电子邮箱
企业成立时间	2009年	企业网址		http://www.tjzld.com
企业性质	民营	钢管设计能力（万吨/年）		120
企业员工人数（人）	300	其中：技术人员（人）		—
钢管产量（万吨）	2022年	2023年	钢管出口量（万吨）	2022年	2023年
	100.51	107.04		21	23

三、焊接钢管生产技术装备及产量情况

机组类型及型号			台套/条	产品规格范围（外径范围×壁厚范围）（mm）	实际产量（万吨）	
					2022年	2023年
焊接钢管机组	高频焊管机组	圆管机组	4	4分~4寸	21.54	24.84
		方矩管机组	11	20^2~150^2	78.97	82.2

四、企业焊接钢管主导产品

产品名称		规格范围（外径范围×壁厚范围）（mm）	实际产量（万吨）	
			2022年	2023年
焊管产量（黑管）	直缝高频圆管	4分~4寸	21.54	24.84
	直缝高频方矩形管	20^2~150^2	78.97	82.2

35 黑龙江华明管业有限公司

一、企业简介

黑龙江华明管业有限公司是建龙阿城钢铁有限公司（简称"建龙阿钢"）与吉林华明管业有限公司于 2019 年合资成立的公司，公司注册资金为 1.5 亿元，建龙阿城钢铁有限公司占股比例 95%。企业坐落于"千年肇兴地，大金第一都"的金源文化古都——哈尔滨市阿城区金城街北环路 2 号。

公司主要从事直缝高频焊接钢管、金属制品生产及销售。产品涉及普通直缝高频焊管、镀锌直缝高频焊管、热镀锌焊管以及家具用直缝高频管、结构用直缝高频管、低压流体管、输电线路铁塔用直缝高频管、普通碳素钢电线套管等领域。拥有高频焊管机组 24 条（其中 DN15～200 圆管机组 11 条、20×40～100×100 方矩管机组 13 条）；热浸镀锌机组 6 条（其中四工位 DN15～150 热浸镀锌圆管机组 3 条、四工位 20mm×40mm～100mm×100mm 热浸镀锌方矩管机组 3 条）。年产普通直缝焊管（圆/方）43 万吨/年、热镀锌焊管 22 万吨/年、镀锌直缝焊管（方）35 万吨/年。年可实现销售收入 22 亿元，年纳税 5000 万元，可安置 600 人就业。

建龙阿城钢铁有限公司是世界 500 强企业北京建龙重工集团有限公司的全资子公司。注册资本 16 亿元，占地面积 141 万平方米；资产总额 72 亿元；在册员工 3000 余人。其中大专以上学历占比 28.93%。拥有 180m^2 烧结机 1 台，1260m^3 高炉 1 座，120t 转炉 1 座，配套 120t 钢包精炼炉 1 座，R9m6 机 6 流小方坯连铸机和 R12m4 机 4 流矩形坯连铸机各 1 台，年产 140 万吨 850mm 热轧特殊钢生产线，超高温超高压 35MW 余热余气综合利用自备电厂和 100 万吨废钢加工生产线。产品广泛应用于建筑安装、工程机械、汽车装备、油气输送、装备制造、矿山安全等领域，产品技术先进，质量可靠，深受用户好评和信赖。企业质量、环境、能源和职业健康管理体系规范，通过了 ISO9001 质量管理体系、ISO14001 环境管理体系、ISO50001 能源管理体系、ISO45001 职业健康安全管理体系的认证。被授予哈尔滨市民营制造业百强企业；通过了国家高新技术企业认定和黑龙江省企业技术中心认定；2021 年被工信部纳入国家绿色工厂名录。被中国企业联合会、中国企业家协会授予"AAA 级信用评价企业"。2023 年获评国家级智能工厂，顺利通过 CNAS 实验室认可和 AAA 工业化信息化两化融合贯标。是哈尔滨工业大学钢铁余热资源化联合研究所、长春师范大学工程学院产、学、研示范基地，是黑龙江省工程技术研究中心。同时获评黑龙江省质量标杆；获得黑龙江省、哈尔滨市制造业单项冠军企业认定；成功与哈尔滨工程大学合作组建管材酸洗废液处理产业技术研究中心和高炉本体预测仿真平台产业技术研究院，与哈尔滨工业大学合作组建钢轧智能制造产业技术研究中心、低碳冶金能源产业技术研究院。按照《黑龙江省钢铁行业高质量发展规划》的战略部署，打造钢铁产业"双千工程"，将以哈尔滨市阿城区为中心，以建龙阿钢为核心，建设集钢铁生产、加工、商贸、物流、研发为一体的国内领先的钢铁产业园区，形成"一核七中心"产业集群。作为钢铁产业园区核心企业，建龙阿钢将发挥产业基础优势、区位市场优势和交通物流优势，延伸钢铁产业链，发展配套服务链，努力打造东北地区规模最大、品种最全、服务一流的建筑业综合服务商，高端、专业、优质的工业用钢供应商，优质钢材深加工产业基地，成为黑龙江省钢铁深加工产业的担当者；运用"工业4.0"和"5G+互联网"平台推进操控集中化、操作岗位自动化、运维监测远程化、服务系统在线化，实现数字化转型升级目标，成为黑龙江省钢铁企业创新发展和数字赋能的开拓者；推进清洁生产、节能减排、绿色工厂建设，实现低碳环保、超低排放，与城市和谐共生，成为黑龙江省产城融合、绿色发展的引领者；持续提升社会效益和提高员工福祉，构建利益共同体，成为美好企业的践行者。预计到2025年可实现工业产值350亿元，带动就业3万人，城区供热300万平方米以上，实现产品结构升级、产城融合、绿色智能发展。

吉林华明管业有限公司是由沈阳雷明钢管有限公司和吉林恒联公司合资成立的企业，于2017年在吉林明城经济开发区注册成立，注册资本为1.5亿元，项目投资4亿元。主要以热轧带钢和镀锌带钢为原料生产方矩管，生产规模为60万吨/年。

二、企业基本概况

企业名称	黑龙江华明管业有限公司			
地址	黑龙江省哈尔滨市阿城区金城街北环路2号		邮编	150300
法人代表	王忠英	电话　0451-51538012	电子邮箱	jinzhongxin@ejianlong.com
联系人	金忠鑫	电话　15645123113	联系人所在部门	安全生产室
企业成立时间	2019年8月2日	企业网址	—	
企业性质	私营企业	钢管设计能力（万吨/年）	100	
企业员工人数（人）	419	其中：技术人员（人）	15	
钢管产量（万吨）	2022年	2023年	钢管出口量（万吨）	2022年	2023年
	39.65	44.23		—	—
销售收入（万元）	2022年	2023年	利润总额（万元）	2022年	2023年
	178400.34	174656.61		857.42	1190.27

三、焊接钢管生产技术装备及产量情况

机组类型及型号				台套/条	产品规格范围（外径范围×壁厚范围）（mm）	设计产能（万吨）	投产时间（年）	实际产量（万吨）	
								2022年	2023年
焊接钢管机组	高频焊管机组	圆管机组	φ89机组	3	1.5寸：1.80~2.75 外径47.5±0.20；3.00~3.50 外径48.0±0.20 2寸：1.80~2.75 外径59.5±0.20；3.00~3.50 外径60.0±0.20	18	2019	7.48	7.55
			φ114机组	2	4分：1.80~2.30 外径20.5±0.20；2.40~2.75 外径21.0±0.20 6分：1.80~2.30 外径25.5±0.20；2.40~2.75 外径26.0±0.20 1寸：1.80~2.50 外径32.5±0.20；2.75~3.25 外径33.0±0.20 1.2寸：1.80~2.75 外径41.5±0.20；3.00~3.45 外径42.0±0.20 1.5寸：1.80~2.75 外径47.5±0.20；3.00~3.50 外径48.0±0.20 2寸：1.80~2.75 外径59.5±0.20；3.00~3.50 外径60.0±0.20 2.5寸：2.20~3.00 外径75.5±0.25；3.25~3.75 外径76.0±0.25 3寸：2.20~2.75 外径88.0±0.25；3.00~3.50 外径88.5±0.25；3.75~4.00 外径89.0±0.25 4寸：2.20~2.50 外径113±0.30；2.75~4.50 外径114±0.30 5寸：2.50~3.25 外径139±0.35；3.50~4.50 外径140±0.35 6寸：165±0.35 8寸：219±0.50	15	2019	4.88	5.65

机组类型及型号			台套/条	产品规格范围（外径范围×壁厚范围）（mm）	设计产能（万吨）	投产时间（年）	实际产量（万吨）	
							2022 年	2023 年
焊接钢管机组	高频焊管机组	圆管机组	φ60 机组	2	1 寸：1.80～2.50 外径 32.5±0.20；2.75～3.25 外径 33.0±0.20 1.2 寸：1.80～2.75 外径 41.5±0.20；3.00～3.45 外径 42.0±0.20 4 分：1.80～2.30 外径 20.5±0.20；2.40～2.75 外径 21.0±0.20 6 分：1.80～2.30 外径 25.5±0.20；2.40～2.75 外径 26.0±0.20	10	2019	2.43	5.31
			φ219 机组	1	5 寸：2.50～3.25 外径 139±0.35；3.50～4.50 外径 140±0.35 6 寸：165±0.35 8 寸：219±0.50	12	2019	1.59	2.13
			50 机组	1	4 分：φ20±0.15 6 分：φ25±0.15 1 寸：φ32±0.15 1.2 寸：φ40±0.20	3	2019	1.33	2.04
			φ60 机组	1	1 寸：φ32±0.15 1.2 寸：φ40±0.20 1.5 寸：φ46.5±0.20	5	2019	2.46	1.61
			φ127 机组	1	2 寸：φ59±0.20 2.5 寸：φ75±0.25 3 寸：φ87.5±0.25 4 寸：φ113±0.30	6.5	2019	2.51	1.64
		方矩管机组	φ89 机组	3	40×40：39×39±0.20 40×60：39×59±0.20 50×50：49×49±0.20 40×80：39×79±0.30 60×60：59×59±0.30 50×70：49×69±0.30 60×80：59×79±0.30 70×70：69×69±0.30	16	2019	3.03	3.40

续表

机组类型及型号			台套/条	产品规格范围（外径范围×壁厚范围）（mm）	设计产能（万吨）	投产时间（年）	实际产量（万吨）	
							2022 年	2023 年
焊接钢管机组	高频焊管机组	方矩管机组	φ114 机组	1	50×100：49×99±0.40 60×120：59×119±0.40 80×120：79×119±0.50 80×80：79×79±0.30 100×100：99×99±0.50	7	2019	1.87	1.86
			φ60 机组	1	20×40：19×39±0.20 30×30：29×29±0.20 30×50：29×49±0.20	5	2019	2.50	2.90
			φ50 机组	3	20×20：19×19±0.20 25×25：24×24±0.20 20×30：19×29±0.20 20×40：19×39±0.20 30×30：29×29±0.20	9	2019	5.13	3.35
			φ60 机组	4	40×60：37×57±0.20 50×50：47×47±0.20 40×40：38×38±0.20 30×50：28×48±0.20 30×40：29×39±0.20	19.5	2019	11.40	7.45
			φ127 机组	1	40×80：37×77±0.30 60×60：57×57±0.30 50×100：48×98±0.40 80×80：78×78±0.40 100×100：98×98±0.50	6.5	2019	2.51	1.64
	合计			24	—	132.5	—	49.12	46.54
	热浸镀锌机组	圆管	四工位产线	3	4 分：1.80～2.30 外径20.5±0.20；2.40～2.75外径21.0±0.20 6 分：1.80～2.30 外径25.5±0.20；2.40～2.75外径26.0±0.20 1 寸：1.80～2.50 外径32.5±0.20；2.75～3.25外径33.0±0.20 1.2 寸：1.80～2.75 外径41.5±0.20；3.00～3.45外径42.0±0.20 1.5 寸：1.80～2.75 外径47.5±0.20；3.00～3.50外径48.0±0.20	22	2020	2.78	2.93

续表

机组类型及型号				台套/条	产品规格范围（外径范围×壁厚范围）（mm）	设计产能（万吨）	投产时间（年）	实际产量（万吨）	
								2022年	2023年
焊接钢管机组	热浸镀锌机组	圆管	四工位产线	3	2寸：1.80~2.75 外径59.5±0.20；3.00~3.50 外径60.0±0.20 2.5寸：2.20~3.00 外径75.5±0.25；3.25~3.75 外径76.0±0.25 3寸：2.20~2.75 外径88.0±0.25；3.00~3.50 外径88.5±0.25；3.75~4.00 外径89.0±0.25 4寸：2.20~2.50 外径113±0.30；2.75~4.50 外径114±0.30 5寸：2.50~3.25 外径139±0.35；3.50~4.50 外径140±0.35 6寸：165±0.35 8寸：219±0.50	—	—	—	—
		方矩管	四工位产线	3	20×40：19×39±0.20 30×30：29×29±0.20 30×50：29×49±0.20 40×40：39×39±0.20 40×60：39×59±0.20 50×50：49×49±0.20 40×80：39×79±0.30 60×60：59×59±0.30 50×70：49×69±0.30 60×80：59×79±0.30 70×70：69×69±0.30 80×80：79×79±0.30 50×100：49×99±0.40 60×120：59×119±0.40 80×120：79×119±0.50 100×100：99×99±0.50	22	2020	0	0.03
合计				6	—	44	—	2.78	2.96

四、企业焊接钢管主导产品

产品名称		规格范围（外径范围×壁厚范围）（mm）	执行标准	实际产量（万吨）	
				2022 年	2023 年
焊管产量（黑管）	直缝高频圆管	4 分、6 分、1 寸、1.2 寸、1.5 寸、2 寸、2.5 寸、3 寸、4 寸、5 寸、6 寸、8 寸	GB/T 13793—2016	16.73	18.69
	直缝高频方矩形管	30~30、40~40、50~50、60~60、70~70、80~80、100~100、20~40、30~50、40~60、50~70、40~80、60~80、50~100、60~120、80~120	GB/T 6728—2017	3.87	4.24
热镀锌管	圆管	4 分、6 分、1 寸、1.2 寸、1.5 寸、2 寸、2.5 寸、3 寸、4 寸	GB/T 13793—2016	1.42	1.11
	方矩管	20~20、25~25、30~30、40~40、50~50、60~60、80~80、100~100、20~30、20~40、30~40、25~50、30~50、40~60、40~80、50~100	GB/T 6728—2017	17.62	17.26
主要品种产量	流体管（输送水、固体）	4 分、6 分、1 寸、1.2 寸、1.5 寸、2 寸、2.5 寸、3 寸、4 寸、5 寸、6 寸、8 寸	GB/T 13793—2016	22.03	24.04
	其他	20~20、25~25、30~30、40~40、50~50、60~60、80~80、100~100、20~30、20~40、30~40、25~50、30~50、40~60、40~80、50~100	GB/T 6728—2017	17.62	17.26

36　宁夏青龙钢塑复合管有限公司

一、企业简介

宁夏青龙钢塑复合管有限公司成立于 2020 年 3 月，是宁夏青龙管业集团股份有限公司的全资子公司，注册资金 1 亿元整，企业位于青铜峡市大坝镇。公司现有员工 92 人，其中大专以上学历技术人员 34 人，拥有研发人员 17 人，是区内生产规模最大的钢塑复合管生产厂家。公司秉持以顾客为中心，以市场为导向，在市政、水利、供热、输油气、工矿等领域不断创新，努力发展成为国内一流企业。

公司主要产品有内熔结环氧外 3PE 防腐钢管（TPEP 防腐钢管）、涂塑复合钢管、水泥砂浆复合钢管和预制直埋保温钢管等。公司核心产品 TPEP 防腐钢管采用国际领先工艺技术以钢管为基材，管体内壁采用热熔结环氧粉末防腐方式，将粉末经高温加热熔结后均匀地涂敷在钢管管体表面，形成钢塑合金层，外壁采用三层结构缠绕聚乙烯防腐。TPEP 防腐钢管以其优异的产品性能和超高的使用寿命受到了市场的广泛青睐。

公司自成立以来先后获得了：自治区"专精特新"中小企业、"AAA 级信誉企业""AAA 级重合同守信誉企业""AAA 级重质量守信誉企业""资深等级 AAA 级单位""中国著名品牌""中国水利行业优秀服务商"等荣誉称号。

公司始终本着"质量为本，满足需求，注重细节，精益求精"的质量理念，自公司成立以来先后承接了"银川都市圈城乡供水工程""宁夏中部干旱带西部供水工程""陕甘宁盐环定扬黄定边供水提升改建工程""庆阳市区应急水源工程""甘肃中部生态移民扶贫开发供水工程""山西省小浪底引黄工程""拉萨市旁多引水工程""引洮二期农业灌溉水源配套工程"等众多国家级、省市级重点工程项目，以一流的产品和优质的服务得到用户的一致好评。未来 5 年，公司将以客户为中心，以市场为导向，加大创新力度，积极开发新产品、新工艺、新技术、新设备，为社会提供更优质的钢塑复合管道产品及服务。

二、企业基本概况

企业名称	宁夏青龙钢塑复合管有限公司			
地址	宁夏青铜峡市大坝镇峡西街青龙管业厂院内		邮编	751699
法人代表	陈尚斌	电话 18795037525	电子邮箱	371585389@ qq. com
联系人	李华	电话 18295490511	联系人所在部门	技术质量科
企业成立时间	2019 年	企业网址	http：// www. qlgd. com. cn/	
企业性质	私企	钢管设计能力（万吨/年）	10	
企业员工人数（人）	100	其中：技术人员（人）	25	
钢管产量（万吨）	2022 年	2023 年	钢管出口量（万吨）	2022 年	2023 年
	6.3	4.6		0	0
销售收入（万元）	2022 年	2023 年	利润总额（万元）	2022 年	2023 年
	47330.00	28497.00		—	—

三、焊接钢管生产技术装备及产量情况

机组类型及型号		台套/条	产品规格范围（外径范围×壁厚范围）（mm）	设计产能（万吨）	投产时间（年）	实际产量（万吨）	
						2022 年	2023 年
焊接钢管机组	螺旋缝埋弧焊机组	DN200~1000	（200~1000）×（5~14）	3.6	2021	6.3	4.6
		DN400~2200	（400~2200）×（5~22）	6.4	2019	—	—
	涂塑机组	DN200~2200	（200~2200）×（5~22）	10	2019	6.3	4.6

四、企业焊接钢管主导产品

产品名称		规格范围（外径范围×壁厚范围）（mm）	执行标准	实际产量（万吨）	
				2022 年	2023 年
焊管产量（黑管）	螺旋焊埋弧管	（200~2200）×（5~22）	—	6.3	4.6
主要品种产量	钢塑复合管	（200~2200）×（5~22）	CJ/T 120 —2016、GB/T 23257—2017	6.3	4.6
	涂塑复合管				

37　山东龙泉管道工程股份有限公司

一、企业简介

　　山东龙泉管道工程股份有限公司是深圳证券交易所 A 股上市企业（证券简称：龙泉股份，证券代码：002671），其控股股东是江苏建华企业管理咨询有限公司。公司的主营业务包括预应力钢筒混凝土管（简称 PCCP）、综合管廊、混凝土预制构件、预制混凝土衬砌管片、钢管及管件、核电石化高端管件制造销售和市政公用工程施工等。公司是国内建材行业生产用于国家大型水利工程建设、跨流域调水工程建设的预应力钢筒混凝土管系列产品的龙头企业。

　　山东龙泉管道工程股份有限公司总部坐落于山东省淄博市博山经济技术开发区。总公司下设分公司：新疆分公司、福建分公司、内蒙古分公司、吉林分公司、河南分公司、湖北分公司；下设全资子公司：湖南盛世管道工程有限公司、辽宁盛世水利水电工程有限公司、常州龙泉管道工程有限公司、安徽龙泉管道工程有限公司、湖北龙泉管业有限公司、

淄博龙泉管业有限公司、湖北大华建设工程有限公司、淄博龙泉盛世物业有限公司、无锡市新峰管业有限公司、江苏泽泉物资贸易有限公司；控股公司：广东龙泉水务管道工程有限公司。龙泉股份依托总、分、子公司在全国的生产基地以及"快速建厂、流动生产"创新经营模式的有效实践，形成了"立足山东，面向需求，异地建厂，辐射全国"的战略格局和业务布局体系。

多年来，公司稳居我国PCCP行业前列，通过成功中标国内一系列标志性引水输水工程管材供应合同，公司产品销往全国各地，从而提高了品牌知名度，树立了良好的公司形象。公司连续三年获得中国混凝土与水泥制品协会颁发的"中国预应力钢筒混凝土管十强企业"，2019年获得中国腐蚀与防护学会四十年贡献奖"优秀企业"荣誉称号，中国PCCP产业发展30年"特殊贡献奖""2019中国建材企业500强"等荣誉称号。

公司的全资子公司新峰管业拥有江苏省科学技术厅、江苏省财政厅、江苏省税务局和江苏省地方税务局联合颁发的高新技术企业证书，是国内高端金属压力管件主要生产厂商之一，也是国内少数几家掌握高压临氢管件制造技术和少数几家取得国家核安全局核发的《民用核安全设备制造许可证》厂商之一，是我国石油化工和核电领域所需高端金属管件的骨干供应商。多年来，新峰管业参与了我国核电和石化领域的多项重点建设项目的管件供货以及海外石化、核电项目的管件供货。

突出的供货业绩和优质的客户资源奠定了公司在PCCP领域和金属管件领域的竞争地位，也为未来持续快速发展奠定了良好基础。

龙泉股份自创立以来，依靠科技进步，创新经营，不断开拓市场，取得飞跃发展。"颜神龙泉"商标是"中国驰名商标"，公司热烈欢迎有识之士参观访问龙泉股份，真诚期盼与社会各界保持广泛联系，共创美好未来。

二、企业基本概况

企业名称	山东龙泉管道工程股份有限公司			
地址	山东省淄博市博山区西外环路333号	邮编		255299
法人代表	刘长杰	电话	—	电子邮箱	—
企业成立时间	2000年	企业网址		www.lq-pipe.cn
企业性质		国企	钢管设计能力（万吨/年）		—
钢管产量（千米）	2022年	2023年	钢管出口量（万吨）	2022年	2023年
	265.15	141.97		—	—

38　江苏宏亿精工股份有限公司

一、企业简介

江苏宏亿精工股份有限公司成立于 2006 年，总部位于江苏省常州市武进区遥观镇大明中路 8 号。公司深耕精密制造十余年，为国内少数拥有原材料加工、制管、热处理、机加工的汽车精密管件全流程生产企业。

公司目前主要产品有精密无缝钢管、焊管以及机加工管件，主要应用于汽车、摩托车、工程机械等行业。公司生产的精密无缝钢管、精密焊管和机加工管件广泛应用于汽车悬挂系统、转向系统及被动安全系统等。部分产品应用于摩托车车架、摩托车减震器，以及工程机械用管。

公司目前参与编写国家标准 2 项，拥有发明专利 8 项。公司通过了 IATF16949、ISO9001、ISO14001、特种设备生产许可证的认证。公司为高新技术企业、国家级专精特新"小巨人"企业、省级企业技术中心、江苏省民营科技企业、2022 年常州市四星明星企业、市级工程技术中心。

二、企业基本概况

企业名称	江苏宏亿精工股份有限公司				
地址	常州市武进区遥观镇大明中路 8 号		邮编		213000
法人代表	倪宋	电话	—	电子邮箱	wu. m@ hongyisteelpipe. com
联系人	吴铭	电话	18651997506	联系人所在部门	董事会
企业成立时间	2006 年		企业网址		https：//www. hongyisteelpipe. com/
企业性质	私营		钢管设计能力 （万吨/年）		10
企业员工人数（人）	768		其中：技术人员 （人）		115
钢管产量 （万吨）	2022 年	2023 年	销售收入 （万元）	2022 年	2023 年
	7	8		64000. 00	70000. 00

三、焊接钢管生产技术装备及产量情况

机组类型及型号				台套/条	产品规格范围（外径范围×壁厚范围）（mm）	设计产能（万吨）	投产时间（年）	实际产量（万吨）	
								2022 年	2023 年
焊接钢管机组	高频焊管机组	圆管机组	国产焊线机组	5	(14~80)×(0.8~6.5)	—	—	3.2	4.7

四、企业焊接钢管主导产品

产品名称		规格范围（外径范围×壁厚范围）（mm）	执行标准	实际产量（万吨）	
				2022 年	2023 年
主要品种产量	汽车用管	(14~80)×(0.8~6.5)	IATF16949	2.4	3.5
	其他	(6~70)×(0.8~6)	—	0.8	1.2

39 唐山金隅天材管业科技有限责任公司

一、企业简介

唐山金隅天材管业科技有限责任公司（简称"金隅管业"）为大型国有上市集团下属全资子公司，隶属于北京金隅集团股份有限公司。2019 年 10 月 16 日注册成立。

公司位于河北省唐山市丰润区，专业从事各类黑方/矩管、冲压配件、钢制品设备的设计、生产、销售，公司共有两个厂区，总占地面积约 127 亩，注册资本金 5 亿元，各型方矩管成套生产线 22 条，年生产能力 120 万吨，产品规格范围为：（15×15）mm ~（400×300）mm，壁厚 0.8 ~ 10.5mm。

借助北京金隅集团股份有限责任公司、公司紧紧围绕"管理规范、风险可控、质量第一、用户至上"的经营方针，以技术创新为引领，以提质增效为目的，全力推进方矩管生产线的智能改造升级，不断加快产品创新，着力打造高品质方矩管产品，逐渐形成多元化产品体系。

产品展示：

方/矩管

　　企业技术优势：金隅管业非常重视技术研发，技术人员来自集团内各个公司精英团队和外聘资深专家，具备多领域技术创新和项目经验；企业素质优势：金隅管业拥有一支规模约 260 人的高素质员工队伍。他们年轻而富有创意、能力突出、专业素质过硬，凭借着对自身事业的狂热追求，不断开拓与进步。服务优势：团队有着资深的客户服务经验，全部通过"标准与专业化"的上岗培训，执行"24 小时"的服务机制。目前已经形成各项成熟完善的服务制度、随时为客户提供各种服务。地理优势：金隅管业位于河北省唐山市丰润区，华北地区重要的物流基地、钢铁集散中心、建材集散中心。京哈铁路、北京-哈尔滨高速公路、长深高速公路、102 国道、112 国道、省道唐通公路穿境而过，地处华北与东北通道的咽喉要地，地理位置优越，交通便利。

　　企业文化——金隅企业传播语：金隅品质，精致生活，让生活的基础更坚实。金隅使命：使命金隅 价值金隅 责任金隅。金隅愿景：进入世界 500 强，打造国际一流大型产业集团。金隅核心价值观：信用 责任 尊重。金隅精神："三重一争"重实际 重创新 重效益 争一流。金隅干事文化：想干事、会干事、干成事、不出事、好共事。

二、企业基本概况

企业名称	唐山金隅天材管业科技有限责任公司			
地址	河北省唐山市丰润区石各庄镇小令公村		邮编	—
法人代表	桑建永	电话	电子邮箱	—
联系人	孙浩	电话　18630523358	联系人所在部门	市场部
企业成立时间	2019 年 10 月 16 日	企业网址	—	
企业性质	国有独资	钢管生产设计能力（万吨/年）	40	
企业员工人数（人）	102	其中：技术人员（人）	—	

企业名称	唐山金隅天材管业科技有限责任公司				
钢管产量 （万吨）	2022 年	2023 年	钢管出口量 （万吨）	2022 年	2023 年
	34	36		0	0

三、焊接钢管生产工艺技术装备及产量情况

机组类型及型号		台套/条	产品规格范围（外径范围×壁厚范围）（mm）	设计产能（万吨）	投产时间	实际产量（万吨）	
						2022 年	2023 年
焊接钢管机组	φ89ERW 机组	1	60×60～100×100，壁厚 2.5～4.75	6.5	2021	—	—
	φ325ERW 机组	1	200×200～400×300，壁厚 3.75～10.5	7	2021	—	—
	南阳 φ50ERW 机组	1	30×30～40×40，壁厚 1.5～1.7	1	2021	—	—
	南阳 φ60ERW 机组	1	40×40～50×50，壁厚 1.7～2.0	1.2	2021	—	—
	φ127ERW 机组	1	50×100～102×120，壁厚 2.5～5.75	6.2	2020	—	—
	φ273ERW 机组	1	60×60～100×100，壁厚 2.5～4.75	5.2	2020	—	—
	北冶 φ76ERW 机组	1	40×80～80×80，壁厚 2.0～3.0	2	2020	—	—
	北冶 φ114ERW 机组	1	50×100～80×80，壁厚 2.0～3.0	2	2020	—	—
	扬州 φ60ERW 机组	1	40×40～50×50，壁厚 1.5～2.2	1.5	2020	—	—
	中泰 φ60ERW 机组	1	40×40～60×60，壁厚 2.5～3.75	1.8	2020	—	—
	扬州 φ50ERW 机组	1	40×40～50×50，壁厚 1.5～2.2	1.2	2020	—	—
	东 φ42ERW 机组	1	15×15～30×30，壁厚 1.5～3.0	0.8	2020	—	—
	东 φ50ERW 机组	1	40×40～50×50，壁厚 2.0～3.0	2	2020	—	—
	西 φ50ERW 机组	1	40×40～50×50，壁厚 2.0～2.75	1.6	2020	—	—
合计		14	—	32	—	34	36

四、企业焊接钢管主导产品

产品名称	规格范围（外径范围×壁厚范围）（mm）	执行标准	实际产量（万吨）	
			2022 年	2023 年
方矩形钢管	15×15～400×300，壁厚 0.8～10.5	GB/T 6728—2017 GB/T 6725—2017	34	36

40 河北宝隆钢管制造有限公司

一、企业简介

河北宝隆钢管制造有限公司创建于 2010 年，是研发、制造、销售螺旋钢管、防腐保温钢管/管件、管道配套产品和国际贸易的综合性企业。公司位于河北沧州市旧州镇沧狮工业园，注册资本 1.68 亿元，占地面积 11.5 万平方米，建筑面积 5 万平方米。资产总额 4.5 亿元。现有员工 245 人，其中拥有各类职称的 56 人，年产螺旋钢管 35 万吨，产值 20 亿元。

目前，公司拥有 6 条直径 219～4050mm 壁厚 4～26mm 双面埋弧螺旋钢管生产线，可执行 GB/T 3091—2015、SY/T 5037—2023、SY/T 5040—2012、GB/T 9711—2023、API 5L 等标准，Q235B/C/D、Q345B/C/D/E、L245-L485、X42-X80、API 5L GR. B 等材质，年生产能力 35 万吨；拥有 3PE 涂塑防腐生产线 2 条，可对直径 219～3600mm 钢管进行内外防腐加工，防腐类型包括环氧沥青、水泥砂浆、H55/IPN8710 饮用水、3PE、2PE、单层环氧粉末、双层环氧粉末等，年生产能力 200 万平方米。

公司产品广泛应用于石油、石化、天然气、热力、水输送、污水处理、化工、大型钢结构、电厂、造船及机械制造等领域。已为南水北调等多个国家重点水利工程提供优质产品，得到客户的好评及同行的认可。产品现已覆盖全国各省、市、自治区，并出口到委内瑞拉、伊朗、印度、智利、西班牙、加拿大、荷兰、南非、秘鲁、意大利、沙特等国家和地区。

公司先后取得了 ISO9001：2008 质量管理体系认证、中华人民共和国特种设备（压力管道元件）制造许可证、海关进出口货物等认证证书。公司参与起草编写了"大口径双面埋弧焊螺旋钢管"标准。连续多次被授予"守合同重信用企业""先进单位""纳税先进""经济发展突出贡献企业""抗疫爱心企业""企业纳税功臣""河北省质量信得过企业"

"全国百强钢材企业""AAA级质量信用企业"。

宝隆始终奉行"质量第一、顾客至上"经营宗旨,秉持"务实进取、科技创新"的精神,力创业内第一品牌,更期待与广大用户共享辉煌未来!

二、企业基本概况

企业名称	河北宝隆钢管制造有限公司				
地址	河北省沧州市沧县旧州镇强庄子		邮编		061723
法人代表	张雪	电话	0317-4735777	电子邮箱	172385901@qq.com
联系人	叶钦慈	电话	13111701369	联系人所在部门	销售部
企业成立时间	2010年8月4日	企业网址		www.hebeibaolong.com	
企业性质	有限责任公司	钢管设计能力 (万吨/年)		35	
企业员工人数(人)	245	其中:技术人员 (人)		56	
钢管产量 (万吨)	2022年	2023年	钢管出口量 (万吨)	2022年	2023年
	12.7	15.2		0.91	0.78
销售收入 (万元)	2022年	2023年	利润总额 (万元)	2022年	2023年
	58219.00	71450.00		1062.00	1219.00

三、焊接钢管生产技术装备及产量情况

机组类型及型号		台套/ 条	产品规格范围(外径范围× 壁厚范围)(mm)	设计产能 (万吨)	投产时间 (年)	实际产量(万吨)	
						2022年	2023年
焊接钢管 机组	螺旋缝 埋弧焊机组	6	(219~4050)×(5~25.4)	35	2010	12.7	15.2

四、企业焊接钢管主导产品

产品名称		规格范围(外径范围× 壁厚范围)(mm)	执行标准	实际产量(万吨)	
				2022年	2023年
焊管产量 (黑管)	螺旋焊 埋弧管	(219~4050)×(5~25.4)	GB/T 9711、GB/T 3091、 SY/T 5037、SY/T 5040	12.7	15.2

41　无锡圣唐新科技有限公司

一、企业简介

无锡圣唐新科技有限公司是一家专业生产汽车、工程机械类专用零部件液压精密钢管的制造企业。公司现在为科技型中小企业、高新技术企业。

圣唐成立于 2014 年，专业生产汽车行业车架用管，以及制冷行业，装饰行业用精密钢管。针对全球节能减排——汽车轻量化这一改革的新趋势，我司采用国际先进的液压涨型精密焊管逐步替代传统的拼焊件和铸造件，顺应时代发展，力求突破创新。目前，我司现已能批量生产汽车焊管，建筑焊管，工程机械类焊管，以及制冷行业焊管，装饰行业焊管等。

公司是研发、制造、销售钢管产品，也是目前国内专业性、配套性最强的研发生产高科技企业。充分利用广泛的国际合作优势和市场合作优势，瞄准世界先进水平，走自主创新发展的道路。公司具备完善的生产工艺、工装、先进的生产设备，以保证产品的各项性能满足产品的技术性能和客户的需求。

圣唐拥有一批专业的生产技术人员。公司研发团队积极参与关键核心技术攻关。公司与无锡太湖学院、无锡商业职业技术学院均签订产学研合作，共同组建产学研技术管理及研发团队。目前拥有项目核心技术发明专利 3 项、实用新型专利 49 项，多数已实现科技成果转化，充分应用于产品。公司拥有一套完整、规范的质量保证管理体系和质量控制程序，已获得 IATF16949 质量管理体系认证证书。获批 2023 年度省星级上元三星企业、市专精特新企业。

二、企业基本概况

企业名称	无锡圣唐新科技有限公司				
地址	无锡市惠山区钱桥溪南伟业路 8-4 号		邮编		214151
法人代表	唐刘杰	电话	18861544131	电子邮箱	1349223093@ qq. com
联系人	韩丹华	电话	13376245391	联系人所在部门	财务部
企业成立时间	2014 年 2 月 24 日		企业网址		—
企业性质	私营企业		钢管设计能力 （万吨/年）		1.7
企业员工人数（人）	30		其中：技术人员 （人）		10

续表

企业名称	无锡圣唐新科技有限公司			
钢管产量 （万吨）	2022 年	2023 年	钢管出口量 （万吨）	2022 年	2023 年
	1.34	1.92		0	0
销售收入 （万元）	2022 年	2023 年	利润总额 （万元）	2022 年	2023 年
	8500.00	9500.00		375.00	705.00

三、焊接钢管生产技术装备及产量情况

机组类型及型号		产品规格范围（外径范围× 壁厚范围）（mm）	设计产能 （万吨）	投产时间 （年）	实际产量（万吨）	
					2022 年	2023 年
焊接钢管 机组	精密高频直缝 焊管机组 90	圆管：40~114（壁厚 2.0~5.0） 方管：30×30~80×80（壁厚 2.0~4.5） 矩形管：20×40~100×60（壁厚 2.0~4.5）	8500	2014.09	1.34	1.92
	精密高频直缝 焊管机组 60	圆管：25.4~90（壁厚 1.2~3.75） 方管：20×20~70×70（壁厚 1.2×3.25） 矩形管：15×30~60×80（壁厚 1.2~3.25）	8500	2018.06		

四、企业焊接钢管主导产品

产品名称		规格范围（外径范围× 壁厚范围）（mm）	实际产量（万吨）	
			2022 年	2023 年
焊管产量 （黑管）	直缝高频圆管	(40~114)×(2.0~5.0)	1.07	1.53
	直缝高频方矩形管	30×30~80×80（壁厚 2.0~4.5）	0.27	0.39
主要 品种产量	汽车用管	—	1	1.5
	其他	—	0.34	0.42

42 河北沧海核装备科技股份有限公司

一、企业简介

河北沧海核装备科技股份有限公司成立于 1996 年 1 月，坐落于河北省盐山县城南开发区，年生产能力：钢管 30 万吨、管件 6 万吨，是一个集研发、生产、经营于一体、具

有独立知识产权的管道、管件系列产品专业化公司、新三板挂牌企业、国家级高新技术企业、国家专精特新"小巨人"企业、国家 AAA 级信用企业、国家管理示范企业、国家管理达标企业、河北省著名商标企业、河北省金属制品业龙头企业、河北省领跑者企业、河北省单项冠军企业、河北省"绿色工厂"企业。

河北省重点项目高耐腐蚀化工管（双金属复合）ODF 生产线及钢管配套 3PE 防腐生产线主体设备定制日本、德国、奥地利、美国等国家先进设备，采用国际最先进的 ODF 焊管成型机组，整合了冷弯机组和 UOE 技术优势，开创了全新的埋弧焊管（SAWL）的制造方法，是国际首台套在线使用的轨道成型装备。年生产能力 20 万吨，3PE 防腐 150 万平方米，比常规机组节能 30% 以上。产品规格外径为 $\phi 323.9 \sim 1024mm$ 覆盖国内稀缺管径。2022 年该项目油气输送用轨道模压成型工艺直缝双面埋弧焊接钢管评定为国际先进水平。产品现已广泛应用于雄安新区燃气工程、胜利油田、陕西延长石油、安徽合肥天然气等国家重点建设项目，获得了良好的经济和社会效益。

沧海核装是中石油、中石化、中海油三大加氢裂化高端管件指定供应商之一，是中石油专刊报道的优胜供应商，是国内首条输煤试验管线——神渭管线的主力供应商；是国际首套煤直接液化装置——神华煤制油项目唯一的大口径厚壁耐腐蚀管件供应商；是全球首座将四代核电技术成功商业化示范项目——石岛湾核电站高温高压管道管件供应商，是西气东输一线国内唯一高压大口径管件国产化生产的厂家。

公司资质认证齐全。自 1998 年以来，在国内同行业中率先取得特种设备（压力管道元件、压力容器）制造许可证、民用核安全机械设备制造许可证、防腐管道元件制造证书、武器装备质量管理体系认证证书、军工保密资格认定、API Q1 质量管理体系认证、API 5L 钢管产品认证、质量职业健康安全与环境管理体系认证证书、中国船级社工厂认可证书、ASME "S" "U"、认证、法国 BV 船级社工厂认可证书、欧盟 CE 认证、CNAS、CMA 实验室认可证书等。

多年来，公司始终坚持把研发、创新摆在企业发展的核心位置。于 2007 年成立技术研发实验中心，2012 年升级为河北省技术中心。2014 年依托中国核工业第二研究所、苏州热工院、西安热工院、中国石油管道工程技术研究院、国家钢铁研究总院等 10 余家科研机构，在河北省科技厅大力支持下，承建河北省管道部件产业技术研究院，2023 年联合河北省焊接钢管产业技术研究院、河北省绝热管道产业技术研究院、河北省柔性复合连续管产业技术研究院优化整合成立"河北管道产业技术研究院"。2018 年河北省管道金属材料形变研究实验室被评定为省级重点实验室。参与起草 GB/T 12459—2017、GB/T 13401—2017、GB/T 14383—2021、SY/T 0609—2016、Y/T 0510—2017 等国家、石油行业、团体标准 10 部，在核电、军工、石油、化工、输油输气等管道连接件研发方面取得 60 余项专利，科技研发成果奖 15 项。

二、企业基本概况

企业名称	河北沧海核装备科技股份有限公司			
地址	河北省盐山县城南工业园区		邮编	061300
法人代表	赵德清	电话 16603178999	电子邮箱	chhzzjb@163.com
联系人	刘文广	电话 16603178968	联系人所在部门	钢管事业部
企业成立时间	1996 年 1 月	企业网址	www.canghaicc.cn	
企业性质	民营股份有限公司	钢管设计能力（万吨/年）	30	
企业员工人数（人）	468	其中：技术人员（人）	85	
钢管产量（万吨）	2022 年	2023 年	钢管出口量（万吨）	2022 年	2023 年
	5.86	8.07		0.03	0.02
销售收入（万元）	2022 年	2023 年	利润总额（万元）	2022 年	2023 年
	48063.16	64597.81		4918.68	2048.37

三、焊接钢管生产技术装备及产量情况

机组类型及型号		台套/条	产品规格范围（外径范围×壁厚范围）（mm）	设计产能（万吨）	投产时间（年）	实际产量（万吨）	
						2022 年	2023 年
焊接钢管机组	ODF 直缝埋弧焊管机组 ODF 轨道模压成型机组	1	（323.9~762）×（4~25.8）	30	2020	5.86	8.07

四、企业焊接钢管主导产品

产品名称		规格范围（外径范围×壁厚范围）（mm）	执行标准	实际产量（万吨）	
				2022 年	2023 年
主要产品产量	管线管（输送油气）	（323.9~762）×（4~25.8）	API 5L、GB/T 9711—2023	5.86	8.07

43 河北亿海管道集团有限公司

一、企业简介

河北亿海管道集团有限公司地处渤海之滨——盐山县蒲洼城工业区，公司注册资金 1.286 亿元，占地面积 36000 平方米，总资产 1.8 亿元，员工总数 108 人，其中各类工程技术人员 57 人，是一家为国内外石油、炼化、化工、冶金、电力、造船、输气、管道输送等行业提供高端产品与服务的专业厂家。

公司主要产品：高、中、低压管道管件及管道配件系列；保温、耐磨、防腐管道系列；管道支架系列。公司已通过 ISO9001 质量管理体系认证；ISO14001 环境管理体系认证；OHSAS 职业健康安全管理体系认证；并先后取得了压力管道特种设备制造许可证、安全生产许可证、API 证书、国家电网电站配件供应商证书，中石油、中石化、中海油供应商资格，神华宁煤合格供应商、延长石油供应商资格、中国船级社工厂认可证书，河北省高新技术企业认定证书，中华人民共和国进出口企业资格证书，河北省重合同守信用企业证书。

公司原材料坚持使用名优钢厂产品，多年来和宝钢、攀钢、鞍钢、包钢、太钢、安钢、舞钢、天津钢管公司、住友、曼内斯曼、威曼高登等各大厂家建立了稳固的合作关系，规范的经营模式为管道管件及管道配件的制造提供了优质的原材料，为产品质量奠定了坚实基础。

公司高度重视产品质量，力主科技创新；自公司成立之初一直把质量作为企业的发展之本，从原材料复检到成品终检，都经过一套完整的管理程序和组织机构来控制，对于材料的化学分析、性能试验、无损检测等检验项目都具有自行检测能力，保证了产品工艺环节的正确和严谨性。

我们将以合理的价格，诚信的服务，严格的质量，负责的态度，为客户提供一流的产品。

二、企业基本概况

企业名称	河北亿海管道集团有限公司			
地址	河北省沧州市盐山县蒲洼城工业区		邮编	061300
法人代表	陈建新	电话　13703273509	电子邮箱	yhgd01@126.com
联系人	王新	电话　18333026528	联系人所在部门	市场部
企业成立时间	2006 年 12 月 27 日	企业网址	http://www.yihaigd.cn	
企业性质	有限责任	管件设计能力 （万吨/年）	4.5	
企业员工人数（人）	108	其中：技术人员 （人）	57	
管件产量 （万吨）	2022 年	2023 年	管件出口量 （万吨）	2022 年	2023 年
	2.95	3.2		0	0
销售收入 （万元）	2022 年	2023 年	利润总额 （万元）	2022 年	2023 年
	28751.60	30852.20		2664.20	1875.07

三、管道配件生产工艺技术装备及产量情况

设备类型及型号		台套/条	产品规格范围（外径范围×壁厚范围）（mm）	设计产能（万吨）	投产时间（年）	实际产量（万吨）	
						2022 年	2023 年
有缝管件	压力机	22000T 液压机 YHY22000	1	该设备主要生产冷挤压碳钢、合金钢和不锈钢大口径 T 型三通和 45°斜三通，最大挤压三通规格 DN800mm，壁厚范围在 8~35mm	0.5	2013	0.3	0.32
		6000T 液压机 YHY6000	1	该设备主要生产冷挤压碳钢、合金钢和不锈钢 T 型三通和 45°斜三通，挤压三通规格 DN200~500mm，壁厚范围在 8~35mm	0.3	2014	0.2	0.28

续表

设备类型及型号			台套/条	产品规格范围（外径范围×壁厚范围）（mm）	设计产能（万吨）	投产时间（年）	实际产量（万吨）	
							2022 年	2023 年
有缝管件	压力机	5000T 四柱液压机 THP32-5000	1	该设备主要生产热压碳钢、合金钢和不锈钢大口径斜三通、弯头、三通，最大压制管件规格 DN3200mm，壁厚范围在 60mm 以下	1	2013	0.8	1
		5000T 四柱带侧缸液压机 YHY-5000	1	该设备主要生产热压制碳钢、合金钢和不锈钢无缝厚壁弯头、三通和异径管，压制管件直径 DN200~1200mm，壁厚范围在 18~60mm 之间	0.5	2013	0.2	0.4
		1000T 四柱液压机 YHY-1000	1	最大压力 1000T，该设备主要生产热压制碳钢、合金钢和不锈钢无缝厚壁弯头、三通和异径管，压制管件口径 DN300mm，壁厚范围在 5~40mm	0.1	2009	0.07	0.1
	焊接设备	全自动焊机 YHHJ-3000	2	该设备主要焊接碳钢、合金钢和不锈钢大口径有缝弯头、三通和异径管，最大焊接弯头规格 3600mm，壁厚范围在 50mm 以下	1	2019	0.5	0.7
		全自动焊机 MZ（D）-1000	2	该设备主要焊接碳钢、合金钢和不锈钢大口径有缝弯头、三通和异径管，最大焊接弯头规格 3600mm，壁厚范围在 50mm 以下	1	2019	0.6	0.4
		全自动焊机 YHHJ-1200	2	该设备主要焊接碳钢、合金钢和不锈钢大口径有缝弯头、三通和异径管，最大焊接弯头规格 1200mm，壁厚范围在 50mm 以下	0.5	2019	0.2	0.15

设备类型及型号			台套/条	产品规格范围（外径范围×壁厚范围）(mm)	设计产能（万吨）	投产时间（年）	实际产量（万吨）	
							2022年	2023年
有缝管件	焊接设备	逆变弧焊机 ZX7-500	1	该设备主要焊接碳钢、合金钢和不锈钢大口径有缝弯头、三通和异径管的焊缝，焊接质量稳定。规格 DN500 ~ 2000mm，壁厚8~40mm	0.2	2016	0.05	0.06
		手工焊机 ZX5-500	4	该设备主要焊接碳钢、合金钢和不锈钢大口径有缝弯头、三通和异径管的焊缝，焊接质量稳定。规格 DN500 ~ 2000mm，壁厚8~40mm	0.4	2016	0.1	0.08
		直流焊机 ZX5-630K	1	该设备主要焊接碳钢、合金钢和不锈钢大口径有缝弯头、三通和异径管的焊缝，焊接质量稳定。规格 DN500 ~ 2000mm，壁厚8~40mm	0.1	2016	0.05	0.06
		逆变式 CO2 气体保护焊机 NBC-500	4	该设备主要焊接碳钢、合金钢和不锈钢大口径有缝弯头、三通和异径管的焊缝，焊接质量稳定。规格 DN500 ~ 2000mm，壁厚8~40mm	0.4	2016	0.1	0.08
		逆变式直流电弧焊机 ZX7-630	2	该设备主要焊接碳钢、合金钢和不锈钢大口径有缝弯头、三通和异径管的焊缝，焊接质量稳定。规格 DN500 ~ 2000mm，壁厚8~40mm	0.2	2016	0.05	0.04
无缝管件	冷挤三通机	冷挤三通机 YHS-500	1	最大压力 2000T，该设备主要生产冷挤压碳钢、合金钢和不锈钢 T 型三通，挤压三通规格 DN500mm，壁厚范围在 20mm 以下	0.2	2012	0.18	0.19

设备类型及型号			台套/条	产品规格范围（外径范围×壁厚范围）（mm）	设计产能（万吨）	投产时间（年）	实际产量（万吨）	
							2022 年	2023 年
冷挤三通机		冷挤三通机 YHS-300	1	最大压力 300T，该设备主要生产冷挤压碳钢、合金钢和不锈钢 T 型三通，挤压三通规格 DN300mm，壁厚范围在 16mm 以下	0.01	2011	0.01	0.009
		冷挤三通机 YHL-89	1	最大压力 80T，该设备主要生产冷挤压碳钢、合金钢和不锈钢 T 型小规格三通，挤压三通规格 DN80mm，壁厚范围在 12mm 以下	0.01	2010	0.008	0.01
无缝管件	弯头推制机	不锈钢弯头冷推机 YHL-400	1	最大推力 1000T，该设备专业加工冷推不锈钢弯头，推制弯头规格 DN200~400mm，壁厚范围在 4~16mm 之间，年生产能力 1 千吨	0.2	2015	0.15	0.2
	不锈钢弯头推制机	不锈钢弯头冷推机 YHL-150	2	最大推力 250T，该设备专业加工冷推不锈钢弯头，推制弯头规格 DN100~250mm，壁厚范围在 3~16mm 之间，年生产能力 500 吨	0.2	2015	0.05	0.18
		不锈钢弯头冷推机 YHL-100	1	最大推力 150T，该设备专业加工冷推不锈钢弯头，推制弯头规格 DN50~100mm，壁厚范围在 3~10mm 之间，年生产能力 10 吨	0.02	2015	0.01	0.02
		不锈钢弯头冷推机 YHL-50	2	最大推力 80T，该设备专业加工冷推不锈钢弯头，推制弯头规格 DN15~50mm，壁厚范围在 2~6mm 之间，年生产能力 2 吨	0.004	2015	0.0015	0.003

设备类型及型号			台套/条	产品规格范围（外径范围×壁厚范围）（mm）	设计产能（万吨）	投产时间（年）	实际产量（万吨）	
							2022年	2023年
无缝管件	弯头推制机	碳钢、合金钢弯头推制机	弯头推制机 YWT-1200	1	最大推力3000T，该设备主要生产热推制碳钢、合金钢无缝弯头，推制弯头直径711～1219mm，壁厚范围在10～35mm之间	0.5	2013	0.3	0.45
			弯头推制机 YWT-630	1	最大推力2000T，该设备主要生产热推制碳钢、合金钢无缝弯头，推制弯头直径DN300～600mm，壁厚范围在6～25mm之间	0.1	2013	0.1	0.1
			弯头推制机 YWT-325	1	最大推力500T，该设备主要生产热推制碳钢、合金钢无缝弯头，推制弯头直径DN125～300mm，壁厚范围在4～20mm之间	0.1	2010	0.05	0.08
			弯头推制机 YWT-114	1	最大推力50T，该设备主要生产热推制碳钢、合金钢无缝小口径弯头，推制弯头直径DN15～100mm，壁厚范围在2.5～8mm之间	0.02	2010	0.01	0.02
管件热处理	热处理设备		电阻炉（热处理炉）YHDL-150	1	有效炉膛尺寸3000mm×1200mm×1500mm，最高温度：1150℃，炉温均匀度±10℃。可满足合金钢、碳钢和不锈钢的热处理工艺要求	0.2	2020	0.1	0.2
			电阻炉（热处理炉）YHDL-500	2	有效炉膛尺寸4100mm×4100mm×2000mm，33.6立方米，最高温度：1150℃，功率500kW，炉温均匀度±10℃。可满足合金钢、碳钢和不锈钢的热处理工艺要求	0.4	2011	0.2	0.3

续表

设备类型及型号			台套/条	产品规格范围（外径范围×壁厚范围）（mm）	设计产能（万吨）	投产时间（年）	实际产量（万吨）	
							2022 年	2023 年
管件热处理	热处理设备	大型热处理炉 YHRL-160	2	天然气炉，炉膛尺寸 10mm×5mm×4mm，最高温度 1300℃，炉温均匀度±10℃。可满足合金钢、碳钢和不锈钢的热处理工艺要求，单件热处理能力 DN3400mm	2	2023	0	1
管件机加工	机加工设备	液压坡口机 YHPK-3400	2	加工范围：ϕ630～3400mm	0.8	2010	0.4	0.6
		液压坡口机 YHPK-1000	1	加工范围：ϕ400～1016mm	0.5	2010	0.2	0.4
		液压坡口机 YHPK-800	1	加工范围：ϕ325～820mm	0.3	2010	0.1	0.2
		液压坡口机 YHPK-200	1	加工范围：ϕ89～219mm	0.1	2010	0.08	0.1
		液压坡口机 YHPK-80	1	加工范围：ϕ25～89mm	0.05	2010	0.02	0.03
	下料设备	双柱卧式带锯机 GB4240	1	切割范围：钢板厚度 6～100mm；切割圆周直径：ϕ200～2000mm	1	2009	0.6	0.8
		等离子切割机 LGK-160	1	切割范围：钢板厚度 6～100mm；切割圆周直径：ϕ200～2000mm	0.4	2011	0.2	0.1
		等离子切割机 LGK-60	1	切割范围：钢板厚度 6～100mm；切割圆周直径：ϕ200～2000mm	0.2	2011	0.1	0.1
		双柱卧式带锯床 GZ-4240	1	最大锯削范围：圆材 ϕ400mm；方材（400×500）mm	0.5	2012	0.2	0.3
		双柱卧式带锯床 GZ-4240	1	最大锯削范围：圆材 ϕ400mm；方材（400×500）mm	0.2	2012	0.1	0.1

续表

设备类型及型号			台套/条	产品规格范围（外径范围×壁厚范围）（mm）	设计产能（万吨）	投产时间（年）	实际产量（万吨）	
							2022年	2023年
管件机加工	表面处理设备	喷砂机 YHPS-50	3	能够满足单件最大尺寸 φ219~2000mm 工件喷砂除锈工序	1	2011	0.4	0.6
		单钩式抛丸清理机 QB-8750	1	能够满足单件最大尺寸 φ2200mm×4000mm	1.5	2011	0.7	1
		滚筒式喷砂机 YHPS-30	1	能够满足单件最大尺寸 φ219mm 以下工件喷砂除锈工序	0.1	2011	0.05	0.04
		手持式喷砂机 QB-8160	1	能够满足所有超大工件的喷砂除锈工序	1	2011	0.2	0.2

四、企业管道配件主导产品

产品名称		规格范围（外径范围×壁厚范围）（mm）	执行标准	实际产量（万吨）	
				2022年	2023年
有缝管件	焊接弯头	（500~3200）×（10~40）	GB/T 12459—2017、SH/T 3408—2022、ASME B16.9	1.3	1.4
	焊接异径管	（500~3200）×（10~40）	GB/T 12459—2017、SH/T 3408—2022、ASME B16.9	0.2	0.2
	焊接三通	（500~2600）×（10~40）	GB/T 12459—2017、SH/T 3408—2022、ASME B16.9	0.4	0.4
	焊接斜三通	（500~2600）×（10~40）	GB/T 12459—2017、SH/T 3408—2022、ASME B16.9	0.1	0.2
无缝管件	弯头	（15~600）×（3~45）	GB/T 12459—2017、SH/T 3408—2022、ASME B16.9	0.2	0.3
	异径管	（15~600）×（3~45）	GB/T 12459—2017、SH/T 3408—2022、ASME B16.9	0.1	0.12
	三通	（15~600）×（3~45）	GB/T 12459—2017、SH/T 3408—2022、ASME B16.9	0.3	0.3
	斜三通	（15~600）×（3~45）	GB/T 12459—2017、SH/T 3408—2022、ASME B16.9	0.1	0.1
	管帽	（15~600）×（3~45）	GB/T 12459—2017、SH/T 3408—2022、ASME B16.9	0.05	0.06

续表

产品名称		规格范围（外径范围×壁厚范围）（mm）	执行标准	实际产量（万吨）	
				2022 年	2023 年
锻制管件	承插件	15~50	GB/T 19326—2012、MSS SP-97、MSS SP-95、GB/T 14383—2021、ASME B16.11	0.002	0.003
	法兰	15~1800	HG/T20592—2009、ASME B16.5、SH/T 3406—2022	0.2	0.15

44　河北海乾威钢管有限公司

一、企业简介

河北海乾威钢管有限公司（HSPC®）创建于 2010 年，占地 240 亩，建筑面积 3 万平方米，我公司专业生产大口径直缝双面埋弧焊钢管，广泛应用于国内外油气输送、容器管道、高层建筑等多个市场领域。

我公司建立了完整的 ISO 质量、安全、环境管理体系，已获得 A1 级压力管道生产许可证和 AX 级防腐生产许可证，并获得 API 5L、CE PED&CPR、GOST、AD2000 等多项国际产品认证。

海乾威人持续开发更加广阔的国内和国际市场，持续向世界五百强 TOTAL、SAIPEM、BP、LukOil、Toyota、PSOCO 等供应天然气管线管。并已入围中石油、中石化、中海油、中航油、中国燃气、中国化学、新奥燃气等国内大型企业采购名录。

目前公司建立了以国内大循环为主体，国内国际双循环互相促进的新型销售格局，虽 2020 年全球疫情肆虐，但我公司产销量均突破历史纪录。

奋斗不息的海乾威人，始终秉承孜孜不倦的求索精神，以担当与匠心为企业理念，坚持用创新，让品牌升级！用实力，让梦想落地！用火红的青春，点燃光辉灿烂的明天！

二、企业基本概况

企业名称			河北海乾威钢管有限公司		
地址		盐山正港路工业园		邮编	061300
法人代表	李贵良	电话	13313378038	电子邮箱	hbhqwgg@126.com
联系人	张洁	电话	18233665056	联系人所在部门	行政部
企业成立时间		2010 年 1 月 15 日	企业网址		www.haiqianwei.com

续表

企业名称		河北海乾威钢管有限公司		
企业性质	私营	钢管设计能力（万吨/年）	40	
企业员工人数（人）	230	其中：技术人员（人）	36	
钢管产量（万吨）	2022 年	2023 年	钢管出口量（万吨）	2022 年	2023 年
	13.98	14.54		2.8	2.9
销售收入（万元）	2022 年	2023 年	利润总额（万元）	2022 年	2023 年
	76890.00	79970.00		3476.00	3821.00

三、焊接钢管生产技术装备及产量情况

机组类型及型号		台套/条	产品规格范围（外径范围×壁厚范围）（mm）	设计产能（万吨）	投产时间（年）	实际产量（万吨）	
						2022 年	2023 年
焊接钢管机组	JCOE 直缝埋弧焊管机组	3	(406~1422)×(8~50)	40	2010	7.27	6.23

四、企业焊接钢管主导产品

产品名称		规格范围（外径范围×壁厚范围）（mm）	执行标准	实际产量（万吨）	
				2022 年	2023 年
焊管产量（黑管）	直缝埋弧焊管	(406~1422)×(8~50)	GB/T 9711—2023	13.98	14.54
主要品种产量	管线管（输送油气）	(406~1422)×(8~50)	API 5L 46th	12.58	13.08
	流体管（输送水、固体）	(406~1422)×(8~50)	GB/T 3091—2018	0.84	0.88
	其他	(406~1422)×(8~50)	ASTM A252—2010	0.56	0.58

45 河北恒泰管道装备制造有限公司

一、企业简介

河北恒泰管道装备制造有限公司始建于 1985 年，前身为盐山县管件制造厂，经改制

后已发展成为集管道科技研发、管道设备制造、管道配件、管道防腐保温、精密铸造、建筑输送机械制造、贸易为一体的大型工贸集团公司。其是河北恒泰工贸集团公司旗下的分公司，旗下还有河北恒泰管道装备进出口贸易有限公司、河北恒泰建机精铸有限公司、沧州恒泰泽远防腐管道有限公司和盐山万隆管道科技有限公司。集团公司总资产达 2.7 亿元，员工总人数达 660 名。其中工程技术人员占员工总数的 15%。

河北恒泰管道装备制造有限公司是河北恒泰工贸集团公司的核心成员企业，位于中国的"管道基地"——河北省沧州市盐山县五里窑工业区，公司北依京津、东临黄骅港，交通十分便利，占地面积 286 亩，注册资金 1.06 亿元，总资产 2.7 亿元。

（一）公司产品

（1）高压管道及配件，包括余热锅炉，工业锅炉，电站锅炉等管道管件；石化、电力管道、管件；输油、输汽管道、管件；冶金行业的水冷管道及水冷炉盖、空分制冷、钢铁厂、医药制氧设备等行业的金属管件。

（2）耐磨管道及配件，包括双金属复合耐磨管道器件，陶瓷贴片复合耐磨管道器件，自蔓燃复合耐磨管道器件，高温龟甲网复合耐磨管道器件，其他耐磨管道配件。

（3）防腐管道及配件，包括三层聚乙烯（3PE）防腐管道及管件，单层/双层环氧粉末（FBE）防腐管道及管件，煤焦油瓷漆（CTE）防腐管道及管件，水泥砂浆内防腐管道及配件，耐高温玻璃鳞片胶泥防腐，IPN8710 饮水管道内壁防腐管道及管件。

（4）保温管道及配件，包括纤维材料（矿岩棉制品、玻璃棉制品、硅酸铝纤维制品）、无机材料（泡沫玻璃制品、硅酸钙制品、复合硅酸铝镁制品、膨胀珍珠岩、泡沫石棉制品）、有机材料（聚氨酯配额欧美塑料、酚醛泡沫塑料、橡塑海绵、聚乙烯泡沫EPS）、聚苯乙烯泡沫塑料（XPS）在内的各种保温管道及管件。

（5）各种规格的支吊架，包括管道支吊架、可变弹簧支吊架、恒力弹簧支吊架、恒力碟簧支吊架等。

（6）各种波纹管、补偿器，包括不锈钢高、中、低压波纹管，不锈钢波纹膨胀节，矩形膨胀节。圆形膨胀节，非金属膨胀节，金属软管等。

（7）本公司大型热镀锌项目于 2016 年 8 月 8 日正式投产，该热镀锌项目于 2015 年初，经河北省发展和改革委员会颁发许可，这标志着我公司在前进的道路上有迈出了一大步。随着工业的发展，热镀锌产品已经运用到很多领域，热镀锌的优点在于防腐年限长久，适应环境广泛一直是很受欢迎的防腐处理方法。被广泛运用于电力铁塔、通信铁塔、铁路、公路防护、路灯杆、船用构件、建筑钢结构构件、变电站附属设施、轻工业等。

（二）公司资质

公司拥有 GB/T 19001—2008 质量管理体系认证证书；GB/T 24001—2004 环境管理体系认证证书；GB/T 28001—2001 职业健康管理体系认证证书；HSE 健康与环境管理体系认证证书；API 证书；船级社认证 CCS 证书；中石油集团公司一级供应商网络成员单位证书；欧盟 CE 强制认证证书；中国华电集团公司集团级供应商会员证书；中电投集团中国

电能成套设备有限公司供应商会员证书；中华人民共和国自营进出口企业证书；ASME.U.S钢印产品制造资格证书；电站压力管道产品制造资质证书；中华人民共和国船级社船用管件制造工厂证书；中华人民共和国特种设备（压力管道元件）制造许可证证书；大唐中水物资公司、中石化、大港油田、辽河油田、华能、国电等合格供应商证书。

（三）设备能力

公司拥有主要生产和试验设备480台套，检验实验设备覆盖了从原材料、标准件、半成品到成品的各项常温性试验，检验项目。生产设备中的3500吨、2000吨大中型液压机、1200吨推力的中频感应推制机、大型弯管机，加工厚度为150mm的大型卷板机、可进行IC和TIC+MIC自动焊接的焊接机、10台数控车床、大型加热炉和热处理炉，都是国内先进的自动化程度较高的设备。公司制造的管道产品直径可达2620mm，壁厚可达160mm，与之配套的各种工装模具4000多吨。

（四）技术能力

公司拥有工程师9名，工程师17名，助理工程师35，技术工人65名，中级技术工人275人，无损检测及理化人员38名。具有良好的技术设计及生产能力。

（五）企业文化

经营理念：团结奋进、求真务实、科学管理、再创新高；
服务理念：以真诚贴近客户、以行动满足客户、以双赢保有客户；
企业精神：真诚、敬业、自律、创新。

二、企业基本概况

企业名称		河北恒泰管道装备制造有限公司			
地址		盐山县城西五里窑工业区		邮编	061300
法人代表	刘泽明	电话	0317-6393688	电子邮箱	1223985885@qq.com
联系人	王势军	电话	15230790099	联系人所在部门	市场部
企业成立时间		2002年9月18日	企业网址		www.hb-htgj.com
企业性质		有限责任公司	钢管设计能力 （万吨/年）		18
企业员工人数（人）		660	其中：技术人员 （人）		160
钢管产量 （万吨）	2022年	2023年	钢管出口量 （万吨）	2022年	2023年
	11	13		4	6.3
销售收入 （万元）	2022年	2023年	利润总额 （万元）	2022年	2023年
	64800.00	78600.00		6480.00	7860.00

三、焊接钢管生产技术装备及产量情况

机组类型及型号		台套/条	产品规格范围（外径范围×壁厚范围）（mm）	设计产能（万吨）	投产时间（年）	实际产量（万吨）	
						2022 年	2023 年
焊接钢管机组	螺旋缝埋弧焊机组	3	（219~4000）×（5~28）	18	2021	10.7	12.6

四、企业焊接钢管主导产品

产品名称		规格范围（外径范围×壁厚范围）（mm）	执行标准	实际产量（万吨）	
				2022 年	2023 年
焊管产量（黑管）	螺旋焊埋弧管	（219~4000）×（5~28）	GB//T 3091—2015 GB/T 9711—2023PSL1、PSL2 API　5L	10.7	12.6

46　河北汇东管道股份有限公司

一、企业简介

河北汇东管道股份有限公司是集科研、制造、销售为一体的保温管道、无缝外护管保温管件生产的专业化公司，2011 年 6 月公司成立，2016 年 4 月在全国中小企业股份转让系统成功挂牌（股票代码：836903），注册资本 7212.5 万元，公司占地 11 万平方米，员工 156 人，工程技术人员 30 人，2017 年公司研发中心授予河北省工信厅命名为 A 级研发中心、河北省专精特新"示范企业"、2021 年工业和信息化部第三批专精特新"小巨人"企业。

公司年产 DN50-DN1600 保温管道 5 万吨；无缝外护管保温管件 1.5 万吨。主要生产、检测设备 46 台套。拥有国际先进的聚乙烯管材生产线 11 条，采用国际上先进的螺旋模具挤出、真空定径、喷淋冷却、自动切割等工艺。

公司和中科院九章科技有限公司、北京公用事业科学研究所、北京煤热院等科研院所、大专院校合作，不断有公司高级技术人员到大专院校进行培训、学习。

公司自建研发团队产品国际领先自主研发的外护管为整体成型的保温管件系列产品，先后申报了 20 项具有国家自主知识产权专利，完成由河北科学技术厅组织国内业内知名专家参加的产品鉴定会，鉴定结果为该产品国际国内首创，国际领先水平，获河北省科技

成果奖，该产品从根本上杜绝了管件外护管焊缝易开裂的隐患，提高了产品的使用寿命及产品的可靠性，质量安全得到保证。高密度聚乙烯无缝外护管预制直埋保温管件获河北省科技成果奖证书，获沧州市科技进步一等奖。

自主研发的智能无缝化热熔套和智能加热熔接装置以及热熔堵熔接定位压力机申请了具有国家自主知识产权的6项发明专利，为目前国内外行业中最尖端的高科技产品，其中智能加热熔接装置通过一种能设定热熔加热温度、电压、电流和具有加热自调、记录数据、定位监控、上传云端以及存档等功能的数字化补口管控系统一键完成操作，彻底改变了国内外集中供热管网用板式热熔套补口的传统工艺，从根本上杜绝了补口纵焊缝易开裂的世界性难题。

自主研发的《智能加热熔接装置及无缝热熔套接头补口工艺研究》获河北省科学技术成果奖，为国际先进水平。

由我公司为第一起草人编写的《高密度聚乙烯无缝外护管直埋保温管件》国家标准2021年10月1日正式实施，作为主要起草人编写《保温管道用电热熔套（带）》国家标准2021年12月1日正式实施。

公司确保产品使用寿命40年以上，超过国家标准设计使用寿命30年达10年以上。

公司将以引领国内保温管道企业为己任，不断进行创新和产品研发，满足广大用户的需求。

二、企业基本概况

企业名称	河北汇东管道股份有限公司			
地址	河北省盐山县正港工业园区		邮编	—
法人代表	吴月兴	电话　—	电子邮箱	—
企业成立时间	2011 年 6 月	企业网址	—	
企业性质	股份制	管件设计能力 （万吨/年）	6.5	
企业员工人数（人）	156	其中：技术人员 （人）	30	

47　河北新圣核装备科技有限公司

一、企业简介

河北新圣核装备科技有限公司位于中国管道装备制造基地河北省盐山县正港工业园区，公司占地 10 万平方米，建筑面积 6.7 万平方米，注册资金 10800 万元，是一个集研发、生产、销售于一体、具有独立知识产权的钢制管道、管件系列产品专业化技术企业。

公司成立于 2007 年，现有职工 236 人，技术人员 76 人，其中高级职称 13 人、初中级职称 31 人，是一支管理规范、技术过硬的专业化队伍，公司主导产品包括：防腐及保温管道、DN15～3800mm 高中低压管件、高压管道工厂化配管系列；大口径焊接管件及异型件工厂加工系列产品。

公司所有产品均取得相应的法定资质许可及行业准入许可，是中石油、中石化、中海油三大加氢裂化高压管件合格供应商；也是中国燃气、昆仑能源、港华燃气、华润燃气、新奥燃气优质供应商；神华煤制油项目的大口径厚壁耐腐蚀管件供应商；并成为中能建、中电建、"五大电力"、哈尔滨电气集团、中国化学集团、中国蓝星（集团）等央企（国企）公司的长期供应商。公司产品广泛应用于电力、化工、石油、天然气企业、冶金企业、热力管网、造船、造纸、建筑等行业的管道工程，产品销往全国各地。

生产设备齐全拥有 6000 吨四柱压力机，φ18～914mm 推制机，800 吨大型弯管机，8吨锻锤等生产设备 120 余台套，可按国内外及行业标准、生产碳钢、合金钢、不锈钢、管线钢、低温钢等各种材质的法兰、弯头、弯管、三通、四通、异径管、管帽、承插等全部规格的管道配件、压力容器产品、高性能、大口径复合材料管件、特殊材料管件及延伸产品，年生产能力 10 万余吨，同时，具备整体大型项目综合产品供应能力。实现了原材料

—生产加工—产品出厂全过程检验，产品合格率高。

公司拥有防腐生产线 4 条，可按标准和客户要求制作 3PE、2PE、FBE、无溶剂环氧树脂漆的防腐，年生产能力 200 万余平方米。公司检测手段完善，拥有检验、检测设备 50 余台套，型式试验、化学分析、无损探伤均能独立完成。

加强科技创新，改造提升传统产业，开展校企产学研合作，开发一种雨天防腐处理系统等 10 余件项目，取得专利多件，成果不断转化为生产力，促进经济增长和竞争力提升，销售额不断增长。

以聚精会神办企业，诚实守信搞经营，努力提高管理水平，向智能制造、智慧运营发展大踏步前进。同时要以开阔的国际视野，敏锐的市场研判力，增强创新能力和核心竞争力，为实现管道装备制造业向高质量发展做出更大的贡献！

二、企业基本概况

企业名称	河北新圣核装备科技有限公司			
地址	河北省盐山县正港工业园区		邮编	061300
法人代表	孙清轩	电话	—	电子邮箱	—
联系人	—	电话	0317-6306968	联系人所在部门	—
企业成立时间	2007 年 11 月 28 日	企业网址	swb@ xshzb. cn	
企业性质	有限责任公司	管件设计能力（万吨/年）	10	
企业员工人数（人）	236	其中：技术人员（人）	76	

48　山东华舜重工集团有限公司

一、企业简介

山东华舜重工集团有限公司位于山东泰安泰山钢材大市场，占地面积 12 万平方米，是专门从事冷弯空心型钢、高强精密焊管的研发、制造于一体的综合性企业。

华舜重工主要研发、制造汽车、桥梁、船舶、工程机械、农业装备和装配式住宅等领域的高强方矩管、异型管和波浪腹板 H 型钢。矩管产品规格涵盖 20mm×40mm 至 400mm×600mm，方管产品规格 30mm×30mm 至 500mm×500mm 等 60 多个规格，200 多个品种。

华舜重工与宝钢、武钢、山钢、日钢、河钢、攀钢等钢厂建立了长期战略合作；产品供应中建集团、潍柴动力、中国重汽、陕汽集团、鲁西化工、山东高速、中南建设，出口美国、韩国、德国等十几个国家，与河士基达、特雷克斯等企业建立合作伙伴关系。

华舜重工秉承"科技创新"的理念，围绕客户需求，专注于冷弯型钢产品的研发制造，现已获得实用新型专利 14 项，发明专利 5 项。集团非常注重体系建设，已通过 ISO9001：2015 质量管理体系认证、ISO14001：2015 环境管理体系认证、ISO45001：2018 职业健康安全管理体系认证、IATF16949：2016 汽车行业质量管理体系认证和欧盟 CE 产品认证，同时，华舜重工还是波浪腹板 H 型钢国家标准的制定单位之一。

华舜重工先后获得"国家级高新技术企业""山东省优质品牌""山东省瞪羚企业""山东省专精特新企业""山东省科技型中小企业"，山东省"一企一技术"研发中心，"泰安市科技创新型企业 50 强"。华舜重工同时是中国钢结构协会冷弯型钢分会理事单位，被中国冷弯协会授予"中国冷弯型钢优秀企业"。

华舜重工始终坚持产品研发创新与服务创新，公司综合竞争力稳居行业前列，在产品应用细分市场领域具有较高的占有率与知名度。通过与沈阳理工大学、武汉科技大学、河北工程大学等高校签订战略合作协议，确立了全面合作关系，双方在科技开发、人才培训、技术交流等方面开展全面合作。在机械工程、焊接生产和工艺流程化等领域建立战略型、紧密型产学研战略合作关系，共建"本科生教学实训基地""研究生科研实习基地"和"产学研创新基地"等一系列科研合作机制，加快推进科研成果的产业化进程。

未来，华舜重工集团将继续秉承：舜世方管，行业领先的品牌战略，用品牌力量引领"中国智造"，为国家发展建设增砖添瓦。

二、企业基本概况

企业名称	山东华舜重工集团有限公司			
地址	山东省泰安市岱岳区满庄镇山东泰山钢材大市场山钢路5号	邮编		271024
法人代表	刘电新	电话	—	电子邮箱	hszgjt2022@163.com
联系人	赵军	电话	0538-8159556	联系人所在部门	—
企业成立时间	2017年	企业网址		www.huashunzhonggong.com
企业性质	民营	钢管设计能力（万吨/年）		22
企业员工人数（人）	189	其中：技术人员（人）		39

三、焊接钢管生产工艺技术装备及产量情况

机组类型及型号			台套/条	产品规格范围（外径范围×壁厚范围）（mm）	设计产能（万吨）
焊接钢管机组	高频焊管机组	方矩管机组 50方机组	1	30×30×1.5~50×50×3.0	3
		80方机组	1	40×40×4.0~80×80×8.0	6
		120方机组	1	40×40×3.75~120×120×6	4
		200方机组	1	80×80×5.75~200×200×10	6
		50方机组	1	30×30×2.0~50×50×6.0	3
合计			—	—	22

49　广州市南粤钢管有限公司

一、企业简介

广州市南粤钢管有限公司是经国家工商行政管理注册的大型专业管材生产民营企业，坐落在广州市花都区炭步镇，紧邻西二环高速公路，交通十分便利。公司占地面积二百多亩，建有三万多平方米的现代化厂房，拥有六条先进的焊管生产线及四条镀锌钢管生产线，专业生产，销售热浸锌钢管，直缝高频焊管等钢制品，企业投资规模3.5亿元，年产能达三十万吨，年产值6亿~8亿元。我们企业是目前华南地区最具影响力的钢管生产企

业，为当地社会经济稳定发展起到积极作用。

"以产品质量求生存，靠科技进步求发展"是公司生产的核心理念。"生产优质南粤钢管产品，树立良好品牌"是南粤人不断追求的目标，公司通过 ISO9001：2008 国际质量管理体系认证和 CTA 品质验证，产品质量有了质的提升。南粤牌钢管在消费者投票调查中，被推选为广东省"消费者最信赖，质量最放心品牌"，先后被选为"广东省建设工程材料"生产、供应厂家，产品得到了市场和消费者的认可，荣获广东省优质品牌保护示范单位，全国质量信用企业，全国质量保证诚信经营示范单位等多项荣誉，注册商标"南粤"被评为"广州市著名商标"，2012 年通过司法认定评为"中国驰名商标"，品牌效应显著提高。

"诚信经营，回报社会"是公司的经营理念。公司一直坚持诚信经营，依法纳税，积极参与社会公益事业，以回报社会为己任，被广州市花都区评为"花都区十佳文明企业""优秀会员企业""热心公益事业单位"，被广州市税务局和地方税务局评为"A 级纳税人"，被广州市工商行政管理评为"守合同重信用企业"。

"以人为本，和谐南粤"是公司的人才理念。公司厂区内配套现代化的办公大楼，舒适、人性化的员工宿舍楼，篮球场、羽毛球场、阅览室、休闲娱乐室、餐厅、商场一应俱全，公共绿化面积达到 30%，是同行业中首屈一指的现代化、园林式工厂。完善的配套设施，良好的企业文化，使南粤公司聚集了大批行业精英，现有员工 300 多人，他们在各自的岗位上为南粤的客户提供最优质南粤钢管的服务。

"以市场大众价格，用优质品牌产品"是公司的市场经营理念。广州市南粤钢管有限公司将继续通过加强管理、节能降耗、提高产品质量，优化服务，把企业的优势资源回馈市场，更好地为市场和广大客户服务，为国家和地方建设做出更多贡献。

二、焊接钢管生产工艺技术装备及产量情况

	机组型号	规格组矩（mm）	设计能力（万吨）	主要品种	投产时间（年）
主要设备及能力	273 高频焊管机组	φ140~273	8	焊接钢管	2004
	114 高频焊管机组	φ89~114	6	焊接钢管	2004
	89 高频焊管机组	φ75~89	6	焊接钢管	2004
	89 高频焊管机组	φ48~89	4	焊接钢管	2004
	76 高频焊管机组	φ33~42	4	焊接钢管	2004
	50 高频焊管机组	φ21~33	2	焊接钢管	2004
	合计	φ21~273	30	—	—

50 辽宁亿通钢塑复合管制造有限公司

一、企业简介

辽宁亿通钢塑复合管制造有限公司产品注册商标"天渠"牌。始建于 21 世纪初，坐落于辽宁省本溪湖经济开发区，公司占地面积 30000 平方米，注册资金 1.5 亿元，年生产能力 10 万吨。公司现有员工 120 人，其中技术人员占三分之一，拥有 30 多名给排水专业工程师团队做技术支撑，荣获 20 多项国内专利，并有五项专利纳入辽宁省标准图集，进入行业标准。公司装配有先进的生产设备、严谨的质量检测工具和完善的售后服务队伍。

辽宁亿通钢塑复合管制造有限公司董事长——王玉廷，给排水高级工程师，毕业于辽宁工程技术大学，研究生学历，辽宁省五一劳动奖章获得者，本溪市劳动模范，本溪市科技进步二等奖，多次被评为"本溪市优秀经理（厂长）"。多年来，他严格要求自己，遵纪守法，职责心强，敬业求实，用心钻研，勤奋进取，在亿通公司全体领导班子成员正确领导下，在公司党委和广大职工的大力支持、配合下，他始终全心全意为职工利益着想，依法治企，认真学习习近平总书记的重要讲话，并提出许多新思想、新观点、新论断、新要求，根据企业发展的实际情况管理企业。

公司主要生产产品：水领域钢塑管（DN15～3700mm）、天然气领域 3PE 防腐管材、消防专用管材（防火消防管）、电力穿线专用（钢塑穿线管）、煤矿专用（双抗钢塑管）、天然气专用（3PE 钢塑管）、预热水、温泉水专用（保温内防腐钢塑管）、供暖专用（预制直埋保温管）、垃圾场专业管材（渗入式钢塑管），产品全部执行 GB/T 28897—2012、石油部标准 SY/T 5037—2012，产品基管以直缝焊管、螺旋焊管、无缝钢管为主材，与 PE（聚乙烯）、EP（环氧树脂）等高分子材料复合而成，具有阻燃，耐压强度高，防腐蚀等特点，广泛应用于给排水领域。

辽宁亿通钢塑复合管制造有限公司，是同行业中唯一一家获得"国家级高新技术企业"和"省级名牌产品"荣誉称号的企业。公司通过 ISO9001：2008 质量管理体系、ISO14001：2004 环境管理体系、OHSAS18001：2007 职业健康安全体系认证。公司先后获得中国工人先锋号、国家知识产权优势企业、省级劳模创新工作室、省级企业技术中心、辽宁省知识产权优势企业、辽宁省雏鹰企业、辽宁省绿色工厂、辽宁省专精特新中小企业和本溪市市长质量奖等荣誉称号，并持有国家特种设备制造许可证、省级国产涉及饮用水卫生许可批件、水利部水工防腐资质、公安部消防管防腐资质、电力部电力穿线管防腐资质和煤炭部矿用管防腐资质。

多年来承接国家重点项目、大型水利、城市管廊建设、地铁消防、海绵城市电力穿线等工程，并被评为"重合同 守信誉""AAA 级"信誉企业。

二、企业基本概况

企业名称	辽宁亿通钢塑复合管制造有限公司			
地址	本溪市溪湖区东风路 79 号		邮编	117000
联系人	—	电话	024-42980830	联系人所在部门	—
企业成立时间	2012 年	企业网址	www.lnytgy.com	
企业性质	有限公司	钢管设计能力（万吨/年）	10	
企业员工人数（人）	120	其中：技术人员（人）	40	

第三篇

非钢管生产
企业基本情况

1 上海钢联电子商务股份有限公司

一、企业简介

让大宗商品及相关产业数据为用户创造价值

上海钢联（股票代码：SZ.300226）是全球领先的大宗商品及相关产业数据服务商，成立于2000年。作为独立第三方机构，提供以价格为核心、围绕价格波动的多维度数据体系，在实货贸易和衍生品市场取得广泛认可与应用，推动大宗商品市场更透明、更高效、更安全，为提升工业领域的运行效率与质量积极作为。

上海钢联构建了庞大而专业的数据采集体系，拥有3500人的采集团队，每日跟踪全球400多个城市及港口的市场变化。除了上海总部，公司还在全国30余个城市设立分支机构，并在新加坡、英国、澳大利亚、日本和迪拜设有团队。

植根大宗商品数据服务24年，公司基本实现了对该领域的全面覆盖，包括黑色金属、有色金属、能源化工、建筑材料、新能源、新材料、再生资源等，涵盖百余条产业链的各个环节。无论是在采集规模、认可应用还是数据收入方面，公司均已跻身国际前列。

目前，Mysteel价格不仅是国内大宗商品交易的重要结算基准，还成功参与到国际价格体系中。除了现货领域，价格指数也被多家国际交易所采纳为衍生品合约的结算指数，开创多项先河，为提升"中国价格"的国际影响力贡献了力量。

作为国家发改委、国家工信部、国家农业农村部、国家商务部、国家统计局、国务院发展研究中心的数据合作单位，上海钢联被视为产业运行监测和宏观调控决策的重要数据参考来源。

今天，我们正在继续加大投入，精耕细作百余条产业链，力求以高质量的数据，为产业新一轮的高质量发展提供支撑。

二、企业基本概况

企业名称	上海钢联电子商务股份有限公司				
地址	上海市宝山区园丰路68号		邮编		200444
法人代表	朱军红	电话	021-26093293	电子邮箱	public@mysteel.com
联系人	陈文花	电话	18121185800	联系人所在部门	钢管事业部
企业成立时间	2000年4月30日		企业网址		www.mysteel.com

企业名称		上海钢联电子商务股份有限公司		
企业员工人数（人）	3500	企业经营的主要内容		
其中：技术人员（人）	641	数据订阅服务、商务推广服务、会务培训服务、研究咨询服务、寄售交易服务、供应链服务业务		
销售收入 （万元）	2022 年	2023 年	出口销售收入 （万元）	2022 年	2023 年
	56074.51	62222.06		0	0

2 上海钢管行业协会

一、企业简介

上海钢管行业协会（以下简称"本会"），英文 Shanghai Steel Tube Industry Association（英文简称"SSTIA"），于 2000 年 4 月在宝钢成立并由宝钢集团钢管条钢事业部担任首任会长。本会是经上海市经济和信息化委员会批准，在上海市民政局注册登记，由钢管产业链企业以及其他相关经济组织自愿组成实行行业服务和自律管理的行业性、非营利社会团体法人。

会员企业产品覆盖无缝钢管（热轧（挤、顶、扩）管、冷轧（拔）管）、焊接钢管（直缝焊管、螺旋焊管）、复合钢管、异型钢管、冷弯型钢等，产品材质包括碳素钢（合金钢）和不锈钢两大类。会员企业还包括钢管产业链上下游的钢管装备制造商、仓储物流提供商、资讯产业服务商和钢管产品贸易商。

本会坚持中国共产党的全面领导，设立中国共产党的组织，深入学习贯彻习近平新时代中国特色社会主义思想，在协会工作中坚持"两个确立"，自觉做到"两个维护"。

本会的宗旨：遵守国家宪法、法律和法规，以服务为宗旨，维护行业共同利益，沟通会员与政府、社会的联系，促进行业经济高质量发展。本会的办会理念：与市场同步，做好参谋助手；与企业同心，提供专业服务；与行业同行，促进规范发展。本会的服务理念：政府的需要，协会的任务；会员的需求，协会的追求。以品质、人格、能力、实效为政府和钢管行业企事业单位提供可信、可靠、有用、有效的服务。

本会是中国钢铁工业协会团体会员，中国钢结构协会钢管分会副理事长单位，2008 年本会被商务部首批命名为全国 27 个公平贸易基层工作点之一，2010 年被上海市商务委授予第一批"上海市进出口公平贸易行业工作站"。工作站先后荣获"2018 年优秀服务奖"和"上海市 2021 年度优秀进出口贸易工作站"的光荣称号。

本会积极响应党的二十届三中全会提出的"高质量发展是全面建设社会主义现代化国家的首要任务"的号召，致力于会员单位的"降本增效"和"转型升级"，探讨研究传统钢管制造向智能制造、绿色低碳高质量发展，引导会员企业构建以国内大循环为主体、国内国际双循环相互促进的新发展格局，协助会员企业在"一带一路"国家重大项目中受益，充分发挥政企桥梁的作用，组织协调会员企业开展无损害抗辩、参与听证和游说等贸易摩擦应对；大力宣传推广会员产品；协助会员拓展业务渠道；维护全体会员共同利益。

本会坚信：在以中国式现代化全面推进强国建设、民族复兴伟业的关键时期，行业协会有着其他组织和机构无法替代的重要作用，协会提倡会员企业团结一致，共同发展，避免恶性竞争，提升产品竞争力，共同打造行业区域竞争优势！

办公地址：上海市天目中路 240 号（沪金大楼）4 层；联系电话：021-56974051/52992013；协会官网：www.gghy.org。

二、企业基本概况

企业名称	上海钢管行业协会				
地址	上海市天目中路 240 号（沪金大楼）4 层			邮编	200071
法人代表	沈根荣	电话	—	电子邮箱	msz@gghy.org
联系人	王赛男	电话	021-56974051 021-52992013	联系人所在部门	—
企业成立时间	2000 年	企业网址		www.gghy.org	

3 佛山市钢管行业协会

一、企业简介

佛山市钢管行业协会在原里水钢管行业协会（华南钢管联谊会）的基础上发展起来，现有会员企业 63 家，地点分布佛山 5 区甚至东莞、广西南宁等地，产业链涉及材料贸易、机器设备配件、钢管生产，钢管销售等，影响力辐射整个华南地区。协会将继续充分发挥沟通、联络、协调、组织的优势，在信息、技术、人才、融资等方面为会员企业提供有效服务，完善诚信和价格体系的建设，提升产品质量和品牌，增强行业定价权，维护行业的整体利益，为地区的基础建设发挥应有的作用。

二、企业基本概况

企业名称	佛山市钢管行业协会		
地址	佛山市南海区里水镇新兴路 15 号行政服务中心四楼	邮编	528244

续表

企业名称	佛山市钢管行业协会			
法人代表	吴刚	电话	—	电子邮箱	1049337185@ qq. com
联系人	邓伟勤	电话	13802920483	联系人所在部门	—
企业成立时间	2013 年	企业网址		www. lishuigcc. com

4　常熟市钢管协会

一、企业简介

常熟市钢管协会于 2016 年成立，协会是一个地方性、行业性、非营利性社会团体法人组织，由常熟地区从事钢管生产、营销及相关设备制造的企业和个人自愿参加组成。协会宗旨：发挥"提供服务、反映诉求、规范行为"的作用，实现依法设立、民主管理、行为规范、自律发展。当好政府与企业之间的桥梁和纽带，坚持为政府服务，为企业服务，反映会员单位的愿望和要求，维护会员单位合法权益，促进行业共同发展。协会业务主管部门是市经贸委，受其业务指导。社团登记机关是民政局，受其监督管理。协会业务范围：按照"维护行业利益，加强行业自律，开展行业协调，提供行业服务，代表行业公信"的职能要求，以服务为本，发挥相应的功能作用。

协会有企业会员 35 名，个人会员 11 名。35 家会员企业中以生产无缝钢管为主，也涵盖生产焊管厂 1 家、生产管坯厂 1 家、生产钛合金管厂 2 家、不锈钢管厂 2 家、钢贸企业 2 家、生产机械设备 2 家。

协会为 AAA 级协会，成为当时常熟乃至全省行业协会中首家上等级协会。

常熟市龙腾特种钢有限公司是一家集传统钢铁产业和金属深加工于一体的钢铁联合型企业，公司拥有总资产 150 多亿元，下设炼铁分公司、常熟市龙腾特种钢有限公司建于 1993 年，位于常熟市梅李镇通港工业园区华联路，占地面积 280 万平左右，轧钢分公司、钢棒分公司、耐磨球分公司、焊材分公司、汽车锻件分公司、矿产资源综合利用分公司、苏南重工、北钢院分厂、外贸公司、大兴华码头、常熟龙腾希尔顿大酒店。员工总数 4900 余名，2021 年公司实现销售收入 245 亿元，上缴税收 7.4 亿元。

公司主要产品包括：热轧轴承钢球坯、热轧耐磨球、管桩用 PC 钢棒、端板、热轧专用扁钢、船用扁钢、船用球扁钢等。

联系人：凌国威 13706239722。

常熟市无缝钢管有限公司是生产、经销小口径冷拔（轧）无缝钢管的江苏省高新技术企业，"常峰牌"注册商标。主要产品有工程机械、汽车和柴油机用管；锅炉、压力容器和热交换器用管；高碳铬轴承用管；无氧化和高亮钢管。生产规格外径 $\phi3\sim89$mm，壁厚 0.5~20mm，长度 28m 以下，年生产能力 5 万吨。

联系人：陈国强 13328028011。

常熟市异型钢管有限公司位于历史名镇常熟市梅李镇，南依沪宁高速、苏嘉杭高速；北临沿江高速，距离国家一级口岸常熟港仅十千米，企业地理位置优越，交通便捷。公司始建于 1978 年 8 月，以专业生产各类高难度、高精度冷拔（轧）无缝钢管而享誉海内外。多年来，在社会各界的大力支持和关心下，公司取得了长足进步，公司现拥有固定资产 8000 多万元，厂区占地近 8 万平方米，生产车间 3.5 万平方米，拥有员工 300 多名（其中中、高级技术管理人才 80 多名），具备年产各类冷拔、冷轧无缝钢管 3.5 万吨的生产能力。目前，公司已申请获得 12 项专利发明（5 项已获授权），18 项实用新颖发明专利；其中 3 项专利产品已申报江苏省高新技术产品；2013 年 10 月公司获批江苏省高新技术企业并获批成立苏州市异型钢管工程技术研究中心。

联系人：何建刚 13901579357。

苏州钢特威钢管有限公司成立于 2006 年，注册资本 2800 万元，目前公司固定资产及运营资金 1.5 亿元，公司位于最具活力的"长三角"长江之滨的江苏省常熟市董浜镇，沿江高速和苏嘉杭高速的交界处，东邻上海、昆山、南连苏州，西连无锡、常州，北靠长江水道，与南通隔江相望，交通运输便捷，地理优势突出。

联系人：吴振环 13906230898。

江苏圣珀新材料科技有限公司成立于 2009 年，拥有 150 多人的专业团队，研发团队占比 10%，公司拥有可逆轧机 3 台，光亮退火炉 3 台，全自动氩弧焊管线 16 条，其中进口自动氩弧焊管线 2 条等一系列生产设备，及光谱分析仪、万能试验机、硬度分析仪、氮氢氧分析仪，超声波探伤仪（UT）、涡流探伤（ET）、水下气密等一整套检测设备。年销售额超 7 亿元，是行业内领先的专业制造商！用户遍布全国各地及海外各地区。

联系人：周卫国 13962329055。

常熟市盈博钢管有限公司始建于 2005 年 9 月，是一家专业从事高频焊管生产制造的江苏省高新技术企业。企业具备过硬的产品质量，雄厚的技术力量，齐全的生产设备，产品广泛应用于汽车、千斤顶、自行车、健身器材、商业道具、休闲娱乐用品等行业，并结合公司独特制作加工工艺，致力于为海内外客户输送高精度、高品质、全系列的优质产品。公司自成立以来，加强公司内部管理，从产品原材料、工艺制作、检验到成品，形成一条严谨有效的质量控制链，使盈博钢管在业界获得了良好的信誉和高度的信赖。

盈博公司将一如既往地坚持"以质量求生存，以信誉求发展"为企业宗旨，与您携手共进，共创辉煌。

联系人：陈雪根 13506249118。

二、企业基本概况

企业名称	常熟市钢管协会			
地址	江苏省常熟市枫林路 27 号 B 楼 402		邮编	—
法人代表	陈国强	电话　13328028011	电子邮箱	2669389098@qq.com
联系人	笪伟中	电话　13901572250	企业成立时间	2016 年

5　河北省管道装备制造行业协会

一、企业简介

河北省管道装备制造行业协会是由本省管道装备制造行业企业自愿结成的全省性、行业性社会团体，是非营利性社会组织。协会坐落于中国管道之乡的河北盐山。

截至 2024 年 6 月，协会拥有会员企业 103 家，覆盖了河北省内的沧州、石家庄、唐山、秦皇岛、廊坊、邢台、邯郸等地区。这些会员企业涵盖了管道装备制造的各个领域，包括钢制、塑料制品、管道、管件、阀门等。

协会的宗旨是坚持中国共产党的全面领导，遵守宪法、法律、法规和国家政策，践行社会主义核心价值观，遵守社会道德风尚，维护会员权益，组织会员认真贯彻实施国家管道装备业方面有关法律、法规和规章，严格自律，保证产品质量，促进管道装备制造业健康发展。切实维护管道装备产业整体利益，组织成员之间交流经验，发挥桥梁纽带作用；协助政府开展相关工作；保护市场环境，促进本省管道装备市场健康有序发展。

协会的业务范围包括对河北省管道装备产业链相关企业的经济运行、发展等方面的情况进行调查研究，向政府及有关部门汇报和反映企业对产业发展的意见和建议，为政府相关部门制定产业发展政策、发展战略、行业发展规划提供依据和建议，并协助实施；收集整理和分析发布国内外管道装备产业链相关行业技术、经济和需求信息，加强市场需求预测，实现信息资源共享，为政府、企业和单位会员提供信息服务；帮助企业开展技术攻关、新产品开发、项目可行性研究和设计方案论证等，促进企业不断提高技术创新和工艺技术装备水平；开展企业政策和现代化管理的理论研究，总结推广先进的经营管理经验，促进企业加快体制创新、管理创新、技术创新步伐，提高企业开拓创新能力，增强企业核心竞争力综合实力，不断提高经营管理水平；受政府相关职能部门授权或委托，参与制定、修订本行业经济、技术、管理等标准、规范，并组织单位会员贯彻执行地方行业标准、技术规范。参与组织行业职业技能竞赛。根据企业需求，组织有关业务培训和提供咨询服务；面向单位会员，依法组织开展全省管道装备产业链相关企业的业务培训，组织单位会员开展国际经济技术协作与交流和国内外展览展销活动；维护单位会员的合法权益，及时向有关方面反映会员的意见、建议和诉求；加强行业精神文明和企业文化建设，引导行业自律，提倡诚信经营，积极承担社会责任；承担省委、省政府、市委、市政府及相关部门交办的各项工作。

协会对会员提供了以下服务和权益：

（1）提供交流与合作的机会：协会通过定期组织行业会议、研讨会等活动，为会员企业提供交流与合作的机会，共同探讨和解决行业发展中存在的问题和挑战。

（2）提供准确的数据支持和政策建议：协会深入调研管道装备制造行业的经济运行、企业改革、技术进步和产业重组等情况，给会员企业提供准确的数据支持和政策建议。提供专业培训和咨询服务：协会为满足会员企业在技术、管理等方面的需求，提供专业的培训和咨询服务。

（3）保护会员合法权益和维护行业秩序：协会作为会员企业的代表，积极维护会员的合法权益和行业秩序。当会员企业遇到不公正待遇或行业纠纷时，协会将及时介入，协调解决相关问题。

（4）搭建政府与企业及相关协会沟通桥梁：协会积极与政府部门建立联系，为会员企业提供与政府沟通的机会和渠道。同时，协会还要和国内相关行业协会加强合作，开展技术交流、资源共享。协会还代表行业向政府部门反映企业的诉求和建议，为行业发展争取更多的政策支持和资源倾斜。

（5）推动节能环保绿色发展：协会积极推动河北省管道装备制造行业的节能环保绿色发展工作，通过组织节能技术推广活动、制定节能环保标准等方式，引导会员企业采用先进的节能技术和设备，降低能耗和排放，提升行业的核心竞争力。

创建协会的更深层意义在于：

（1）促进行业发展：协会通过提供服务、加强自律、维护权益等方式，促进管道装备制造行业的健康发展。

（2）加强行业自律：加强管道装备制造行业的自律，推动行业的规范化发展。

（3）维护会员权益：协会作为会员企业的代表，积极维护会员的合法权益，为会员企业提供服务和支持。

（4）推动技术创新：协会通过组织技术交流、开展技术培训等方式，推动管道装备制造行业的技术创新，提高行业的核心竞争力。

（5）加强国际合作：协会通过组织国际展览、开展国际交流等方式，加强管道装备制造行业的国际合作，推动行业的国际化发展。

未来，协会将继续发挥桥梁纽带作用，加强与政府部门的沟通与合作，为会员企业提供更多的政策支持和服务。同时，协会将加强行业自律，规范市场秩序，推动管道装备制造行业的健康发展。此外，协会还将加强与国内外相关行业协会的交流与合作，推动管道装备制造行业的国际化发展。

二、企业基本概况

企业名称	河北省管道装备制造行业协会		
地址	河北省沧州市盐山县南开发区管道研究院	邮编	061001
法人代表	赵德清	联系人	陈建新	企业成立时间	2024 年

6 山东省四方技术开发集团有限公司

一、企业简介

山东省四方技术开发集团有限公司（以下简称"公司"）是由科技专家领办创建的国家级高新技术企业、科技型中小企业，成立于 1999 年 12 月。

公司下设 4 个全资子公司：山东四方钢管设备制造有限公司、山东厚方机械设备有限公司、山东四方工模具材料研究院有限公司、山东四方（美国）公司。

公司是中国模具协会、中国产学研合作促进会会员单位，中国钢协钢管分会理事单位和冷弯型钢分会会员单位。

公司是中国辊压模具重点骨干企业，中国钢管和冷弯型钢工模具产业技术创新战略联盟理事长单位，国家冶金生产力促进中心高铬辊推广中心的依托单位。

公司是省、市级专精特新企业，山东省制造业高端品牌培育企业。

公司专业从事钢管及冷弯型钢用工模具创新、研发、生产，开发出的十几项高新技术产品属于本行业"四基"之一的核心基础零部件，达到国际领先或国际先进水平，引领行业发展。评为国家重点新产品、中国冷弯型钢行业十大品牌，省和市著名商标，省和市名牌产品。

公司坚持专精特新和持续创新的科工贸一体化道路，以"国际先进水平"和"努力创造中国的民族自主品牌"为目标，恪守"用户的技术问题和现场的技术难题，就是我们的课题"的研究方向、"不在模仿，重在创新；不在跟踪，重在跨越；不在大，而在精"的研究原则，采用"把材料、生产工艺研究与设备、备件结构研究相结合"的研究方法，取得了十多项具有完全自主知识产权的成果，转化成十几项引领行业的高新技术产品，评为国家重点新产品、中国冷弯型钢行业十大品牌，省和市著名商标，省和市名牌产品。

公司成果从材料到成型方法完全颠覆了国内外传统制造同类产品的理论，在国内外首创了采用新型高铬合金近终铸造成型的方法，产生了节能 70%、节材 40% 的良好效果。产品使用效果达到和超过了国外锻造模具钢同类产品的水平，达到了国际领先或国际先进。

公司在国内外业界享有高的知名度。公司主要产品"高铬合金钢管矫直辊"已被国内全部大型钢管企业采用，国内市场覆盖面达到80%；"ERW焊管及冷弯型钢用新型高铬合金轧辊"广泛应用于引进和国产机组，实现了高档轧辊的国产化。公司产品已推广应用于宝钢、武钢、鞍钢、包钢、天津钢管公司等近百家大中型钢管企业和冶金设备制造企业。国外已出口到美国、德国、俄罗斯、韩国、印度、印尼、泰国、以色列、南非、阿曼、荷兰、乌克兰、白俄罗斯、墨西哥等20多个国家，成为德国西马克、美国布朗克斯等公司的定点供应商。

二、企业基本概况

企业名称	山东省四方技术开发集团有限公司				
地址	山东省济南市济阳区济北开发区仁和街6号		邮编		251400
法人代表	袁厚之	电话	18663785901	电子邮箱	sdsf@vip.163.com
联系人	邢鹰	电话	15853195188	联系人所在部门	集团综合办公室
企业成立时间	1999年12月	企业网址		www.cnsdsf.com	
企业员工人数（人）	89	企业制造的主要产品（设备）			
其中：技术人员（人）	33	钢管及冷弯型钢用工模具，专业生产钢管（无缝、焊接）和冷弯型钢用高铬合金矫直辊、轧辊、连轧辊、定减径辊、小型钢辊、导盘、导板等			
设备、工具制造量（吨）或（台/套）	2022年	2023年	出口设备、工具制造量（吨）或（台/套）	2022年	2023年
	2400	3000		790	987
销售收入（万元）	2022年	2023年	出口销售收入（万元）	2022年	2023年
	4475.00	5800.00		1621.00	2200.00

7　中国石油技术开发有限公司

一、企业简介

中国石油技术开发有限公司（简称"中油技开"，英文缩写：CPTDC）成立于1987年，是中国石油天然气集团有限公司的全资子公司，主要从事能源装备、石化产品、工业和民品的全球贸易，是中国最早"走出去"的央企之一。

公司立足支持服务中国石油海外业务发展，为全球客户提供能源装备和能源产品，市场区域覆盖全球110多个国家和地区，服务全球2300多家优质客户和1100多家主要供应商，创造了中国装备走向国际市场多项"首次""之最"纪录，参与实施了中亚天然气管道等"一带一路"合作多个重大项目，出口贸易额位于央企外贸公司前列，多次获得国家级奖项表彰。

公司以"服务市场、创造价值"为使命，积极融入和服务"双循环"新发展格局，在全球 39 个重点国家建立了 50 个营销机构和 20 个区域服务中心，形成了中亚-俄罗斯、亚太、非洲、美欧、中东等规模市场，具备了全球商务、国际物流、技术服务、供应链管理和提供综合解决方案等综合竞争优势，正向着建设世界一流能源装备与能源产品综合服务商愿景目标勇毅前行！

二、企业基本概况

企业名称	中国石油技术开发有限公司				
地址	北京市朝阳区太阳宫金星园 8 号		邮编		100028
法人代表	白玉光	电话	010-63591500	电子邮箱	cptdc-market@ cnpc. com. cn
联系人	郭方红	电话	010-63591646	联系人所在部门	装备事业部
企业成立时间	1987 年		企业网址		http://www.cptdc.com
企业员工人数（人）	519		其中：技术人员（人）		—
销售收入（亿元）	2022 年	2023 年	出口销售收入	2022 年	2023 年
	70	140		—	—

8　应达工业（上海）有限公司

一、企业简介

应达工业（上海）有限公司为美国应达集团在华独资子公司，注册地上海市浦东新区张江高科技园区郭守敬路 50 号，成立于 1997 年 10 月，注册资金 310 万美元，总投资额为 500 万美元，建筑面积 3717.46m²，占地面积 6600m²。

经营范围为：设计、生产、维修各种电子感应阻性燃料热加工和精炼机械及其辅助零件和装置、管材加工设备、塑料热加工机械及其辅助零件和装置，销售自产产品。

自建立以来，应达工业（上海）有限公司业绩年年攀升，随着国产化生产基地无锡工厂的投产、运营以及生产能力的日益壮大，应达工业（上海）有限公司日渐成为美国应达集团在中国的研发、设计、工程以及售后服务中心，培育了一大批长期合作的客户，成为中国加热设备行业知名厂商。

目前上海公司已形成了一支强大的管理团队和技术队伍，总员工数 226 人，博士 2

人，硕士 16 人，本科 94 人，大专 58 人，其中工程设计人员占 40%，销售人员占 14%，技术服务人员占 22%，运营管理人员 18%，生产人员 6%。

二、企业基本概况

企业名称			应达工业（上海）有限公司		
地址		上海市浦东新区张江高科技园区郭守敬路 50 号		邮编	201203
法人代表	MICHAEL ANTHONY NALLEN	电话	15221672065	电子邮箱	registration@ inductotherm. com. cn
企业成立时间		1997 年	企业网址	www. inductotherm. com. cn	
企业员工人数（人）		230	企业制造的主要产品（设备）		
其中：技术人员（人）		180	设计、生产、维修各种电子感应阻性燃料热加工和精炼机械及其辅助零件和装置、管材加工设备、塑料热加工机械及其辅助零件和装置		

9　大连三高集团有限公司

一、企业简介

（一）国家级高科技民营企业

大连三高集团有限公司成立于 1988 年，由四个公司和一个研究所组成，系从事高新技术产品研发、研制和生产的国家级高新技术企业。主要从事冶金机电大型装备的设计与制造及新产品开发的民营企业。

公司位于大连市金普新区，占地 8 万平方米，用于装配大型成套装备的厂房及配套辅助面积 5 万平方米；研究中心 3000 平方米。

公司现有员工 216 人，其中工程技术人员 65 人，科技人员占总数的 37%，管理人员均为大专以上学历，企业人员结构分配合理，素质高、经验丰富。公司管理制度健全、开拓创新意识强，具有一支精明强干、勇于创新、年富力强的高科技人才。

（二）瞄准国际最先进技术，创新发展具有自主知识产权的装备

公司自成立以来始终坚持科学发展观，毫不动摇地走科技创新路，时时瞄准国际上最先进的前沿技术，通过学习、赶上、超过三部曲，创新发展具有自主知识产权的大型

装备。

获得国家发明专利和实用新型专利 150 多项，并且在冶金装备的大国德国、日本、美国、俄罗斯获得专利，使得这些发达国家的专家学者们对我们中国人也不得不刮目相看。

目前公司的科技队伍是全国同类行业中最优秀的专业科研机构，在国际上也有较大的影响。

（三）国内外领先装备

1. 中国第一条最大口径装备

2004 年，公司为大庆油田制造了直径为"SG/ERW660 大口径高压高强高频直缝焊管生产线"，成为中国第一条最大口径的高频直缝焊管生产线的设计者和制造者。

2. 进入国家四部委不予免税目录

2008 年 12 月该项目被财政部、国家发展改革委、海关总署、国家税务总局纳入了《国内投资项目不予免税的进口商品目录》，使我国在该领域可以替代进口设备的规格提升了一倍，这是大连装备制造业对国家的一个贡献。

3. 首个中国人的成型法——"三高成型法"

2011 年 4 月公司用自己的专有技术"三高成型法"研发了"SG/REW711"高频直缝焊钢管生产线获"大连市科技进步二等奖"，7 月被"辽宁省中小企业厅认定为'专精特新'产品"。该产品在继是"SG/ERW660 大口径高压高强直缝焊输送管生产线"的基础上又一次创造了世界第一。

由我公司研发的"三高成型法"更是打破了欧、美、日等西方发达国家在该领域的技术垄断，也使我国在冷弯型钢世界范围内第一次有了话语权。

4. 首个中国人的四辊热定径技术

2005 年 6 月公司瞄准世界无缝钢管发展前沿，成功开发了具有自主知识产权的国际首创"SG/720 无缝钢管四辊式热减定径机生产线"，已超越上了世界上在该技术领域最发达的德国，使我国在钢管装备制造工业领域的某些项目逐步达到和超过世界发达国家的水平，开创了无缝钢管生产领域采用四辊式热定径机技术的先河。

2008 年 11 月该项目被国家科学技术部、环境保护部、商务部、国家质量监督检验检疫总局认定为"国家重点新产品"。

5. 制定标准

2009 年 7 月大连三高公司制定的"SG/HG 冷弯成型直缝焊管钢管制造系列成套设备"企业标准（Q/DSG），在大连市质量技术监督局获得审查通过。这是我国在该行业领域制定的唯一冷轧设备系列标准，为制定国家标准起到了基础和推动作用。

2012 年 11 月，由大连三高公司起草制定的我国首套"高频直缝焊接钢管机组"行业标准已通过国家冶金设备标准化技术委员会的审核。该标准的制定使我国结束了在冷轧高频焊接钢管成套设备中长期没有自己标准的历史，本标准的制定为我国民族焊管工业的发展和赶超世界先进水平奠定了坚实的基础。目前，该标准已刊印出版发行。

6. 辛勤耕耘结硕果

2013 年，公司在印度尼西亚 ERW508 的国际招标项目中，在美国、日本、韩国、中国等 8 家投标企业中，以技术优势中标，成为中国在该领域的标杆。

7. 中国首台管坯/钢管热锯机

2017 年大连三高公司成功研发并自主生产国内第一台管坯/钢管热锯机，目前已陆续有 4 台套投入使用，运转良好。此产品在国内市场占有率 100%。

8. 获奖

2007 年 4 月荣获大连市科技进步一等奖；

2007 年 12 月荣获辽宁省科技进步二等奖；

2008 年 4 月荣获大连市名牌产品；

2008 年 12 月荣获辽宁省名牌产品。

同年大连三高公司被大连市科学技术局、大连市财政局、辽宁省大连市国家税务局、大连市地方税务局认定为国家级高新技术企业。

2008 年 7 月企业荣获大连市经委授予"企业管理进步成果"二等奖；

2009 年 7 月被大连市知识产权局认定为"大连市知识产权试点单位"；

2009 年 10 月"SG/ERW660 大口径高压高强直缝焊输送生产线"被大连市科技局、大连市总工会、大连市发明协会评为 2006—2008 年度大连市优秀创新项目和 2006—2008 年度大连市优秀发明单位；

2009 年 8 月被辽宁省政府评为"1000 户成长型中小企业"；

2010 年 11 月被辽宁省委认定为"全省民营百强企业"；

2010 年 1 月"SAGE"商标被大连工商行政管理局认定为大连市著名商标；

2011 年 1 月"SAGE"商标被辽宁省工商行政管理局认定为辽宁省著名商标；

2011 年 2 月企业被大连市工商局授予"免检企业单位"；

2014 年 2 月被辽宁省大连国家税务局、大连市地方税务局评定为"大连市纳税信用 AAA 级"企业。

2009 年 3 月我公司研发的"SG/ABF 新型的圆管开口空弯成型机组"获大连市科技发明二等奖，同年荣获大连市名牌产品，2010 年 3 月获辽宁省科技发明三等奖。

大连三高作为我国焊管装备制造工业的龙头企业，为逐步缩小我国机械工业与国外发达国家的差距而默默地工作着。相信在不远的将来"中国创造"的冷弯型钢大型焊管装备一定会随着"一带一路"走向世界。

二、企业基本概况

企业名称	大连三高集团有限公司			
地址	辽宁省大连市金州区有泉路 4 号		邮编	116100
法人代表	高国鸿	电话	0411-3931800	电子邮箱	116084690@qqcom

续表

企业名称			大连三高集团有限公司		
联系人	赵爽	电话	13591753054	联系人所在部门	营销部
企业成立时间		1988 年	企业网址	—	
企业员工人数（人）		63	企业制造的主要产品（设备）		
其中：技术人员（人）		10	冶金成套设备：直缝焊管机组、钢管精整设备、热锯、管排锯、倒棱机、测量点、切管机、铣切锯等		
销售收入（万元）	2022 年	2023 年	出口销售收入（万元）	2022 年	2023 年
	—	1030.00		—	—

10 邢台大玺冶金设备科技有限公司

一、企业简介

邢台大玺冶金设备科技有限公司是一家专业机械轧辊制造企业。公司位于河北省邢台市高新技术开发区，地理位置优越，交通便利，紧邻 107 国道，距京港澳高速邢台市南出口 1.5 千米。

公司拥有国内先进水平的热处理工艺技术、数控加工技术，异型轧辊生产能力 8000 吨。主要产品有：无缝钢管穿孔机轧辊、Assel 轧机轧辊、AQ 轧机轧辊、连轧辊、定径机辊环、矫直机轧辊等；H 型钢辊环、辊轴；轧钢滚道辊、炉底辊、辊套、线材、棒材、中窄带轧辊等。

产品材质：各种复合铸铁、铸钢；各种珠光体、针状体球铁、高铬铸铁、铸钢；复合半钢及各种合金锻钢、高速钢等。

公司通过 ISO9001：2015 质量管理体系认证，拥有严格的质量管理控制程序和检测手段为产品质量提供支持和保障。

公司坚持以"科技为先导，以顾客为关注焦点"的企业理念，贯彻精益生产方式，始终以"7 个零""JIT"制造理念，为顾客提供优质产品与服务，把公司打造成异型轧辊、线棒材轧辊制造专家。

展望未来，邢台大玺冶金设备科技有限公司将继续坚持专业化发展道路，以建设中国异型轧辊、线棒材轧辊制造专家为目标，以绿色环保、科技创企为先导，全面打造支撑企业持续发展的核心竞争能力，实现与钢铁企业共赢的企业愿景。

邢台大玺冶金设备科技有限公司愿与国内外钢铁、钢管企业携手，不断提升更优质的产品和更满意的服务，为客户创造价值，为社会作出贡献。

邢台大玺冶金设备科技有限公司——异型轧辊、线棒材轧辊制造专家，期待着与您合作！

二、企业基本概况

企业名称		邢台大玺冶金设备科技有限公司			
地址	河北省邢台经济开发区信都路16号		邮编		054100
法人代表	李玉玺	电话	18131997777	电子邮箱	—
联系人	孔然	电话	15931991629	联系人所在部门	办公室
企业成立时间	2018年11月13日		企业网址		—
企业员工人数（人）	52		企业制造的主要产品（设备）		
其中：技术人员（人）	8		数控车床、立车车床、内外圆磨床、电频炉		
销售收入（万元）	2022年	2023年	出口销售收入（万元）	2022年	2023年
	2650.00	2750.00		100.00	—

11　太原磐泓智能装备股份有限公司

一、企业简介

太原磐泓智能装备股份有限公司成立于2005年，是全球热轧无缝管生产技术及装备的专业供应商。公司是国家高新技术企业、山西省专精特新企业，设有山西省省级企业技术中心，拥有由专家、教授、高级工程师等专业技术人员组成的研发团队。公司坚持"持续创新、不断迭代"的发展理念，努力成为值得用户托付终身的设备供应商。

企业在发展过程中，充分发挥企业自身的科研实力，并与科研单位建立了良好的合作关系，与竞争对手形成了良性的竞争格局，使企业在自主创新、产学研合作、技术推广及应用等方面取得良好的成绩。近二十年来，公司专心无缝钢管生产装备的研发，近年侧重为国内外无缝钢管的生产企业进行装备智能化、数字化的升级改造，还为行业一些龙头企业（如：鞍钢集团、常宝股份、凤宝集团等）研发、设计及制造了许多具有特色的个性化非标设备，团队先后研发出：智能化不锈钢无缝管穿孔机组、高精度小锥角穿孔机组、具有管端削尖技术的Accu-Roll精密轧管机组、具有国际领先水平的各种规格的Assel轧管机组（小循环前台、双芯棒前台、长导辊后台等）、φ83MPM连轧机组等新产品，帮助用户成功解决了热轧无缝钢管生产精度差、成材率低等技术难题，为客户创造了经济效益，为行业的发展贡献了力量。

公司现拥有国家专利30项，其中发明专利8项，软件著作权2件，承担国家、省、市科研项目 6 项，荣获中国机械工业联合会科技进步二等奖 1 项，太原市优秀科技项目二等奖 1 项，企业通过 ISO9001 质量管理体系和国家知识产权管理体系认证。

公司坚持"珍惜客户所托、超越客户期望、赢得客户依赖"的服务理念，用优质的产品和完善的售后服务赢得用户的口碑，产品销售遍布全国各地，并出口到土耳其、伊朗、巴西、印度、俄罗斯等国家。

企业董事长张国庆：高级工程师、西安交通大学硕士，担任中国金属学会轧钢分会钢管学术委员会委员、山西省金属学会棒线材技术专业委员会委员、上海钢管行业协会物资装备分会副会长、太原市工商联执委等职务，先后荣获"山西省青年科研专家"、山东省济南市"泉城学者""太原市新长征突击手""太原市科技启明星""晋商十大诚信人物"、中国首届"钢管工匠"等荣誉称号。

二、企业基本概况

企业名称	太原磐泓智能装备股份有限公司				
地址	太原市万柏林区兴华街 188 号		邮编		030027
法人代表	张国庆	电话	13934544039	电子邮箱	tyqhjd@163.com
联系人	王荣刚	电话	18135144190	联系人所在部门	综合办
企业成立时间	2005 年 4 月		企业网址		www.tyqhjd.com
企业员工人数（人）	51		企业制造的主要产品（设备）		
其中：技术人员（人）	28		热轧无缝管生产装备		
设备、工具制造量（吨）或（台/套）	2022 年	2023 年	出口设备、工具制造量（吨）或（台/套）	2022 年	2023 年
	4	6		1	1
销售收入（万元）	2022 年	2023 年	出口销售收入（万元）	2022 年	2023 年
	3342.11	3876.84		282.00	622.50

三、公司业绩

太原磐泓智能装备股份有限公司业绩表

序号	项目名称	用户名称	建设年度
1	φ89Accu-Roll 热轧无缝管生产线搬迁改造	攀钢集团成都钢钒有限公司	2024
2	φ65 智能不锈钢无缝管穿孔机组	上上德盛集团股份有限公司	2023
3	φ75 智能不锈钢无缝管穿孔机组	上上德盛集团股份有限公司	2023
4	φ168 七辊矫直机	伊朗 Fulad Tejarat Torogh 公司	2023
5	φ159ASSEL 双芯棒前台热轧无缝管生产线	河南汇丰管业有限公司	2022
6	φ114ASSEL 高端汽车管项目热轧无缝管生产线（219 机组）	林州凤宝管业有限公司	2020

续表

序号	项目名称	用户名称	建设年度
7	φ120Accu-Roll 热轧无缝钢管生产线	伊朗 AMK Metal FZCO 公司	2020
8	φ90Accu-Roll 热轧无缝钢管生产线	伊朗 AMK Metal FZCO 公司	2020
9	φ89CPE 热轧无缝管生产线	山东中汇管业有限公司	2020
10	φ40 高精密穿孔机	成都西图恒泰工程技术有限公司	2020
11	φ114CPE 热轧无缝管生产线	邯郸冀南新区顶立制管有限公司	2019
12	φ76Assel 双芯棒轧管机组	扬州龙川钢管有限公司	2019
13	φ90Accu-Roll 热轧无缝管生产线	山东淄博弘扬石油设备集团有限公司	2018
14	φ426 延伸机组	大冶市新冶特钢责任公司	2018
15	φ120 自动轧管机生产线	山东聊城申昊金属制品有限公司	2017
16	φ90 自动轧管机生产线	山东聊城申昊金属制品有限公司	2017
17	76 自动轧管机生产线中的 26 机架张减机电气控制系统	山东金宝诚管业有限公司	2016
18	φ50 高精密穿孔机组	常宝普莱森钢管有限公司	2016
19	φ50 高精密穿孔机组	聊城市金山钢管有限公司	2016
20	φ180 自动轧管机生产线	山东金宝诚管业有限公司	2015
21	国内首台套具有管端削尖技术的 φ60 两辊斜轧无缝钢管生产线	常州富润精密钢管有限公司	2015
22	φ168 自动轧管机生产线	山东冠群金属制品有限公司	2014
23	φ219Accu-Roll 热轧无缝钢管生产线	河北宽城升华压力容器制造有限责任公司	2014
24	φ114Accu-Roll 热轧无缝钢管生产线	巴西钢铁集团公司	2013
25	φ60ASSEL 热轧无缝钢管生产线	河北宏凌无缝钢管制造有限公司	2013
26	φ140Assel 热轧无缝管生产线	山东聊城中正钢管制造有限公司	2013
27	φ140Assel 热轧无缝管生产线	西山煤电德汇无缝钢管有限公司	2013
28	φ89 短流程两辊四机架的连轧机组	辽宁天丰特殊工具制造股份有限公司	2012
29	φ60 穿孔机组	山东中德金属材料有限公司	2012
30	14 机架 400 微张力减径机	聊城光大金属制品有限公司	2011
31	φ57 焊管无缝化机组	河北承德隆城钢管制造有限公司	2010
32	世界首台 φ100 三辊斜轧连轧机	太原科技大学	2010
33	φ219ASSEL 热轧无缝管生产线	西山煤电德汇无缝钢管有限公司	2010
34	φ76Assel 轧管机	聊城兴隆无缝钢管制造有限公司	2010
35	φ180Accu-Roll 热轧无缝钢管生产线	聊城市京鑫无缝钢管制造有限公司	2010

12　长葛市一鸣机械有限公司

一、企业简介

河南省长葛市一鸣机械有限公司地处中原腹地，北依双洎河，西临京广铁路、京珠高速公路、107 国道，距郑州国际机场 30 千米，交通便利。

公司现有工程师数名，技工 36 名，拥有雄厚的技术经验，公司注重技术人才的引进和培养，拥有一批业务强，技术经验丰富的技术人才，由此打造出一支理工兼备，人才齐全的技术攻关队伍，专业致力于穿孔机、双芯棒三辊热轧机、定径机、矫直机，60 型浮动芯棒连轧管机、油田管修复成套设备以及无缝钢管生产辅助设备，如：定径机方机架镗孔车床、液压打头机、液压热锻机，液压冷挤压机、弯管矫直机等无缝钢管成套生产设备的研发与开发，依靠自身技术优势与吸收消化现代化技术为一体，发展国内的热轧无缝钢管事业。

20 世纪 90 年代初就开始无缝钢管的生产加工，专业生产三辊热轧无缝钢管，已有多年的专业研发经验，经过长期的探索、实践、研究、开发出三辊热轧无缝钢管机，两辊/三辊双芯棒热轧机、定径机、纵轧机、矫直机、60 型浮动芯棒连轧管等钢管成套生产设备，产品畅销全国各地，深受用户好评。可为新建厂家提供全套生产线的设计与开发，以及为正在生产的厂家提供技改咨询。于 2007 年 7 月以来获得了 10 多项专利。本公司生产的设备主要和 40 型至 140 型穿孔机配套，其优势利用穿孔后毛管的余热（850℃以上），直接热轧而成，既节能又环保。轧制的成品无缝钢管优于国标 8162 的要求。

公司追求科学管理，本着"以质量求生存，以科学求发展"的经营理念，"质量可靠、性能优越"的服务宗旨，为客户提供技术服务。

本公司严格遵守"平等互利、用户至上、诚信为本"的原则，真诚欢迎各界有志之士前来洽谈合作。

二、企业基本概况

企业名称	长葛市一鸣机械有限公司				
地址	河南省长葛市董村镇工业园		邮编		461500
法人代表	王萌萌	电话	13782370719	电子邮箱	969867860@qq.com
联系人	路明超	电话	13462177678	联系人所在部门	技术部
企业成立时间	2009 年 8 月 11 日	企业网址		www.hnymjx.com	
企业员工人数（人）	40	企业制造的主要产品（设备）			
其中：技术人员（人）	36	无缝钢管成套设备			

13 上海申仕展览服务有限公司

一、企业简介

上海申仕展览服务有限公司成立于 1998 年 8 月,是中国较早一批专业民营会展公司。经过 20 多年发展磨砺,汇集了一批从事会展工作多年具有专业水准的人才,拥有丰富的办展实战经验,建立了众多的参展商和观众资源。通过我们的展会,使得众多方兴未艾的企业升级进阶,也使一些不见经传的企业走向辉煌。

上海申仕展览服务有限公司主要业务为国际展览和国际会议策划组织、同时为合作伙伴提供全展览产业链服务,包括特装工程、整体形象策划、品牌推广、市场调研等。

领域涉及三大产业:钢铁、有色金属及工业材料,教育装备及信息化,机械基础件、智能制造。

专业的团队、良好的口碑让申仕展览每年的业务得到了快速的扩展,根据各行业的不同,摸索了一套行之有效的展会宣传推广方法,申仕展览致力于成为中国大型国际性专业品牌展览和最佳组织者之一。

展望未来,我们充满信心,并将竭尽所能为所有客户的事业发展提供恣意翱翔的广阔空间,我们期望加强合作,做到优势互补,争取共赢。

二、企业基本概况

企业名称	上海申仕展览服务有限公司			
地址	上海市闵行区申滨南路 1058 号龙湖虹桥天街 D 栋 901 室		邮编	201107
联系人	饶松	电话	021-52838700	电子邮箱	raosong@ 21expo. net
企业成立时间	1998 年	企业网址	http://www.21expo.net/	
企业员工人数(人)	—	企业制造的主要产品(设备)		
其中:技术人员(人)	—	国际展览和国际会议策划组织、同时为合作伙伴提供全展览产业链服务,包括特装工程、整体形象策划、品牌推广、市场调研等		

14 武汉中科创新技术股份有限公司

一、企业简介

武汉中科创新技术股份有限公司(简称"中科创新")源自中国科学院武汉物理与数学研究所声学研究室,自 1988 年研制国内首台数字式超声波探伤设备填补国内空白以来,一直致力于超声波无损检测技术与装备的推广应用与技术革新，并于 2000 年引进了现代企业管理制度及商业运营体系、2003 年改革成以国有股份为主体的股份制公司实体，现已发展成为国内无损检测行业中技术创新能力最优秀、企业综合实力最强大、产品种类体系最齐全、应用客户群体最广泛的专业超声检测设备供应商，拥有常规超声波检测设备、高端超声波成像检测设备及各类超声波自动化检测设备等多个引领中国超声无损检测技术发展的核心产品体系，形成了从便携式手工检测产品到全自动化检测系统、从设计研发制造到安装调试培训的全产业链布局，公司所有核心检测产品性能指标均达到了国内领先、国际先进水平，并完全符合欧盟权威检测机构认证标准。

武汉中科创新技术股份有限公司现有从技术研发、检测工艺研究、机械与电气设计、安装调试、后勤保障、市场营销及售后服务等十余个部门约 292 人，其中技术人员约 150 人、中科院研究员 2 人、中高级职称技术人员 35 人，并设有超声无损检测硕士研究生学科。

30 余年来，公司不忘初心、自主创新，以全面高效、稳定可靠、安全环保的无损检测装备和解决方案，深度服务于石油、化工、冶金、电力、有色金属、新能源新材料、航空航天、汽车制造等行业客户，为之提供强大的超声无损检测能力，为保障设备安全运行、守护质量安全"生命线"不断贡献力量。

不论过去还是未来，中科创新深入行业，一如既往坚持"科技领先、诚信为本、优质高效、进取创新"核心经营理念，以"让检测更简单，让世界更安全"为使命，致力于提供更可靠、更稳定、更耐用的检测设备，打造更多场景化定制解决方案，携手合作伙伴，专注为行业创造更大空间，收获更多价值。

二、企业基本概况

企业名称	武汉中科创新技术股份有限公司				
地址	武汉市东湖新技术开发区光谷七路 126 号		邮编		430070
法人代表	张蒂	电话	027-87568570	电子邮箱	zkcx@zkcx.com
联系人	左义锋	电话	13886037463	联系人所在部门	系统事业部
企业成立时间	2003 年 4 月 1 日		企业网址		www.zkcx.com
企业员工人数（人）	292		企业制造的主要产品（设备）		
其中：技术人员（人）	150		超声波检测仪、成套超声波自动检测设备		
设备、工具制造量（吨）或（台/套）	2022 年	2023 年	出口设备、工具制造量（吨）或（台/套）	2022 年	2023 年
	约 80	约 100		0	1
销售收入（万元）	2022 年	2023 年	出口销售收入（万元）	2022 年	2023 年
	16552.00	18512.00		—	549.00

15　天津腾飞钢管有限公司

一、企业简介

天津腾飞钢管有限公司成立于 2005 年，占地 200 余亩，地处天津市东丽区军粮城街道工业园区腾飞路 5 号。目前是全国无缝钢管现货量较大的生产加工企业。产品广泛应用于石油化工、军工、船舶、航天、煤机制造等多个行业和领域。常年周转库存 10 万吨左右，品种齐全，配套性强，企业规模、销售量均位居同行业前列。

产品品种：流体管、管线管、低中压锅炉管、高压锅炉管、石油裂化管、高压化肥管、液压支柱管、合金结构管、机械加工管、热扩管、方矩管等。

产品规格：直径 51~1060mm；壁厚 4~50mm。

产品材质：10#、20#、35#、45#、Q345、16Mn、27SiMn、15GrMo、35GrMo、20G、12Cr1MoVG 等。

公司具有专业化高素质的技术、营销和管理团队，早在 2007 年就通过了 ISO9001 质量管理体系认证。随着市场的不断拓展，2011 年成功入围中国石油天然气和中国石油化工集团一级物资供应商名录，成为"能源一号网"会员；2014 年获得中国航空油料集团"物资设备供应商准入证"。2015 年被认定为国家高新技术企业；2016 年成功通过美国石油学会 API 认证；2018 年成功入围中国海洋石油集团优质供应商名录；2020 年被认定为天津市绿色工厂，2023 年荣获"天津市创新型中小企业"资质，2022、2023 年均入围国家石油天然气管网集团供应商名录；2023 年入围中国石化供应商名录。2024 年再次被认定为"天津市专精特新企业"

二、企业基本概况

企业名称	天津腾飞钢管有限公司				
地址	天津市东丽区军粮城产业园区腾飞路 5 号		邮编		300301
法人代表	苏安徽	电话	022-24350205	电子邮箱	glb@ tfpipe. cn
联系人	范改青	电话	022-24350205	联系人所在部门	管理部
企业成立时间	2005 年	企业网址		www. tfpipe. cn	
企业员工人数（人）	87	企业经验的主要内容			
其中：技术人员（人）	35	—			
销售收入	2022 年	2023 年	出口销售收入	2022 年	2023 年
（万元）	112952. 11	142429. 69	（万元）	—	—

16 无锡市华友特钢有限公司

一、企业简介

无锡市华友特钢有限公司是专业无缝钢管营销服务商。

华友年销售无缝钢管 50 万吨，其中外贸 15 万吨。

华友以客户满意为标准，与国内外大型钢管企业建立了战略合作伙伴关系，协同主渠道优势资源，全组距整合无缝钢管，服务全世界。产品广泛用于锅炉、石油、化工、电力、船舶、地质、汽车、机械等行业。

华友在国内外享有良好声誉，固定客户 5000 多家，参与各类知名工程的建设，是多国石油公司、国际工程公司指定合格服务商。

华友秉承"奋斗、坚强、厚道"，成为专业无缝钢管一站式优势服务商。价值成长，传递责任，产业报国，服务世界。

二、企业基本概况

企业名称	无锡市华友特钢有限公司			
地址	无锡市滨湖区胡埭工业园振胡路 82 号		邮编	—
法人代表	倪洪虎	电话 —	电子邮箱	1125255057@ qq. com
联系人	潘良亭	电话 0510-83073070	联系人所在部门	
企业成立时间	2006 年	企业网址	www. wxhytg. com	
企业员工人数（人）	—	企业制造的主要产品（设备）		
其中：技术人员（人）	—	专业无缝钢管营销服务商，年销售无缝钢管 50 万吨，其中外贸 15 万吨		

17　上海海泰钢管（集团）有限公司

一、企业简介

海泰创立于 1991 年，立足于在钢铁流通行业稳健发展并逐步在相关领域实行多元化，是一家集贸易物流、工程配套服务、进出口业务为一体的企业。我们致力于把优质的产品与服务带给每家顾客，建设美好世界。目前海泰有员工 400 余人，业务遍及全球 30 多个国家和地区。

我们在能源化工、机械加工、船舶海工、市政工程、电力系统等领域为客户提供有竞争力的、安全可信赖的产品、解决方案及服务，坚持围绕客户需求不断创新，持续为客户创造价值，追求在关键环节培养企业的核心竞争力。

二、企业基本概况

企业名称	上海海泰钢管（集团）有限公司			
地址	上海市宝山区蕰川路 3900 号		邮编	200940
法人代表	丁劲松	电话 —	电子邮箱	webmaster@ ht-st. com
联系人	王雪莲	电话 021-56195619	联系人所在部门	
企业成立时间	1991 年	企业网址	www. ht-st. com	
企业员工人数（人）	400 余	企业制造的主要产品（设备）		
其中：技术人员（人）	—	贸易物流、工程配套服务、进出口业务等		

18　宝仓集团有限公司

一、企业简介

宝仓集团有限公司位于中国天津东丽区军粮城产业园先锋东路223号，距天津国际港口16千米，距天津市中心26千米，距京山铁路5千米，距天津滨海国际机场20千米。优越的地理位置及良好的服务使得销售网络遍布全国及世界各个国家，更加是中国石化，中国航油的入网单位，也为中国石油及大型设计院，化工厂提供服务。同时得到很多国际知名公司如Aramco、KOC、ADCO、KNPC、阿曼石油等的认可，与国内外知名EPC公司建立了长期稳定的合作关系。

以经销中国业内公认规模较大的钢管制造商-天津钢管集团股份有限公司（TPCO）碳钢无缝钢管为主。作为业内公认规模较大的TPCO无缝管经销商之一，通过我们广泛的销售渠道，每年供应管材超过160000吨。我们产品满足各种不同客户的需求，包括了流体管，管线管，结构管，液压支柱管，低、中、高压锅炉管和气瓶管等。

土地面积：公司拥有20万平方米土地，其中12万平方米室内库，配备了龙门式及桥式起重机。

仓储区：室内库及室外库约存储11万吨的管材。我们公司自己也储备了各种规格品种的管材库存约6万吨，规格范围$\phi(14\sim630)\,mm\times(3.5\sim50)\,mm$。

加工区：专用的2.4万平方米室内库，为客户提供各种管材增值加工服务，如切割、坡口、涂漆、喷标、除锈、打捆、包装等等。

制造区：宝仓集团有限公司生产大口径碳钢无缝管，并确保达到国际质量标准。该生产线产能范围从直径219mm（8″）至直径920mm（36″），从壁厚5.5mm至50mm均可生产。并拥有一套完整的机械和化学实验设备，对产成品进行检验，以确保达到各种国际标准。

防腐厂：是与其他企业一起创立的一家合资企业，能按照客户的需求，提供各种国际标准的管材防腐涂层业务。

为迎合国际贸易的快速增长，与2011年初，在新加坡建立了国际贸易总部-宝仓国际（新加坡）私人有限公司。多年来，随着中国产品质量的提高，越来越多的客户接纳中国产品，因此国际贸易销售呈现稳步上升趋势，这并不奇怪。我们的产品分销亚洲，中东，非洲及美国。质量的意识是我们选择货源的关键追求点。

天津为生产基地，为海外客户和中国制造商缔结桥梁，提供质优价低的产品，并提供质量和服务保障。代理中国管材、管件、法兰产品海外业务。

宝仓集团有限公司是由围绕钢管的五大核心业务所构成：国内库存经销商、国际贸易销售商、仓储物流服务商、加工制造服务商、防腐涂层服务商。

二、企业基本概况

企业名称	宝仓集团有限公司		
地址	天津市东丽区军粮城工业园先锋东路 223 号	邮编	300301
联系人	崔秋菊	电话	022-24369696	电子邮箱	percyzhao@ tbccgroup. com
企业成立时间	1992 年	企业网址	tbccgroup. com. cn
企业员工人数（人）	—	企业制造的主要产品（设备）	
其中：技术人员（人）	—	五大核心业务：国内库存经销商、国际贸易销售商、 仓储物流服务商、加工制造服务商、防腐涂层服务商	

19　湖北鑫意诚贸易有限公司

一、企业简介

　　湖北鑫意诚贸易有限公司的前身是湖北意诚贸易有限公司，公司成立于 2002 年。公司位于九省通衢的武汉市，经过 20 多年的发展公司已经形成以无缝钢管为主导兼营板材、型材、特殊钢棒材为一体的大型钢贸公司，是中南地区最大的无缝钢管供应商。

　　在长期的经营过程中意诚人一直坚持"同创、共享、齐发展"的企业宗旨和"诚信、团结、务实、创新"的意诚精神，与客户精诚合作目前是武船重工、中铁大桥局、湖北宜化集团等大型国企和上市公司的优秀供应商，连续 2 年在我的钢铁网组织的评选中荣获"中国钢管贸易百强企业"称号。

　　湖北鑫意诚贸易有限公司目前是衡阳钢管厂、宝钢集团烟台宝钢钢管厂、包钢钢联股份有限公司无缝钢管公司、湖北新冶钢、大冶市新冶特钢、河南凤宝钢管集团、安阳汇丰管业有限公司等国内知名钢管厂家的签约代理商。

　　目前公司已经形成了内贸、外贸、工程直供、钢管初加工配送一体的综合性的专业钢管供应商。在未来的日子里我们将一如既往地坚持"诚信、团结、务实、创新"的意诚精神与各界钢管同仁携手共进、共同发展。

二、企业基本概况

企业名称	湖北鑫意诚贸易有限公司		
地址	湖北省武汉市江岸区解放大道 2020 号中国储运大楼 505 室	邮编	430012
联系人	孙春龙	电话	027-82303380	电子邮箱	hbycmy029@ 163. com
企业成立时间	2002 年	企业网址	hbyicheng. mysteel. com. cn

20　北京兰格电子商务有限公司

一、企业简介

北京兰格电子商务有限公司成立于 1996 年，是一家专业为钢铁供应链企业提供信息服务、交易服务的高新技术企业，是国内钢铁行业 B2B 电子商务标志性企业。

兰格旗下"兰格钢铁网 www. lgmi. com"，是钢铁行业的垂直门户网站，为钢铁产业链企业提供钢铁成交价格、生产及库存数据、行业热点、市场分析及研究等信息，并且创建了兰格钢铁价格预测模型体系，开发了中国钢铁流通业采购经理人指数（LGSC-PMI）等。目前，兰格钢铁网的日均 PV 达 11 万，日均 IP 达 3 万，积累钢铁供应链 30 万用户，提供 15 大专业频道和 200 多信息栏目，每日更新上万条信息，具备 150 类钢材品种的报价能力，覆盖全国 200 多重点城市，兰格网价已成为钢铁买卖双方交易的结算指导价。

兰格旗下"兰格钢铁云商 www. lange360. com"，是第三方钢铁电商平台，是基于云技术、大数据技术的一种新型电商模式，实现钢厂资源直销、钢企物资即时配送、采购企业集中采购，是为买卖双方提供交易、结算、物流、金融的全流程钢铁电子商务服务平台。

同时，兰格还以强大的技术实力，为钢厂、钢贸企业搭建 EBC 系统，实现钢铁交易、物流配送、货物仓储、运营管理的集成式上线，为企业信息化、电商化、智能化建设提供解决方案和技术服务。

兰格公司先后获得了：北京市民营企业科技创新百强称号、工信部互联网与工业化融合创新试点企业，工信部电子商务集成创新试点工程单位等殊荣，"兰格钢铁"已经成为中国钢铁行业的著名品牌。

兰格将始终以"打造钢铁供应链生态商圈"为己任，走在时代最前沿，为传统行业的发展和国家的经济发展做出更大的贡献。

经过二十余年的发展，兰格集团成功打造出集交易服务和信息服务于一身、解决方案和技术支持两手抓的综合服务体系。该体系涵盖了以价格行情、市场研究、市场推广为主体的全方位信息服务平台；以交易、物流、集采、金融为服务方向的全方位电子商务平台；以 EBC 系统开发和大数据服务为核心的技术支持解决方案，最大程度满足了钢铁生产、贸易、采购等不同企业的多元化需求，为用户提供了全方位、一站式的贴心服务。

二、企业基本概况

企业名称	北京兰格电子商务有限公司			
地址	北京市丰台区莲花池西里 10 号路桥大厦 11 层		邮编	100073
联系人	李雪萍	电话	13601096741	电子邮箱	279098258@ qq. com
企业成立时间	1996 年	企业网址		www. lgmi. com

21 天津存昊科技有限公司

一、企业简介

天津存昊科技有限公司位于天津高新技术产业区鑫茂科技园,该公司是一个集科研、开发、设计、加工、销售、技术服务为一体的专业型探伤科技型企业,本公司主要从事于无损探伤研发、生产及销售,主要对管材、棒材、板材缺陷进行检测。公司产品的研发以及技术服务得到美国 TUBOSCOPE 公司、德国 FOERSTER 公司以及中国科学院物理研究所研究员的大力支持帮助。

公司产品广泛应用于国内大中型冶金企业、油田并有多年良好的合作。优质的产品、专业化的服务赢得国内知名企业技术专家的广泛认可。

技术创新是天津存昊科技有限公司事业发展的前提和基础,创业共求生存,发展铸就未来是天津存昊有限公司企业文化的精髓。"以人为本"推进科技自主创新,自公司成立来公司先后引进高科技人才,特别是无损检测专业研发队伍人员先后取得了冶金系统无损检测最高等级Ⅲ级资格证书、国家质量监督检验检疫总局Ⅲ级资格证书、取得了美国无损检测协会 ASNT 证书,公司本着充分发挥人才优势,是公司壮大的发展理念。随着检测行业的飞速发展,检测电子元器件的研发对产品质量检验起着举足轻重的作用,存昊科技把人才优势转化为产业优势和发展优势,自公司成立以来先后开发出纵向、横向管、棒材的检测元器件,得到用户的一致好评。现在国内各大钢管厂探伤都面临较大的技术问题:斜向裂纹的漏检,也是各厂迫切短时间尽快解决的问题。应各大钢厂迫切要求现由我们公司牵头正在与各大钢厂合作组织研发斜向缺陷的检测方法,为进一步解决现场实际问题,填补国内、国外空白作着自己的贡献。

公司追求进步,渴求发展,始终不渝地用一流的产品回报客户,为客户服务、对客户负责、不断的为客户创造价值,推动检测行业的快速发展,存昊科技公司将用先进的管理理念为引导,坚持严细、务实的工作作风为导向全面提升公司核心竞争力,使公司在快速发展中树立起良好的社会形象。

存昊科技人立足探伤产业,坚持"生产制度化、产业科技化、营销全球化、品牌国际化"的发展方向,努力强本、创新、领先,打造科技型、经营型、服务型、一体化的公司,风险与机遇同在,机遇与成功并存,面对市场的挑战,公司将以此为新的契机,加快推进新的发展战略:努力提高公司核心竞争力,生产出国内一流、国际领先的科技产品,全面将公司塑造成为长盛不衰的知名企业。2018 年 2 月 6 日公司顺利取得 ISO9000 质量体系资格认证,成为全国第一家探伤器件设计与制造的质量体系认证。同年公司通过钢管分会第七届常务理事会研究成为钢管分会会员单位,2020 年 12 月份公司被评为国家级高新技术企业。经过多年的努力公司先后获得 15 项专利及软著。

公司理念:创业共求生存,发展铸就未来;

公司精神:和谐、创新、求实、共赢;

公司服务宗旨：为用户服务、对用户负责、让用户满意；

公司发展战略：科技、创新、领先，打造经营型、服务型一体化的国内知名公司。

二、企业基本概况

企业名称	天津存昊科技有限公司				
地址	天津市南开区华苑产业区鑫茂科技园 G 座		邮编		300384
法人代表	关自刚	电话	13820717425	电子邮箱	wkfcc@ sina. com
联系人	关自刚	电话	13820717425	联系人所在部门	—
企业成立时间	2016 年 10 月		企业网址		—
企业员工人数（人）	12		企业制造的主要产品（设备）无损检测		
其中：技术人员（人）	10		无损检测设备的研发、生产、销售		
设备、工具制造量（吨）或（台/套）	2022 年	2023 年	销售收入（万元）	2022 年	2023 年
	1000	1000		770.00	530.00

22　黄冈市华窑中洲窑炉有限公司

一、企业简介

黄冈市华窑中洲窑炉有限公司成立于 1999 年，公司注册资本 5168 万元，是一家以窑炉科研设计、加工制造、工程总承包一体化为主营业务的国家级高新技术企业，是窑炉施工"GB/T 9001、ISO14001、OHSAS18001"三体系认证企业。

中洲窑炉工业园坐落于湖北黄冈西湖工业园区，占地面积 120 亩，建筑面积 6 万多平方米，拥有各类加工、制造、检测设备 300 多台套，年生产各类热工设备 100 余台套，是国内首家集各式窑炉研发、加工制造、装配于一体的生产基地。

公司现有员工 300 余人，中高级职称技术人员 100 余人，一级注册建造师 5 人，二级建造师 15 人，2 人享受国家津贴，2 人获省政府津贴，1 人获市政府津贴。

公司自成立以来，在全国各大设计院、校及有关单位的鼎力支持与合作下，以开发研制适合国情的高质量低能耗的窑炉精品为己任，不断追求与探索，在冶金、耐火材料、陶瓷、化工、有色金属、新型建材等窑炉领域中取得了长足的进步与发展。国家窑炉节能中心、中国硅酸盐学会陶瓷分会窑炉热工专业委员会、中国陶瓷工业协会窑炉及耐火材料委员会、武汉理工大学研究生创新基地等均设在本公司内，大大加强了科研的力量，确保公司科学技术的研发工作保持在国内前沿。

作为窑炉制造的市场经营主体，公司全力推行体制创新、管理创新和技术创新，以人为本，规范运作，紧贴国际化运作模式。多年来，公司不断开发和引进先进的窑炉技术，博采众长、精心打造先进、环保型精品窑炉，并与俄罗斯、德国、意大利、澳大利亚、英国等国家及国内的科研院所、大专院校、知名专业窑炉公司进行广泛的合作交流。公司业务范围辐射全国，产品出口美国、印度、马来西亚、印度尼西亚、俄罗斯、泰国、伊朗、越南等国家和中国台湾地区。公司先后承建了各种窑炉 1000 余座，合格率 100%，创优率 98%。

公司坚持诚信为本，追求科技创新、质量兴业。公司开发研制的系列窑炉多次被列入国家"火炬计划"、倍增计划、创新基金、"国家重点新产品""九五"国家重点科技攻关计划优秀科技成果。"中洲窑炉"系列产品被授予"中国陶瓷名牌产品"称号，"中洲"商标被评为湖北省著名商标，公司现有发明专利、实用新型专利 100 余项，是湖北省专利示范企业，湖北省守合同重信用企业、湖北省科技创业明星企业、湖北省诚信单位、黄冈市"十强"建筑业企业、黄冈市直工业企业税收贡献大户。

近年来，公司在冶金行业的加热炉和热处理炉开发上投入大量的人力和物力，先后开发出应用于钢管热处理的气氛保护炉、步进梁式热处理炉、台车式热处理炉、辊底式热处理炉等热处理炉型、步进式加热炉、环形加热炉、台车式加热炉，公司凭借先进的智能控制、节能燃烧等技术成为中建材、宝武钢铁、太原钢铁、江苏银环、江苏诚德、江苏振达、衡阳华菱、湖北新冶钢、山东聊城中钢联、山东聊城鑫鹏源、林州凤宝等国内知名钢管制造企业的稳定供货商，并为企业带来了良好的经济效益，深受用户好评。

公司立足于市场，严格于质量，着眼于管理，优胜于服务。恪守"信守合同，质量第一，优质服务，用户至上"的企业宗旨，以"优质的服务、先进的管理"造就了中洲公司精良的产品；以"诚信至上、一丝不苟"赢得了广大客户；以"不断进取，追求卓越"抢占了中国窑炉产业先机。随着业务市场的不断开拓开发，公司生产经营和经济效益持续健康发展，我们将继续坚持"科技兴司"的发展战略，不断加强企业科研力量投入，不断打造新的高科技含量产品，进一步推进企业技术进步，为我国窑炉事业的发展作出应有的贡献。

二、企业基本概况

企业名称	黄冈市华窑中洲窑炉有限公司			
地址	黄冈市宝塔大道 169 号		邮编	438000
法人代表	余敏	电话	电子邮箱	zhongzhouyaolu@ 126. com
		—		
联系人	樊向荣	电话　0713-8690758	联系人所在部门	办公室
企业成立时间	1999 年	企业网址	www. zhongzhoukiln. com	
企业员工人数（人）	350	企业制造的主要产品（设备）		
其中：技术人员（人）	110	工业窑炉科研设计、加工制造、安装调试、工程总承包		

23　无锡市瑞尔精密机械有限公司

一、企业简介

无锡市瑞尔精密机械有限公司成立于 2002 年 12 月，现注册资金 7500 万元，公司现有员工 160 人，其中高级职称 3 人，中级职称 8 人，专业技术人员 80 人。公司现有厂区占地面积约 65000 平方米，厂房面积 56000 平方米。公司集研发、设计、制造于一体，公司拥有数控落地 200、160 镗铣床数台，数控 5 米立车一台，数控 3m×10m 龙门镗铣床 3 台，数控 5m×28m 数控龙门铣带 5m 立车一台，130 以下数控镗铣床 12 台，从国外进口大型卧式镗铣床加工中心两台，刨台式镗铣加工中心一台。公司拥有国内先进的三坐标进口检测仪和激光跟踪仪，同时公司还拥有一条国内先进水平的锥齿弧齿齿轮加工生产线及检测设备。公司商标获江苏省著名商标，连续多年被评为无锡市重合同守信用 AAA 级企业。公司技术力量雄厚，装备精良，是无锡地区的大型骨干机械加工企业。

公司主要从事各种非标机械定制设备，其中无缝钢管定径机架生产国内处于龙头地位，成为德国西马克公司、本特勒公司的出口配套厂家。同时公司也生产齿轮箱、螺伞齿轮、精密传动件等产品。

公司为高新技术企业，拥有多项国家专利（其中发明专利 9 项），公司在非标设计和加工制造方面国内处于领先地位。多年来公司长期与国内高校、国内外专家教授进行合作，建立了江苏省（瑞尔）精密传动装置工程技术研究中心、"博士后科研创新实践基地""千人计划"专家工作站、江苏省外国院士工作站，重点开发冶金装备领域各类新产品，通过产学研合作，促进高校科技成果的转化，为公司的精密机械加工及技术应用研发提供了技术保障，为企业可持续发展服务。公司希望在机械加工领域进行合作，具体包括各种非标机械产品、齿轮箱、螺伞齿轮、精密传动件等产品。

二、企业基本概况

企业名称		无锡市瑞尔精密机械有限公司				
地址		江苏省宜兴市陶瓷产业园川埠东路 5 号		邮编		214222
法人代表	徐福军	电话	0510-87487908	电子邮箱		wxrejx@ 126. com
联系人	李震	电话	0510-87487909	联系人所在部门		行政部
企业成立时间		2002 年 12 月	企业网址		www. rejmjx. com	
企业员工人数（人）		160	企业制造的主要产品（设备）			
其中：技术人员（人）		80	无缝钢管定径机			
设备、工具制造量（吨）或（台/套）	2022 年		2023 年	出口设备、工具制造量（吨）或（台/套）	2022 年	2023 年
	1864		1825		5	29
销售收入（万元）	2022 年		2023 年	出口销售收入（万元）	2022 年	2023 年
	10785.70		10399.80		104.20	372.28

24　科大智能物联技术有限公司

一、企业简介

科大智能物联技术有限公司（简称"科大智联"）是经国家工商总局批准注册的高新技术企业，是国家级专精特新科技"小巨人"企业，工信部工业互联网 APP 优秀解决方案获奖单位及安徽省行业特色工业互联网平台建设单位，并已承担多个行业国家智能制造试点示范项目建设。

公司以"创造价值、交付价值"为理念，以"引领行业发展，促进工业进步"为使命，以股东 CSG 科大智能（股票代码：300222）的智能装备力量为依托，致力于将先进控制、人工智能、大数据、物联网等前沿技术应用于厂内物流与供应链、生产工艺及流程优化、智能加工及装配、质量检测与追溯等工业生产环节，将新技术赋能各类制造业企业，实现智能制造，提升客户市场竞争力，推动行业转型升级。

公司拥有一支既懂行业应用需求又懂先进技术的专家型人才，建立并不断完善规范的研发与交付管理体系，已在冶金铸造、包装印刷、消费品制造、航空航天、新能源环保、电力及电工装备、化纤纺织等多个领域建立标杆项目，是多个"国家智能制造试点示范项目"承建单位，能够向客户提供以智能物流、智能车间与工业互联网平台为核心的智能制造整体解决方案。

公司注重技术研发及应用，核心研发团队毕业于中国科学技术大学、复旦大学等国内一流高校，并与中航七院、中电集团三十八所等科研机构深入合作，整合内外部核心技术资源和优势，在装备智能化和系统智能化两方面进行研发和技术储备，率先开拓和探索工业互联网应用，为发展成为国际领先的智能制造系统解决方案商和综合服务商而不懈努力。

二、企业基本概况

企业名称	科大智能物联技术有限公司				
法人代表	钟智敏	电话	—	电子邮箱	Zhaoyun@ csg. com
联系人	赵云	电话	13515609231	联系人所在部门	销售部
企业制造的主要产品（设备）	堆垛机、AGV、多穿车、iDTU 智能数据终端	企业网址		www. csgiiot. com	

25 江苏智蝶数字科技有限公司

一、企业简介

金蝶国际软件集团始创于 1993 年，是中国企业管理软件市场的领跑者。常州金蝶软件有限公司是金蝶集团在常州地区的分支机构，连续 22 年金蝶集团十大优秀伙伴。

公司成立于 1999 年，公司现有员工 88 人，91% 以上为本科学历，拥有 2 名 MBA 人才，累计客户 6600 多家。

公司连续三年获得常州市"三位一体"优秀智能制造服务商，常州市企业信息化优秀服务商和常州市企业信息化科普优秀机构。2020 年获"江苏省智能制造领军服务机构"，1999—2020 年智能制造系统解决方案领域专利、计算机软件著作权累计授权 21 件。常州普华智能技术有限公司是常州金蝶软件有限公司的全资子公司，公司成立于 2015 年，专业自主研发"普华 MES""普华条形码系统""普华 WMS（物流中心）"等自主产品。

公司主要客户包括中车戚研所、新城集团、常柴股份、雷利电器、千红生化、长海股份、天晟集团、国茂集团、江苏恒立、亚邦集团、百兴集团、美吉特集团、宝尊集团、腾龙、兴荣高科、神力电机、博格思众、安费诺、诺赫德、凡登、瓦卢瑞克、莱克斯诺、现代等众多上市及国内外知名企业。公司以"竭尽所能协助广大企业基业长青""质量第一"为核心文化，每年为数千家企业提供高质量的信息化服务。

公司建有常州国家高新区普华企业云工程技术研究中心，通过了 CMMI3 级认证，具有较强的研发实力，其中自主研发的"普华 MES""普华条形码系统""普华 WMS（物流中心）""财金企业管理"和"成本还原"等多个软件产品已经广泛应用于数百家企业，不断为推动国内企业管理进步作出贡献。为了更好地推动常州地区企业信息化的进程，常州金蝶软件有限公司和常州地区的著名高校开展产、学、研的系列活动，并与河海大学常州校区、常州信息技术职业学院、江苏理工学院、常工院等九所大中专院校签订联合办学协议，设立了 ERP 培训基地。

二、企业基本概况

企业名称	江苏智蝶数字科技有限公司			
地址	江苏省常州市新北区太湖东路 9-2 号创意大厦 25 楼		邮编	213000
法人代表	周磊	电话	17397965006	电子邮箱	market@ czkingdee.com
联系人	杨建辉	电话	13961226022	联系人所在部门	市场部
企业成立时间	1999 年	企业网址		www. czkingdee.com

三、经营特色

（一）优势业务

金蝶云是公司在移动互联网时代基于最新技术研发的一款战略性 ERP 产品。帮助客户实现多组织异地协同、财务精益化集中管控、全渠道 O2O 营销平台供应链高效管理、生产制造智能化，同时，其线上部署模式，让客户随时随地轻松办公，相比传统线下模式，有效降低 70% 成本，助力客户快速向云端转型。

基于智慧制造的 PHMES 执行管理系统，有效解决 PHMES 系统内部各应用系统之间以及 PHMES 系统与企业其他应用系统信息交换与集成问题，如 PDM、ERP、SCM 以及底层控制系统之间的信息交换与集成是企业信息化需要重点解决的问题。系统采用 MVVM 模式进行开发，将数据和视图分离，灵活的控件组合，用户可以自定义 UI 界面，支持 3D 图形，支持金蝶全系 ERP 产品的数据库自动传输，支持用友、SAP 等主流 ERP 采用 XML 数据交换平台进行数据传输，加入"嵌入式定制"技术，实现定制模块和平台的无缝融合。

云之家是中国企业移动互联网领域的领导品牌。它通过移动办公与团队协作 APP 应用，打破部门壁垒与地域限制，凝聚企业共识，激发员工创新，提高协作效率。以组织、消息、社交为核心，通过应用中心接入第三方合作伙伴，向企业与用户提供丰富的移动办公应用，同时可连接企业现有业务（ERP），帮助企业/团队打破部门与地域限制，提高沟通与协作效率，帮助企业快速实现移动化转型。

（二）研发能力

公司现有研发及中试场地 693 平方米，建有常州国家高新区普华企业云工程技术研究中心，拥有一支技术开发实力较强的研发团队，项目实施的核心成员 9 人，全部为本科以上学历的具有计算机、会计、工商管理等专业学科背景的技术人员。技术人员年龄结构合理，项目开发协作经验丰富。对外与常州大学、常州工学院等高校开展产学研合作，不断提升自身的科技创新及服务能力。公司现有研发设备 55.72 万元，可基本满足项目实施的设施设备要求。

（三）实施能力

公司专业从事企业管理软件（ERP）领域，至今拥有 21 年研究开发历史，拥有 6600 多家用户。公司以"竭尽所能协助广大企业基业长青""质量第一"为核心文化，每年为数千家企业提供高质量的信息化服务。公司建有常州国家高新区普华企业云工程技术研究中心，通过了 CMM3 认证，具有较强的研发实力，其中自主研发的"普华 MES""普华条形码系统""普华 WMS（物流中心）""财金企业管理"和"成本还原"等多个软件产品已经广泛应用于数百家企业。公司主要客户包括南车戚研所、新城集团、常柴股份、雷利电器、千红生化、长海股份、天晟集团、国茂集团、江苏恒立、亚邦集团、百兴集团、美吉特集团、宝尊集团、腾龙、兴荣高科、神力电机、博格思众、安费诺、诺赫德、凡登、瓦卢瑞克、莱克斯诺、现代等众多上市及国内外知名企业，年客户订单在 3000 万元以上。随着公司发展规模的不断扩大，未来公司将向多领域发展，为加快不同产业的信息化进程作出贡献。

（四）服务保障

常州普华智能提供智慧工厂一体化的解决方案，从设计研发、生产报工、仓库作业、质量追溯、现场管控、设备集成等多方面，剖析企业管理过程中的问题和瓶颈，帮助企业做出更准确的管理决策，提高企业的整体水平，降低决策风险，降低企业的营运成本。2019 年公司与常州本地企业包括凡登（常州）新型金属材料技术有限公司、常柴股份有限公司、江苏国电新能源装备有限公司、江苏国贸减速机股份有限公司、江苏国强镀锌实业有限公司、常州市宏发纵横新材料科技股份有限公司、常州华利达服装集团有限公司、常州朗企威电器有限公司、江苏三联星海医疗器械股份有限公司、碳元科技股份有限公司、中车戚墅堰机车车辆工艺研究所有限公司、溧阳市中纺联针织有限公司、华生管道科技有限公司等众多中小型企业提供智能制造外包服务。2019 年实现在岸服务外包收入2167.40 万元，有效提升了相关企业的创新能力。

（五）人才队伍

公司拥有一支技术开发实力较强的人才队伍，现拥有专业技术人员 34 人，核心成员 9 人，全部为本科以上学历的具有计算机、工商管理等专业学科背景的技术人员。技术人员年龄结构合理，项目开发协作经验丰富，大都具有 10 年以上的企业管理软件开发服务经验。

技术带头人谷牧，制造业资深顾问。2000 年中国矿业大学机电专业本科毕业，2010年 9 月获河海大学商学院 SMBA。2000 年 7 月至 2005 年 8 月在永盛包装机械信息部任部门经理。2005 年 8 月至今，常州金蝶软件实施部任部门经理。服务客户（ERP 项目开发 ＆实施）包括：卡尔迈耶（中国）有限公司 ERP 开发 ＆ 实施、天合光能 ERP 开发 ＆ 实施（上市公司）、中盛光电 ERP 开发 ＆ 实施（上市公司）、常柴股份 ERP 开发 ＆ 实施（上市公司）、顶呱呱彩棉服饰有限公司 ERP 开发 ＆ 实施、南车戚研所 ERP 开发 ＆ 实施（上市公司）、康辉医疗器械 ERP 开发 ＆ 实施（上市公司）、江苏国茂减速机集团有限公司、凡登（常州）新型金属材料技术有限公司、江苏国强镀锌实业有限公司、瓦卢瑞克（中国）有限公司等。

技术骨干之一孙彬，1976 年生，1999 年河海大学会计学本科毕业，2012 年取得河海大学项目管理领域工程硕士学位。1999 年 7 月至 1999 年 11 月任常林股份有限公司财务部会计，1999 年 11 月至今加入常州金蝶软件有限公司历任实施服务顾问、服务部经理、服务总监等职务，现担任公司总经理职务，分管客户服务、培训、公司流程管理和 IT 管理。

四、典型案例介绍

瓦姆（常州）石油天然气勘探开发特殊设备有限公司（现瓦卢瑞克天大（安徽）股

份有限公司）MES 应用案例。

（一）项目介绍与建设情况

瓦卢瑞克是全球顶级的管材产品及解决方案供应商，主要服务于能源工业及其他行业。瓦卢瑞克有 18600 名员工，设有综合制造厂和研发中心，在全球二十多个国家开展业务，向客户提供全球创新解决方案，帮助他们解决 21 世纪的能源挑战。

瓦姆（常州），由法国瓦卢瑞克集团和日本住友集团联合在瓦姆控股香港有限公司旗下，于 2006 年 9 月底正式成立。公司总投资约 6000 万美元，专业生产应用于石油和天然气开采和运输的高科技无缝管道和接箍的螺纹。公司于 2007 年 11 月份顺利完成了工厂建设，并正式投入生产。

瓦姆从建厂就使用了 SAPR/3 中的财务及供应链标准模块、定制开发了生产汇报模块；生产汇报模块是由法国 IT 团队开发及维护，使用中经常发生异常，且服务响应滞后、费用高昂，应用扩展更是困难重重；原先生产线指令需要操作工手工录入，经常出错，考核罚款也无法改善，所以迫切需要将车间模块与喷漆线直接对接。瓦姆管理层经过反复评估最终选择常州金蝶的 PHMES 系统，业务范围包括：产品建模、任务分配、现场报工、异常处理、质量管理、设备集成、统计分析等，该项目实施时间为 2019 年 4 月初至 2019 年 6 月底。

（二）项目实施方案与技术路线

1. 业务模型

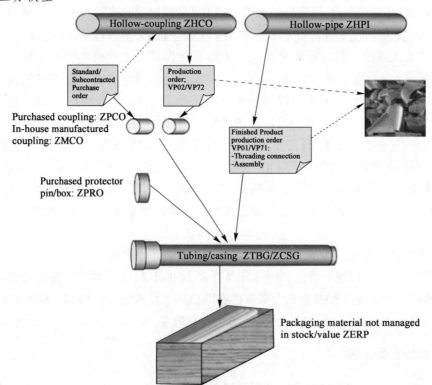

2. 工艺流程

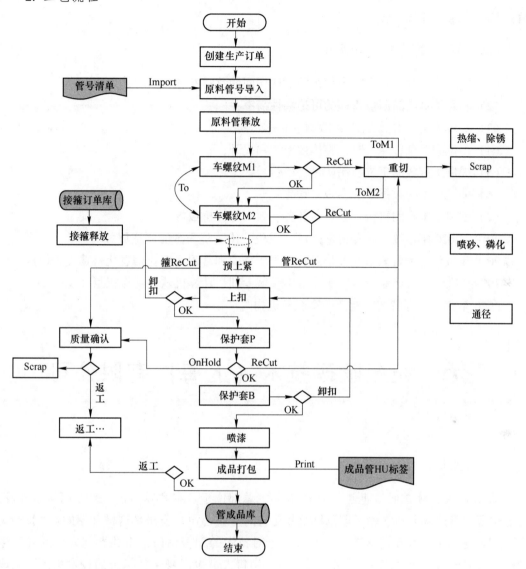

（三）项目关键技术难点与经验总结

普华 MES 完善了工厂的业务模型，有效衔接人、机、料、法等环节。技术难点：质量追溯。

普华 MES 追溯模块涵盖了原料采购、生产过程、质量检验、产品交货等全制造流程。普华 MES 追溯模块可以对任意单件/批次产品追溯以下信息：

原料来源：如供应商、原料规格、批号/序列号、采购日期、进货检验信息等；

产品工艺实绩：实际加工路径及工艺，如员工、工位、关键工艺数据，实现责任到人；

质量检验：实际质检数据，包含过程检验、终验等。

同时普华 MES 追溯模块可以反查原料/零部件批次涉及的产品范围，实现精确定位、降低风险、提高追踪效率。

（四）项目成果与实施成效

（1）实现了生产订单实时全程跟踪，现场问题及时发现、及时处理；

（2）满足了对产品质量管理的可追溯性需求；

（3）实现了实时对员工实际工时进行绩效评估；

（4）工位间信息传递及时，整体效率大幅提升；

（5）提供了有效的工位防错防呆手段；

（6）关键设备的数据采集实现自动化；

（7）创建了丰富的机台、人员、任务、效率等分析报告。

2018—2020 年连续三年获得常州市"三位一体"优秀智能制造服务商。

2019 年被认定为常州市企业信息化优秀服务商和常州市企业信息化科普优秀机构。

1999—2020 年智能制造系统解决方案领域专利、计算机软件著作权累计授权 21 件。

2020 年获"江苏省智能制造领军服务机构"。

26　纪州喷码技术（上海）有限公司

一、企业简介

日本 KGK 纪州技研工业创立于 1968 年，总部位于日本和歌山市，是专门从事开发、生产及销售各类喷码机、轮子印码机及其耗材的专业公司。公司是这样开始的："我们满怀从日本纪州走向世界的信念，一起投入于对技术的刻苦钻研、由此燃起人生的勃勃生气、以创造充满活力的工业"。公司的特点：销售人员也出身于技术员的技术集团。采取直销体制、精心细致服务于客户。

从釜中甫干总裁于 1968 年成立 KGK，开发制造仅能印年月日的摩擦式轮子自动印码机至今，拥有 100 多种适用于各类生产线的轮子印码机、HQ 系列各类大字喷码机、CCS 系列各类小字喷码机，并实现了喷头自行开发研制、各类耗材自行开发研制、文字检测机自行开发研制……形成了集开发、制造、销售于一体的职业集团。

2005 年 11 月，釜中甫干总裁被日本天皇授予黄绶褒章，2006 年 4 月公司被评为全日本 300 强中小企业之一。正因为我们拥有各行各业的客户群，所以面对市场的变化我们拥有着较强的适应力。

2007 年取得了 ISO9001 认证资格。作为开发型企业，面对市场的需求变化，公司全员目标是更好满足客户要求、为客户提供稳定的产品、向世界充分展现其技术实力，公司正在向微细加工技术、液滴化技术研究推进。

KGK 纪州喷码技术（上海）有限公司是日本 KGK 纪州技研工业于 2002 年 11 月在中国设立的独资公司，制造基地位于上海松江工业区。公司从开业迄今在全国 22 个主要城市设有独立的办事处和联络处，并在马来西亚、含新加坡、印度尼西亚、孟加拉国、越南、尼日利亚、泰国、巴基斯坦等国家和地区设立了代理商。公司拥有从日本总部提供的向瓦楞纸箱、包装盒、PET 瓶、玻璃瓶、木材、建材、电缆、金属制品等自动印产品名、制造年月日、公司标志等多种机型的喷码机。KGK 正在中国市场和世界各地快速发展壮大。

二、企业基本概况

企业名称	纪州喷码技术（上海）有限公司				
地址	上海市松江工业区联阳路 589 号		邮编		201613
法人代表	赵西秦	电话	021-57742020	电子邮箱	—
联系人	唐天生	电话	15800423897	联系人所在部门	市场部
企业成立时间	2002 年		企业网址		www.kgk.com.cn
企业员工人数（人）	263		其中：技术人员（人）		—
销售收入（亿元）	2022 年	2023 年	出口销售收入	2022 年	2023 年
	3.65	3.45		—	—

27 锦普金属材料（湖北）有限责任公司

一、企业简介

锦普金属材料（湖北）有限责任公司位于长江中游的湖北省黄石市，地处中国最早的钢铁摇篮和青铜故里，秉承千百年来的冶炼传承。锦普金属材料（湖北）有限责任公司致力于为广大客户提供金属材料应用的详尽解决方案，以竭力实现供需双方的共赢与发展来回报社会。

锦普金属材料（湖北）有限责任公司是一家金属材料的采购、供应、加工和技术服务的特殊钢材料系统集成供应商，主要业务以金属材料销售、金属材料加工、特殊钢材供应链、特殊钢材进出口贸易为主。所经营的产盘专业性强、广泛应用于石油化工、天然气、工程机械、船舶制造、模具设计与制造、轨道交通、电力、医药等工业行业。

公司具有独立的设计、研发和产品应用开发能力，通过与国内知名钢企及院校研发机构的深度合作，不断开发新产品，开拓新产品的应用领域；通过拥有固定协作配套的相关各类热作加工和机械加工使产品应是得到有效的延展。

公司拥有经验丰富和了解国内和国际金属科技发展的技术开发人员、项目管理人员和业务人员，为广大客商提供专业的技术咨询服务。

公司的经营宗旨是做中国知名的特钢供应链集成商，为客户提供特钢材料应用最有性价比的解决方案，凭借良好的信誉，过硬的产品质量和优质服务与广大客户共享发展进步的成果。

我们将根据客户的不同需求为客户量身定制并提供个性化的优质服务。

诚信源于专业，服务永无止境，锦普金属将一如既往地追求卓越，竭诚服务。

二、企业基本概况

企业名称	锦普金属材料（湖北）有限责任公司				
地址	黄石市西塞山区陈家湾街办颐阳路 102 号 政法委小区 1 单元 101 室		邮编		435000
法人代表	宁佳君	电话	13907236260	电子邮箱	—
联系人	陈意林	电话	13329938505	联系人所在部门	综合科
企业成立时间	2017 年 10 月 9 日	企业网址		—	
企业员工人数（人）	15	企业制造的主要产品（设备）			
其中：技术人员（人）	4	—			
销售收入 （万元）	2022 年	2023 年	出口销售收入 （万元）	2022 年	2023 年
	6000.00	7000.00		—	—

28 西峡县三胜新材料有限公司

一、企业简介

西峡县三胜新材料有限公司位于中国中部的河南省南阳市西峡县境内，距离南阳机场110 千米，每天有飞机直飞北京、上海、广州、深圳、济南、成都、杭州、南宁、海口、天津、大连等十余座城市，距离南阳高铁站 100 千米，每天有高铁通达全国各大城市，境内高速公路及铁路四通八达，地理位置优越，交通方便。

公司占地面积 50000 多平方米，建筑面积 35000 多平方米，注册资金 5508 万元，资产总额 1.35 亿元，有三个生产厂区，分别从事高温润滑剂、水性防腐漆、高温防氧化涂料、脱模剂、纳米材料的生产，有多种自动化生产设备 200 多台（套），为现代化的花园式工厂。

公司成立于 1998 年，已于 2006 年通过 ISO9001 质量管理体系认证、ISO14001 环境管理体系认证、ISO45001 职业健康安全管理体系认证，目前主要从事：

（1）高温润滑剂：年产能 3 万吨，年销售 2 万吨，该类产品国内市场占有率达 80%以上。

（2）水性防腐漆：年产能 3 万吨，年销售 5000 吨。

（3）高温防氧化涂料：年产能 2 万吨，年销售 3000 吨。

（4）脱模剂：年产能 1 万吨，年销售 1000 吨。

（5）纳米材料：年产能 1 万吨，2023 年 3 月出产品。

目前产品销往中国国内二十余个省市的 150 余家客户，并出口韩国、泰国、印度、美国等市场。

西峡地处中国暖温带和亚热带气候分界线中部，秦岭山脉南坡，山清水秀，四季分明，景色壮美秀丽，我们热情欢迎国内外朋友和客户来公司考察和指导工作。

二、企业基本概况

企业名称	西峡县三胜新材料有限公司				
地址	河南省南阳市西峡县产业集聚区鑫宇路		邮编		474500
法人代表	冯胜玉	电话	13603770969	电子邮箱	sansheng6501@ vip. 163. com
联系人	冯怡雯	电话	17839560523	联系人所在部门	办公室
企业成立时间	1998 年 3 月 14 日		企业网址		www. xxsshg. com
企业员工人数（人）	104		其中：技术人员（人）		7
销售收入（万元）	2022 年	2023 年	出口销售收入（万元）	2022 年	2023 年
	11649. 00	13137. 00		205. 40	213. 30

29 合肥公共安全技术研究院

一、企业简介

合肥公共安全技术研究院（以下简称"合安院"）于 2010 年 1 月成立，现为中电博微电子科技有限公司全资控股的国家级高科技企业，是中国电子科集团有限公司的三级子公司。曾获国家高新技术企业、科技型中小企业、国家物联网双创基地等荣誉，是合肥市"三重一创"重大专项承接单位及 ISO9001 质量管理体系认证单位；共获授权或受理专利 25 项、软件著作权 16 项、集成电路布图 1 项。

合安院现地址在安徽省合肥市高新区香樟大道 199 号机载集成中心五楼，现有人员 25 名，拥有研发人员 15 名。领军人才 2 名，刘小楠为公司副总经理（法人代表），曾在中国科学技术大学完成本科、硕士、博士的学习，毕业后长期从事机器视觉研究与工业检测仪器开发，拥有丰富的设备研发经验；聂建华为智能视觉团队软件总师，曾在天津大学完成本科、硕士、博士的学习，毕业后长期从事高速 3D 数据处理，曲面 3D 缺陷快速检测算法研究，拥有丰富的软件研发经验。

二、企业基本概况

企业名称	合肥公共安全技术研究院				
地址	安徽省合肥市高新区香樟大道 199 号机载集成中心五楼		邮编	230000	
法人代表	刘小楠	电话	18654106902	电子邮箱	18654106902@ 163. com
联系人	潘晶	电话	18556513673	联系人所在部门	市场部
企业成立时间	2010 年	企业网址	www. cetcaqy. com		
企业员工人数（人）	25	企业制造的主要产品（设备）			
其中：技术人员（人）	15	钢管外表缺陷智能视觉检测设备，芯棒外表缺陷智能视觉检测设备和钢棒外表缺陷智能视觉检测设备			
设备、工具制造量（吨）或（台/套）	2022 年	2023 年	出口设备、工具制造量（吨）或（台/套）	2022 年	2023 年
	5	5		—	—
销售收入（万元）	2022 年	2023 年	出口销售收入（万元）	2022 年	2023 年
	1558. 98	1417. 81		—	—

30　三田科技（大连）有限公司

一、企业简介

三田科技（大连）有限公司（前身大连三高集团有限公司 1987 年建厂，三田公司系三高集团公司设计、生产铆焊、质检、采购、外协、装配厂几大主要部门业务板块合并成立），公司位于美丽的海滨城市大连。公司成立于 2015 年 4 月，主要从事非标设备设计研发生产销售、通用设备制造，金属结构制造，金属结构销售，金属加工机械制造，机械设备销售，机械设备研发，机械零件、零部件加工，机械零件、零部件销售，管排锯设计研发、生产制造。

2023 年 4 月公司整合协作企业机加工厂并入生产部门体系，强化公司自主加工制造能力。三田科技目前拥有各类机械加工设备二十余台。3 米数控龙门铣，4 米数控龙门铣 6 米数控龙门铣镗床，2.5 数控立车、各型卧车、磨床等。机加厂占地面积约 3000 平方米。起重能力为 5 吨、10 吨、25 吨，起吊高度 12 米。

2023 年 6 月，三田科技整合大连三高集团有限公司营销部门并购买集团公司资质、品牌商标、技术及专利等，合并成立三田科技项目研发中心。

公司拥有先进的技术，精良的加工设备，完善的质量管理和售后服务体系。现公司下设 1 个管理部，1 个质检部，1 个生产部，1 个销售部，4 个生产车间，共有员工 128 人。

大连三高集团有限公司是国家级高新技术企业，获得国内外发明专利 60 余项，实用新型专利 200 多项，自 1987 年成立至今，于冶金大型设备和非标设备、管排锯、管坯锯成套设备设计制造研发方面有所建树，为我国管排锯设备的替代进口实现国产化作出了卓越的贡献。江苏宏伟轧辊有限公司作为大连三高集团有限公司的继任者，必将拨乱反正，再创辉煌！

二、企业基本概况

企业名称	三田科技（大连）有限公司				
地址	辽宁省大连市金州区有泉路 4 号		邮编		116100
法人代表	高宇翔	电话	0411-3931800	电子邮箱	116084690@ qqcom
联系人	赵爽	电话	13591753054	联系人所在部门	营销部
企业成立时间		2015 年	企业网址	—	
企业员工人数（人）		63	企业制造的主要产品（设备）		
其中：技术人员（人）		10	冶金成套设备：直缝焊管机组、钢管精整设备、热锯、管排锯、倒棱机、测量点、切管机、铣切锯等		
销售收入 （万元）	2022 年	2023 年	出口销售收入 （万元）	2022 年	2023 年
	—	1030.00		—	—

第四篇

钢管企业生产经营情况

加强行业自律、加快发展新质生产力，坚定走好钢管行业高质量发展之路

——中国钢结构协会钢管分会八届三次会员代表大会

郑贵英

2024 年 6 月 14 日

2023 年是三年新冠疫情防控转段后经济恢复发展的一年，也是钢铁行业极具挑战的一年，面对国际政治经济形势错综复杂，国内经济运行超预期的下行压力，钢管行业运行环境较为严峻，企业生产经营面临着部分下游需求减弱、钢管价格下跌、原燃料成本上升、利润下滑等挑战。在诸多困难的面前，钢管会员积极适应市场变化，按照上级协会的"三定三不要"原则，加强行业自律、加大产供销组织协调，持续开展对标挖潜、降本增效工作，行业运行总体保持平稳，高质量发展迈出坚实的步伐。

一、2023 年钢管行业运行情况

（一）钢管产量、表观消费量均呈增长，无缝钢管产量、表观消费量再创新高

据国家统计局公布的焊接钢管数据和钢管分会部分会员的数据，以及与我的钢铁核对的数据，1—12 月全国累计钢管产量 9565.1 万吨，同比增长 8.0%，表观消费量 8577.62 万吨，同比增长 7.07%。其中无缝钢管产量（估算值）3150 万吨，同比增长 6.42%，表观消费量 2596.76 万吨，同比增长 4.63%；焊接钢管产量 6415.1 万吨，同比增长了 8.8%；表观消费量 5980.87 万吨，同比增长了 8.17%。2023 年钢管产量达到 9565.1 万吨，是历史上第二高位，其中无缝钢管产量达到 3150 万吨，创历史新高。焊管产量 6415.1 万吨，也是历史上第二高位。钢管产量呈较大幅度增长主要受益于国际能源价格一直保持在较高位（多数月份 76～89.4 美元），带动油井管和管线管国内国际市场需求增长，以及国内煤电、城镇化建设、钢结构应用、新能源（如光伏支架、风电用管）等发展带来的需求增长（表 4-1、图 4-1 和图 4-2）。

表 4-1　2023 年钢管、无缝钢管、焊接钢管产量及表观消费量　　　　（万吨）

项目		2023 年	2022 年	增减量	同比（%）	备注
钢管产量		9565.1	8856.2	708.9	8.0	2022、2023 年无缝钢管产量数据，国家统计局没有公布，现无缝钢管产量、表观消费量，钢管产量、表观消费量均为估算值。另表中数据后面加 e 为估算值
其中	无缝钢管	3150e	2960e	190	6.42	
	焊接钢管及	6415.1	5896.2	518.9	8.8	
	占比（%）	67.07	66.58	—	0.49	
钢管表观消费量		8577.62	8011.15	566.47	7.07	
其中	无缝钢管	2596.76	2481.81	114.95	4.63	
	焊接钢管	5980.87	5529.35	451.52	8.17	

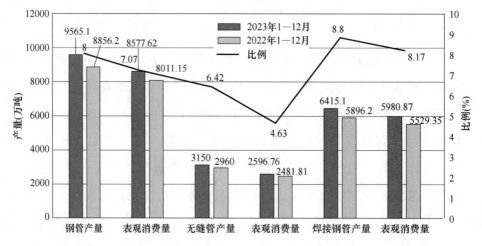

图 4-1　2022、2023 年钢管、无缝管、焊管产量和表观消费量

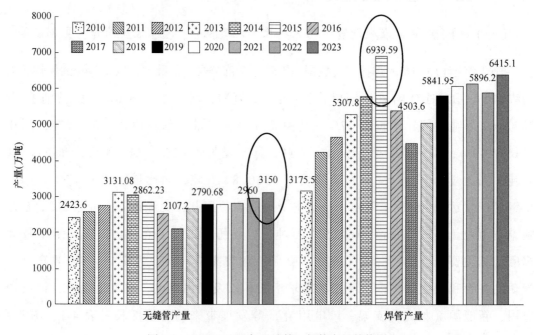

图 4-2　2010—2023 年无缝管、焊管产量趋势图

（二）钢管价格先扬后抑，企业效益呈现下滑

受市场需求弱于预期的影响，2023 年以来钢管价格总体呈现先扬后抑，4 月份以来国内钢管价格呈大幅度下降。以分会监测的代表规格数据显示，无缝管均价从 2022 年年底的每吨 5056 增长到 2023 年 3 月的高点 5250 元，随后一路下跌至 11 月的 4776 元，和 3 月高点相比下跌 474 元，下跌幅度 9.03%。焊管均价从 2022 年底的每吨 4392 元增长到 2023 年 3 月的高点 4 613 元，随后一路下跌至 11 月的 4176 元，和 3 月高点相比下跌 437 元，下跌幅度 9.47%；镀锌管均价从 2023 年初的每吨 5092 元增长到 2023 年 3 月的高点 5332 元，随后一路下跌至 11 月的 4781 元，和 3 月高点相比下跌 551 元，下跌幅度 10.33%，见图 4-3。

受钢管价格较大幅度下降的影响，2023 年 1—12 月钢管行业利润呈较大幅度下降，部分钢管企业出现了亏损（亏损面超过 20%），一些小企业出现了半停产、停产的状态。

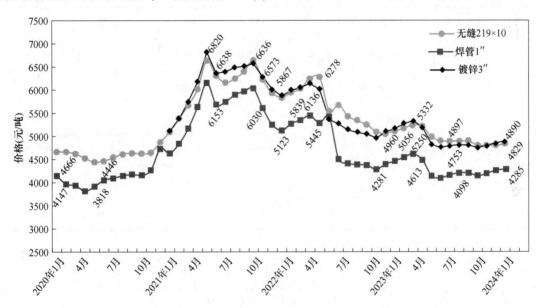

图 4-3　2020—2023 年无缝钢管、焊接钢管、镀锌管价格

（三）钢管出口量继续大幅增长，出口价格均呈大幅下降

海关统计数据显示，2023 年 1—12 月累计出口钢管突破 1000 万吨，为 1015.2 万吨，创历史新高，同比增长 16.68%。除 2 月、10 月外，各月的出口量均超过了 80 万吨，1 月达到了 95.62 万吨。钢管出口均价 1332 美元/吨，同比下降了 27.77%；无缝钢管出口 566.4 万吨，同比大幅增长了 15.57%。无缝钢管出口均价 1452 美元/吨，同比下降 13.61%；焊接钢管出口 448.8 万吨，同比大幅增长 18.11%。焊管出口均价 1178 美元/吨，同比下降 42.63%。钢管出口大幅增长，超出了预期，并在一定的程度上支撑了钢管产量的增长。

　　2023 年 1—12 月，全国累计进口钢管 19.85 万吨，同比下降了 20.75%，进口均价 6710 美元/吨，同比大幅增长 40.07%；其中，无缝钢管进口量 10.67 万吨，同比下降 10.49%，进口均价 9466 美元/吨，同比增长 44.53%；焊接钢管进口量 9.18 万吨，同比大幅下降了 30.07%，进口均价 3509 美元/吨，同比增长 9.81%。钢管进口量仅是产量的 0.21%（表 4-2 和图 4-4~图 4-10）。

表 4-2　2023 年我国钢管进出口量及占比一览表　　　　　　　　　　（万吨）

项目		2023 年	2022 年	增减量	同比（%）
钢管出口量		1015.2	870.1	145.1	16.68
在钢材出口量中占比（%）		11.25	12.92	—	-1.67
在钢管产量中占比（%）		10.61	9.82	—	0.79
其中	无缝钢管出口量	566.4	490.11	76.29	15.57
	占钢管出口量（%）	55.79	56.33		-0.54
	焊接钢管出口量	448.8	379.99	68.81	18.11
	占钢管出口量（%）	44.21	43.67		0.54
钢管进口量		19.85	25.05	-5.2	-20.75
其中	无缝钢管	10.67	11.92	-1.25	-10.49
	焊接钢管	9.18	13.13	-3.95	-30.07

注：2023 年钢材出口 9026.4 万吨，同比增长 36.2%。

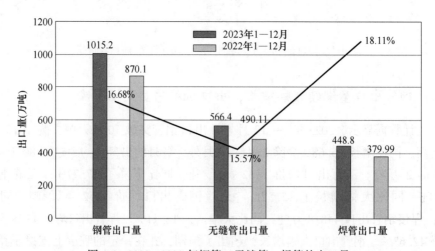

图 4-4　2022、2023 年钢管、无缝管、焊管的出口量

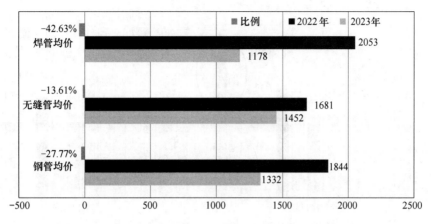

图 4-5　2022、2023 年钢管、无缝管、焊管的出口均价（美元）

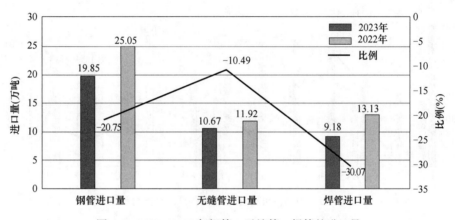

图 4-6　2022、2023 年钢管、无缝管、焊管的进口量

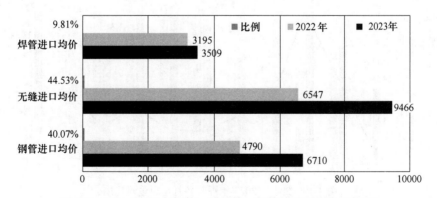

图 4-7　2022、2023 年钢管、无缝管、焊管的进口均价（美元）

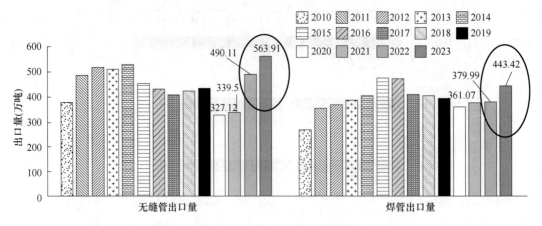

图 4-8　2010—2023 年无缝管、焊管的出口量

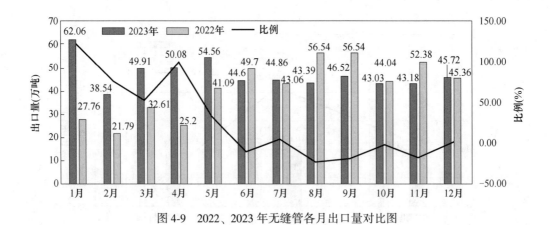

图 4-9　2022、2023 年无缝管各月出口量对比图

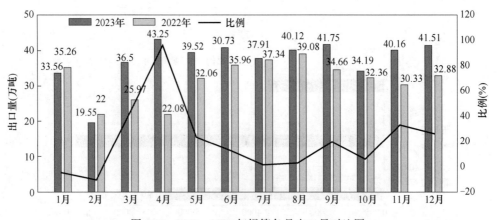

图 4-10　2022、2023 年焊管各月出口量对比图

（四）无缝钢管、焊管各主要品种的出口均呈大幅增长

在出口的品种中，1—12月，无缝油井管出口185.41万吨，同比增长5.06%，是自2008年以来油井管出口的新高；无缝管线管出口180.2万吨，同比增长23.1%；无缝锅炉管出口24.88万吨，同比增长了15.26%，再创历史新高；无缝不锈钢管出口28.16万吨，同比增长了12.14%，也是创历史新高；无缝钢管出口成为了今年钢管行业经营运行中最亮点的部分。但是从各月出口的数据看，无缝钢管从6月以来多数月份出口明显下降见图4-6，这也意味着无缝钢管2024年出口将会比较艰难。

在焊管出口品种中，管线管出口80.28万吨，同比增长了14.03%；方矩管出口151.135万吨，同比增长了19.16%，焊接不锈钢管出口19.35万吨，同比增长6.93%。从焊管各月出口的数据看，3月以来各月的出口量均超过了前年，11月、12月出口量同比分别增长了32.4%和26.25%，这也预示着2024年焊管出口会有一个好的开端（图4-11）。

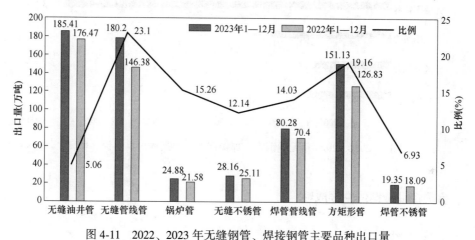

图4-11　2022、2023年无缝钢管、焊接钢管主要品种出口量

2023年钢管出口大幅增长，一是俄乌冲突以来国际油价一直保持着较高位（73~90美元），北美和中东地区仍保持着较高钻采活动（全球的钻机数保持在1770~1900台），主要产油国从我国采购的油井管和管线管仍保持着较高量；二是尽管钢管出口价格大幅下降，但仍高于国内价格，加之人民币贬值等原因，在一定程度上也刺激了出口；三是焊管出口也很给力，其中方矩形管出口大幅增长19.16%（图4-12和表4-3）。

表4-3　2023年我国无缝钢管、焊接钢管主要品种出口情况　　　　　　　（万吨）

项目		2023年	2022年	增减量	增减率（%）
无缝钢管出口量		566.4	490.1	76.3	15.57
其中	管线管	180.2	146.38	18.95	23.1
	油井管	185.41	176.47	85.85	5.06
	锅炉管	24.88	21.58	6.4	15.26
	不锈管	28.16	25.11	3.05	12.14

续表 4-3

项目		2023 年	2022 年	增减量	增减率（%）
焊接钢管出口量		448.8	379.99	68.81	18.1
其中	管线管	80.28	70.4	9.88	14.03
	异形、方矩形	151.13	126.83	24.3	19.16
	不锈管	19.35	18.09	1.26	6.93

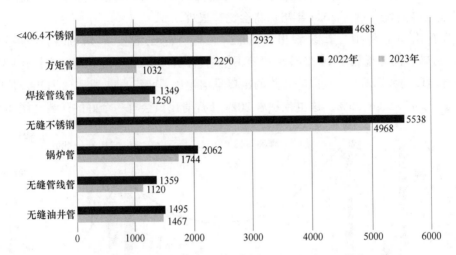

图 4-12　2022、2023 年无缝钢管、焊接钢管主要品种出口均价（美元）

二、会员企业取得的主要成绩

（一）生产经营方面

（1）在产量方面：2023 年行业尽管面临部分下游行业需求不及预期、价格下降的不利影响，钢管企业积极开拓国内国外两个市场，抓住有利时机，进行产品结构调整，全年钢管产量同比增长 8.0%，主要骨干企业无缝钢管企业包括：天津钢管、宝钢钢管、包钢钢管、山东磐金、林州凤宝、大冶特钢、江苏常宝、浙江久立、德新钢管、山东汇通、承德建龙、江苏新长江、盛德鑫泰等企业产量同比均呈增长，其中磐金钢管、承德建龙的产量增长幅度较大；焊接钢管企业：天津友发、源泰德润、唐山京华、番禺珠江钢管、四川振鸿、黑龙江华明、江苏玉龙、济南迈科、沧州鑫宜达等企业均有增长，其中多数企业呈两位数增长。

（2）在出口方面：各出口企业积极开拓国际市场，在出口价格大幅下降的不利情况下，全年出口量创历史新高。其中天津钢管以出口 71.8 万吨，再创历史最好水平；衡阳钢管出口 55.6 万吨；江苏常宝出口 25 万吨，天津友发出口 25.8 万吨、宝钢钢管出口 18 万吨（无缝管+焊管）、达力普 17.51 万吨、番禺珠江钢管（珠海）出口 13.44 万吨、林州凤宝出口 11.34 万吨、天津源泰德润出口 11 万吨、天津宝来出口 10 万吨，济南迈科出口 7 万吨，均创历史佳绩。

（3）在效益方面：主要骨干企业和专精特新企业积极适应市场，狠抓内部挖潜和精益化生产，调整产品结构，走专精特新和差异化发展之路，尽管 2023 年全行业效益呈较大幅下滑，但他们仍取得了较好的效益。浙江久立发布年度报告显示，2023 年实现营业收入 85.68 亿元，同比增长 31.07%；净利润 14.89 亿元，居行业之首，同比增长 15.6%；衡阳钢管仍然以 8.5 个亿的盈利，稳居非不锈钢管企业的榜首；江苏常宝盈利能力进一步提高，全年达到 7.83 亿元，同比大幅增长 66.24%，吨管利润率为非不锈钢管企业第一。天津钢管在中信特钢重组后的两年时间里一举摆脱了多年亏损局面，全年盈利 5.2 亿元；天津友发全年归属上市公司股东净利润 5.70 亿元，同比增长 91.85%；金洲管道全年盈利 2.55 亿元，同比增长了 25.85%；番禺珠江钢管盈利 3734.03 万元，同比增长 54.53%；四川振鸿全年盈利 5663.68 万元同比增长了 673%；江苏立万精密全年净利润 3042.68 万元，同比增长了 27.93%；盛德鑫泰全年的营业收入 19.81 亿元，同比增长了 66.06%，归属上市公司股东净利润 1.21 亿，同比增长了 64.06%；常熟常峰钢管 2023 年产量 4.93 万吨（冷轧/拔管）同比增长 10.54%，销售收入 4.50 亿元，同比增长 10.1%，上缴税款 2300 多万元，实现盈利 2815 万元，同比增长 63.81%。

（二）新产品开发

1. 应用于重大工程项目

（1）位于新疆塔里木盆地，中国首口万米科学探井"深地塔科 1 井"，从去年 5 月开钻至今年两会前 3 月 4 日，该井突破 10000m（该井设计井深 11000m）。该井采用了天津钢管、宝钢、衡阳钢管三家提供的超深井、特深井套管。该特深井用套管需要满足井下 200℃、150MPa 压力使用环境。

（2）在四川钻探的第二口万米科学探井"深地川科 1 井"，该井的地质构造较"深地塔科 1 井"还要复杂，该井套管由天津钢管全部提供，其中 25in（635mm）特殊扣套管是目前国内最大口径特殊扣无缝套管。

（3）我国首条大规模二氧化碳输送管道——齐鲁石化—胜利油田百万吨级 CCUS 示范项目二氧化碳输送管道全线贯通。该管道全长 109 公里，年输送量超过 100 万吨，设计压力为 12MPa，管径 ϕ323mm，钢级 L360，输送相态为超临界状态的管道。该管道采用的无缝钢管全部由宝钢提供。

（4）首次实现输氢管线产品在国家天然气管道"包头—临河"输气管道掺氢混输示范项目中实现应用，实现输氢管线材料易焊接、抗氢脆、抗低温断裂、并在充氢条件下具有良好强韧性能的生产技术应用。该管道采用的无缝钢管全部由包钢钢管提供。

2. 企业新品开发

大冶特钢：全年"两高一特"产品销量 2.5 万吨，同比增长 38%，其中高温、耐蚀合金增幅 19%，高强钢增幅 12%，特种不锈钢增幅 113%。

（1）"航空轴承钢项目"得到 SKF、舍弗勒认可；（2）"大尺寸、大功率风电主轴轴承钢的开发及应用项目"已开发出 18MW 风机专用材料并投入应用；（3）"燃气轮机拉杆用高温合金开发项目"通过三菱集团批准，成为国内首家该材料研制单位；（4）"新一代长寿命轴承钢抗疲劳组织性能调控技术"获得冶金科学技术一等奖。

宝鸡钢管：（1）连续管产品：在超级 18Cr 连续管应用中石油集团首个 CCUS 示范工程的基础上，2023 年国内首盘 S32001 不锈钢连续管成功应用于长庆 CCUS-EOR 示范区；集输用柔性复合高压输送管率先投用上下游一体化联动典范项目；首盘 ϕ88.9mm 大口径钻井用连续管、7000m 调质型连续管成功下线。（2）套管方面：140VBJC-Ⅱ 特殊扣、P110BJC-Ⅱ 高端特殊扣等新产品下井应用。（3）开发西四线 X80M 抗大变形管线管，为上游勘探开发提供更多战略支撑的产品和服务。

渤海装备公司：（1）成功开发出 L485MO OD559mm×31.8mm 深海高应变焊管；（2）在抗酸碳钢管研制并成功应用的基础上，开展双金属复合管开发；（3）围绕氢气输送管道建设需求，开展纯氢、掺氢管道用焊管、弯管及管件产品及涂层研发，推动形成国家标准立项。

天津钢管：（1）利用 508PQF 机组，成功开发出 20 英寸的深海管线管，用于海南陵水，全长 115.5 公里；（2）直连型特殊扣套管首次在海外某油田成功应用，得到用户高度认可。

宝钢钢管：（1）2023 年 12 月，宝钢超级 13Cr 产品独家供货海南福山油田 CCUS 重点项目入选《世界金属导报》不锈钢品牌供应商优秀应用案例。（2）2024 年 3 月，宝钢供虎林—长春天然气管道工程项目的首批 18m 长 UOE 焊管顺利发运，18m 加长管可大幅减少焊口数量，提高全自动焊接质量和工效，缩短管道安装周期。

衡阳钢管：开发出起重机臂架管、旋挖钻杆管、高强油缸用管系列高品质和高性能高端工程机械用无缝钢管，实现高端工程机械用管系列化、高端化、轻量化及低碳绿色智能制造，满足多种恶劣环境的工程机械使用工况要求。

黑龙江建龙：（1）高端油田用管领域：研发了包括经济型抗腐蚀套管、页岩油开采用管、石油钻杆和高强度管线管等在内的 22 个新品种。（2）工程机械用管领域：研发了包括高强、高韧、耐低温、易焊接重载用臂架管、高强度液压油缸用管、工程机械车辆输送耐磨用管和高等级地质钻探用管等 13 个新产品。（3）高压气瓶用管领域：采用"HCCS 和 IMS 制管工艺技术"，成功突破了 5 个极限薄壁管的开发，使成材率提升至 91.12%，达到了行业先进水平。

包钢钢管：Q345NH 耐候无缝钢管交付用户，并在国内首次应用在桥梁施工上。

盛德鑫泰：在开发的超（超）临界电站锅炉用小口径 T91 后又成功开发了 T23、T92 和超临界合金优化内螺纹管，相继研发了 TP347H、TP347HFG、S30432 以及 TP310HCbN（S31042）等高等级不锈钢管材。

天津源泰德润：新研制出海上光伏用锥形钢桩。为山东、江苏等沿海浅滩地区未来多年海上光伏项目提供了生产后备支持。

珠江钢管：《3500 米级超深水高压海底管道研制及产业化》项目创新技术突破，由央视二套进行了系统性报道，并列入 2023 "专精特新·制造强国"年度盛典的"全国十大绝活"之一。

浙江明贺钢管：石油钻具用管包括 Q125、13Cr、4145H 等；工程机械用管包括 7S890、BJ890 等及卡特矿山专用材料 1E1058 等无缝钢管。

浙江五洲新春集团：打破了世界跨国公司在安全气囊侧气帘管制造上的垄断，成功解决了"卡脖子"问题。2023 年生产销售气囊钢管 1978 万支，国内占比超过 50%。

天阳钢管：在新产品、新材料开发方面持续深耕，开发研制了高压氢阻隔涂层新材料。有效地解决了氢能源产业链的最大堵点和难点，为钢质管道输氢和钢质高压容器储氢带来了全新的中国技术解决方案，结合该产品的研发获发明专利 2 项。

江西红睿马：完成的微小型无缝轴承钢管和直线轴承用异型无缝钢管新产品研发项目；开发了梅花型异形管 2023 年实现批量生产，该产品实现全部出口。

（三）技术改造、技术进步

天津友发：新投产 5 条不锈钢工业管道生产线，最大生产规格为 $\phi530mm×14mm$，产品具有耐腐蚀、耐高温、耐低温等特点，广泛应用于石油化工、煤化工、医药、造纸、压力容器、水处理等相关行业。

渤海装备公司：2023 年完成"中小口径新能源输送直缝埋弧焊管能力提升"项目。采用 JCOE 成型工艺，在数智化及精益生产方面成为行业标杆。

鞍钢无缝：177 机组升级改造工程：该机组已顺利投产，改造后的产能 50 万吨/年，规格范围 $\phi(60\sim180)mm×(4\sim27)mm$，覆盖了原 159 机组和 177 机组规格范围。的主要技术提升：（1）加热炉实现自动烧钢；（2）穿孔机实现了顶头自动更换；（3）新建后台二段，顶杆小车驱动采用齿条方式，在保证顶杆小车稳定性的情况下提高速度；（4）定径改为 24 架张力减径，倍尺数为 $1\sim8$ 倍尺；（5）涨减机配置 CEC 工艺控制系统；（6）新增脱管后和定径后钢管自动测长系统。

江苏常宝：2023 年投资建设新能源汽车精密管项目、新能源及半导体特材项目。聚焦小口径无缝精密特种管材产品，实现公司在新能源及半导体等高端领域市场的布局，打造新的盈利增长点。

唐山京华：2023 年完成技改 29 项，共投入资金 971.6 万元；其中，环保技改 14 项，固定资产投入 8 项，技术改造 7 项。

沧州市鑫宜达：2022 年、2023 年立项 18 个研发项目，累计研发投入资金 1.394 亿元。目前公司正在进行的研发项目有 12 项、主要从提高产品性能、成型精度、焊接质量、加工工艺等方面开展研究；正在进行的改造项目 10 个，主要有：焊缝磨削高度控制项目、1620 矫平机、2540 矫平机下支撑辊改造等。

磐石钢管：对原有的热处理炉进行升级改造，提高产品的表面质量，稳定产品性能；购置二辊精轧机 2 台，成功试制出 $\phi60mm$ 以下组距冷轧精密无缝钢管，开发耐腐蚀合金钢（ND 钢）新产品，拓宽产品类别并批量生产。

山东磐金：自研采用激光跟踪仪进行工艺精度标定，测量穿孔机、连轧机和矫直机中心线测量的方案，使长达 20m 的机组分体设备中心可长期稳定在 $0\sim0.5mm$ 的精度范围以内。

山东汇通：新建热处理生产线正式投产，年处理能力 8 万吨，预计年可新增销售收入 5 亿元。

无锡圣唐：结合汽车轻量化这一发展新趋势，采用国际先进的液压涨型精密焊管工艺，逐步替代传统的拼焊件和铸造件，实现产品升级。

无锡大金：投资了焊接机器人、数控加工机床等专用设备，满足高端客户的需求，目前样品已经通过了卡特彼勒严格的测试，实现了批量生产模式。

天津正安：完成了精轧车间的搬迁改造并新购置了 5 台冷轧机，配置了探伤机、抛丸机；完成 90 穿孔机的改造、增大了 60 穿孔机主电机功率，对退火炉工艺进行了修订。改造后产品的质量大幅提升。

（四）加强与院校合作

江苏诚德：与安徽工业大学建立人才培养与就业基地建设合作；联合东北特钢、上海锅炉厂培养博士后研究员，研发高温高压超临界用管、核电用管、高钢级抗腐蚀油套管等高性能、高附加值产品，提高公司研发创新能力；与中冶赛迪、西南交大研发短流程热连轧无缝钢管生产线及高强度镁基合金用管材项目，着眼既可生产高合金钢管，又可生产航空用镍基、钛基合金管。

山东汇通：下属分公司山东海鑫达石油机械有限公司与钢铁研究总院华东分院合作，成立合金管生产基地，以"增品种、提品质、创品牌，走高质量发展战略之路"。

四川三洲：诚邀国家钢铁研究总院为其制定"公司中长期战略发展规划纲要"，拟在建立向博士后工作站、各大研究院校实验研发基地。

聊城鑫鹏源：与 725 所、中科院、哈工大、中南大学、宝钛、武船重工等多家院校、科研单位和企业之间开展产学研合作，为企业发展和产品的研发献力献策。

天长康弘：与合肥通用研究所、钢铁研究总院等进行紧密产学研合作，共同研发的抗酸管线、超低温管道、高强度结构管、耐腐蚀等专用管，获得了客户的高度认可。

江西红睿马：先后与洛阳轴承研究所有限公司、杭州轴承试验研究中心有限公司和武汉科技大学签订了技术服务与合作协议，以附柔性引进人才方式，聘请三家单位 9 名技术专家担任企业技术顾问或兼职技术研究员，极大地增强了企业科研实力。

（五）绿色发展及绿色工厂认定

天津钢管：天津钢管的智能绿色低碳改造入选国家发展改革委发布的第一批绿色低碳先进技术示范项目清单。天津钢管 168 机组的智能绿色低碳改造项目使用"全氧+天然气"燃烧技术，替代了过去"空气+天然气"的燃烧模式，实现节能减排。一方面节约了近 30%的天然气，另一方面大幅度降低了氮氧化物和二氧化碳的排放，氮氧化物排放量下降了 98%；一期光伏项目竣工，已累计发电约 1635 万度。坚持分质供水，回用水占生产用水比例达 90%。

大冶特钢：持续开展能效提升攻关，一是推进焦气替代天然气、推进节能设备应用及氢氧燃烧等项目，吨钢综合能耗 543kgce/t（千克标煤每吨），较行业平均水平低 7.5kgce/t。二是开展重点工序极致能效攻关，焦化、转炉、电炉工序达到中钢协极致能效标杆水平。三是开展炉窑加热效率提升攻关，降低煤气消耗，2023 年平均吨材煤气消耗同比降低 26.7m³/t，降幅 7.2%。四是开展转炉蒸汽、煤气回收攻关，回收量分别提高 10.6%、8.7%。

宝钢钢管：2024 年 3 月宝钢股份无缝钢管厂生产的超低碳排放（BeyondECO® -60%）气瓶管正式首发，开启了气瓶产品低碳制造的历史性进程，为气瓶产业链发展注入绿色新动能。

衡阳钢管：先后获评湖南省"两型创建示范单位""园林式单位""绿色工厂""节水型企业"，在 340 机组实施环形加热炉的管坯热装、热送，热送比例达到了 30% 以上。

天津友发：下属三个分公司（第一分公司、唐山正元管业和邯郸友发）的热镀锌产品被认定为国家级"绿色设计产品"。

源泰德润：获工信部评选国家级绿色工厂，天津厂区厂房实现光伏板全覆盖，每年月发电 80 万度。

金洲管道：镀锌管制造部通过改造烘干炉和余热蒸汽锅炉，优化蒸汽内吹工序，天然气利用率显著上升，有效推进降本增效。

通钢磐石钢管：采用清洁能源天然气和轻烃改变加热炉原有的煤制气加热方式，每年可节约标煤量 2600 余吨，减少 CO_2 排放 7200 余吨。

江苏新长江：完成 12MW 厂房屋顶光伏项目的投建，取得了较好的效果。

泰纳瑞斯（青岛）：投入 900 余万元建成了泰纳瑞斯全球第一个超过 1MW 的光伏发电项目，预计年发电量在 1400MWh，碳减排量每年约 902 吨，同时，该项目是青岛市第一家带储能的光伏项目。

（六）数字化、智能化

大冶特钢：460 钢管数智化工厂项目获得国家工信部 2023 年度"智能制造示范工厂"、湖北省首批"数字经济典型应用场景"。取得了 10 余项行业级首创，包括行业首家实现物料全工序多维在线感知、行业首家实现钢管数据与业务在线融合、行业首家实现智能提料、智能排产、远程集控、一键轧钢、逐支跟踪、在线数据采集及分析等。上线运行以来，460 钢管厂各项指标得到了较好的提升，人均劳动生产率提升 11.12%，工序能耗降低 6.3%，碳排放降低 4.41%，产量增长 8.09%；开展设备在线智能运维平台、炼钢工序无纸化等数字化提升项目建设，公司生产设备数字化率达到 83.2%，关键工序数控化率达到 85.4%。

衡阳钢管：公司成立数智化推进办。构建全流程数据融合、工序协同、知识驱动的可持续迭代的智能制造系统底座。目前建设了 4 个集控中心、6 台套智能机器人、7 个智能应用场景，包括炉窑专家控制系统、钢管表面智能检查、热坯自动喷标、钢管自动喷漆喷色环及表面烘干、管端自动去毛刺、水系统自动恒压节能、液压伺服节能等创新应用场景。

金洲管道：对焊管全产品实行条码批次管理，以提高仓储数据的准确性、即时性；继续推进"一码追溯"系统的实施工作，完善各工序环节生产及质量数据；管道工业信息化平台完成融合升级，建立以项目管理为中心的业务体系。

渤海装备：一是围绕生产检验自动化、智能化以及产品交付数字化需求，持续开展研究攻关，开发形成了包括管端焊缝自动磨削、钢管几何尺寸自动测量、板边坡口自动测量等一系列自动化智能化设备，并成为国内首台套，推动质量效率提升。二是聚焦用户采购、施工、运行、维护、质量追溯等过程数字化信息需求，开发钢管数字化服务平台，可实现合同执行全流程信息实时交互、交付钢管产品数字化信息同步移交、施工现场管端尺寸等质量数据图形化重现，为提高现场环焊缝对接效率和焊接质量提供支持，在产品层面满足管道全生命周期智能管控需求。

源泰德润：针对公司本部研发数字化管理系统，部署 MES 和 WMS 系统，实现厂区无人化管理和无纸化办公等目标。

包钢钢管：油井管加工智能接箍线改造，实现接箍生产线从订单到成品入库的全流程闭环管理；运用 AGV 智能小车系统，实现生产线物流系统自动无人运转；接箍加工利用机器人上下料，实现智能化；接箍逐支跟踪系统，通过条形码、二维码、识别系统软硬件，对接箍在生产线上的加工数据进行标识和存储，做到接箍信息的可追溯性。

山东磐金：建立并运行了 ERP - 企业资源计划管理系统、BPM - 业务流程管理系统、LES 物流执行系统、LIMS 实验室系统、帆软数据决策系统、摄像机监控系统等，上述系统的建立大大节省了人力、物力，降低成本，提高了管理的效率。

济南迈科：建立了以订单驱动的业务全流程管理，订单信息贯穿于订单管理、设计数据、BOM 计划分解、供应链计划及执行、物流仓储及财务供应链等业务流程。实现 PDM、ERP、MES 和 WMS 平台间数据流和业务流程的关联，实现销售、设计、制造、物流、成本、采购等环节的一体化工业互联网管理平台。

唐山京华：2023 年公司整化信息化项目成功上线，项目包括 ERP、MES、OA、计量、物流五个板块。

通钢磐石钢管：引入可视化探伤替代表面检验；引入 U9 云系统，实现从财务、销售、采购、生产、仓库、质量、设备、OA 等内外部供应链端到端的全过程、全场景、全链条大协同，极大地提升了数据带来的管理价值，提高了决策的时效性。

佛山南海宏钢：2023 年被评定为佛山市数字化智能化示范车间。ERP、MES、WMS 系统全面应用在管理环节。公司已逐步发展成为广东省内优质管道互联智造的现代化企业，不断开拓管道个性打造新篇章。

天钢石油：设计了生产管理信息化系统集成解决方案，实现订单、物料、计划、采购、仓库及其他相关环节的企业全流程管理；生产管理数据，ERP+MES 管理数据共享统一化、系统化，提高审批、计划、报工流转效率与数据精度。

（七）标准的编制和修订

2023 年发布国家标准 6 项、行业标准 3 项。以 GB/T 5310—2023《高压锅炉用无缝钢管》为代表的一批国际领先和国际先进水平标准的发布实施，引领了钢管行业品种开发和结构调整，支撑了钢管产业链上中下游的高质量发展。截至目前，中国钢铁工业协会已发布25项钢管团体标准，其中2023年发布了3项，目前还有11个在研项目。

金洲管道： 在标准建设方面，主持制定发布国家标准1项、团体标准2项，参与制定发布了国家及行业团体标准4项。全年共获授权专利14件。《低压流体输送用焊接钢管》企业标准经评估获评2022年度企业标准"领跑者"。

天津钢管： 作为T/CSPSTC103—2022《氢气管道工程设计规范》团体标准主要起草单位。该标准系统地规范了氢气输送管道工程设计工作的流程和技术要求，填补了国内氢气管道输送标准领域多项空白，对健全氢气输送管道标准体系、促进新兴领域技术进步及氢能产业发展具有重要意义。

衡阳华菱钢管： 作为主要起草单位参与了GB/T 5310—2023《高压锅炉用无缝钢管》《大容积气瓶用无缝钢管》《工程机械液压缸用精密无缝钢管》等多项钢管标准的制修订。

唐山京华： 2023年完成1项国家标准、2项团体标准的制修订，分别是GB/T 42541—2023《燃气管道涂覆钢管》、T/CCCTA 0040—2023《3PE耐蚀钢制管件》、T/CAMT 20—2023《大口径双面埋弧焊螺旋钢管》。

山东磐金： 参与制定国家标准两项《大容积气瓶用无缝钢管》《工程机械液压缸用精密无缝钢管》；行业标准一项《热轧无缝钢管行业绿色工厂评价要求》。

江苏迪欧姆： 主起草制定了国家标准GB/T 33156—2016《气弹簧用精密焊接钢管》，GB/T 33821—2017《汽车稳定杆用无缝钢管》，行业标准《摩托车减震器用精密无缝钢管》，修订国家标准GB/T 3639—2021《冷拔或冷轧精密无缝钢管》。

《工程机械液压缸用精密无缝钢管》 主要起草单位（会员）：徐州徐工液压件有限公司、衡阳华菱钢管有限公司、靖江特殊钢有限公司、江苏常宝普莱森钢管有限公司、黑龙江建龙钢铁有限公司、浙江泰富无缝钢管有限公司、浙江明贺钢管有限公司、湖北加恒实业有限公司、无锡大金高精度冷拔钢管有限公司、内蒙古包钢钢联股份有限公司、山东磐金钢管制造有限公司等会员企业。

《结构用机加工无缝钢管》 主要由浙江明贺钢管有限公司、衡阳华菱钢管有限公司、靖江特殊钢有限公司、浙江泰富无缝钢管有限公司、重庆立万精密部件有限公司、承德建龙特殊钢有限公司、临沂金正阳管业有限公司等会员单位共同起草。

三、2024年1—6月份行业运行情况

（一）无缝管、焊管产量、表观消费量均呈一定幅度下降

据国家统计局公布的焊管产量数据和钢管分会依据会员企业的产量数据估算无缝钢管产量数据，2024年1—6月，全国钢管产量4346万吨，同比下降了7.75%，表观消费量3829.7万吨，同比下降9.08%。其中，无缝钢管产量估算值1495万吨，同比下降6.7%，表观消费量1232.4万吨，同比下降5.93%；焊接钢管产量2851万吨，同比下降8.3%，表观消费量2597.3万吨，同比下降10.6%（图4-13）。

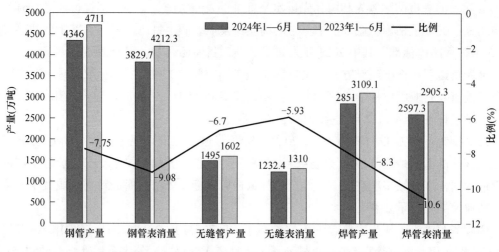

图 4-13　2024 年 1—6 月钢管、无缝管、焊管产量、表观消费量

（二）无缝管、焊管出口量一降一升，出口价格均大幅下降

海关总署数据显示，2024 年 1—6 月，全国累计出口钢管 527.22 万吨，同比仅增长了 4.23%，出口均价 1097 美元/吨，同比下降 25.61%；其中，无缝钢管出口量 268.4 万吨，同比大幅下降 9.81%，出口均价 1270 美元/吨，同比下降 15.1%；焊接钢管出口量 258.82 万吨，同比大幅上涨了 24.3%，出口均价 917 美元/吨，同比大幅下降了 36.46%。

（三）无缝油井管、锅炉管出口大幅下降，出口价格均大幅下降

在无缝钢管出口的品种中，管线管出口 89.65 万吨，同比下降了 3.05%；油井管出口 77.81 万吨，同比大幅下降了 29.16%；锅炉管出口 11.05 万吨，同比下降了 16.57%。不锈无缝管出口 13.04 万吨，同比增长 7.99%；无缝钢管各品种出口均价：管线管下降了 21.19%、油井管下降了 2.53%、锅炉管下降了 15.17%、不锈钢管下降了 15.59%。

（四）焊管管线管、方矩形管、$D \leqslant 406.4$mm 不锈钢圆形管出口均大幅上涨，但出口价格大幅下降

在焊管出口的品种中管线管出口 46.9 万吨，同比大幅增长了 28.55%；方矩形管出口 88.37 万吨，同比大幅增长了 25.65%；$D \leqslant 406.4$mm 不锈钢圆形截面焊管出口 10.94 万吨，同比增长了 23.1%；焊管各品种出口均价管线管大幅下降了 13.41%、方矩形管大幅下降了 51.06%、$D \leqslant 406.4$mm 不锈钢圆形焊管下降了 11.09%（图 4-14~图 4-16）。

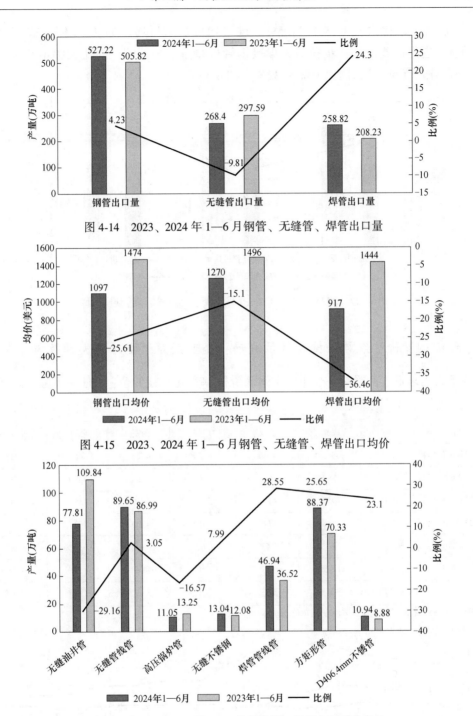

图 4-14　2023、2024 年 1—6 月钢管、无缝管、焊管出口量

图 4-15　2023、2024 年 1—6 月钢管、无缝管、焊管出口均价

图 4-16　2023、2024 年 1—6 月无缝管、焊管主要品种产量

（五）无缝管、焊管进口量呈较大幅度上涨，焊管进口价格呈一定幅度下降

2024 年 1—6 月，我国钢管进口量 10.92 万吨，同比增长 12.8%，进口均价 6785 美元/吨，同比上涨了 6.39%。其中无缝钢管进口量 4.04 万吨，同比上涨了 13.73%，进口均价

9750 美元/吨，同比大幅上涨了 11.5%，进口均价是出口均价的 7.68 倍（去年同期是 5.68 倍），进出口差价进一步拉大；焊接钢管进口量 3.3 万吨，同比大幅增长 15.22%，进口均价 3157 美元/吨，同比下降 8.32%（图 4-17）。

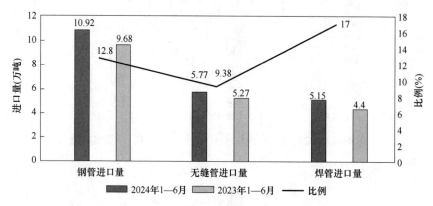

图 4-17　2023、2024 年 1—6 月钢管、无缝管、焊管进口量

（六）钢管价格继续保持在低位波动，企业效益近期难有大的改善

受下游需求低迷的影响，今年以来钢管价格一直处于较低位，3 月呈小幅下降后一直维持这一水平，见图 4-18。

时间	上海	成都	武汉	广州	西安	临沂	全国均价
2024年6月28日	4740	4860	4620	4930	4720	4460	4758
2024年6月21日	4800	4890	4640	4960	4750	4490	4789
2024年5月28日	4860	4950	4640	5010	4770	4550	4841
2023年6月28日	4800	4880	4740	5010	4900	4520	4882
周环比	−1.25%	−0.61%	−0.43%	−0.60%	−0.63%	−0.67%	−0.65%
月环比	−2.47%	−1.82%	−0.43%	−1.60%	−1.06%	−1.98%	−1.71%
年同比	−1.25%	−0.41%	−2.53%	−1.60%	−3.67%	−1.33%	−2.54%

无缝管108mm×4.5mm全国均价季节性分析(单位:元/吨)

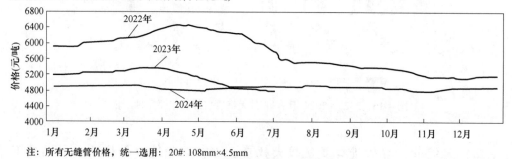

注：所有无缝管价格，统一选用：20#：108mm×4.5mm

图 4-18　全国重点城市钢管价格及周变化（单位：元/吨）

（上海钢联钢管事业部提供）

从 1—4 月生产运营数据和会员企业上报的数据来看，前 4 个月，钢管企业总体呈现出低需求、低产量、高库存、高成本、低价格、低效益的两高四低的局面，行业运行的环境较为严峻。造成这样情况的主要原因一是今年以来部分下游行业需求远不及预期，而且年初国家叫停了 12 个债务较高省份的基建项目（除供水、供暖、供电项目），使钢管企业手中的订单明显不足。二是受供需长期失衡的影响，钢管价格一直处在一个较低位；三是出口增长大幅度下降，尤其是无缝钢管出口大幅度下降了 13.02%，且出口价格大幅度下降了 31.26%，焊管价格大幅下降了 45.6%（图 4-19）。

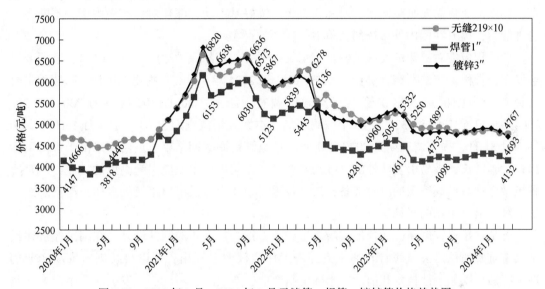

图 4-19　2020 年 1 月—2024 年 1 月无缝管、焊管、镀锌管价格趋势图

四、下半年钢管行业的重点工作

今年以来，尽管行业面临着严峻的市场形势，但是我们要坚定信心，积极贯彻新发展理念，加快培育新质生产力，推动高端化、智能化、绿色化转型，推进高质量发展不断取得新成效。为此，面对当前国内外的复杂形势，我们要认真做好以下几个方面的工作。

一是坚定信心，努力做好行业平稳运行。按照"稳运行、防风险、控成本、提质量、优结构、促转型、增效益"的要求，密切跟踪国内外市场变化，以供需平衡为目标，在保供稳价的基础上努力促进全行业实现稳定运行。在当前市场供大于求，价格持续下行的情况下，全行业要形成共识，就是要"控产保价，稳定市场"。要适应环境，与时俱进，要按照新发展理念，走高质量发展之路。

二是加强行业自律，有效维护市场秩序。当前，我国钢材消费总量已进入峰值平台期，需求总量将逐步下降。因此，钢管行业高质量发展要顺应减量发展的新趋势，要加强行业自律、深耕区域市场，共同维护市场稳定有序。要把自律工作，内化于企业的发展理念中，融合在企业的发展战略上，落实在企业的行动上，做到知行合一，特别是在市场形势严峻的情况下，更要加强行业自律，自觉维护市场供需动态平衡；要继续坚定推进"三定三不要"原则，进一步强化出口管控；要强化产业链意识，加强沟通交流，创新合作模式，实现产业链共生共荣。鼓励企业间的兼并重组，严格控制新建产线，着力维护市场平稳运行。

三是深入开展对标挖潜活动。高质量发展是新时代的主要任务，也是新时代的主旋律。精益管理是高质量发展的重要支撑。钢铁企业在管理方面有很深的积淀和底蕴。管理还是需要持之以恒地抓下去，在各个方面、各个环节精益求精、精耕细作、精打细算，追求卓越、追求极致。钢铁企业在这方面还是有空间的，没有止境，永远在路上。当前时期，钢铁企业更需要眼睛向内，对标找差距，练好基本功，深化对标挖潜力度，不断提升管理能力，提升在国内外市场的竞争力。

四是积极应对欧盟的反倾销案，密切关注国外的贸易保护动向。5 月 17 日，欧盟委员会发布公告称，应欧洲钢管协会（"ESTA"）于 2024 年 4 月 2 日提出的申请，欧盟委员会对原产于中国的无缝钢铁管发起反倾销调查。涉案产品 TARIC 编码为 7304191020、7304193020 至 7304598320 共 13 个编码产品。本案倾销调查期为 2023 年 4 月 1 日至 2024 年 3 月 31 日，损害调查期为 2020 年 1 月 1 日至倾销调查期结束。近两年来由于中国钢管出口大幅增长，极易引发国外的反倾销调查，各相关出口企业应引起高度的关注，一是要积极做好欧盟反倾销案的应对准备；二是各出口企业应加强出口市场的自律，严禁恶意压价，维护出口市场的平稳运行。

五是立足科技创新，加快形成新质生产力。钢管是重要的钢铁产品，在国民经济建设中具有重要地位。去年底召开的中央经济工作会议明确提出，要以科技创新推动产业创新，特别是以颠覆性技术和前沿技术催生新产业、新模式、新动能，发展新质生产力。坚持高质量发展是新时代的硬道理。代表新质生产力的 5G、人工智能（AI）、新能源、新一代信息技术等新兴产业将赋能钢管行业发展。我们要以科技创新为动力，不断在品种开发、原创技术、颠覆性技术等方面加大研发投入；运用工业物联网、大数据等智能制造技术优化产业流程，推动数字化、智能化等新技术与产业深度融合；坚持深化供给侧结构性改革和着力扩大有效需求协同发力，聚焦创新成果高质量转化，开发高端需求，拓展产品材料应用空间，服务构建现代化产业体系，推动钢管行业更高质量发展。

各位领导、各位代表：2024 年是新中国成立 75 周年，也是实现"十四五"规划目标任务的关键一年。我们要牢牢把握高质量发展这个首要任务，因地制宜发展新质生产力，政治上同心、思想上同向、行动上同步、事业上同行，聚焦中国式现代化目标任务，紧扣加快发展新质生产力、扎实推进新型工业化建设，努力维护好行业稳定运行，推进钢管行业高质量发展再上新台阶。

第五篇

2022—2023 年
汇编统计数据及分析

中国钢结构协会钢管分会秘书处征集了 2022 年和 2023 年在行业内有一定影响力的钢管生产企业、制管装备、工具等制造企业的基本情况，汇总了行业内各企业主要经营指标和主要品种的产量情况及排序，现将汇总情况分析总结如下。

一、汇编企业的基本情况

汇编总计涉及 144 家企业（含 4 家地方行业协会），其中：

（1）无缝钢管生产企业 64 家，会员企业 56 家，非会员企业 8 家；

（2）焊接钢管生产企业 50 家，会员企业 42 家；非会员企业 8 家；

（3）地方行业协会、电子商务企业、设备及工具制造企业等 30 家。

在钢管企业中宝钢股份钢管条钢事业部和浙江久立特材科技股份有限公司是既有无缝钢管又有焊接钢管企业。

二、汇编企业钢管产量及出口量

2022、2023 年汇编钢管企业累计汇总产量分别为 8071.46 万吨、8495.65 万吨，占 2022、2023 全年钢管产量 8856.2 万吨和 9565.1 万吨的 91.14% 和 88.82%，详见图 5-1。

2022、2023 年汇编钢管企业汇总出口量分别为 418.6 万吨、431.6 万吨，占 2022、2023 全年钢管出口量 870.1 万吨和 1007.33 万吨的 48.11% 和 42.85%，见图 5-2。

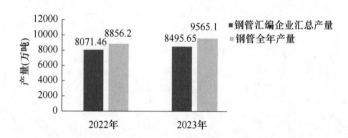

图 5-1　2022、2023 年汇编企业汇总钢管产量在全国钢管产量中占比

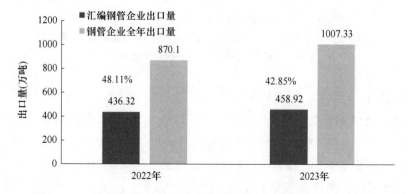

图 5-2　2022、2023 年汇编企业钢管出口量在全国钢管出口量中占比

（一）无缝钢管

1. 无缝钢管产量及骨干企业产量排序

2022、2023 年汇编无缝钢管企业累计汇总产量分别为 2419.14 万吨、2628.42 万吨，占 2022、2023 全年无缝钢管产量 2960 万吨和 3150 万吨的 81.73% 和 83.44%。

2023 年无缝钢管行业内主要骨干企业的产量均处于增长态势：

（1）产量超过 300 万吨的有中信泰富特钢钢管事业部和山东磐金钢管制造有限公司，分别为 430 万吨和 337 万吨，同比增长 3.6% 和 17.0%。

（2）产量超过 100 万吨以上的企业有衡阳钢管、宝钢钢管、包钢钢管和凤宝管业，2023 年度产量分别为 185.90 万吨、158.00 万吨、174.6 万吨和 133.3 万吨，同比增长、−3.78%、7.48%、−0.89% 和 12.97%。

（3）黑龙江建龙、江苏常宝、鑫鹏源（聊城）、山东汇通、山东大洋、临沂金正阳、云南凤凰钢铁、大冶市新冶特钢和达力普石油专用管等，2023 年度产量分别为 78.27 万吨、76 万吨、76.5 万吨、71 万吨、70 万吨、65 万吨、64.5 万吨、64.4 万吨和 53.6 万吨，同比增长 −0.43%、2.7%、2.51%、6.45%、16.67%、−10.03%、110.2%、9.21% 和 −10.22%，详见图 5-3。

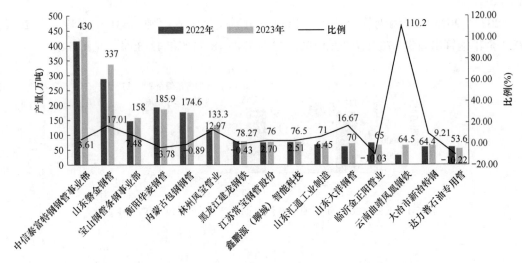

图 5-3　2023 年中国无缝钢管产量前 15 位企业排序

（中信泰富特钢钢管事业部包括天津钢管制造有限公司、大冶特殊钢有限公司、
靖江特钢有限公司和浙江特殊钢有限公司）

2. 无缝钢管出口量及企业出口量排序

2023 年汇编无缝钢管企业出口量为 317.03 万吨，同比增长了 1.78%，占 2023 年无缝钢管出口量 566.4 万吨的 55.97%。出口前 5 位的企业是：天津钢管、衡阳华菱钢管、山东磐金钢管、江苏常宝钢管、中信大冶特钢，出口量分别为 71.8 万吨、55.6 万吨、29 万吨、25 万吨 19 万吨，同比分别增长了 2.28%、−2.8%、16.0%、−16.67% 和 −17.39%，其他企业出口量详见图 5-4。

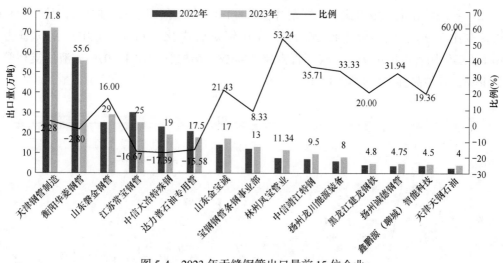

图 5-4　2023 年无缝钢管出口量前 15 位企业

3. 无缝钢管主要品种产量及排序

（1）主要品种产量。2023 年汇编企业汇总的无缝钢管产量为 2628.42 万吨，占 2023 年无缝钢管产量 3150 万吨的 83.44%。从图 5-5 中的数据来看除个别品种的产量小幅下降外，绝大部分品种的产量是增长的，其中管线管、高中低压锅炉管、液压支柱、车桥管、半轴套管和不锈钢管均呈两位数增长。产量排位前 3 的品种是：流体管产量 694.5 万吨，排位第一，同比增长 4.27%；油井管产量 575.3 万吨，排位第二，同比增长 7.23%；结构管产量 340.8 万吨，排位第三，同比增长 19.26%。

管线管产量 209.7 万吨，排位第四，同比增长 13.62%；高压锅炉管产量 123 万吨，排位第五，同比增长 13.29%；其他品种产量详见图 5-5，核电用管、耐磨管、汽车机床用液压管因产量较低，没有纳入图 5-5 中。

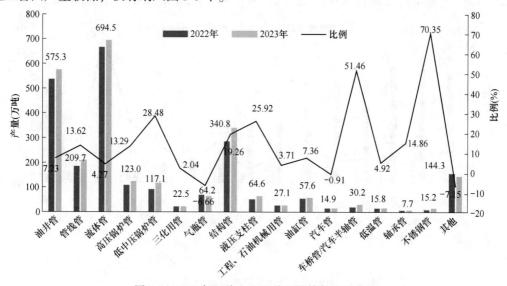

图 5-5　2023 年汇编企业汇总无缝管各品种产量

（2）各品种在汇总中占比。无缝钢管各品种在汇总产量占比中，油井管占比 21.89%、管线管占比 7.9%、流体管占比 26.4%、高压锅炉管占比 4.68%、低中压锅炉管占比 4.46%、三化用管占比 3.91%、气瓶管占比 2.44%、结构管占比 12.97%、液压支柱管占比 2.46%，其他品种占比详见图 5-6。

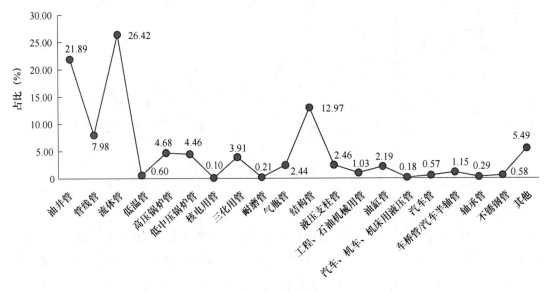

图 5-6　汇编无缝钢管各品种产量在汇总产量中占比

（3）各品种企业排序：

1）油井管。2023 年汇编企业汇总的油井管产量为 575.3 万吨，同比增长 7.23%，其中超过 50 万吨的企业有 6 家，天津钢管、宝钢股份、衡阳钢管、包钢钢管、黑龙江建龙和林州凤宝，分别生产油井管 80.39 万吨、81 万吨、78.4 万吨、59.34 万吨、57.91 万吨、52.39 万吨，分别增长-2.6%、8.0%、12.0%、-1.5%、-2.2%和 13.6%，详见图 5-7。

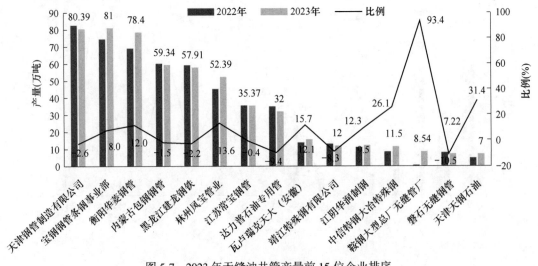

图 5-7　2023 年无缝油井管产量前 15 位企业排序

2）管线管。2023年汇编企业汇总的管线管产量209.7万吨，同比增长了13.62%，超过20万吨的企业有4家，天津钢管、衡阳钢管、磐金钢管、达力普石油专用管，分别生产管线管33.82万吨、29.46万吨、30万吨、21.6万吨，分别增长19.96%、-4.34%、16.67%、-14.35%，其他企业情况详见图5-8。

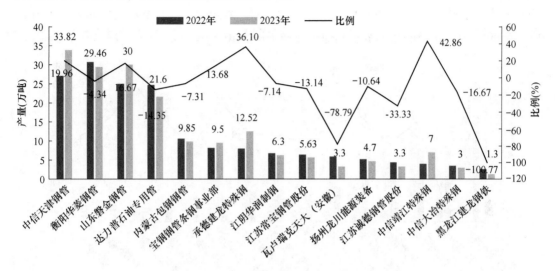

图5-8　2023年无缝管线管产量前15位企业排序

3）流体管。2023年汇编企业汇总的流体管产量694.5万吨，同比增长了4.27%，超过30万吨的企业有6家，磐金钢管、金正阳管业、大冶市新冶特钢、天津钢管、河南汇丰管业和宝钢钢管，分别生产流体管203.33万吨、55万吨、62.55万吨、59.58万吨、30.0万吨和36.8万吨，分别增长6.38%、-31.36%、6.49%、16.7%、-30%和0.82%，其他企业情况详见图5-9。

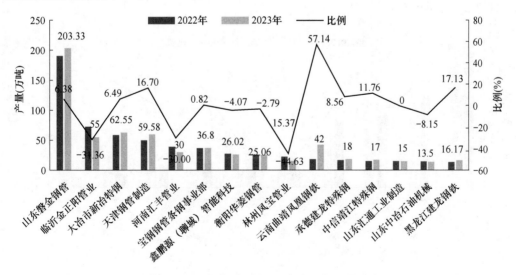

图5-9　2023年无缝流体管产量前十位企业排序

4）高压锅炉管。2023 年汇编企业汇总的高压锅炉管产量 123.0 万吨，同比增长了 3.29%。排位前 10 家企业有常宝钢管、衡阳钢管、宝钢钢管、江苏诚德钢管、盛德鑫泰、大冶特殊钢、永安昊宇、北方重工、扬州诚德和扬州龙川，分别生产高压锅炉管 19.67 万吨、8.35 万吨、15.0 万吨、8.0 万吨、9.49 万吨、7.0 万吨、5.0 万吨、5.5 万吨、5.46 万吨和 7.0 万吨，分别增长 14.59%、−60.27%、22.0%、−1.25%、27.19%、20.0%、0%、9.09%、9.88% 和 42.87%，其他企业详见图 5-10。

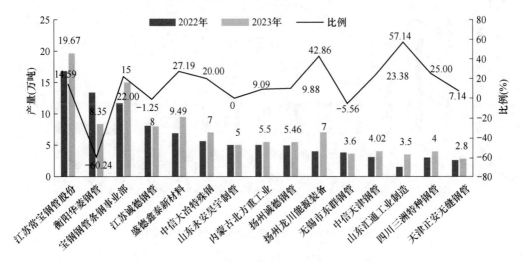

图 5-10　2023 年高压锅炉管产量前 15 位企业排序

5）气瓶管。2023 年汇编企业汇总的气瓶管产量 64.2 万吨，同比下降了 6.66%。其中超过 6 万吨的企业有 4 家，衡阳钢管、靖江特殊钢、天津钢管和淮安振达，分别生产气瓶管 16.46 万吨、13 万吨、6.53 万吨和 7.15 万吨，分别增长-7.59%、7.69%、-45.79% 和-24.2%，详见图 5-11。

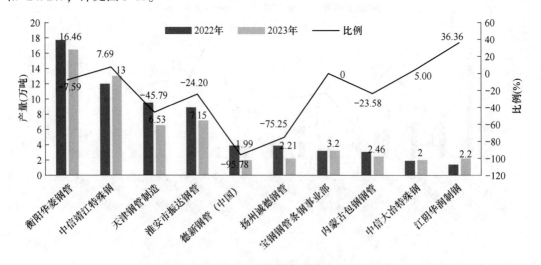

图 5-11　2023 年无缝气瓶管产量前十位企业排序

6）结构管。2023年汇编企业汇总的结构管产量340.8万吨，同比增长了19.26%。其中超过20万吨的企业有6家，山东中正钢管、鑫鹏源智能科技、山东汇通、山东磐金、大洋钢管和河南汇丰管业，分别生产结构管55.0万吨、48.52万吨、31.2万吨、40.0万吨、23万吨和20.0万吨，分别增长3.64%、4.31%、3.85%、25.0%、13.04%和5.0%，其他企业情况详见图5-12。

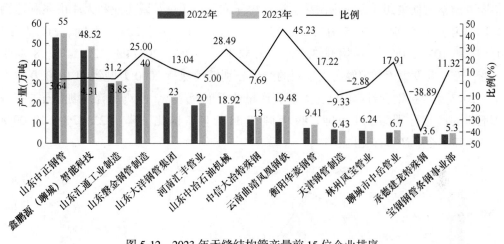

图5-12 2023年无缝结构管产量前15位企业排序

7）液压支柱管。2023年汇编企业汇总的液压支柱管产量64.6万吨，同比增长了25.92%。排名前5家的企业有林州凤宝管业、中信大冶特钢、承德建龙、山东大洋和山东汇通，分别生产液压支柱管15.2万吨、12.0万吨、8.0万吨、7.0万吨和4.4万吨，分别增长7.37%、8.33%、300%、14.29%和-25%，其他企业详见图5-13。

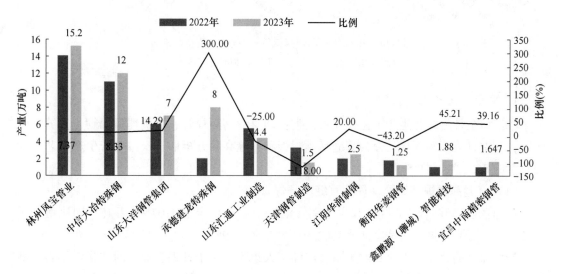

图5-13 2023年液压支柱管产量前10位企业排序

（二）焊接钢管

2022、2023 年汇编焊接钢管企业累计汇总产量分别为 5642.32 万吨和 5862.93 万吨，占 2022、2023 全年焊接钢管产量 5896.2 万吨和 6415.1 万吨的 95.69% 和 91.39%。

从图 5-14 中可看出，民营骨干企业的产量多数呈增长态势，天津友发集团、邯郸正大集团、源泰德润集团、振鸿钢制品、河北华洋钢管、北京君诚实业和天津市兆利达钢管等，2023 年产量分别为 2085 万吨、1124.2 万吨、470 万吨、224.5 万吨、216.7 万吨、160 万吨和 107 万吨，分别增长 3.73%、8.52%、6.82%、20.24%、25.54%、8.84% 和 6.51%，天津友发集团和邯郸正大集团的产量分别继续保持 2000 万吨级和 1000 万吨级的水平。2023 年焊接钢管行业内的主要国企产量处于下降趋势，宝鸡钢管、渤海石油装备和宝钢股份的产量分别为 114 万吨、89 万吨和 34 万吨，同比下降了 22.97%、19.09% 和 37.0%。其他企业产量详见图 5-14。

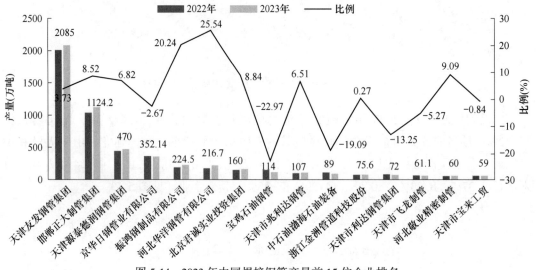

图 5-14　2023 年中国焊接钢管产量前 15 位企业排名

（2023 年焊管产量一般指企业各品种相加的累计数）

1. 焊管各生产工艺

本汇编统计将焊管生产工艺分成三大类：即直缝高频焊管、螺旋埋弧焊管、直缝埋弧焊管，其中直缝高频焊管又分为直缝高频圆管和直缝高频方矩形管，占焊管生产工艺三大类总量的 86.29%（图 5-15）。

（1）直缝高频焊接钢管（简称直缝高频焊管）：

1）直缝高频圆管。直缝高频焊接钢管汇编企业汇总产量 2107.92 万吨，同比增长了 3.45%，占汇编企业汇总焊管总量 5862.93 万吨的 35.95%。

排位前 5 的企业有天津友发集团、邯郸正大集团、京华日钢管业、河北华洋钢管，浙江金州管道，产量分别为 838.5 万吨，310.23 万吨、176.4 万吨、167.7 万吨和 64 万吨，同比分别增长了 2.84%、5.15%、-1.35%、20.95%、-1.56%。其他企业情况详见图 5-16。

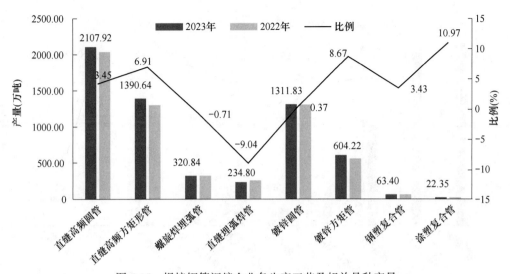

图 5-15　焊接钢管汇编企业各生产工艺及相关品种产量

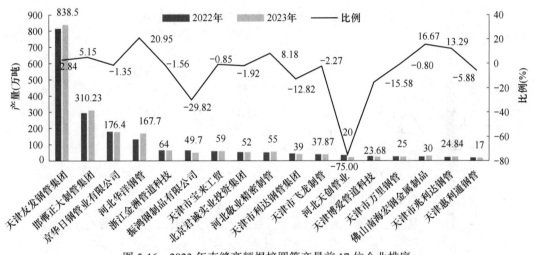

图 5-16　2023 年直缝高频焊接圆管产量前 17 位企业排序

2）直缝高频方矩形管。直缝高频方矩形管汇编企业汇总产量为 1390.64 万吨，同比增长 6.91%，占汇编企业汇总焊管总量 5862.93 万吨的 23.72%。

排位前 5 的企业有天津友发集团、天津源泰德润钢管、邯郸正大集团、天津市兆利达钢管、振鸿钢制品，产量分别为 444.2 万吨、434 万吨、283.37 万吨、82.2 万吨和 62.6 万吨，同比分别增长了 0.59%、1.84%、14.81%、3.93%、29.7%。各企业情况详见图 5-17。

（2）直缝埋弧焊接钢管。直缝埋弧焊接钢管汇编企业汇总产量为 234.8 万吨，同比下降了 9.04%，占汇编企业汇总焊管总量 5862.93 万吨的 4.0%。

排前 5 位企业：渤海石油装备、河北华洋钢管、宝钢钢管、宝鸡钢管、珠江钢管，产量分别为 50 万吨、49 万吨、22 万吨、22 万吨、20.65 万吨，分别增长 -50%、18.4%、-100%、-18.2% 和 47.5%，其他企业情况详见图 5-18。

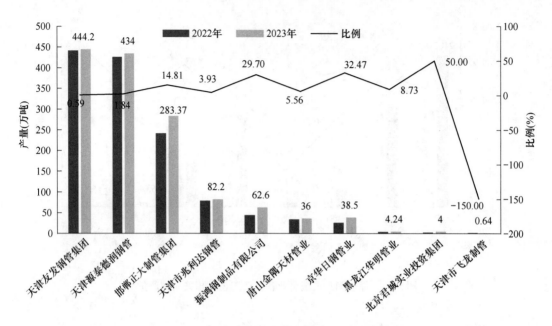

图 5-17　2023 年高频方矩管产量前 10 位企业排序

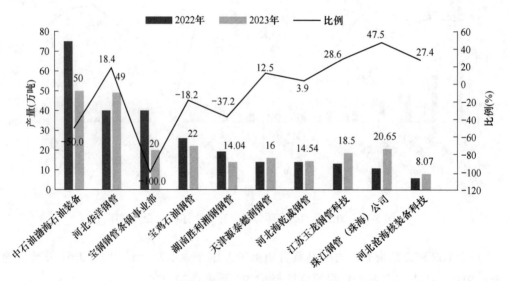

图 5-18　2023 年直缝埋弧焊接钢管产量前 10 位企业排序

（3）螺旋缝埋弧焊接钢管。螺旋缝埋弧焊接钢管汇编企业汇总产量为 320.84 万吨，同比下降了 0.71%，占汇编企业汇总焊管总量 5862.93 万吨的 5.47%。

排前 5 位企业为宝鸡钢管、京华日钢管业、邯郸正大集团、渤海石油装备、沧州鑫宜达，产量分别为 53.0 万吨、48.16 万吨、35.19 万吨、35.0 万吨和 33.25 万吨，同比分别增长-43.4%、6.46%、7.87%、8.57%、19.88%，各企业情况详见图 5-19。

2. 焊管各相关品种产量

本次汇编统计的焊管品种仅是与生产工艺相关的 4 个品种，即热镀锌管圆管、热镀锌

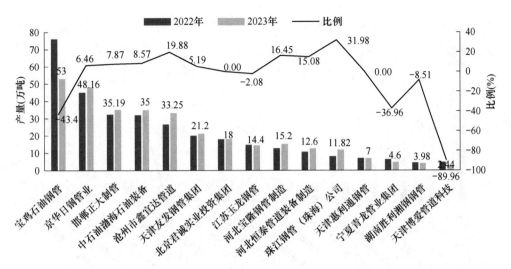

图 5-19　2023 年螺旋缝埋弧焊接钢管产量前 15 位企业排序

方矩管、衬塑复合管和涂塑复合管。

（1）热镀锌圆管（也称热镀锌管）。2023 年热镀锌管汇编企业产量 1311.83 万吨，同比增长了 0.37%。占汇编企业汇总焊管总量 5862.93 万吨的 22.37%。具体情况如下：

1）产量达到 500 万吨的企业只有友发钢管集团 1 家，产量 571.3 万吨，同比增长 2.46%。

2）产量超过 200 万吨和 100 万吨的企业分别各有 1 家，邯郸正大集团和京华日钢管业，产量 271.1 万吨和 107.96 万吨，同比分别增长 0.15% 和 -23.6%。

3）振鸿钢管制品、浙江金洲管道、北京君诚实业，产量分别为 80.8 万吨、63 万吨、62 万吨，同比分别增长了 34.17%、-1.56%、12.73%。

4）佛山南海宏钢、天津市利达钢管、天津市飞龙钢管、天津市天应泰钢管、河北天创管业、广东荣钢管道和济南迈科管道产量分别是 30 万吨、29.5 万吨、22.6 万吨、21.66 万吨、17 万吨、14.5 万吨、7.76 万吨，分别增长 20.0%、-15.71%、-6.46%、0.37%、-43.33%、11.54%、11.82%。

5）天津市联众钢管和天津市源泰德润钢管，新增添了镀锌管产品，产量分别是 1.5 万吨和 10 万吨，详见图 5-20。

（2）热镀锌方矩形管。2023 年热镀锌方矩管汇编企业产量 604.22 万吨，同比增长了 8.67%，占汇编企业汇总焊管总量 5862.93 万吨的 10.31%。

排位前 5 家企业有邯郸正大集团、友发钢管集团、源泰德润集团、振鸿钢制品、天津市天应泰钢管，产量分别为 212.3 万吨、178 万吨、80 万吨、32.14 万吨和 32.49 万吨，同比分别增长 13.96%、3.49%、0%、75.34 和 0.34%；各企业情况详见图 5-21。

（3）钢塑复合管。2023 年钢塑复合管汇编企业产量 63.4 万吨，同比增长了 3.43%，排位前 5 家企业有友发钢管集团、邯郸正大集团、浙江金洲管道、河北天创和天津市利达钢管，产量分别为 23 万吨、11.31 万吨、10.0 万吨、5.0 万吨和 3.3 万吨，同比分别增长

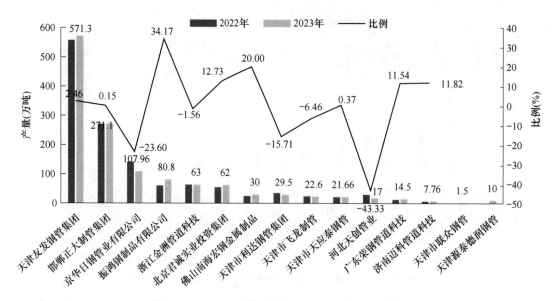

图 5-20　2023 年热镀锌钢管产量前 15 位企业排序

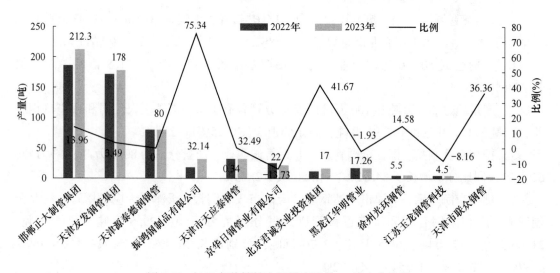

图 5-21　2023 年热镀锌方矩管产量前 11 位企业排序

7.08%、8.33%、-3.85%、0%、-13.16%，其他企业详见图 5-22。

（4）涂塑复合管。2023 年涂塑复合管汇编企业产量 22.35 万吨，同比增长了 10.97%，排位前 4 家企业有友发钢管集团、济南迈科、浙江金洲管道、京华日钢管业，产量分别为 8.7 万吨、4.42 万吨、4.4 万吨和 2.63 万吨，其他企业详见图 5-23。

3. 焊接钢管出口量

2023 年度焊接钢管汇编企业出口量为 114.57 万吨，同比增长了 6.98%，占 2023 年焊管出口量 443.42 万吨的 25.84%。排前 5 位的企业，天津友发钢管、珠江钢管（珠海）、天津源泰德润、天津市宝来工贸、天津联众钢管，出口量分别为 25.8 万吨、13.44 万吨、11.0 万吨、10.0 万吨、9.0 万吨，同比分别增长 0.78%、187.8%、10.0%、0%、20.0%，其他企业出口量详见图 5-24。

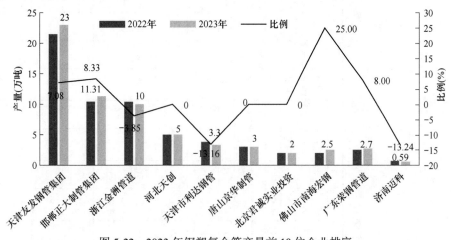

图 5-22　2023 年钢塑复合管产量前 10 位企业排序

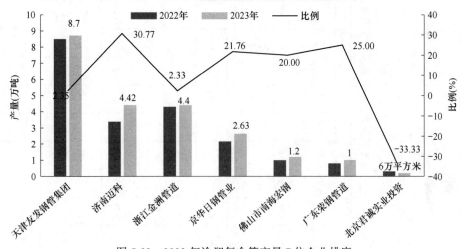

图 5-23　2023 年涂塑复合管产量 7 位企业排序

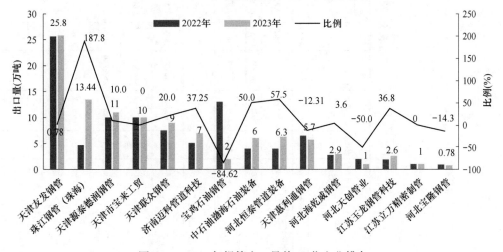

图 5-24　2023 年焊管出口量前 15 位企业排名

附　录

附表1　2022年中国钢管行业无缝钢管企业产量及主要品种统计表

序号	企业名称	年产量（万吨）	出口量（万吨）	销售收入（万元）	利润总额（万元）	主要品种产量（万吨）																			
						油井管	管线管	流体管	低温管	高压钢炉管	低中压锅炉管	核电用管	三化用管	耐磨管	气瓶管	结构管	液压支柱管	工程、石油机械用管	油缸管	汽车、机车、机床用液压管	汽车管	车桥管/汽车半轴管	轴承管	不锈钢管	其他
1	天津钢管制造有限公司	260	70.3			82.52	27.07	49.63	1.96	3.08	1.21		2.7	0.13	9.52	7.03	3.27	0.32	4.41			0.13			20.78
2	宝山钢铁股份有限公司（钢管条销事业部）	147	12	1240000		74.5	8.2	36.5	0.7	11.7	1.2				3.2	4.7	0.1	2.7	0.7		2.3				
3	衡阳华菱钢管有限公司	193.2	57.2	1400000	69900	69.03	30.74	25.76	2.35	13.38	2.46		2.35		17.71	7.79	1.79	0.29	3.32			5.43			10.8
4	内蒙古包钢钢管有限公司	176.12	4.42		2128.8	60.22	10.57		1.14	1.8			5.08	0.47	3.04		0.89		0.08			1.02			72.52
5	鞍钢股份有限公司大型总厂无缝钢管厂	0.96		5294		0.56		0.01						0.1		0.12		0.12		0.0002					0.0477
6	中信泰富特钢集团大冶特殊钢有限公司	84	23	608072	10867	8.5	3.5	0.7	0.1	5.6	0.1	0.1	0.7		1.9	12	11	7	21		3.2	1.4	0.1	0.2	6.9
7	黑龙江建龙钢铁有限公司	78.61	4.69	1176917	38765.94	59.17	2.61	13.4	0.29	0.44	0.12		0.34	0.42	1.18	0.03	0.32	1.15	0.32	1.16		0.02			
8	林州凤宝管业有限公司	118.02	7.41	646481.5	22850.99	45.24	2.4	22.23	0.16	0.63	1.12			0.16	0.19	6.42	14.08	0.12	5.61			2.28			18.62
9	山东磐金钢管制造有限公司	288	25	1266557	67170	0.64	25	190.36			42					30									
10	德新钢管（中国）有限公司	9.346	0.8	74771	4500		0.546	0.529	0.061	0.038	0.613	0.063			3.896	0.571									
11	浙江久立特材科技股份有限公司	5.44		653732.2	128784.5																			5.4377	

附表1　2022年中国钢管行业无缝钢管企业产量及主要品种统计表（续）

序号	企业名称	年产量（万吨）	出口量（万吨）	销售收入（万元）	利润总额（万元）	主要品种产量（万吨）																		
						油井管	管线管	流体管	低温管	高压锅炉管	低中压锅炉管	核电用管	三化用管	耐磨管	气瓶管	结构管	液压支柱管	工程、石油机械用管	油缸管	汽车、机车、机床用液压管	汽车管	车桥管/汽车半轴管	轴承管	不锈钢管	其他
12	宝银特材科技股份有限公司	2.4	0.06	115530.3	-644.57			0.7431		0.1042		0.1819	0.1548											1.2137	
13	上上德盛集团股份有限公司	3.8		96395																					
14	通化钢铁集团磐石无缝钢管有限责任公司	16.67		103824	1942	7.98	2.41	4.55		0.08	1.07		0.04			0.48	0.06								
15	上海天阳钢管有限公司	0.93	0.045	16000	700			0.44		0.02								0.03		0.02					
16	山东中冶石油机械有限公司	28.13		123374	727			14.6		16.8						13.53									11.76
17	江苏省宝钢管股份有限公司	74	30	622336	47103	35.5	6.37	3.72																	
18	山东汇通工业制造有限公司	66.7	2.6	333565	2425	3.5		15		1.5	2.5					30	5.5	1.3	0.7	1		5.4			
19	鑫鹏源（聊城）智能科技有限公司	74.62	3.77	340974.6	4458.68			27.08			0.08					46.43	1.03								
20	靖江特殊钢管有限公司	58	7	349104.6	14261.05	13	4	15	1	3	1		0.6		12	1.5			1.8						
21	达力普石油专用管有限公司	59.7	20.73	406283	18640	35	24.7																		
22	临沂金正阳管业有限公司	72.25		361717	24697			72.25																	
23	山东大洋钢管集团有限公司	60	2.26			3	2	10	0.5	0.5	1	0.5				20	6	6	4	2	1	3.5			
24	江苏新长江天缘钢管制造有限公司	15.4		153242.1	4796.7	0.96	1.74	5.3	1.12	1.98	0.56		2.75		0.17	0.32									3.4
25	山东墨龙石油机械股份有限公司		5	276564.5																					
26	扬州龙川能源装备有限公司	22	6	256714.5	8654.32	0.05	5.2	3.5	3	4	2	0.02	1.3		0.3	1	1	0.5			0.0003				

附表 1　2022 年中国钢管行业无缝钢管企业产量及主要品种统计表（续）

主要品种产量（万吨）

序号	企业名称	年产量（万吨）	出口量（万吨）	销售收入（万元）	利润总额（万元）	油井管	管线管	流体管	低温管	高压锅炉管	低中压锅炉管	核电用管	三化用管	耐磨管	气瓶管	结构管	液压支柱管	工程、石油机械用管	油缸管	汽车、机车用液压管	汽车管	车桥管/汽车半轴管	轴承管	不锈钢管	其他
27	扬州诚德钢管有限公司	10.887	3.57	125039	4329		0.021			4.916	0.288	0.192	0.003		3.873										1.594
28	四川三洲特种钢管有限公司	4.5		32000						3		0.5	1												
29	内蒙古北方重工业集团有限公司	5								5															
30	河北宏润核装备科技股份有限公司	1.717		38846.76	1950.39					0.861		0.64												0.216	
31	莱钢集团烟台钢管有限公司	19																							
32	瓦卢端克天大（安徽）有限公司	26	23.5	184184	-5526	13.8	5.9	2.7		1						0.2									2.6
33	江阴华润钢管有限公司	30	4.9	303258.8	-10684	11.13	6.75	5		0.4	0.7				1.4	2		1.45	1.5			0.09			
34	承德建龙特殊钢有限公司	34.46	1.01			3	8	16.46								5	2								
35	江苏诚德钢管股份有限公司	20.5	1.75	160000	-430		4.4	2.5		8.1	3.6							1.3	0.6						
36	浙江明贸钢管有限公司	11	2.1	65000	4500	2.75	0.3	0.3	0.2	1	0.1		0.15		0.05	1	0.2	1.3	3	0.05	0.04	0.5	0.06		
37	常熟市无缝钢管有限公司	4.46	0.58	40831.29	1718.24	0.15		0.3	0.4	0.3	0.2		2.4			0.5		0.2			0.2				
38	盛德鑫泰新材料股份有限公司	8.6	0.15	111290	7394			0.34		6.91			0.53											0.81	
39	天长市康弘石油管材有限公司	9.41	0.93	109000	4448	0.15	2.16	1.61	0.54	0.8	1.59	0.22	0.95			0.39		0.38				0.15			0.47
40	河北金奥精工制造有限公司	1.7153	0.325	20100	-141																1.7153				
41	山东宝宏管业有限公司	13		72412	-622						13														

附表1　2022年中国钢管行业无缝钢管企业产量及主要品种统计表（续）

序号	企业名称	年产量（万吨）	出口量（万吨）	销售收入（万元）	利润总额（万元）	主要品种产量（万吨）																			
						油井管	管线管	流体管	低温管	高压锅炉管	低中压锅炉管	核电用管	三化用管	耐磨管	气瓶管	结构管	液压支柱管	工程、石油机械用管	油缸管	汽车、机车用液压管	汽车管	车桥管/汽车半轴	轴承管	不锈钢管	其他
42	浙江伦宝管业股份有限公司	4.96		28181.8	1534.76			0.5381			0.0496					2.1012		0.1014			0.7483				
43	天津正安天缝钢管有限公司	3.2		21000	1687			0.1		2.6	0.4					0.05									0.05
44	浙江五洲新春集团股份有限公司	2.8	0.2	35000	1210																2.8				
45	重庆钢铁集团钢管有限责任公司			879	-5573																				
46	邯郸新兴特种管材有限公司	0.55	0.03	15000	100													0.17						0.22	0.16
47	辽宁天丰特殊工具制造股份有限公司	6						4								2									
48	天津天钢石油专用管制造有限公司	4.8	2.5			4.8																			
49	无锡市东群钢管有限公司	9.2		63082	3602			1.2	0.5	3.8	2.9	0.2													0.6
50	湖北加恒实业有限公司	6.13		33600	720	0.5									0.6	0.1	0.9	0.2	3.8		0.03				
51	江苏宏亿精工股份有限公司	7		64000																	2.5				1.3
52	无锡大金精度冷拔钢管有限公司	2.7	0.35	25000															2.7						
53	泰纳瑞斯（青岛）钢管有限公司	1.5	0.45	62045	393	0.99															0.51				
54	江西红睿马钢管股份有限公司	8.6	0.9	64500	2600																		6.5		2.1
55	宜昌中南精密钢管有限公司	4	0.35	31000	1200			0.054	0.018	0.017	0.024			0.066	0.828	0.209	1.002	1.503	0.126		0.006			0.01	
56	山东永安昊宇制管有限公司	20.48		107796.2	-3629			4	1	5	7		1			2.48									

附表 1　2022 年中国钢管行业无缝钢管企业产量及主要品种统计表（续）

序号	企业名称	年产量（万吨）	出口量（万吨）	销售收入（万元）	利润总额（万元）	主要品种产量（万吨）																		
						油井管	管线管	流体管	低温管	高压锅炉管	低中压锅炉管	核电用管	三化用管	耐磨管	气瓶管	结构管	液压支柱管	工程、石油机械用管	油缸管	汽车、机床、汽车用液压管	车桥管	汽车半轴管	轴承管	不锈钢管	其他
57	云南曲靖凤凰钢铁有限公司	30.67		157241.8	4963.3			18			2					10.67									
58	山东中正钢管制造有限公司	53	3	230000	600											53									
59	大冶市新冶特钢有限责任公司	58.999		311900				58.49			0.26					1.64	0.16								
60	常熟市异型钢管有限公司	3.2	0.8	2200	1120																				
61	苏州钢特威钢管有限公司	1.24	0.19	38000	3800			0.2		0.23															
62	聊城市中岳管业有限公司	5.69		23149	47											5.5								0.81	
63	河南汇丰管业有限公司	60		29000				39			2					19									
64	淮安市振达钢管制造有限公司	8.88	1.55												8.88										
	合计	2419.1	311.52	13231785	494039.1	536.49	184.59	666.09	15.039	108.59	91.145	2.6169	22.048	1.346	68.737	285.76	51.302	26.134	53.666	4.3762	15.05	19.92	6.66	8.9174	155.4

附表2　2023年中国钢管行业无缝钢管企业产量及主要品种统计表

主要品种产量（万吨）

序号	企业名称	年产量(万吨)	出口量(万吨)	销售收入(万元)	利润总额(万元)	油井管	管线管	流体管	低温管	高压锅炉管	低中压锅炉管	核电用管	三化用管	耐磨管	气瓶管	结构管	液压支柱管	工程、石油机械用管	油缸管	汽车、机床液压管	汽车管	车桥管/汽车半轴管	轴承管	不锈钢管	其他
1	天津钢管制造有限公司	271	71.8			80.39	33.82	59.58	3.45	4.02	0.74		2.11	0.32	6.53	6.43	1.5	0.21	3.21			0.09			15.64
2	宝山钢铁股份有限公司（钢管条钢事业部）	158	13	1310000		81	9.5	36.8	0.8	15	1.1				3.2	5.3	0.1	3	0.4		1.8				
3	衡阳华菱钢管有限公司	185.9	55.6	1410000	85000	78.4	29.46	25.06	1.62	8.35	1.91		1.62		16.46	9.41	1.25	0.22	3.43			5.75			2.97
4	内蒙古包钢钢管有限公司	174.56	5.68		-1665.6	59.34	9.85		0.7	2.36			4.75	0.23	2.46		1.06					1.24			78.7
5	鞍钢股份有限公司大型总厂无缝钢管厂	20.24		89553		8.54	0.27	4.02		0.79	0.16		0.23	0.2		0.85	0.61	2.23		0.0099		2			0.3369
6	中信泰富特钢集团大冶特殊钢有限公司	86	19	609560	11053	11.5	3	0.3	0.2	7	1.1	0.1	1.1		2	13	12	7	17		2.6	2.9	0.1	0.3	5.9
7	黑龙江建龙钢铁有限公司	78.27	4.78	1132432	24559.91	57.91	1.3	16.17	0.12	0.59	0.02			0.24	1.03	0.03	0.13	0.13	0.19	0.25		0.18			
8	林州凤宝管业有限公司	133.33	11.34	690543	22674.78	52.39	12.73	15.37	0.012	0.49	0.99		0.66	0.33	0.01	6.24	15.2	0.087	10.79			4.61			16.31
9	山东磐金钢管制造有限公司	337	29	1370283	72273	3.67	30	203.33			60					40									
10	德新钢管（中国）有限公司	12.471	0.6	99770	5900		0.726	0.667	0.234	0.068	0.732	0.063			1.991	0.59									
11	浙江久立特材科技股份有限公司	6.13		856841	148853.7																			6.1327	
12	宝银特材科技股份有限公司	2.98	0.11	145828	8006.6			0.9785		0.1278		0.2417	0.1671											1.4677	
13	上上德盛集团股份有限公司	3.9		122816																				3.9	
14	通化钢铁集团磐石无缝钢管有限责任公司	17.2		92620	1774	7.22	2.26	4.93	0.02	0.12	1.23		0.04			1.24	0.12								0.02
15	上海天阳钢管有限公司	0.97	0.05	18000	800			0.52		0.02	0.02							0.03		0.02					
16	山东中冶石油机械有限公司	32.42	0.1	126032	826			13.5								18.92									

附表2 2023年中国钢管行业无缝钢管企业产量及主要品种统计表（续）

主要品种产量（万吨）

序号	企业名称	年产量（万吨）	出口量（万吨）	销售收入（万元）	利润总额（万元）	油井管	管线管	流体管	低温管	高压锅炉管	低中压锅炉管	核电用管	三化用管	耐磨管	气瓶管	结构管	液压支柱管	工程、石油机械用管	汽车、机车油缸管	汽车、机床汽车用液压管	车桥管/汽车半轴管	轴承管	不锈钢管	其他
17	江苏常宝钢管股份有限公司	76	25	666079	78303	35.37	5.63	2.4		19.67	0.21													13.26
18	山东汇通工业制造有限公司	71	1.9	345165	2604	3.3		15		3.5	1.6					31.2	4.4	1.2	1	1.2	8.4			
19	鑫鹏源（聊城）智能科技有限公司	76.49	4.49	345922	6199.59			26.02		0.07						48.52	1.88							1.9
20	靖江特殊钢有限公司	60	9.5	345158	12472.01	12	7	17	0.6	2	0.8		0.5		13	1.2			4.2					
21	达力普石油专用管有限公司	53.6	17.51	373097	15297	32	21.6																	
22	临沂金正阳管业有限公司	65		370295	25349			55	1							10								
23	山东大洋钢管集团有限公司	70	2.68			4	3	11	1	0.5	1	0.5				23	7	6	5	1	4			
24	江苏新长江无缝钢管制造有限公司	34.9		281373	4780.9	1.93	6.72	4.2	1.48	2.6	0.51		2.91		0.12	0.33		0.3		3				2.7
25	山东墨龙石油机械股份有限公司		5	131750																				
26	扬州龙川能源装备有限公司	24	8	326654	19145.35		4.7	3.1		7	5	0.03	1		0.1	0.8	0.8							
27	扬州诚德钢管有限公司	11.846	4.75	156766	10049		0.714			5.455	1.662	0.148			2.209									1.658
28	四川三洲特种钢管有限公司	5.5		36000						4			1										0.5	
29	内蒙古北方重工业集团有限公司	5.5								5.5														
30	河北宏润核装备科技股份有限公司	2.64		49135.3	2543.24					1.28		1.11											0.25	
31	莱钢集团烟台钢管有限公司	22						9			3					8	2							

附表 2　2023 年中国钢管行业无缝钢管企业产量及主要品种统计表（续）

序号	企业名称	年产量（万吨）	出口量（万吨）	销售收入（万元）	利润总额（万元）	主要品种产量（万吨）																			
						油井管	管线管	流体管	低温管	高压锅炉管	低中压锅炉管	核电用管	三化用管	耐磨管	气瓶管	结构管	液压支柱管	工程、石油机械用管	油缸管用管	汽车、机车、机床用液压管	汽车管	车桥管/汽车半轴管	轴承管	不锈钢管	其他
32	瓦卢瑞克天大（安徽）有限公司	19	17.1	170269	6811	15.7	3.3																		1.9
33	江阴华润钢钢有限公司	33.4	2.4	332533	3679.59	12.3	6.3	6		0.5	1				2.2	0.3	2.5	1.2	1.3						
34	承德建龙特殊钢有限公司	52.6	2.16			6.52	12.52	18		8					4.2	3.36	8								
35	江苏诚德钢管股份有限公司	23	1.25	176000	4180	2.9	3.3	2.7	1.6	8	3.8					1.7	1.7	1.3	0.6						
36	浙江明贸钢管有限公司	12	2.6	76000	5000		0.23	0.2	0.25	0.95	0.15		0.2		0.07	1.1	0.25	1.5	3.4	0.05	0.1	0.6	0.05		
37	常熟市天缘钢管有限公司	4.93	0.65	44949	2814.69			0.35	0.45	0.3	0.2		2.8			0.5	0.5	0.15		0.15				1.49	
38	盛德鑫泰新材料股份有限公司	11.2	0.26	174353	13609	0.12		0.11		9.49			0.12			0.32									
39	天长市康弘石油管材有限公司	9.79	0.75	109120	2984	0.12	1.8	1.44	0.62	0.96	1.54	0.24	1.76			0.32		0.19							0.4
40	河北金奥精工制造有限公司	1.8357	0.306	21308	-64						14									1.8357					
41	山东金宝诚管业有限公司	13.9		112681	-466																				
42	浙江伦宝管业股份有限公司	4.9	0.002	25227.7	649.51			0.2807		0.0015	0.05					2.077		0.2883		0.7006					
43	天津正安无缝钢管有限公司	3.6		27000	1978			0.1		2.8	0.6					0.05	0.05								0.05
44	浙江五洲新春集团股份有限公司	3.1	0.3	41000	1420																3				
45	重庆钢铁集团钢管有限责任公司			323	-4334																				
46	邯郸新兴特种管材有限公司	0.65	0.05	20000	350													0.16						0.35	0.14

附表 2　2023 年中国钢管行业无缝钢管企业产量及主要品种统计表（续）

主要品种产量（万吨）

序号	企业名称	年产量（万吨）	出口量（万吨）	销售收入（万元）	利润总额（万元）	油井管	管线管	流体管	低温管	高压钢炉管	低中压锅炉管	核电用管	三化用管	耐磨管	气瓶管	结构管	液压支柱管	工程、石油机械用管	油缸管	汽车、机车用液压管	汽车、机床汽车管	车桥管/汽车半轴管 轴承管	不锈钢管	其他
47	辽宁天丰特殊工具制造股份有限公司	1						1																
48	天津天钢石油专用管制造有限公司	7	4	70000		7																		1
49	无锡市东群钢管有限公司	9.1		62175	3456			1.1	0.6	3.6	2.7	0.3												0.8
50	湖北加恒实业有限公司	6.71		36700	698	0.6					0.032				0.8	0.1	1	0.3	3.9		0.01			
51	江苏宏亿精工股份有限公司	8																			2.3			1
52	无锡大金精度冷拔钢管有限公司	2.5	0.32	23000		1.19													2.5					
53	泰纳钢瑞斯（青岛）钢管有限公司	2.1	1	101500	801																0.91			
54	江西红缕马钢管股份有限公司	10.5	1.5	81700	3300			0.5		0.4						0.5			0.5		0.5	7.5		0.6
55	宜昌中南精密钢管有限公司	4.5	0.5	36000	1500			0.079	0.023	0.013				0.139	0.629	0.02	1.647	1.608	0.197		0.007			
56	山东永安昊宇制管	21.01		121964	−744			4	1	5	7		1.53			2.48			0.121					
57	云南曲靖凤凰钢铁有限公司	64.48		242963	5223			42		3						19.48								
58	山东中正钢管制造有限公司	55	3	235000	600											55								
59	大冶市新冶特钢有限责任公司	64.43		291900				62.55			0.37					2.06	0.15							
60	常熟市昇型钢管有限公司	2.5	0.6	2080	1030																		0.8	
61	苏州钢特威钢管有限公司	1.17	0.16	32000	3200			0.18		0.19														

附表 2　2023 年中国钢管行业无缝钢管企业产量及主要品种统计表（续）

序号	企业名称	年产量(万吨)	出口量(万吨)	销售收入(万元)	利润总额(万元)	主要品种产量（万吨）																		
						油井管	管线管	流体管	低温管	高压锅炉管	低中压锅炉管	核电用管	三化用管	耐磨管	气瓶管	结构管	液压支柱管	工程、石油机械用管	油缸管	汽车、机床、机床用液压管	汽车管	车桥管/汽车半轴管	轴承管	不锈钢管	其他
62	聊城市中岳管业有限公司	6.82		23966	45											6.7									
63	河南汇丰管业有限公司	55						30			2					20	3								
64	淮安市振达钢管制造有限公司	7.15	1.27												7.15										
	合计	2621.7	2330.068	$1.4×10^7$	614519.3	575.3	209.7	694.54	15.779	123.015	117.11	2.7327	22.497	1.459	64.159	340.81	64.597	27.103	57.617	4.6509	14.913	30.17	7.65	15.19	144.28

附表 3　2022 年中国钢管行业焊接钢管企业产量及主要品种产量统计表

序号	企业名称	年产量（万吨）	出口量（万吨）	销售收入（万元）	利润总额（万元）	焊管产量（黑管）（万吨）直缝高频圆管	焊管产量（黑管）直缝高频方矩形管	焊管产量（黑管）螺旋埋弧焊	焊管产量（黑管）直缝埋弧焊管	热镀锌管（万吨）圆管	热镀锌管（万吨）方矩管	钢塑复合管	涂塑复合管	油井管	主要品种产量（万吨）管线管（送油气）	主要品种产量流体管（输送水、固体）	主要品种产量汽车用管	主要品种产量其他
1	天津友发钢管集团股份有限公司	2010	25.6	6736000	37295	814.7	441.6	20.1		557.6	172	21.48	8.5		7.58			
2	宝山钢铁股份有限公司钢管条钢事业部	54	3	324000	1500	14												
3	浙江金洲管道科技股份有限公司	75.4		431446	20238	65			40	64		10.4	4.3					
4	宝鸡石油钢管有限责任公司	148	13	1060000	43000	2	1	76	26					40	3			
5	番禺珠江钢管（珠海）有限公司	15.48	4.67	81826	2416.31			5.65	9.83						6.09	0.7		防腐钢管 816753.85m²；三辊成型 0.97
6	番禺珠江钢管（连云港）有限公司	16.02	3.1	87256.2	7653.91	0.11		2.39	1.01						12.91	0.4		防腐焊管 72700m²；1.51
7	中国石油集团渤海石油装备制造有限公司	110	4			3		32	75									
8	徐州光环钢管（集团）有限公司	6.7	0.55	40870	2000						4.8						2.2	
9	天津源泰德润钢管制造集团有限公司	440	10	2575071			426		14		80							
10	京华日钢管业有限公司（不含唐山京华）	276.8	7	422410		128.8	6	30.05		96.34	7.5		1.56					6.52
11	唐山京华制管有限公司	85	0.8			50	20	15		45	18	3	0.6					
12	邯郸正大制管集团股份有限公司	1035.92		1370518	157.25	294.2	241.4	32.42		270.7	186.3	10.44						
13	河北天创管业有限公司	35	2	16800		35				30		5						30
14	浙江久立特材科技股份有限公司	6.3		653732	128785													不锈钢管 6.332

附表3　2022年中国钢管行业焊接钢管企业产量及主要品种产量统计表（续）

序号	企业名称	年产量（万吨）	出口量（万吨）	销售收入（万元）	利润总额（万元）	焊管产量（黑管）（万吨）				热镀锌管（万吨）		钢塑复合管	涂塑复合管	油井管	主要品种产量（万吨）			
						直缝高频圆管	直缝高频方矩形管	螺旋焊埋弧焊管	直缝埋弧焊管	圆管	方矩管				管线管（输送油气）	流体管（输送水、固体）	汽车用管	其他
13	浙江德威不锈钢管业股份有限公司	8.5	0.25	240800	16800	8.5												
14	天津市利达钢管集团有限公司	83		268587	-4276	44				35		3.8						
15	江苏玉龙钢管科技有限公司	32.8	1.9	220000	16000			14.7	13.2		4.9							
16	河北华洋钢管有限公司	172.57	9.8	740000		132.6			40									
17	沧州市鑫宜达管道有限公司	26.64		136199	1681.28			26.64							26.64			
18	天津博爱管道科技集团有限公司	45.84	1.5	226900		27.37		4.635										
19	济南迈科管道科技有限公司	22.06	5.1	119805	11144.3	11.06				6.94		0.68	3.38					
20	北京君诚实业投资集团有限公司	147	2.5			53	2	18		55	12	2	9万平方米					防腐保温管 950000m²
21	江苏立万精密制管有限公司	8	1	50000	2000	8											8	
22	江苏迪欧姆股份有限公司	3.9	0.38	30500	1200	3.9											3.9	
23	天津市宝来工贸有限公司	59.5	10	268000	4000	59.5										59.5		
24	天津市联众钢管有限公司	18	7.5	86400	2360.5	3.5				1	2.2			0.5	1.8	7.2		
25	佛山市三水振鸿钢制品有限公司	81.57		140374	2360.5	37.12	2.81			33.42	8.53							
	四川振鸿钢制品有限公司	105.1		323174	732.74	27.4	41.2			26.8	9.8							1.8
26	天津市万里钢管有限公司	25.2		104000		25.2												

附表 3　2022 年中国钢管行业焊接钢管企业产量及主要品种产量统计表（续）

序号	企业名称	年产量（万吨）	出口量（万吨）	销售收入（万元）	利润总额（万元）	焊管产量（黑管）（万吨）直缝高频焊圆管	直缝高频方矩形管	螺旋埋弧焊管	直缝埋弧焊管	热镀锌管（万吨）圆管	方矩管	钢塑复合管	涂塑复合管	油井管	主要品种产量（万吨）管线管（输送油气）	流体管（输送水、固体）	汽车用管	其他
27	湖南胜利湘钢钢管有限公司	23.62	0.5					4.3533	19.267						20.267	3.3533		
28	天津惠利通钢管有限公司	25.2	6.5	110242	3214	18												
29	辽宁奥通钢管有限公司	10	0.15															
30	河北敬业精密制管有限公司	55	0.15			50.5		4.5										
31	佛山市南海宏钢金属制品有限公司	25				25				25								
32	广东荣钢管道科技有限公司	5.4522		29442	195.78	18		7		13		2.5	1					
33	天津市天应泰钢管有限公司	53.96	25							21.58	32.38							
34	天津市飞龙制管有限公司	64.5				38.73	1.612			24.16								
35	天津市兆利达钢管有限公司	100.51	21	178400	857.42	21.54	78.97			1.42	17.6							
36	黑龙江华明管业有限公司	39.65				16.73	3.87									22.03		17.62
37	宁夏青龙管业集团股份有限公司	6.3		47330				6.3										6.3
38	山东龙泉管道工程股份有限公司			64000														265.15km
39	江苏宏亿精工股份有限公司	7															2.4	0.8
40	唐山金属天材管业有限责任公司	34					34											
41	河北宝隆钢管制造有限公司	12.7	0.91	58219	1062			12.7										

附表3　2022年中国钢管行业焊接钢管企业产量及主要品种产量统计表（续）

序号	企业名称	年产量（万吨）	出口量（万吨）	销售收入（万元）	利润总额（万元）	焊管产量（黑管）（万吨）				热镀锌管		钢塑复合管	涂塑复合管	主要品种产量（万吨）				
						直缝高频圆管	直缝高频方矩形管	螺旋焊埋弧管	直缝埋弧焊管	圆管	方矩管			油井管	管线管（输送油气）	流体管（输送水、固体）	汽车用管	其他
42	无锡圣唐新科技有限公司	1.34		8500	375	1.07	0.27										1	0.34
43	河北沧海核装备科技股份有限公司	5.86	0.03	48063.2	4918.68				5.86						5.86			
44	河北亿海管道集团有限公司	2.95		28751.6	2664.2													管件2.95
45	河北海乾威钢管有限公司	13.98	2.8	76890	3476				13.98						12.58	0.84		0.56
46	河北恒泰管道装备制造有限公司	11	4	64800	6480			10.7										
47	河北汇东管道股份有限公司																	管件
48	河北新圣核装备科技有限公司																	管件
49	山东华辉重工集团有限公司		0.5															
50	广州市南粤钢管有限公司																	
51	辽宁亿通钢塑复合管制造有限公司																	
	合计	5652.322	175.19	1.7×10⁷	317931	2038	1301	323.1	258.1	1307	556	61.3	20.14	40.5	96.73	94.02	17.5	63.94

附表4 2023年中国钢管行业焊接钢管企业产量及主要品种产量统计表

序号	企业名称	年产量（万吨）	出口量（万吨）	销售收入（万元）	利润总额（万元）	焊管产量（黑管）（万吨）				热镀锌管（万吨）		钢塑复合管	涂塑复合管	油井管	主要品种产量（万吨）			
						直缝高频圆管	直缝高频方矩形管	螺旋埋弧焊管	直缝埋弧焊管	圆管	方矩管				管线管（输送油气）	流体管（输送水、固体）	汽车用管	其他
1	天津友发钢管集团股份有限公司	2085	25.8	6091822	56987	839	444	21.2		571	178	23	8.7		10.3			
2	宝山钢铁股份有限公司钢管条钢事业部	34	5	187000	580	12			22									
3	浙江金洲管道科技股份有限公司	75.6		393306	25469	64		53	22	63		10	4.4		3			
4	宝鸡石油钢管有限责任公司	114	2	750000	7000	3.5	0.5							32	3			
5	番禺珠江钢管（珠海）有限公司	22.49	13.44	176180.7	3734.03			9.89	12.6						7.23	0.8		防腐钢管 1125136.6m²；三辊成型 1.97；
6	番禺珠江钢管（连云港）有限公司	17.41	2.33	93866.81	3723.22			1.93	8.07						16.42	0.02		防腐焊管 1735500m²；1.69
7	中国石油集团渤海石油装备制造有限公司	89	6			4		35	50									
8	徐州光环钢管（集团）有限公司	6.8	0.6	41480							5.5						2.5	
9	天津源泰德润钢管制造集团有限公司	470	11	2750000	2200	20	434		16	10	80							
10	京华日钢管业有限公司（不含唐山京华）	265.134	8	319816.5	1800	137	8.5	30.2		78	4		1.13					5.94
11	唐山京华制管有限公司	87	1			39	30	18		30	18	3	1.5					
12	邯郸正大制管集团有限公司	1124.2	2.8	1262696	12215.44	310	283	35.2		271	212	11.3						
13	河北天创管业股份有限公司	20	1	9400		20				17		5						15
14	浙江久立特材科技股份有限公司	6.7		856841.5	148853.72													不锈钢管 6.6958

附表4　2023年中国钢管行业焊接钢管企业产量及主要品种产量统计表（续）

序号	企业名称	年产量（万吨）	出口量（万吨）	销售收入（万元）	利润总额（万元）	焊管产量（黑管）（万吨）直缝高频圆管	直缝高频方矩形管	螺旋焊埋弧管	直缝埋弧焊管	热镀锌管（万吨）圆管	方矩管	钢塑复合管	涂塑复合管	油井管	主要品种产量（万吨）管线管（输送油气）	流体管（输送水、固体）	汽车用管	其他
13	浙江德威不锈钢管业股份有限公司	9	0.2	250000	14000	9												
14	天津市利达钢管集团有限公司	72		279445	-2053	39				29.5		3.3						
15	江苏玉龙钢管科技有限公司	37.4	2.6	230000	17000			14.4	18.5		4.5							
16	河北华洋钢管有限公司	216.68	10.6	830000		168			49									
17	沧州市鑫宜达管道有限公司	33.25		167513.5	2203.75			33.3							33.3			防腐保温管560000m²
18	天津博爱管道科技集团有限公司	40.41	1.8	180700		23.7		2.44										
19	济南迈科管道科技有限公司	26.18	7	99347.83	10132.91	13.4				7.76		0.59	4.42					
20	北京君诚实业投资集团有限公司	160	3			52	4	18		62	17	2	6万平方米					
21	江苏立万精密制管有限公司	8	1	50000	2800	8											8	
22	江苏迪欧钢管股份有限公司	3.6	0.4	27600	1000	3.6											3.6	
23	天津市宝来工贸有限公司	59	10	245000	3500	59										59		
24	天津市联众钢管有限公司	21	9	88200		4.2				1.5	3			0.8	2.2	7.8		1.5
25	佛山市三水振鸿钢制品有限公司	94.61		341026	-919.45	14.6	12.8			46.2	20.9							
26	四川振鸿钢制品有限公司	129.88		373617.3	5663.68	35.1	49.8			34.6	11.2							
27	天津市万里钢管有限公司	25		95000		25												

附表 4　2023 年中国钢管行业焊接钢管企业产量及主要品种产量统计表（续）

序号	企业名称	年产量（万吨）	出口量（万吨）	销售收入（万元）	利润总额（万元）	焊管产量（黑管）（万吨）				热镀锌管（万吨）		钢塑复合管	涂塑复合管	主要品种产量（万吨）				
						直缝高频圆管	直缝高频方形管	螺旋埋弧焊管	直缝埋弧焊管	圆管	方矩管			油井管	管线管（输送油气）	流体管（输送水、固体）	汽车用管	其他
27	湖南能利湘钢钢管有限公司	18.02	0.5															
28	天津惠利通钢管有限公司	23.3	5.7	123107	2892	17		3.98	14						14.5	3.48		
29	辽宁奥通钢管有限公司	11	0.9															
30	河北敬业精密制管有限公司	60	0.2			55		5										
31	佛山市南海宏钢金属制品有限公司	30				30				30		2.5	1.2					
32	广东荣钢管道科技有限公司	7.1892		37384	288.65	20				14.5		2.7	1					
33	天津市天应泰钢管有限公司	54.15	28							21.7	32.5							
34	天津市飞龙	61.13				37.9	0.64			22.6								
35	天津市兆利达钢管有限公司	107.04	23			24.8	82.2											
36	黑龙江华明管业有限公司	44.23		174656.6	1190.27	18.7	4.24			1.11	17.3					24		17.26
37	宁夏青龙管业集团股份有限公司	4.6		28497				4.6										4.6
38	山东龙泉管道工程股份有限公司			70000														141.97km
39	江苏宏亿精工股份有限公司	8															3.5	
40	唐山金耦天材管业有限责任公司	36					36											1.2
41	河北宝隆钢管制造有限公司	15.2	0.78	71450	1219			15.2										

附表4　2023年中国钢管行业焊接钢管企业产量及主要品种产量统计表（续）

序号	企业名称	年产量（万吨）	出口量（万吨）	销售收入（万元）	利润总额（万元）	焊管产量（黑管）（万吨）				热镀锌管（万吨）		钢塑复合管	涂塑复合管	油井管	主要品种产量（万吨）			
						直缝高频圆管	直缝高频方矩形管	螺旋焊埋弧管	直缝埋弧焊管	圆管	方矩管				管线管（输送油气）	流体管（输送水、固体）	汽车用管	其他
42	无锡圣唐新科技有限公司	1.92		9500	705	1.53	0.39										1.5	0.42
43	河北沧海核装备科技股份有限公司	8.07	0.02	64597.81	2048.37				8.07						8.07			
44	河北亿海管道集团有限公司	3.2		30852.2	1875.07													管件 3.2
45	河北海乾威钢管有限公司	14.54	2.9	79970	3821				14.5						13.1	0.88		0.58
46	河北恒泰管道装备制造有限公司	13	6.3	78600	7860			12.6										
47	河北汇东管道股份有限公司																	管件
48	河北新圣核装备科技有限公司																	管件
49	山东华羿重工集团有限公司		0.3															
50	广州市甫粤钢管有限公司																	
51	辽宁亿通钢塑复合管制造有限公司																	
	合计	5873.93	193.17	16958474	337789.66	2108	1391	321	235	1312	604	63.4	22.4	32.8	108	96	19.1	46.5